Krankheiten elektrischer Maschinen
Transformatoren und Apparate

Krankheiten elektrischer Maschinen Transformatoren und Apparate

Ursachen und Folgen, Behebung und Verhütung

Bearbeitet von zahlreichen Fachleuten

Herausgegeben von

Professor **Robert Spieser**

unter Mitarbeit von

Dipl.-Phys. **Fritz Grütter**

Zweite neubearbeitete Auflage

Mit 264 Abbildungen

Springer-Verlag
Berlin / Göttingen / Heidelberg
1960

ISBN-13:978-3-642-47377-7   e-ISBN-13:978-3-642-47375-3
DOI: 10.1007/978-3-642-47375-3

Alle Rechte, insbesondere das der Übersetzung in fremde Sprachen, vorbehalten.
Ohne ausdrückliche Genehmigung des Verlages ist es auch nicht gestattet,
dieses Buch oder Teile daraus auf photomechanischem Wege
(Photokopie, Mikrokopie) zu vervielfältigen
Copyright 1932 by Springer-Verlag, Berlin
© by Springer-Verlag OHG., Berlin/Göttingen/Heidelberg 1960

Softcover reprint of the hardcover 1st edition 1960

Die Wiedergabe von Gebrauchsnamen, Handelsnamen, Warenbezeichnungen usw.
in diesem Buche berechtigt auch ohne besondere Kennzeichnung nicht zu der Annahme, daß solche Namen im Sinne der Warenzeichen-und Markenschutz-Gesetzgebung
als frei zu betrachten wären und daher von jedermann benutzt werden dürften

Vorwort zur zweiten Auflage

Die geschichtlichen Ereignisse der zurückliegenden 25 Jahre haben die Neubearbeitung dieses 1932 erstmals herausgegebenen Buches, das vor 1939 noch in englischer und französischer Übersetzung erschien, lang hinausgezögert. Zudem bildete in der Nachkriegszeit die übermäßige berufliche Belastung aller qualifizierten Elektrofachleute ein zeitliches Hindernis. Glücklicherweise bestand bei allen zur weiteren Mitarbeit an einer Neuauflage eingeladenen Firmen und Personen ein offenkundiges Interesse und ein erfreulicher Wille zum neuen Plan, wofür hier den Beteiligten bestens gedankt sei.

An der grundlegenden Einstellung zur vorliegenden Ausgabe, wie sie im ersten Vorwort zum Ausdruck kommt, konnte festgehalten werden. Der seither veränderten technischen Situation war hinsichtlich der Entwicklung und Erweiterung des zu behandelnden Stoffes voll Rechnung zu tragen. Der neu gebildeten Mitarbeitergruppe, nunmehr auf fünf führende Elektrofabrikations-Firmen ausgedehnt, stand das Material der früheren Mitarbeiter (siehe Übersicht im 1. Vorwort) zur Umarbeitung und Erweiterung zur Verfügung. Der Ausbau erfolgte unter Berücksichtigung aller seither zusätzlich gewonnenen Erfahrungen in der Konstruktion und im Betrieb der gesamten elektrischen Anlage-Ausrüstung.

Der Wechsel und die Ausweitung des Mitarbeiter-Stabes auf nahezu die doppelte Zahl sicherte auch eine durchgehende „Auffrischung" der Materie, namentlich auf dem Gebiet der elektrischen Schutz-Apparate und -Systeme. Zudem trachtete der Herausgeber — die wertvolle Unterstützung durch F. Grütter sei hier besonders erwähnt — durch einheitliche Gestaltung und Ausdrucksart der Arbeit trotz der großen Autorenzahl einen geschlossenen Charakter zu geben.

Heute, mehr als vor 25 Jahren, erblicke ich in der Übertragung der Erfahrungen der älteren, bewährten Praktiker-Elite auf die jüngere Nachwuchsgeneration eine dringliche Aufgabe der Instruktion und Publizistik. Hohe installierte Werte müssen heute jedem Fachmann anvertraut werden, und die auf ihm ruhende Verantwortung für den Bestand und die Sicherheit der Betriebe steigert sich fortwährend. Das

Anregen zu Besinnung, Sorgfalt und Weitblick beim Bau und Betrieb der elektrischen Anlagen soll daher das letzte Ziel dieses Buches sein und bleiben.

Mein Dank gilt auch einigen Persönlichkeiten, die indirekte wertvolle Mithilfe geleistet haben: den Herren

Dir. Dr. P. Waldvogel und Dipl.-Ing. W. Luchsinger (AG. Brown, Boveri & Cie, Baden),
Alt-Direktor H. Puppikofer und Stellvertr. Dir. Max Landolt sowie A. Baltensberger, Montage-Ingenieur (Maschinenfabrik Oerlikon),
Dir. P. Schmitt (Siemens AG., Zürich),
Dipl.-Ing. W. Graf (Hevaloid-Treibriemenfabrik, Zürich).

Zürich, im Dezember 1959.

Robert Spieser

Aus dem Vorwort zur ersten Auflage

Dem Benützer der heutigen elektrotechnischen Literatur kann es nur schwer gelingen, sowohl im einzelnen wie im ganzen ein praktisch zutreffendes Bild von der technischen Wirklichkeit in seinem Fachgebiet zu gewinnen. Zahlreiche Werke bieten zwar dem studierenden wie dem schaffenden Elektrotechniker die besten Anleitungen zur allgemein-technischen, rechnerischen oder theoretischen Erfassung seiner Probleme. Doch vermögen sie oft von den häufigen und wichtigen praktischen Erfahrungen an den Konstruktionen und in den Betrieben, von deren Fehlern, Mängeln, Schwierigkeiten und Störungen, kurzweg „Krankheiten", allzu wenig mitzuteilen. Unerfreuliche technische Erfahrungen werden leider von den betroffenen Personen und Firmen meist streng geheimgehalten. Und ihre Veröffentlichung wird um so mehr vermieden, als sie gerade bei Konstrukteuren, Projekteuren und Betriebsleitern auf echtes Interesse stoßen und zu Nutzanwendungen führen könnte. Es war deshalb verlockend, den Versuch zu machen, in dieser Hinsicht einen andern Weg einzuschlagen, auf dem eine Betrachtungsweise vorherrscht, die etwa als „Störungslehre" bezeichnet werden könnte.

Das Ergebnis dieses Versuchs, das vorliegende Buch, will deshalb vor allem Erfahrungen wiedergeben, sowohl aus dem Prüffeld (Versuchslokal), von Montagen und Inbetriebsetzungen, als auch hauptsächlich aus dem Störungsdienst an „kranken" Konstruktionen und Anlagen. Das eigentliche Störereignis steht im Mittelpunkt der Betrachtung;

seine Ursachen, sein Ablauf und die Folgen werden möglichst deutlich aufgezeigt. Dann werden diejenigen Maßnahmen zur Behebung angegeben, welche an Ort und Stelle durchführbar sind, jedoch nicht die Instandstellungen im Lieferwerk. Dasselbe gilt für die meßtechnischen Methoden zur Störungsuntersuchung; die Meßgeräte und Hilfseinrichtungen der elektrischen Prüffelder müssen als nicht vorhanden angenommen werden. Was an zweckmäßiger Wartung und Kontrolle sowie bei Neukonstruktionen zur Vorbeugung gegen Krankheiten dienen kann, ist jeweils kurz erwähnt.

Es mußte vorausgesetzt werden, daß die allgemeinen theoretischen Grundlagen sowie der Aufbau und die Wirkungsweise von Maschinen, Apparaten und Anlagen dem Leser bekannt sind oder von ihm in den Lehrbüchern nachgesehen werden. Nur in besonders wichtigen Fällen wurden ausführlichere theoretische oder physikalische Begründungen gegeben. Im übrigen mußten Hinweise in dieser Richtung genügen.

Bei der Umgrenzung des zu behandelnden Gebietes war von Anfang eine Beschränkung auf starkstromtechnische Maschinen, Apparate und Anlagen geboten. Die Einbeziehung anderer bedeutender Störungsgebiete wäre bei dem gegebenen Umfang des Buches nicht möglich gewesen, ohne die notwendige Gründlichkeit aufzugeben. Auch innerhalb der gezogenen Grenzen war eine strenge bis einschneidende Kürzung des vorhandenen Stoffes notwendig.

Um aus den einzelnen Teilgebieten unmittelbare persönliche Erfahrungen zu erhalten, war die Mitarbeit von spezialisierten Fachgenossen notwendig.

Diese Mitarbeit übernahmen: Für das Kapitel „M" (Maschinen) Herr H. Knöpfel in Verbindung mit Herrn F. Roggen für den Abschnitt „MF" (Erschütterungen), ferner die Herren A. Meyerhans für das Kapitel „T" (Transformatoren) und R. Keller für das Kapitel „A" (Apparate). Herr Dr. H. Stäger behandelt die Stoffkrankheiten, die durch ihre physikalisch-chemische Natur eine Sonderstellung einnehmen, im Kapitel „S" (Stoffe).

Winterthur, im August 1932

Robert Spieser

Mitarbeiter

a) Herausgeber

1. SPIESER, ROBERT, Prof. Dipl.-Ing.
   Technikum Winterthur, Abteilung für Elektrotechnik
2. GRÜTTER, FRITZ, Dipl.-Physiker ETH
   CERN (Europ. Organis. für Kernforschung) Genf,
   Vorstand der „Engineering Group" der Proton-Synchroton Abteilung

b) Bearbeiter der Hauptabschnitte

   Maschinen:
3. MÜLLER, Jakob, Ober-Ing.
   Maschinenfabrik Oerlikon, Chef der Montage-Abteilung
   Transformatoren:
4. BELDI, FRITZ, Ing. SIA
   Brown, Boveri u. Cie, Baden, Vorstand des Hochspannungs- und Transformatoren-Versuchslokals
   Apparate:
5. KUPPER, KARL, Ing.
   Brown, Boverie u. Cie, Baden, Vorstand des Apparate-Versuchslokals
6. STALDER, HANS, Dipl. El.-Ing. ETH
   Brown, Boveri u. Cie, Baden, Stellvertreter des Vorstandes der Konstruktions-Abteilung für Kleinapparate

c) Bearbeiter von Einzelbeiträgen

   Transformatoren: Nicht brennbare Isolierflüssigkeiten (D 6):
7. ROSSIER, CLAUDE, Dr. és. sc. techn. Ing. EPUL
   Sécheron-Genf, Chef du département transformateur
   Apparate: Ölarme Schalter (B 4):
8. ROTH, ADRIEN, Dipl. El.-Ing. ETH
   Sprecher u. Schuh, Aarau. Direktor der Hochspannungsapparate-Fabrik
   Apparate: Expansionsschalter (B 5):
9. DANNENBERG, FRIEDRICH, Ober-Ing.
   SSW-Erlangen, Montage-Abteilung
   Apparate: Überspannungsschutz (F 3):
10. KAESER, FRIEDRICH, Dipl. El.-Ing.
    Brown, Boveri u. Cie, Baden, Forschungsingenieur im Spezialversuchslokal

Inhaltsverzeichnis

I. Krankheiten elektrischer Maschinen

Seite
A. Übererwärmung 1
   1. Allgemeines. 1
        a) Schädliche Erwärmung S. 1. — b) Zulässige Erwärmung S. 2. — c) Zulässige Überlastung S. 2
   2. Erwärmungsmessung 3
        a) Thermometer S. 3. — b) Widerstand S. 4. — c) Thermoelemente und Widerstandsthermometer S. 5. — d) Indikatoren S. 6
   3. Ursachen der Übererwärmung 6
        a) Belastungswerte sind nicht normal S. 6. — b) Belastung ist unzulässig groß S. 8. — c) Kühlluftmenge ist ungenügend S. 9. — d) Kühllufttemperatur ist zu hoch S. 13. — e) Anschlüsse sind unrichtig oder Zuleitungen unterbrochen S. 14. — f) Wicklung ist fehlerhaft S. 14. — g) Übrige Ursachen der Übererwärmung S. 15

B. Wicklungskrankheiten 15
   1. Feuchte und schmutzige Wicklungen 15
        a) Durchfeuchtung der Wicklungen S. 15. — b) Verschmutzung der Wicklungen S. 16. — c) Messung der Isolationswiderstände S. 17. — d) Kleinstzulässige Isolationswiderstände S. 19. — e) Trocknung feuchter Wicklungen S. 20
   2. Eisenschlüsse 26
        a) Ursachen der Eisenschlüsse S. 26. — b) Folgen der Eisenschlüsse S. 30. — c) Aufsuchen der Eisenschlußstelle S. 31. — d) Beheben der Eisenschlüsse S. 34
   3. Windungsschlüsse 34
        a) Ursachen der Windungsschlüsse S. 34. — b) Folgen der Windungsschlüsse S. 34. — c) Aufsuchen der Windungsschlußstellen S. 37. — d) Beheben der Windungsschlüsse S. 40
   4. Wicklungsunterbrüche 40
        a) Ursachen der Unterbrüche S. 40. — b) Folgen der Unterbrüche S. 41
   5. Verschaltung von Wicklungen 41
   6. Elektrodynamische Schäden 42
   7. Glimmschäden 44

C. Eisenkrankheiten 46
   1. Blechschlüsse 46
        a) Ursachen und Folgen der Blechschlüsse S. 46. — b) Aufsuchen und Beheben der Blechschlüsse S. 47
   2. Geräusche 48

Inhaltsverzeichnis

	Seite
D. Krankheiten der Bürsten, Schleifringe und Kommutatoren	52
1. Eigenschaften der Bürsten und Bürstenhalter	52

a) Bürstenarten S. 52. — b) Anwendung der verschiedenen Bürstensorten; Bürstendruck S. 56. — c) Bürstenhalter S. 59

  2. Bürsten auf Schleifringen 60

a) Ringmaterial S. 60. — b) Bürstenmaterial, Druck und Strombelastung S. 62. — c) Einsetzen und Einschleifen der Bürsten S. 62. — d) Fleckenbildung S. 63. — e) Bürstenfeuer auf Schleifringen S. 65. — f) Ungleiche Stromverteilung S. 65. — g) Rillen- und Riefenbildung S. 68. — h) Übermäßige Bürstenabnützung S. 68. — i) Wartung und Instandhaltung der Schleifringe S. 70

  3. Bürsten auf Kommutatoren 71

a) Bedingungen guter Kommutation S. 71. — b) Kommutatoralterung S. 73. — c) Einstellung der Wendepole, Polfolge S. 74. — d) Bürstenmaterial, Druck und Strombelastung S. 77. — e) Einsetzen und Einschleifen der Bürsten S. 77. — f) Bürstenfeuer auf Kommutatoren S. 79. — g) Ungleiche Stromverteilung, Abbrennen von Bürstenkabeln S. 90. — h) Rillen- und Riefenbildung S. 92. — i) Übermäßige Bürstenabnützung S. 94. — k) Kommutator-Übererwärmung S. 94. — l) Kurzschlüsse und Rundfeuer S. 96. — m) Wartung und Instandhaltung der Kommutatoren S. 96. — n) Bürsten auf Wechselstrom-Kommutatormaschinen S. 99

E. Unruhiger Lauf, Erschütterungen und Schwingungen 100

  1. Allgemeines 100
  2. Wuchtfehler 102

a) Ursachen der Wuchtfehler S. 105. — b) Auswuchten außerhalb der Maschine S. 108. — c) Auswuchten ohne Ausbau des Läufers S. 113

  3. Magnetische Unsymmetrien 117
  4. Wellenklettern, Wellenverbiegungen 118
  5. Wälzen des Läufers 119
  6. Resonanz mit dem Maschinenfundament 120
  7. Fehler an Übertragungsteilen 120

a) Kupplungen S. 120. — b) Riemen-, Seil- und Kettenantriebe S. 122. — c) Zahnradgetriebe S. 123

F. Lagerkrankheiten 123

  1. Übererwärmung 123
  2. Lagerströme 128
  3. Ölverluste und Ölerneuerung 130

G. Leerlaufstörungen an Generatoren 131

  1. Gleichstrom-Generatoren 131

a) Drehzahl ist zu niedrig oder Drehrichtung verkehrt S. 131. — b) Erregerkreis ist unterbrochen oder hat zu großen Widerstand S. 131. — c) Erregerkreis besitzt zusätzliche Widerstände S. 132. — d) Magnetregulator ist verkehrt angeschlossen S. 132. — e) Magnetwicklung ist verschaltet S. 133. — f) Magnetwicklung hat Schluß gegen Eisen und Hauptstromkreis S. 133. — g) Äußerer Läuferstromkreis ist kurzgeschlossen S. 135. — h) Kommutator-Übergangswiderstand ist zu groß S. 135. — i) Kommutatorlamellen sind kurzgeschlossen S. 135. — k) Bürstenstellung ist unrichtig S. 135. — l) Remanenz ist verloren S. 136. — m) Läuferwicklung hat Unterbruch, Windungsschluß oder ist ver-

Inhaltsverzeichnis XI

schaltet S. 136. — n) Erregerwicklung ist verschaltet, Polfolgeprüfung S. 137. — o) Erregerwicklung hat Windungs- oder Lagenschluß S. 139. — p) Luftspalt ist zu groß S. 139. — q) Schaltanlage weist Fehler auf S. 140

   2. Wechselstrom-Generatoren 140
      a) Allgemeines S. 140. — b) Erregermaschine ist fehlerhaft S. 140. — c) Drehzahl ist zu niedrig S. 140. — d) Polradkreis ist unterbrochen S. 140. — e) Polrad ist verschaltet S. 140. — f) Wendepole des Erregers sind verschaltet S. 141. — g) Polradkreis hat Eisen- und Kurzschlüsse S. 141. — h) Polrad hat Lagen- oder Windungsschlüsse S. 142. — i) Ständerwicklung ist unterbrochen oder verschaltet S. 142

H. **Einzel- und Parallelbetriebsstörungen an Generatoren** . . . 143
   1. Gleichstrom-Generatoren 143
      a) Spannungsänderung ist zu groß S. 143. — b) Belastungsstrom schwankt S. 147. — c) Lastverteilung beim Parallelbetrieb ist unstabil S. 147. — d) Lastverteilung bei Doppelkommutatormaschinen ist ungleich S. 148. — e) Ausgleichleiter bei Kompoundgeneratoren S. 148. — f) Spannungsausgleich paralleler Generatoren S. 148. — g) Anpassung der Spannungsänderung paralleler Generatoren S. 149
   2. Wechselstrom-Generatoren 149
      a) Erregerleistung bei Belastung ist zu groß S. 149. — b) Leistung und Belastungsstrom schwanken S. 150. — c) Lastverteilung im Parallelbetrieb ist ungleich S. 151. — d) Parallelbetrieb mit Pendelungen S. 151. — e) Parallelbetrieb mit Ausgleichströmen S. 152. — f) Erregermaschinen werden umgepolt oder entmagnetisiert S. 153

I. **Anlauf- und Betriebsstörungen an Einankerumformern** . . . 155
   1. Störungen im Anlauf 155
      a) Anlaßspannung ist zu tief S. 155. — b) Magnetwicklung erhält Überspannung S. 156. — c) Kommutator ist angebrannt S. 156. — d) Andere Ursachen von Anlaufstörungen S. 157
   2. Störungen beim Synchronisieren asynchron anlaufender Umformer . 157
      a) Anlaßspannung ist zu tief S. 157. — b) Magnetwicklung ist falsch angeschlossen S. 157. — c) Erregerkreis ist unterbrochen S. 158. — d) Dämpferwicklung hat zu hohen Widerstand S. 158. — e) Polarität der Gleichstromseite ist falsch S. 158. — f) Stromstöße beim Anlegen der vollen Netzspannung an den erregten Umformer S. 158
   3. Die Spannungsregelung der Einankerumformer 159
   4. Störungen im Betrieb 160
      a) Spannungsänderung ist zu groß S. 160. — b) Lastverteilung im Parallellauf ist ungleich S. 160. — c) Parallelbetrieb mit Ausgleichströmen S. 160. — d) Pendelungen und Außertrittfallen S. 161. — e) Durchgehen S. 161
   5. Parallellauf mit Gleichstrommaschinen oder Batterien 161

K. **Anlaufstörungen an Motoren** 162
   1. Allgemeine mechanische Ursachen 162
      a) Angetriebene Seite ist nicht in Ordnung S. 162. — b) Mechanische Fehler am Motor S. 162
   2. Anlaufstörungen an Gleichstrommotoren 163
      a) Zuleitungen und Hauptstromkreise sind unterbrochen S. 163. — b) Magnetregulator ist unterbrochen S. 163. — c) Anschlüsse der Erre-

gerwicklung sind falsch S. 163. — d) Magnetwicklung ist unterbrochen oder verschaltet S. 164. — e) Erregerwicklung hat Windungs- oder Eisenschlüsse S. 164. — f) Läuferwicklung hat Schlüsse oder Unterbrüche S. 164. — g) Kompoundwicklung ist falsch angeschlossen S. 165. — h) Wendepolwicklung ist falsch angeschlossen S. 165. — i) Bürstenstellung ist unrichtig S. 166

3. Anlaufstörungen an Asynchronmotoren 166
a) Zuleitungen sind unterbrochen oder verschaltet S. 166. — b) Netzspannung ist zu niedrig S. 167. — c) Unterbruch im Anlasser S. 167. — d) Anlasser ist unpassend S. 167. — e) Ständer- oder Läuferwicklung ist unterbrochen S. 168. — f) Ständer- oder Läuferwicklung hat Schlüsse S. 168. — g) Ständer- oder Läuferwicklung hat Schaltfehler S. 169. — h) Schleifringisolation wird überschlagen S. 170. — i) Störungen in den Anlassern S. 170

4. Anlaufstörungen an synchronisierten Asynchronmotoren 170

5. Anlaufstörungen an Synchronmotoren 170
a) Anlaßspannung ist zu niedrig S. 171. — b) Dämpferwicklung hat Unterbrüche S. 172. — c) Polradwicklung hat Windungsschluß S. 172

6. Störungen beim Synchronisieren von Synchronmotoren 172
a) Lastmoment ist zu groß S. 172. — b) Anlaßspannung ist zu niedrig S. 175. — c) Dämpferwicklung hat zu hohen Widerstand S. 176. — d) Pollage des Synchronmotors ist verkehrt S. 176. — e) Stromstöße beim Einschalten auf volle Netzspannung S. 177. — f) Kurzschlüsse im Anlaßtransformator S. 178. — g) Störungen durch Anwurfmotoren S. 179

L. Einzel- und Parallelbetriebsstörungen von Motoren 180
1. Gleichstrommotoren 180
a) Betrieb ist unstabil S. 180. — b) Drehzahlregulierung ist ungenügend S. 182. — c) Stromschwankungen S. 183. — d) Lastverteilung im Parallelbetrieb ist ungleich S. 184. — e) Pendelungen S. 184

2. Asynchron- und Synchronmotoren 185
a) Stromschwankungen an Asynchronmotoren S. 185. — b) Lastverteilung von parallelen Asynchronmotoren ist ungleich S. 186. — c) Pendelungen und Außertrittfallen von Synchronmotoren S. 186. — d) Erregung und Belastbarkeit von Synchronmotoren S. 187. — e) Lastverteilung bei mechanischem und elektrischem Parallellauf von Synchronmotoren S. 188

M. Brandschutz und Brandlöschung 189

N. Wartung und Reinigung der Maschinen 191

II. Krankheiten der Transformatoren

A. Allgemeine elektrische Störungen 194

B. Erwärmung 197
1. Zulässige Erwärmung des gesunden Transformators 197
a) Öltransformatoren S. 197. — b) Trockentransformatoren S. 198
2. Übererwärmung des gesunden Transformators 199
3. Übererwärmung des kranken Transformators 201

Inhaltsverzeichnis XIII

C. Krankheiten am Eisenkern 201
   1. Aktives Eisen 201
   2. Abstützungen. 206
   3. Geräusche 207

D. Krankheiten von Einzelteilen des elektrischen Systems . . . 208
   1. Innere Wicklungsisolation 208
   2. Äußere Wicklungsisolation 214
   3. Ableitungen. 215
   4. Durchführungen. 217
   5. Isolieröle 218
   6. Unbrennbare Isolierflüssigkeiten 226
        a) Chemische und physikalische Natur S. 226. — b) Kennwerte von Askarelen für Transformatoren S. 227. — c) Auswirkungen auf die Transformatoren-Konstruktion S. 227. — d) Ersatz eines Isolieröles durch Askarel S. 228. — e) Bau und Unterhalt S. 228. — f) Füllung und Behandlung S. 229. — g) Physiologische Effekte S. 229. — h) Anwendungsgebiete für Transformatoren mit Askarelfüllung S. 230

E. Krankheiten des Kühlsystems. 230
   1. Ölkasten 230
   2. Ölkühler 232
        a) Allgemeines S. 232. — b) Spannungsrisse an Kühlerrohren S. 233. — c) Kühlerrohr-Korrosionen S. 235. — d) Kesselsteinbildung S. 238. — e) Schlammbildung S. 239

F. Krankheiten an Drosselspulen. 240
   1. Drosselspulen mit Eisen 240
   2. Drosselspulen ohne Eisen 241

III. Krankheiten elektrischer Apparate

A. Allgemeines 242
   1. Übermäßige Erwärmung von Magnetspulen 242
   2. Übermäßige Erwärmung an Kontakten 244
   3. Übermäßige Abnützung von Kontakten 247
   4. Ungenügende Isolierung 253
   5. Mechanische Fehler 257

B. Schaltapparate 261
   1. Luftschalter 261
        a) Gleichstromluftschalter S. 261. — b) Wechselstromluftschalter S. 264
   2. Wechselstrom-Druckluftschnellschalter 264
        a) Allgemeines S. 264. — b) Fehler und Störungen S. 266
   3. Ölschalter 271
        a) Allgemeines S. 271. — b) Fehler und Störungen S. 271
   4. Ölarme Schalter 275
        a) Allgemeines S. 275. — b) Fehler und Störungen S. 276
   5. Expansionsschalter 277
        a) Allgemeines S. 277. — b) Fehler und Störungen S. 280
   6. Trenner 280
        a) Allgemeines S. 280. — b) Fehler und Störungen S. 281

Inhaltsverzeichnis

7. Leistungstrenner 285
   a) Allgemeines S. 285. — b) Fehler und Störungen S. 286
C. Meßinstrumente und Meßwandler 287
   1. Allgemeines 287
   2. Einzelne Instrumente 288
      a) Drehspulinstrumente S. 288. — b) Dreh- und Weicheiseninstrumente S. 288. — c) Hitzdrahtinstrumente S. 288. — d) Elektrodynamische Instrumente S. 289. — e) Ferraris-(Drehfeld-)Instrumente S. 289. — f) Kreuzspulelemente S. 289
   3. Spannungswandler 289
      a) Allgemeines S. 289. — b) Fehler und Störungen S. 290
   4. Stromwandler 293
      a) Allgemeines S. 293. — b) Fehler und Störungen S. 293
D. Anlaß-, Regel- und Steuerapparate 296
   1. Widerstände in Luft und Öl 296
   2. Flüssigkeitswiderstände 297
   3. Kontroller 301
   4. Bremslüfter und elektrohydraulische Drücker 302
   5. Schützen und Relais 302
      a) Störungen am Magnetsystem S. 302. — b) Feuern von Kontakten S. 305
E. Schutzrelais 306
   1. Stromunabhängige Maximalstrom-Zeitrelais 307
      a) Allgemeines S. 307. — b) Fehler bei Maximalstromzeitrelais S. 308
   2. Stromabhängige Maximalstrom-Zeitrelais 310
   3. Thermorelais 311
      a) Allgemeines S. 311. — b) Fehler an thermischen Relais S. 312
   4. Differentialrelais 313
      a) Allgemeines S. 313. — b) Fehler und Störungen S. 314
   5. Richtungs- und Produktrelais 318
      a) Allgemeines S. 318. — b) Fehler und Störungen S. 319
   6. Minimalimpedanzrelais 320
      a) Allgemeines S. 320. — b) Fehler und Störungen S. 320
   7. BUCHHOLZ-Relais für Transformatoren 321
      a) Allgemeines S. 321. — b) Fehler und Störungen S. 322
F. Schutzsysteme 322
   1. Generatorenschutz 322
      a) Erdschlußschutz S. 322. — b) Differentialschutz S. 326. — c) Windungsschlußschutz S. 326. — d) Überlastschutz S. 327. — e) Leistungsumkehrschutz (Rückwattschutz) S. 327. — f) Überspannungsschutz S. 328. — g) Unsymmetrie- oder Schieflastschutz S. 328. — h) Gegenleistungsschutz S. 329. — i) Rotorerdschlußschutz S. 329
   2. Transformatorenschutz 330
      a) Differentialschutz S. 330. — b) Überlastschutz S. 330. — c) Erdschlußschutz S. 331. — d) BUCHHOLZ-Schutz S. 332. — e) Brandschutz S. 332
   3. Überspannungsschutz von Anlagen 332
      a) Allgemeines S. 332. — b) Ventilableiter S. 333. — c) Kontrollgeräte S. 334. — d) Löschrohrableiter S. 335. — e) Nachprüfen von Ableitern S. 336. — f) Defektursachen bei Ventilableitern S. 337. — g) Bemessung und Einbau von Ableitern S. 337

Inhaltsverzeichnis XV

Seite

G. Allgemeine Störungsursachen in Anlagen 338
   1. Unrichtige Leitungsverlegung 338
   2. Ungleiche Stromverteilung auf parallele Leiter 338
      a) Gleichstromleitungen S. 338. — b) Wechselstromleitungen S. 338
   3. Isolierstoffe in Durchführungen 340
   4. Glimmerscheinungen 341
   5. Fehlansprechen von Relais und Erdschlußanzeigern. 341

H. Anlaßeinrichtungen 342
   1. Allgemeines. 342
   2. Anlaßeinrichtungen von Synchronmotoren 342
      a) Direktes asynchrones Anlassen S. 342. — b) Anwerfen mit Asynchronmotor S. 343. — c) Anwerfen mit synchronisiertem Asynchronmotor S. 343

I. Regeleinrichtungen 344
   1. Generator-Spannungsregelung mit Widerstandsreglern 344
      a) Wälzsektorregler S. 344. — b) Kohlendruckregler S. 349
   2. Generator-Spannungsregelung mit Vibrationsreglern 350
   3. Generator-Spannungsregelung mit Hochleistungsreglern 350
   4. Allgemeine Störungen an Hochleistungs- und Sektor-Reglern . . . 353
   5. Parallelbetriebsregelung 354
      a) Gleichstromgeneratoren S. 354. — b) Wechselstromgeneratoren S. 355
   6. Parallelschaltregelung 356
      a) Leistungsstoß S. 356. — b) Schaltmoment S. 357. — c) Leistungspendelung S. 358. — d) Netzkupplung S. 359
   7. Generatorregelung beim Zuschalten offener Freileitungen 360
      a) Generator im Leerlauf, unerregt S. 361. — b) Generator im Stillstand, unerregt S. 361
   8. Belastungsumstellung zwischen parallelen Generatoren 362
   9. Netzspannungs-Regeleinrichtungen 363
      a) Allgemeines S. 363. — b) Stufentransformatoren S. 363. — c) Drehtransformatoren (Induktionsregler) S. 365
  10. Steuerungseinrichtungen 366

K. Auslösesysteme für Schalter 367
   1. Allgemeines. 367
   2. Ruhestromsystem 367
   3. Arbeitsstromsystem 368

L. Richtlinien für das Arbeiten an elektrischen Anlagen 368

Sachverzeichnis 371

I. Krankheiten elektrischer Maschinen

A. Übererwärmung

1. Allgemeines

Die heute gebauten Maschinen werden zum Zweck der Verlust-, Gewichts- und damit der Preisverminderung mehr ausgenützt als ältere Konstruktionen. Jeder Betriebsleiter muß dies berücksichtigen, wenn er alte und neue Einheiten miteinander vergleicht und dabei feststellt, daß die alten Maschinen im Betrieb kälter bleiben. Es kann der dauernd betriebssichere Lauf einer Maschine jedoch als gewährleistet angesehen werden, solange die Erwärmung der einzelnen Teile innerhalb der Grenzen bleibt, welche durch die verschiedenen Landesvorschriften festgesetzt sind.

Diese Vorschriften stützen sich hauptsächlich auf langjährige Erfahrungen und Versuche über die Wärmebeständigkeit der verschiedenen Isoliermaterialien und über die Arbeitsfähigkeit der einzelnen Maschinenteile bei höheren Temperaturen, z. B. Lager, Schleifringe und Kommutatoren. Auch ein kurzzeitiges, mäßiges Überschreiten dieser Werte wird der Maschine noch nicht schaden. Dagegen verkürzt eine dauernde Übererwärmung bestimmt ihre Lebensdauer.

a) Schädliche Erwärmung

Die Temperaturen, welche eine Schädigung verursachen, sind für die einzelnen Teile der Maschinen ungleich hoch. An einem Kommutator z. B. wird eine zeitweise Erwärmung bis 150 °C kaum eine ernsthafte Störung verursachen; die Lauffläche wird wohl die Farbe ändern, der ganze Kommutator vielleicht auch ein wenig deformiert werden. Eine bleibende Schädigung seiner Isolation ist jedoch nicht zu befürchten. Auch ein Lager kann bei Temperaturen von 90···100 °C und darüber noch gut laufen, sofern das verwendete Öl wärmebeständig ist. Hingegen wird eine nur einmal stark überhitzte Isolation ihre elektrische und mechanische Festigkeit, je nach Höhe und Dauer der Überhitzung, mehr oder weniger verlieren; die Maschine ist dadurch gefährdet und beschädigt worden. Abb. 1 zeigt eine Spule der Ständerwicklung eines Drehstromgenerators, welche längere Zeit überlastet wurde. Durch die

[1] Spieser, Krankheiten elektr. Maschinen, 2. Aufl.

Überhitzung sind Aufblähungen des Mikakännels in den Ventilationsschlitzen und an den Stabenden entstanden.

Nach neueren Erkenntnissen wird die Lebensdauer von Wicklungen auf etwa die Hälfte reduziert, wenn die zulässige Grenztemperatur dauernd um 10 °C überschritten wird.

Abb. 1. Überhitzte Ständerspule eines Drehstromgenerators mit Aufblähungen der Stabisolation

b) Zulässige Erwärmung

Als zulässige Grenzerwärmung, welcher ein Wicklungsteil und damit seine Isolation dauernd ausgesetzt werden darf, muß diejenige bezeichnet werden, bei welcher eine schädliche Veränderung der Isolation durch die Auflockerung des Gefüges noch nicht eintritt. Die Isolation muß ihre stärkste mechanische Beanspruchung vorwiegend bei der Herstellung der Wicklung aushalten. Hernach darf während des Betriebes eine Verminderung der mechanischen Festigkeit wohl eintreten. Wie weit diese jedoch sinken darf, ohne daß die Betriebssicherheit beeinträchtigt wird, hängt in weitem Maße von den Betriebsbedingungen ab und davon, ob die Wicklung hohen Kurzschlußkräften oder Überspannungen standhalten muß.

c) Zulässige Überlastung

Es wird oft verlangt, daß Maschinen, die für Dauerbetrieb gebaut sind, kurzzeitig überlastbar sein sollen. Innerhalb welcher Grenzen dies möglich ist, hängt vom Wärmezustand der Maschinen vor der Überlastung und von ihrer Bauart ab. Bei großen Einheiten, die mit Widerstandsthermometern in der Wicklung ausgerüstet sind, ist eine einwandfreie Beobachtung der Erwärmung während der Überlastung möglich, und es kann einer Gefährdung vorgebeugt werden. Bei mittleren und kleinen Maschinen wird man im allgemeinen über solche Meßeinrichtungen nicht verfügen und deshalb auf Schätzungen angewiesen sein. Nach VDE 0530 § 43 müssen Maschinen für Dauerbetrieb den 1,5-fachen Nennstrom 2 min ohne Beschädigung aushalten. In Notfällen können Maschinen bis 100 kW Leistung, vom warmen Zustand ausgehend, folgende Stromüberlastung bei Nennspannung ertragen:

$$\begin{array}{ccc} 25\% & 50\% & 100\% \\ \text{während } 10\cdots15 & 2\cdots3 & 1\cdots1^{1}/_{2} \text{ min} \end{array}$$

Dabei werden wahrscheinlich die zulässigen Grenzerwärmungen kurzzeitig überschritten, ohne daß jedoch eine Gefährdung der Maschine eintritt. Diese Überlastungen dürfen aber nicht vor Wiederabkühlung und nicht regelmäßig wiederholt werden, wenn die Maschinen nicht dafür vorgesehen sind.

Bei größeren Maschinen richtet sich die Überlastungsfähigkeit in der Regel nach den besonderen Bestimmungen des Liefervertrages (Pflichtenheft).

Bei Motoren, die mit Überlast anlaufen müssen, ist die Zahl der Anläufe auf gewisse Zeitabstände zu beschränken. Diese sollen die Abkühlung der Wicklungen ermöglichen, damit keine Schädigung derselben auftritt.

Wenn Maschinen unter anderen Bedingungen laufen sollen, als bei der Lieferung vorgesehen war, empfiehlt sich stets eine Rückfrage beim Lieferanten über die veränderten Belastungsmöglichkeiten.

2. Erwärmungsmessung

Besteht die Vermutung, daß die Erwärmung einer Maschine zu hoch sei, so handelt es sich in erster Linie darum, den wirklichen Wert der Temperatur richtig festzustellen. Schätzungen der Erwärmung mit der Hand führen fast immer zu Fehlschlüssen. Bei Temperaturen von mehr als 60 °C ist eine Schätzung durch Fühlen mit der Hand ganz unzuverlässig. Einwandfreie Werte, die eine Beurteilung erlauben, lassen sich nur mit Thermometern, Widerstandsmessungen, Temperaturindikatoren, Thermoelementen und elektrischen Widerstandsthermometern bestimmen.

a) Thermometer

Da für betriebsmäßige Temperaturmessungen meist Quecksilber- oder Alkoholthermometer verwendet werden, sollen über ihren Einbau einige wichtige Hinweise gegeben werden.

Beim Einbau solcher Thermometer an der Meßstelle ist darauf zu achten, daß der Meßwert nicht durch fremde Einflüsse gefälscht wird. In erster Linie ist für eine gute Berührung des Thermometers mit dem zu messenden Maschinenteil zu sorgen. Die Kugel des Thermometers wird zu diesem Zwecke mit Stanniol fest umwickelt. Um die Beeinflussung durch vorbeistreichende Luft zu vermeiden, wird auf die Kugel ein kleiner Bausch Watte oder Putzwolle von ungefähr 2···3 cm Breite und Länge und 1···2 cm Dicke aufgelegt und das Ganze gut mit Schnur oder Band festgebunden oder mit Kitt fest angedrückt. Auch kleine Holz- oder besser Korkstücke, mit entsprechender Auskerbung versehen, eignen sich gut zum Anpressen der Thermometer. Abb. 2 zeigt zwei Beispiele für den Anbau von Thermometern. Beim Anbau an blanke

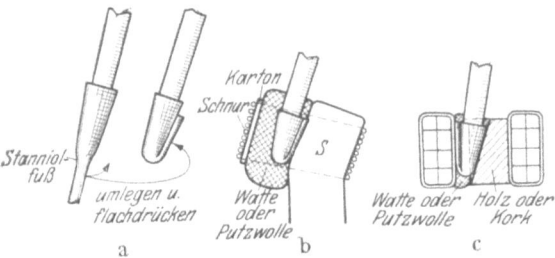

Abb. 2 a–c. Temperaturmessung mit Thermometer. a Stanniolumhüllung der Quecksilberkugel, b Richtiger Anbau an einen Spulenkopf S; c Richtiger Einbau zwischen zwei Spulenseiten

Wicklungsteile ist darauf zu achten, daß keine Kurzschlüsse zwischen benachbarten Windungen entstehen. Für Messungen an Wicklungsteilen, die von starken Strömen durchflossen sind, z. B. an Spulenköpfen, sollten Alkoholthermometer verwendet werden, da Quecksilberthermometer durch Streufelder beeinflußt werden können. Alkoholthermometer sind auch für Messungen an Hochspannungswicklungen vorzuziehen, weil die Überschlagsgefahr hierbei geringer ist als bei Quecksilberthermometern. Waagrecht liegende oder nur schwach geneigte Thermometer können wegen *Kriechen* des Fadens ungenau zeigen. Bei Temperaturmessungen von Flüssigkeiten, wie Öl, Wasser usw., sollen Thermometer nur bis zum Ende der Quecksilberkugel eintauchen.

Werden Thermometer an Stellen eingebaut, wo sie erst nach der Wegnahme von Verschalungsteilen zugänglich sind, so verstreicht vom Abstellen der Maschine bis zum Ablesen des Thermometers meist so viel Zeit, daß inzwischen schon eine beträchtliche Abkühlung eingetreten ist. In diesem Falle verwendet man zweckmäßig Maximalthermometer, welche die höchste Temperatur während des Betriebes oder nach dem Abstellen auch nach längerer Zeit noch richtig anzeigen.

b) Widerstand

Mit steigender Temperatur erhöht sich der Widerstand einer Wicklung. Mißt man den Widerstand der kalten und warmen Wicklung, so läßt sich aus der Widerstandsänderung die mittlere Temperaturzunahme wie folgt bestimmen:

Kupferwicklung
$$\Delta \vartheta = \vartheta_2 - \vartheta_a = \frac{R_2 - R_1}{R_1}(235 + \vartheta_1) + \vartheta_1 - \vartheta_a,$$

Aluminiumwicklung
$$\Delta \vartheta = \vartheta_2 - \vartheta_a = \frac{R_2 - R_1}{R_1}(230 + \vartheta_1) + \vartheta_1 - \vartheta_a.$$

Dabei bedeuten:

ϑ_2 Wicklungstemperatur am Ende des Versuches in °C.
ϑ_a Temperatur des Kühlmittels am Ende des Versuches in °C.
ϑ_1 Temperatur der (kalten) Wicklung, im Augenblick der Messung des Anfangswiderstandes in °C.
R_2 Wicklungswiderstand am Ende des Versuches.
R_1 Anfangswiderstand der (kalten) Wicklung.

Der Widerstand kann entweder durch die Messung von Strom und Spannung bei Speisung der Wicklung mit Gleichstrom oder mit einem exakt messenden Ohmmeter bestimmt werden.

c) Thermoelemente und Widerstandsthermometer

Elektrische Wärme-Meßeinrichtungen an Maschinen bestehen vorwiegend aus diesen Elementen. Thermoelemente sind meistens aus Kupfer-, Eisen- oder Nickelchrom-Drähten einerseits und aus Kon-

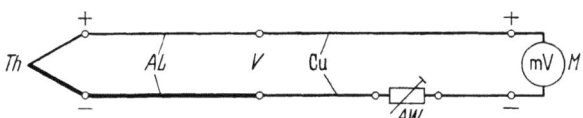

Abb. 3. Grundschaltung einer thermoelektr. Meßeinrichtung. *Th* Thermoelement, *V* Vergleichstelle, *M* Meßwertempfänger, *AL* Ausgleichleiter, *Cu* Kupferleitung, *AW* Abgleichwiderstand

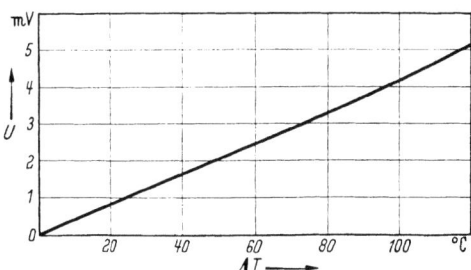

Abb. 4. Spannung *U* eines Thermoelements in Abhängigkeit von der Temperatur-Differenz ΔT

stantandraht anderseits hergestellt; beide Drähte sind an der Meßstelle hart verlötet. Die erzeugte thermoelektrische Spannung ist abhängig von der Temperatur-Differenz zwischen der Lötstelle *Th* (Abb. 3) und den Anschlußklemmen *V* des Thermopaares. Abb. 4 zeigt die Beziehung zwischen der Temperaturdifferenz an einem Kupfer-Konstantan-Element und der erzeugten Spannung. Die vielfache Verwendung der Thermoelemente bei Wärmemessungen beruht auf der einfachen Meßweise — mittels mV-Metern oder Kompensatoren — und auf der Möglichkeit, sie an Meßstellen einzusetzen, wo Thermometer weder eingebaut noch abgelesen werden können. Bei Messungen an Hochspannungs-

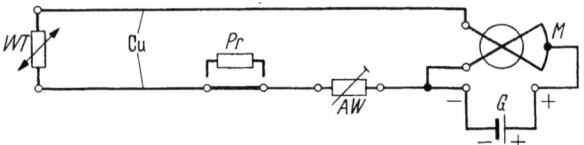

Abb. 5. Grundschaltung einer Meßeinrichtung mit Widerstands-Thermometer. *WT* Widerstands-Thermometer, *Cu* Kupferleitung, *Pr* Prüfwiderstand, *AW* Abgleichwiderstand, *G* Gleichspannungsquelle, *M* Meßwertempfänger

Wicklungen ist eine gute Isolierung des Elements gegen das Meßobjekt notwendig, um das Meßpersonal nicht zu gefährden.

Die Meßkörper von Widerstandsthermometern bestehen gewöhnlich aus Flachdrahtwicklungen aus Platin oder Platinlegierungen, die eine möglichst lineare Widerstandszunahme in Abhängigkeit von der Erwärmung aufweisen. Sie werden zur dauernden Überwachung von Wicklungs- und Eisentemperaturen an Hand direkt zeigender Instrumente benützt, sowie zur dauernden Anzeige von Luft-, Wasser- oder Öl-Temperaturen. Abb. 5 erklärt ihre Schaltung, die auf eine Fremdstromquelle angewiesen ist, im Gegensatz zu den Thermoelementen.

d) Indikatoren

An rotierenden oder während des Laufes unzugänglichen Stellen kann die Temperatur auf einige Grade genau mit Temperaturindikatoren festgestellt werden. Letztere sind als Kreide, Tabletten oder in flüssiger Form erhältlich. Je nach der Verwendung fester oder flüssiger Indikatoren tritt beim Erreichen der Eichtemperatur ein Schmelzen oder Verfärben des Indikators ein. Durch Auftragen von Indikatoren verschiedener Eichtemperaturen kann die wirkliche Temperatur bestimmt werden.

3. Ursachen der Übererwärmung

Ist an einer Maschine eine Übererwärmung festgestellt worden, so muß die Ursache gesucht werden. Vielerlei Gründe sind möglich.

a) Belastungswerte sind nicht normal

In erster Linie wird man bei einer Übererwärmung Spannung, Strom, Drehzahl und Frequenz der Maschine kontrollieren. Ist die Spannung zu hoch, so wird vorwiegend die Eisenerwärmung wegen der erhöhten

Eisenverluste ansteigen. Natürlich hängt mit dieser erhöhten Eisenerwärmung auch eine stärkere Erwärmung der im Eisen eingebetteten Wicklungen zusammen. Bei Synchron- und Gleichstrommaschinen sowie Einankerumformern erfordert die erhöhte Spannung einen stärkeren Erregerstrom, was bei gleichbleibender Drehzahl oder Frequenz eine Zunahme der Erwärmung der Erregerwicklungen zur Folge hat.

Zu hohe Belastungsströme erwärmen nicht nur die durchflossenen Wicklungen unzulässig stark, sondern verursachen auch eine Temperaturerhöhung in den anliegenden Eisenteilen. Bei Asynchronmaschinen hat eine Erhöhung des Ständerstromes zugleich auch eine Erhöhung des Läuferstromes und damit der Läufererwärmung zur Folge.

Eine zu hohe Blindlast, d. h. ein zu niedriger Leistungsfaktor bei normaler Spannung und Wirkleistung, verlangt von Synchronmaschinen und Umformern eine verstärkte Erregung. Dadurch entsteht hauptsächlich eine höhere Erwärmung der Erregerwicklungen. Bei Umformern nimmt zudem die Läufererwärmung zu.

Bei starker Stromüberlastung der Maschinen kann schon nach kürzerer Zeit eine bleibende Schädigung der Isolation eintreten.

Abb. 6. Spulenkopf eines überhitzten Motors

Die Isolierfähigkeit von Glimmererzeugnissen wird zwar nicht stark verschlechtert; dagegen leidet deren mechanische Festigkeit, indem die Bindemittel verdampfen. Außerdem werden die Träger des Glimmers: Baumwolle, Seide, Papier brüchig und verkohlen. Bei Isolationen, die nur aus Baumwolle, Seide oder Papier allein bestehen, sind die Schäden jedoch beträchtlich schlimmer. Seit einigen Jahren gelangen neue Isolationen aus Glas, Nylon, Gießharz usw. zur Anwendung, welche größere Temperaturbeständigkeit und geringe Alterung aufweisen. Eine spröde gewordene Isolationsschicht wird bei den Leitern, die mechanisch beansprucht sind, allmählich durchgescheuert; es entstehen daraus Windungsschlüsse. Starke Erhitzung der Wicklungen oder des Eisens bringt Nutenkeile aus Holz zum Abschwinden, wodurch die Wicklungen den Halt in den Nuten einbüßen, was zu Eisenschlüssen Anlaß geben kann.

Abb. 6 stellt den Spulenkopf eines Motors dar, der durch eine starke, mehrere Stunden dauernde Stromüberlastung überhitzt wurde. Die Spuren der beginnenden Röstung der Isolation sind auf dem Rücken des Spulenkopfes zu erkennen; die Drahtisolation in der Mitte der Spule ist natürlich am stärksten mitgenommen. Die Folge dieser Überhitzung und Isolationszerstörung war ein Windungsschluß.

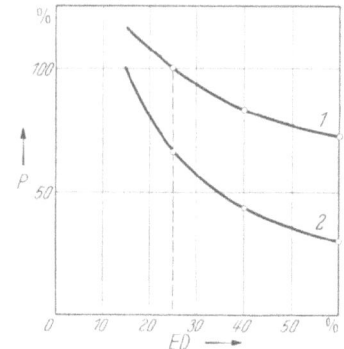

Abb. 7. Änderung der zulässigen Leistung P bei verschiedener relativer Einschaltdauer ED unter Einhaltung der Erwärmungsgrenzen nach REM. Dreiphasenkranmotor 200 kW ≙ 100%, bei 25% ED, 500 V, 730 U/min. *1* bei halboffener Ausführung, *2* bei geschlossener Ausführung des Motors

Auch Kommutatoren und Schleifringe zeigen bei stärkerem Strom eine größere Erwärmung, jedoch nicht im gleichen Grad wie die Wicklungen, weil hier neben den wachsenden Stromverlusten noch beträchtliche Reibungsverluste vorhanden sind, die bei einer Erhöhung des Stromes praktisch unverändert bleiben.

Zu niedere Drehzahlen von Generatoren führen durch die zu erhöhenden Erregerströme ebenfalls zu einer vermehrten Erwärmung der Erregerwicklungen.

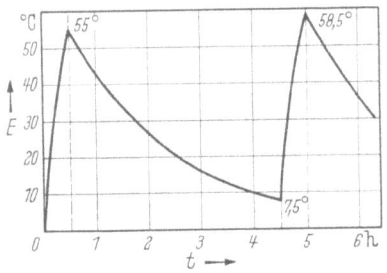

Abb. 8. Erwärmung E in Abhängigkeit der Zeit t bei kurzzeitigem Betrieb (30 min Belastung und 4 Std. Pause) eines tropfwassergeschützten Käfigankermotors von 7,3 kW, 1400 U/min

b) Belastung ist unzulässig groß

Wenn Maschinen kurzzeitig oder stoßweise überlastet werden, muß immer auf die Erwärmung Rücksicht genommen werden. Es ist zu bedenken, daß die Erwärmung proportional mit den Verlusten zunimmt. Die Kupferverluste wie auch die Eisenverluste wachsen ungefähr mit dem Quadrat der Stromstärke bzw. der Spannung.

Ganz besondere Erwärmungsverhältnisse bestehen bei Motoren für aussetzende Betriebe. Hier hängt die Erwärmung stark von der relativen Einschaltdauer (ED) ab, d. i. das Verhältnis der Einschalt- bzw. Belastungsdauer zur Spieldauer.

Abb. 7 zeigt als Beispiel, wie sich die Leistung, welche die zulässige Erwärmung im Beharrungszustand ergibt, bei aussetzendem Betrieb mit der relativen Einschaltdauer ändert.

Abb. 8 veranschaulicht den Verlauf der Erwärmung und Abkühlung eines Motors von 5 kW Dauerleistung bei intermittierender Belastung mit 7,3 kW.

c) Kühlluftmenge ist ungenügend

Als weitere Ursachen für eine Übererwärmung können in Betracht kommen: Ungenügende Kühlluftmenge infolge Verengung und Verstopfung der Kühlluftwege in der Maschine, Drosselung der Frischluft durch unrichtige Ausführung von Luftkanälen, durch Verschmutzung

Abb. 9. Verstaubter Ständer eines Drehstrommotors offener Bauart aus einer Spinnerei

von Gittern oder durch Verstaubung von Luftfiltern. Bei Maschinen mit fremdangetriebenen Ventilatoren wird durch Störungen an deren Antrieben die Kühlluftmenge verringert. Ventilatoren mit schräggestellten Flügeln fördern bei falschem Drehsinn zu wenig Luft.

Das allmähliche Verstopfen der Kühlluftwege einer Maschine und das Bedecken von Wicklungen und Eisen mit einer wärmeisolierenden Schicht ist besonders bei Antriebsmaschinen in der Textil-, Papier-, Holz- und Zementindustrie zu erwarten. Die feinen Fasern, die in Spinnereien überall in der Luft enthalten sind, lagern sich in Maschinen sehr leicht ab und bilden über den Wickelköpfen und auf dem Eisen watteartige Beläge, welche die Luftmenge drosseln und die Wärmeableitung erschweren. Selbst auf sehr glatten, lackierten Maschinenteilen bleibt dieser Flaum haften.

Abb. 9 zeigt den Ständer eines Motors aus einer allerdings nicht modern eingerichteten, daher staubigen Spinnerei. Diesem Motor fehlte zudem das in Spinnereien übliche Schutzsieb. Durch Versuche wurde festgestellt, daß die Verflaumung des offenen Motors durch den Siebschutz auf ein zulässiges Maß vermindert werden kann. Die Siebe können jederzeit leicht gereinigt werden.

Vergleichende Belastungsversuche an einem solchen Spinnereimotor im ungereinigten und gereinigten Zustand lieferten das Ergebnis, daß die Erwärmung bei gleicher Leistung im ungereinigten Zustande 45 bis 65% höher war als im gereinigten Zustand. Am größten war der Unter-

Abb. 10. Mit Schlichtestaub verstopfter Läufer aus einer Weberei

schied in der Erwärmung des Eisens und der Spulenköpfe. Die Luftmenge des ungereinigten Motors betrug noch etwa 60% derjenigen des gereinigten Motors.

Sehr schädlich wirkt auch die Verstaubung der Motoren in Baumwollwebereien durch Schlichtstaub. Dieser enthält vorwiegend Stärke, die bei der Ablagerung im Motor zu Klumpen zusammenklebt. Abb. 10 zeigt den Läufer eines solchen Motors, der hinsichtlich Verstaubung ganz ungünstig aufgestellt war. Durch die vollständige Verstopfung des Läufers wurden hier die Spulenköpfe ausgelötet.

Auch eine zu reichliche Schmierung von Kugellagern kann zur Verschmutzung von Wicklungen führen, Abb. 11.

Um die Verstaubung und Verschmutzung des Motorinnern zu vermeiden, sind die verschiedensten Motorkonstruktionen entwickelt worden. Neben dem vollständig gekapselten Motor, dessen Leistung infolge der Kapselung bei kleinen und mittleren Typen (etwa $5 \cdots 100$ kW) um $30 \cdots 45\%$ der Leistung entsprechender Motoren offener Bauart zurückgeht, bestehen verschiedene Ausführungen mit Mantelkühlung.

Auch bei diesem Motortyp ist die Leistung gegenüber dem offenen Typ noch beträchtlich reduziert und dürfte je nach Motorgröße etwa 60···80% der entsprechenden Größe offener Bauart erreichen. Zudem muß beachtet werden, daß natürlich auch die Luftwege der mantelgekühlten Motoren verstopfen oder verstauben können (Abb. 12), wodurch die Belüftung verringert wird. Eine gute Wartung ist also auch hier unerläßlich. Wenn die Verstaubungsgefahr groß ist, empfiehlt es sich, Motoren in besonderen, abgeschlossenen Betriebsräumen aufzustellen.

In solchen Räumen ist die Verstaubung der Motoren für die Erwärmung nicht mehr gefährlich. Hier genügt eine halb- bis ganzjährige Revisionsperiode.

Bei ungünstigeren Aufstellungsorten muß die Reinigung unbedingt in kürzeren Zeitabständen erfolgen.

Drosselungen in der Frischluftzufuhr können durch eine unrichtige Fundamentanordnung bei Maschinentypen entstehen, deren Lufteintrittsöffnungen an der Unterseite der Verschalungen liegen. Ferner hat die baulich unrichtige Ausführung von Zuführungskanälen, z. B. zu viele und zu starke Krümmungen, zu enge Querschnitte, eine Luftdrosselung zur Folge. Bei ungünstiger Anordnung der Luftansaugstellen im Freien können Drosselungen auch durch

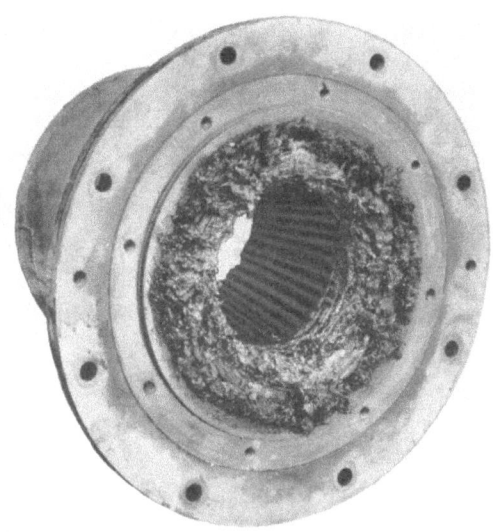

Abb. 11. Stator eines übermäßig geschmierten Motors

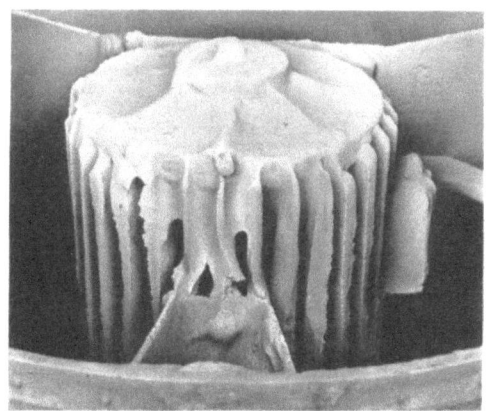

Abb. 12. Verstaubtes Gehäuse eines Motors mit Mantelkühlung

Anhäufung von angesaugtem Laub und Stroh entstehen; auch durch unachtsames Versperren der Eintrittsstellen mit Brettern kann Luftdrosselung eintreten.

In Abb. 13 ist die Druckvolumenkurve der Eigenventilation eines 5000-kVA-Generators gezeigt. Bei der Aufnahme dieser Kurve wurde der Austrittsquerschnitt der Kühlluft allmählich geschlossen. Man sieht, wie mit zunehmender Drosselung und deshalb ansteigendem Druck die Fördermenge der Lüfter (Ventilator und Polrad) stetig sinkt.

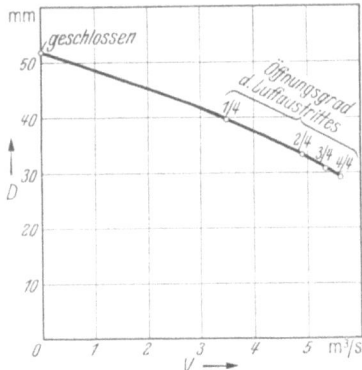

Abb. 13. Druck D in mm WS in Abhängigkeit von der sekundlichen Luftmenge, V bei der Belüftung eines Dreiphasengenerators 5000 kVA, 750 U/min

Es wurde schon festgestellt, daß das Maschinenpersonal durch teilweises Schließen der Abluftklappen die Luftmenge absichtlich reduzierte, um damit die Heizung des Maschinenhauses durch die warme Abluft zu verbessern, was zu einer Übererwärmung der Maschine führen mußte. Abschlußklappen, die nur bei ausnahmsweise längerem Stillstand des Generators oder bei einem Brandfall zu schließen sind, sollen im normalen Betrieb nicht willkürlich betätigt werden. Bei zu kleinen Maschinenräumen oder bei der Aufstellung von Maschinen in engen Schutzkasten kann infolge ungenügender Frischluftzufuhr ebenfalls Übererwärmung eintreten.

Früher wurden zur Filterung der Kühlluft, besonders für Turbomaschinen, meistens Tuchfilter, sog. Taschenfilter verwendet. Als Filtertuch kam ein Baumwolltuch zur Verwendung, ähnlich demjenigen in den elektrischen Staubsaugern. Der Druckverlust in den Filtern steigt rasch durch Verstopfung. Im gereinigten Zustand beträgt er gewöhnlich 2 mm Wassersäule; bei etwa 10 mm Wassersäule Druckverlust müssen die Taschen durch Herausnehmen und Ausklopfen gereinigt werden. Wegen der Feuergefährlichkeit dieser Tuchfilter (es sind mehrere Filterbrände bekannt geworden, bei denen auch die Wicklung der Maschine verbrannte) wurden immer mehr sog. Viszinfilter verwendet, die nur Metallteile oder Ringe aus keramischem Material und ein schwer brennbares Öl enthalten.

Folgende Vorsichtregeln sind bei Luftfilteranlagen zu beachten: Bei Anlagen jeden Systems soll keine unfiltrierte Luft durch verborgene Öffnungen, Kabel- und andere Kanäle, undichte Stellen usw. eingesaugt werden können. Der Druckabfall in den Tuchfiltern muß dauernd mit der Wassersäule kontrolliert werden; er darf 10 mm nicht erheblich übersteigen. Zerrissene Taschen sind sofort zu ersetzen oder auszubessern. Räume, in denen sich Tuchfilter befinden, dürfen nicht mit offenem Licht betreten werden; das Rauchen ist darin strengstens zu verbieten.

Bei Viszinfiltern sind die Zellen nach dem Eintauchen in das Viszinöl vor dem Wiedereinsetzen gut abtropfen zu lassen, damit kein solches Öl in die Maschine gerissen wird. Die Luftgeschwindigkeit soll deshalb 1 m/s nicht übersteigen. Der Druckverlust beträgt bei richtiger Bemessung der Filter etwa 10 mm Wassersäule.

Störungen in der Fremdkühlung: Wird die Kühlluft durch besonders aufgestellte Ventilatoren gefördert, so können Störungen in der Kühlung des Hauptaggregates dann auftreten, wenn der Antrieb dieser Hilfsventilatoren nicht richtig arbeitet. Man hat hierbei den Antriebsmotor auf normale Drehzahl und richtigen Drehsinn zu prüfen und muß den Lufteintritt des Ventilators auf die bereits oben genannten Fehlermöglichkeiten hin untersuchen. Auch sind die vorhandenen Alarmvorrichtungen gegen das Ausbleiben der Kühlluft regelmäßig auf ihr richtiges Ansprechen zu prüfen.

d) Kühllufttemperatur ist zu hoch

Wenn immer möglich, sollte bei der Entnahme der Frischluft aus dem Freien und beim Ausstoßen der Warmluft wieder ins Freie darauf geachtet werden, daß dies nicht auf der gleichen Gebäudeseite geschieht. Es besteht sonst leicht die Gefahr, daß bei ungenügender Entfernung der Öffnungen die ausgestoßene Warmluft teilweise wieder angesaugt wird. Eine Probemessung der Kühllufttemperatur direkt beim Eintritt in die Maschine und in größerer Entfernung davon kann rasch Aufschluß geben, ob eine solche Störung vorliegt.

Bei undichten oder teilweise fehlenden Verschalungen zwischen Frischluft und Abluft kann ebenfalls eine Vorwärmung der Frischluft und ein teilweiser Kreislauf der Kühlluft zustande kommen.

Es kommt auch vor, daß warme Luft aus Kabelkanälen eingesaugt wird, die ohne Abschluß in den Druckraum einer Maschine münden, wodurch die Kühlluft schon vorgewärmt ist.

Sind Frischlufteintritte hinsichtlich Sonnenbestrahlung ganz ungünstig gelegen, so kann ebenfalls eine unzulässige Vorerwärmung der Kühlluft stattfinden.

Zur Reinhaltung des Innern großer Turbomaschinen und Generatoren wird die Ventilationsluft meist in einem Ringlauf- oder Umlaufsystem mit Wasser gekühlt. Bei richtiger Bemessung der Kühler, aber zu geringer Wassermenge, sind die Kühlorgane derselben nicht mehr ganz mit Wasser gefüllt, so daß die Kühlung teilweise unwirksam wird. Auch Verkalkung und Verschmutzung durch Sand, Gras, Laub,

Holz usw. der Kühlrohre kann die Kühlwirkung verschlechtern (s. S. 230).

Der Kühlwasserbedarf solcher Kühler beträgt pro 1 kW Verlust und 1 °C Übertemperatur des Wassers etwa 15···20 Liter/min; bei 15 °C Übertemperatur ergibt dies etwa 1···1,3 Liter/min, kW. Wenn die Kühler reichlich bemessen sind, muß immer für eine gute Füllung der Kühlerelemente gesorgt sein und nötigenfalls mehr Wasser durchgelassen werden.

Bei Ringlauf- und Umlaufkühlung ist die öftere Kontrolle der Signaleinrichtungen, wie Temperaturmelder, Wasserdurchflußanzeiger, Alarmsignal u. a., notwendig. Ebenfalls sind etwa vorhandene Klappen für den Einlaß von Kühlluft bei aussetzender Wasserkühlung auf ihre leichte Betätigung zu prüfen. Bei solchen Anlagen sind Apparate, wie z. B. Durchflußanzeiger, einzubauen, um allfällig eintretende Rohrbrüche im Kühler sofort anzuzeigen. Bei der Ringlaufkühlung sehr großer Maschinen mit einem getrennt angetriebenen Ventilator ist die unbedingte Betriebssicherheit dieses Antriebes von größter Wichtigkeit.

e) Anschlüsse sind unrichtig oder Zuleitungen unterbrochen

Bei Asynchronmotoren kann nicht selten eine falsche Schaltung der Ständerwicklung die Ursache einer Übererwärmung des Ständers und Läufers werden. Ebenso führt der Unterbruch einer Zuleitung zum Ständer während des Laufs bei unrichtig bemessenem Überstromschutz zu einer Übererwärmung. Näheres s. S. 166.

f) Wicklung ist fehlerhaft

Bei Hauptpol- und Wendepolspulen, die eingebändelt und kompoundiert oder lackiert sind, kann eine hohe Erwärmung eintreten, wenn die Füllung der Hohlräume zwischen den Leitern schlecht ist. Besonders gefährdet sind diese Spulen, wenn die Umbändelung sich allmählich ablöst und Luftkissen zwischen der Umbändelung und der Wicklung entstehen, weil die dazwischenliegende Luftschicht wärmeisolierend ist. Auch bei schlecht eingebundenen Spulenköpfen von Ständerwicklungen sind solche Krankheiten möglich.

Ein weiterer Grund für die zu hohe Erwärmung der Spulenköpfe von Ständerwicklungen, selbst bei genügender Kühlluftmenge, kann darin liegen, daß lange Spulenköpfe zu wenig abgestützt sind und nach längerer Betriebszeit fast aufeinander zu liegen kommen. Dadurch wird die Kühlung zwischen den Wicklungsköpfen verschlechtert. Auch werden durch das oben erwähnte Aufblähen der Isolation, verbunden mit der Bildung wärmeisolierender Luftkissen, die Abstände zwischen den Spulenköpfen noch mehr verringert und die Kühlung weiter verschlechtert.

Zur Abstützung von Wicklungsteilen angebrachte Klemm- oder Distanzierungsstücke aus Isolationsmaterial können örtliche Übererwärmung verursachen, wenn durch dieselben größere Abkühlungsflächen überdeckt und dadurch unwirksam gemacht werden.

Wenn an Synchron- und Gleichstrommaschinen ein Teil der Erregerwicklung infolge Windungs- oder Lagenschluß unwirksam wird, muß der Erregerstrom erhöht werden, um die richtige Spannung zu halten. Dadurch entsteht im wirksam gebliebenen Teil der Erregerwicklung die Gefahr der Überhitzung.

g) Übrige Ursachen der Übererwärmung

Selbstverständlich können auch andere Wicklungs- oder Eisenkrankheiten eine Übererwärmung zur Folge haben. Die Störung wirkt sich jedoch im letztern Falle stets nur an kranken Stellen und deren nächster Umgebung aus (s. S. 46).

Schleifringe und Kommutatoren werden sowohl bei ungenügender Kühlung wie auch bei unrichtiger Wahl der Kohlensorte zu warm. Auf diese Störungen und ihre Behebung wird auf S. 60 und S. 71 näher eingegangen. Zu hohe Lagererwärmung kann verschiedene Ursachen haben, die auf S. 123 besonders behandelt sind.

Natürlich können auch konstruktive oder Materialfehler schuld an zu hoher Erwärmung einzelner Maschinenteile sein. Meistens werden dieselben bei der Prüfung der Maschinen im Werk erkannt und behoben.

B. Wicklungskrankheiten

1. Feuchte und schmutzige Wicklungen

a) Durchfeuchtung der Wicklungen

Aus Abb. 14 geht hervor, welche Feuchtigkeitsmengen gesättigte Luft bei höheren Temperaturen enthält.

Durch Luftfeuchtigkeit werden die Isolationen der Wicklungen beeinträchtigt und die übrigen Metallteile der Maschinen, wie Blechkörper, Wellen, Kommutatoren usw. angegriffen.

Wicklungsisolationen können sich zufolge von Kapillarwirkung mit Wasser vollsaugen, ebenso alle kleinen Zwischenräume in den Wicklungen und im Blechkörper. Im weiteren kann sich auf den verhältnismäßig großen Oberflächen von Wicklungen viel Feuchtigkeit ansammeln. Eine Durchfeuchtung wird auch eintreten beim Lagern von Maschinen in feuchten, schlecht gelüfteten Räumen, bei längerer Außerbetriebsetzung der Maschinen in feuchter Jahreszeit, beim direkten Eindringen von Wasser, z. B. auf dem Transport, sowie auch beim Eintritt von

Wasserdampf, so daß die unmittelbar anschließende Inbetriebsetzung eine Gefahr für die Wicklungen bedeutet. Lagerräume für fertige Maschinen müssen daher stets gut gelüftet und in der kalten Jahreszeit mäßig geheizt werden, um Feuchtigkeitsaufnahme und Kondenswasserbildung zu vermeiden. Auch Reservewicklungen sollen aus demselben Grund in trockenen und gut gelüfteten Räumen aufbewahrt werden und nicht in der Verpackung liegen bleiben. Die Wicklungen von Maschinen, deren Kühlluft aus dem Freien entnommen wird, und die während Wochen und Monaten außer Betrieb stehen, können bei föhnigem Wetter durch die eintretende Luft stark durchfeuchtet werden. Die Zu- und Abluftkanäle solcher Maschinen sollen deshalb bei längeren Stillständen und feuchter Witterung geschlossen werden. Bei trockener Luft und warmem Wetter empfiehlt es sich, die Kühlluftkanäle zu öffnen. Im Freien aufgestellte Maschinen sind infolge starker Temperaturschwankungen und Föhnwetter der Möglichkeit der Kondenswasserbildung ausgesetzt. Die gleiche Gefahr besteht auch nach dem Transport von Maschinen, wenn sie nach längerer Lagerung in kalter Luft in Räume mit warmer, feuchter Luft verbracht werden. Wenn die Möglichkeit der Durchfeuchtung einer Wicklung besteht, soll deren Isolationswiderstand vor der Wiederinbetriebnahme kontrolliert werden.

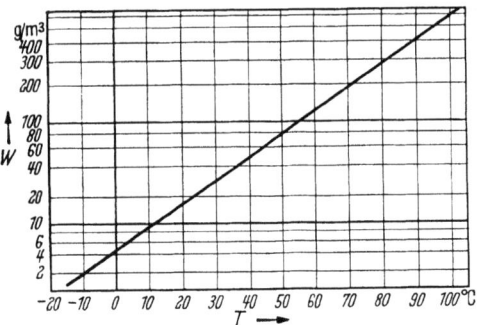

Abb. 14. Wasserdampfgehalt W mit Feuchtigkeit gesättigter Luft in Abhängigkeit von der Lufttemperatur T

b) Verschmutzung der Wicklungen

Der Isolationswiderstand einer Wicklung hängt nicht nur von der Feuchtigkeit ab, sondern auch vom Grade der Verschmutzung. Je nach der Leitfähigkeit des auf den Wicklungen abgelagerten Schmutzes, z. B. Ruß, Kohlenstaub, wird der Isolationswiderstand beeinträchtigt. Abb. 15 zeigt z. B. den Unterschied des Isolationswiderstandes, der an der feuchten schmutzigen und an der getrockneten, gereinigten Wicklung derselben Maschine gemessen wurde, bei verschiedener Meßdauer und bei gleichbleibender Temperatur. Der Verlauf der Kurven läßt ein Urteil über den Zustand der Wicklung zu, indem der Isolationswiderstand der trockenen sauberen Wicklung mit der Meßzeit rasch ansteigt, während dies für die feuchte verschmutzte Wicklung nicht der Fall ist.

Ist eine Wicklung stark verschmutzt, empfiehlt sich vorerst eine gründliche Reinigung. Ist der Isolationswiderstand noch nicht genügend, so ist eine gründliche Trocknung derselben notwendig.

c) Messung der Isolationswiderstände

Diese Messung erlaubt ein Urteil über den Trocknungszustand nicht verschmutzter Wicklungen, wobei zu beachten ist, daß trotz eines hohen Widerstandes gegen Erde der Isolationswiderstand zwischen den Spulen der einzelnen Phasenwicklungen ungenügend sein kann. Bei Mehrphasenmaschinen sollen deshalb auch die Isolationswiderstände der Phasenwicklungen gegeneinander kontrolliert werden.

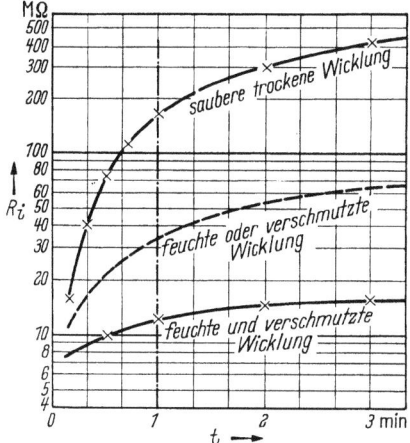

Abb. 15. Einwirkung von Feuchtigkeit und Schmutz auf den Isolationswiderstand R_i; Widerstandsänderung während der Meßdauer t

Der Isolationswiderstand kann nur mit Gleichstrom richtig gemessen werden. Die bei Wechselstrom auftretenden Ladeströme fälschen die Messung, weil Wicklung und Eisen, getrennt durch die Isolation, einen Kondensator bilden. Aus diesem Grunde sind Wicklungen, die mit Wechselstrom getrocknet wurden, vor der Isolationsmessung durch Erdung vollständig zu entladen.

Ein einwandfreier Isolationsmesser soll eine möglichst konstante Gleichspannung erzeugen; bei ungeeigneten Apparaten mit welliger Gleichspannung kann die Spitzenspannung den mehrfachen Wert der Nennspannung des Isolationsmessers betragen. Die Höhe der Meßspannung soll dem Objekt angepaßt sein. Es werden Isolationsmesser von 250···3000 V benützt. Für Maschinen aller Nennspannungen genügt normalerweise eine Meßspannung von 500 V; höhere Meßspannungen kommen hauptsächlich für Hochspannungskabel zur Anwendung. Bei der Isolationsmessung soll die Maschine von andern Anlageteilen abgetrennt sein. Wie aus Abb. 16 hervorgeht, ist der Isolationswiderstand sehr stark von der Meßdauer, der Meßspannung und der Wicklungstemperatur abhängig. Um vergleichbare Resultate und ein Urteil über den Trocknungszustand zu erhalten, sind die Isolationsmessungen nach einheitlichen Grundsätzen durchzuführen. Es ist stets die gleiche Meßzeit, z. B. genau 1 Minute, und die gleiche Meßspannung von beispielsweise 500 V anzuwenden. Wie aus Abb. 16 hervorgeht, gibt eine Meßspannung von 200 V höhere Isolationswiderstände als bei 500 V.

Bei Wicklungen mit großer Kapazität eignet sich der Kurbelinduktor nicht mehr zur Isolationsmessung. Es ist dann angezeigt, den Isolationswiderstand mit Hilfe einer stärkeren Gleichstromquelle von 500 V Spannung, z. B. Maschine, Netz oder Batterie, und eines Voltmeters zu bestimmen gemäß Abb. 17.

Der Isolationswiderstand R_Z errechnet sich nach der Formel:

$$R_Z = R_V \left(\frac{U}{U_V} - 1 \right).$$

R_V bedeutet den Widerstand des als Amperemeter geschalteten Voltmeters, U_N die angelegte Spannung und U_V die am Voltmeter abgelesene Spannung.

Neuerdings kommen für die Isolationsmessung auch sog. ,,Ionisations-Tester" zur Anwendung. Sie erzeugen Gleichspannungen, die

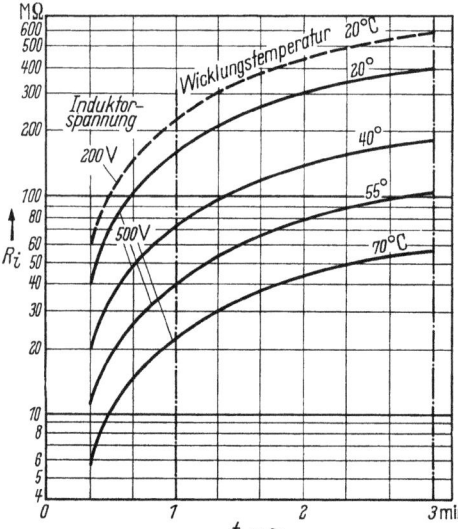

Abb. 16. Abhängigkeit des Isolationswiderstandes R_i während der Zeit t von der Wicklungstemperatur und der Induktorspannung

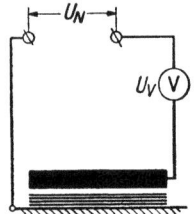

Abb. 17. Isolationsmessung an der Netz-Gleichspannung U_N mit der Voltmeter-Spannung U_V.

bis zu 30 kV regelbar sind, so daß mit Spannungswerten in der Höhe der wirklichen Betriebs- und Prüfspannungen von Hochspannungs-Wicklungen gemessen werden kann. Der Isolationswiderstand wird aus der Meßspannung und dem Ableitstrom ermittelt. Die Meßwerte sind nur zuverlässig und vergleichbar, wenn die Messungen hinsichtlich Dauer des Spannungsanstieges und der Meßzeiten gleichartig durchgeführt werden. Unter dieser Voraussetzung können mit der Meßmethode Vertraute richtige Schlüsse auf den Zustand der Isolation ziehen, und bei periodischen (jährlichen) Wiederholungen möglicherweise rasche Verschlechterungen der Isolierungen feststellen.

d) Kleinstzulässige Isolationswiderstände

Die Größe des Isolationswiderstandes einer Wicklung ist abhängig vom Trocknungszustand, von der Verschmutzung, vom Isoliermaterial und von seiner Dicke sowie der Fläche, welche mit der Isolation bedeckt ist. Material und Dicke der Isolation sind durch die Betriebsspannung

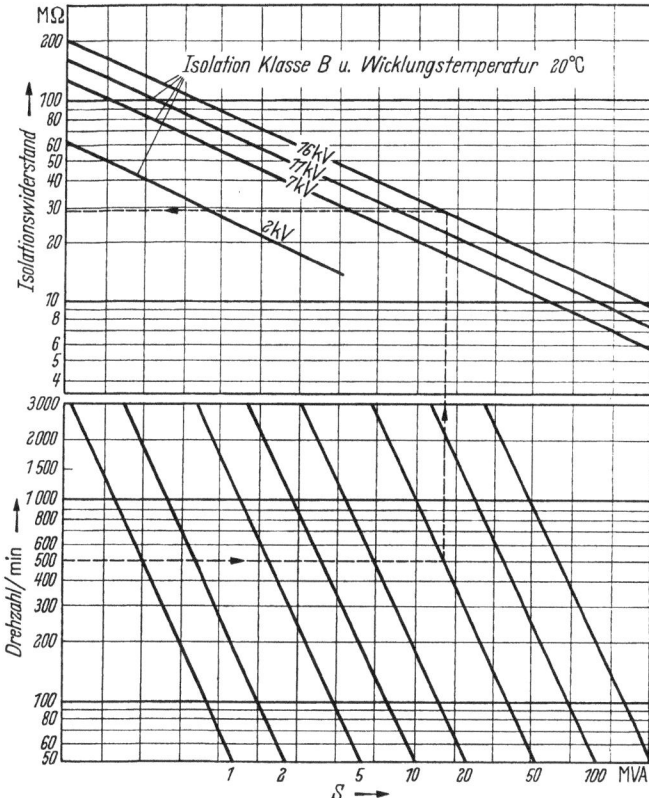

Abb. 18. Mindest-Isolationswiderstände R_i für Wicklungen von Wechselstrommaschinen mit Nennleistungen S von $1 \cdots 200$ MVA, Nenndrehzahlen von $50 \cdots 3000$ U/min und mit $2 \cdots 16$ kV Nennspannung

bedingt. Die mit Isolation belegte Fläche ist abhängig von der Leistung und Drehzahl der Maschine.

Die Frage, welchen Isolationswiderstand Wicklungen mindestens haben müssen, kann mit Hinsicht auf die Verschiedenheit derselben nicht mit einer allgemein gültigen Formel beantwortet werden. Aus diesem Grunde gibt es hierüber auch keine Vorschriften.

Für Ständerwicklungen größerer Wechselstrommaschinen enthält Abb. 18 Erfahrungswerte für kleinstzulässige Isolationswiderstände, bezogen auf die Maschinenleistung, Drehzahl und Nennspannung für

20 °C Wicklungstemperatur. Ergibt die Messung nach den auf S. 17 angegebenen Methoden kleinere Isolationswiderstände, dann sollen die Wicklungen getrocknet werden, bevor der Betrieb mit Nennspannung aufgenommen wird.

Erst wenn der in der Abb. 18 für 20 °C Wicklungstemperatur angegebene Isolationswiderstand bei warmer Wicklung von 50···60 °C Temperatur erreicht ist, kann die Trocknung abgebrochen werden.

Unter normalen Verhältnissen dürfte zufolge der fortschreitenden Austrocknung im Betrieb eine weitere Steigerung des Isolationswiderstandes eintreten, wenn derselbe nicht durch Verschmutzung beeinträchtigt wird.

Für Polradwicklungen größerer Generatoren genügen im allgemeinen Isolationswiderstände von 0,2···0,8 Megohm, für Turboläufer 1 Megohm.

Für Läufer- und Magnetwicklungen von Gleichstrommaschinen größerer Leistung und mit Spannungen bis 1000 V genügen 2···10 Megohm.

e) Trocknung feuchter Wicklungen

Im allgemeinen soll man sich beim Trocknen von Maschinen nicht verleiten lassen, möglichst kräftig und schnell zu trocknen, unter Anwendung hoher Temperaturen. Es ist für die Betriebssicherheit einer Maschine viel zweckmäßiger, wenn sie langsam und sorgfältig unter Beobachtung aller auftretenden Erscheinungen getrocknet wird. Die hastige Einsparung einiger Stunden Trocknungszeit kann an der Isolation einen Schaden anrichten, der durch den Zeitgewinn nicht aufgewogen wird. Durch richtiges Trocknen kann eine Maschine, welche sogar durch direkte Einwirkung von Wasser stark durchnäßt wurde, wieder in betriebsfähigen Zustand gesetzt werden.

Bei neuen, größeren Maschinen ist die für eine sorgfältige Trocknung aufgewendete Zeit nicht verloren, weil während der Trocknung die Lager einlaufen können, und deren Erwärmung kontrolliert werden kann.

Naturgemäß nehmen frisch getrocknete Wicklungen rasch wieder Feuchtigkeit auf, so daß sie nach beendigter Trocknung sofort in Betrieb gesetzt werden sollten.

Die anzuwendenden Trocknungsverfahren richten sich nach der Art der Maschine und den zur Verfügung stehenden Hilfsmitteln. Praktisch gelangen folgende Methoden zur Anwendung:

Trocknung mittels Heizwiderständen oder Öfen, durch Eigenventilation, durch Zuführung vorgewärmter trockener Luft, durch Verlustwärme, d. h. Kupfer- oder Eisenverluste, oder durch direkte Heizung mit Gleichstrom. Bei jeder Art von Trocknung ist die Hauptsache, daß sowohl die Wicklungsteile wie der Eisenkörper durch Luft reichlich bestrichen werden und die austretende Feuchtigkeit abziehen kann. In

widerstandes während der Trocknung anläßlich der Inbetriebsetzung eines großen Dreiphasengenerators gezeigt.

Wenn der in der Abb. 18 für die Maschinenleistung, Drehzahl und Nennspannung angegebene Isolationswiderstand bei $50\cdots70\ °C$ Wicklungstemperatur überschritten ist, kann die Trocknung abgebrochen werden.

Im zweiten Verfahren erfolgt die Trocknung durch die Verlustwärme des Eisens. Der Generator ist bei reduzierter Drehzahl und gedrosselter Frischluft längere Zeit mit $30\cdots60\%$ der Nennspannung zu betreiben, um so seine allmähliche Durchwärmung zu erreichen. Die Drehzahl sollte nur so weit herabgesetzt sein, daß der Polradstrom anfänglich nicht höher als auf $1/3\cdots1/2$ des Nennwertes gesteigert werden muß. Die Erwärmung der Polradwicklung bestimmt man aus der Widerstandszunahme. Durch die Drosselung der Frischluft oder durch den Kreislauf der Kühlluft wird eine beträchtliche Erwärmung in $3\cdots6$ Stunden möglich sein. Man kontrolliert die Temperatur im Ständer mit Thermometern, die ans Eisen gelegt werden; diese Temperatur sollte 70 °C nicht überschreiten. Ist sie erreicht, so regelt man die Frischluftzufuhr derart, daß diese Temperatur angenähert konstant bleibt. Zum Zwecke der Messung stellt man den Generator in Abständen von $3\cdots6$ Stunden ab. Mit zunehmender Trocknung und steigendem Isolationswiderstand erhöht man auch die Spannung und Drehzahl der Maschine und steigert gleichzeitig die Frischluftzufuhr, so daß keine beträchtliche Abkühlung eintritt. Wenn der in Abb. 20 angegebene Isolationswiderstand bei einer Wicklungstemperatur von $50\cdots60\ °C$ erreicht ist, kann die Maschine in Betrieb genommen werden.

Wie bereits erwähnt, ist die reichliche Zufuhr trockener Luft bei der Trocknung von Maschinen von ausschlaggebender Bedeutung, um die Feuchtigkeit abzuführen. Wo eine Lufterneuerung nicht oder nur ungenügend erfolgen kann, wie z. B. bei Maschinen mit Umlaufkühlung in Kavernen, wird die warme feuchte Ventilationsluft an den kalten Kühlerelementen kondensiert. Dieses Schwitzwasser, das von feuchtem Beton, Wicklungen, Eisenkörper usw. herrührt, ist abzuleiten oder aufzunehmen, da es sonst durch die Ventilationsluft aufgesaugt wird und immer wieder in die Maschine gelangt.

Sind Generatoren und Motoren mit Durchzuglüftung in feuchten Räumen nur intermittierend in Betrieb, dann sollten sie durch zusätzliche Heizung etwas über Umlufttemperatur gehalten werden, damit keine Kondenswasserbildung auftritt.

Wenn geschlossene Motoren mit Umlaufkühlung in feuchten Räumen, wie Pumpanlagen, nur kurzzeitig in Betrieb sind, besteht die Gefahr von Kondenswasserbildung. Zufolge der Erwärmung und Abkühlung der Luft im Motorinnern entsteht die Atmung, bei welcher feuchte Luft eingesogen wird. Bei deren Erwärmung entsteht Kondenswasser, welches den Isolationswiderstand und die Betriebssicherheit herabsetzt. In extremen Fällen empfiehlt sich der Einbau einer Heizung, welche während des Stillstandes eingeschaltet wird, oder eine Vortrocknung der Atmungsluft.

Große Maschinen, deren Wicklungen so stark durchnäßt sind, daß es wegen elektrolytischer Wirkung nicht ratsam ist, sie auf noch so geringe Spannung zu bringen oder im Kurzschluß laufen zu lassen, werden am besten mit trockener warmer Luft behandelt und unerregt laufen gelassen. Zur Erwärmung der Trocknungsluft kann man im Zuluftkanal Heizwiderstände einbauen, zu deren Speisung eine Hilfsstromquelle, z. B. die eigene Erregermaschine, dienen kann. Die zur Trocknung dienende Luft darf eine Temperatur von $50 \cdots 70$ °C besitzen; es empfiehlt sich, die Aufheizung auf diese Temperatur innerhalb $2 \cdots 5$ Stunden langsam vorzunehmen. Bei normaler Drehzahl ist die geförderte Luftmenge so groß, daß zu ihrer Erwärmung ganz beträchtliche Heizleistungen nötig wären. Die Drehzahl des Generators wird deshalb möglichst reduziert und die Frischluftzufuhr so gedrosselt, daß noch eine lebhafte Luftbewegung vorhanden ist. Besteht durch das Schließen von Klappen die Möglichkeit, die Lüftung so umzustellen, daß die austretende Luft getrocknet wieder eingesaugt wird, die Kühlluft also im Kreislauf strömen kann, so genügt eine noch geringere Heizleistung zur Erwärmung der Luft. Es muß dann allerdings dafür gesorgt werden, daß dauernd eine Menge trockener Frischluft zugeführt und warme, feuchte Luft abgeblasen werden kann, oder daß die ganze Luftmenge überhaupt von Zeit zu Zeit vollständig erneuert wird, da sonst die Gefahr von Kondenswasserbildung besteht. Zur Trocknung kann man auch die warme Abluft benachbarter Maschinen durch die feuchte Maschine leiten.

Ständer- und Läuferwicklungen von Synchron- und Asynchronmaschinen können außerdem durch direkte Speisung mit Gleichstrom erwärmt und getrocknet werden. Aus Rücksicht auf elektrolytische Wirkungen ist dieses Verfahren jedoch nur dann anzuwenden, wenn die Wicklungen nicht sehr feucht sind. Um eine genügend hohe Temperatur zu erreichen, werden die zu trocknenden Maschinenteile mit Decken zugedeckt oder mit Brettern verschalt. In dieser Bedeckung sind Öffnungen für den Abzug der feuchten Luft vorzusehen. Gleichzeitig kann man zur Vergrößerung der Wirkung noch vorgewärmte Luft einblasen. Am besten wird überhaupt nur mit warmer Luft getrocknet, wenn die nötigen Einrichtungen vorhanden sind. Bei der Trocknung von Mehrphasenwicklungen mit Gleichstrom müssen von Zeit zu Zeit die Anschlüsse der Gleichstromzuleitungen so vertauscht werden, daß alle Wicklungsstränge möglichst gleichmäßig getrocknet werden. Bei der

Verwendung von Gleichstrom kann man auch die Erwärmung der Wicklung in sehr einfacher Weise aus der Widerstandszunahme ermitteln (s. S. 8). In der Regel sollte die mittlere Wicklungstemperatur 70 °C nicht überschreiten.

Als Beispiel sei die Trocknung eines Drehstrommotors von 2200 kW Leistung durch direkte Heizung mit Gleichstrom angeführt. Die Anschlüsse wurden nach je 1···2 Stunden vertauscht. Die nötige Heizleistung, um eine Wicklungstemperatur von etwa 60 °C des völlig mit einer Bretterverschalung umgebenen Läufers zu erreichen, betrug 8 bis 10 kW oder etwa 0,3···0,5% der Motornennleistung. Die Beharrungstemperatur war nach ungefähr 6 Stunden erreicht. Die fortlaufende Messung des Isolationswiderstandes ergab die folgenden Werte:

Zeit nach Anfang Std.	0	12	24	36	50
Isolationswiderstand MΩ	0,2	0,03	0,1	0,8	5,0

Wenn Wicklungen unter der Einwirkung von Meerwasser gestanden haben, müssen sie vor dem Trocknen mit Süßwasser kräftig abgespült werden, um den Salzbelag zu entfernen.

Gleichstromgeneratoren können im Kurzschluß ausgetrocknet werden, sofern ihre Wicklungen nicht sehr feucht sind. Zu diesem Zwecke ist die Maschine mit einem ganz geringen Erregerstrom fremd zu erregen; zur Vermeidung der Selbsterregung sind die Bürsten dabei um etwa eine Lamelle vorzuschieben. Meist wird jedoch ein mehrstündiger Leerlauf ohne Erregung schon genügen, um einen hinreichenden Isolationswiderstand herbeizuführen. Sind die Wicklungen sehr feucht, dann ist das Austrocknen im Kurzschluß wegen elektrolytischer Wirkungen nicht zu empfehlen, sondern es muß dann mit warmer Luft getrocknet werden, wie dies bereits früher angegeben wurde.

Große Gleichstrommotoren für Förderanlagen, Walzwerke u. a. kann man im Stillstand trocknen, indem man den unerregten Motor vom zugehörigen Leonard-Generator aus mit einem Strom von 40···60% des Nennstromes speist. Dabei kontrolliert man die Erwärmung der Wicklungen durch Thermometer. Es ist zu beachten, daß dabei ein unbelasteter Motor bei geringer Verschiebung der Bürsten aus der neutralen Zone anlaufen und durchgehen kann.

Bei der Einwirkung von Feuchtigkeit kann natürlich auch das aktive Eisen durch Rostbildung in Mitleidenschaft gezogen werden. Soweit man Zugang findet, reinigt man die Bleche äußerlich sorgfältig durch Abkratzen des Rostes und lackiert sie nachher wieder mit einem guten Isolierlack, zweckmäßig bei angewärmtem Eisenkörper. Auch wenn Rost zwischen die geblechten Zähne eingedrungen ist, kann man meist durch gute Trocknung und Lackbehandlung des angewärmten Blechkörpers ein Fortschreiten des Rostes verhüten, wenn hernach die Maschine dauernd im Betrieb bleibt und nicht wieder feucht wird.

Nicht selten will man die Güte der Isolation einer durch Trocknung wieder hergestellten älteren Maschine durch eine Spannungsprobe prüfen. Jedoch ist zu beachten, daß jede Spannungsprobe eine erhöhte Beanspruchung der Isolation darstellt, die durch öftere Wiederholung der Probe unnötig geschwächt wird. Aus diesem Grunde soll nach VDE eine Wicklung, welche bei der Abnahme im Neuzustand der vollen Prüfspannung unterzogen wurde, bei einer Wiederholung während der Garantiezeit nur noch mit 80% der vollen Prüfspannung probiert werden. Nach Ablauf der Garantiezeit soll die Spannungsprobe nur noch mit 70% der Prüfspannung der neuen Maschine ausgeführt werden.

2. Eisenschlüsse

a) Ursachen der Eisenschlüsse

Die verschiedenartigsten Zerstörungen der Isolation können in der Folge zu Eisenschlüssen führen. Überspannungen, die in den Leitungen auftreten, an denen die Maschinen angeschlossen sind, sowie Ausschaltüberspannungen in Erregerwicklungen können Durchschläge der Isolation oder Überschläge längs der Oberfläche von Isolationsteilen und damit Eisenschlüsse einleiten. Außerdem können bei betriebsmäßigen Spannungen schon Eisenschlüsse auftreten, wenn durch Staub Kriechwege über die Isolation gebildet oder durch Feuchtigkeit Über- und Durchschläge begünstigt werden. Staubbrücken erzeugen häufig Eisenschlüsse an Läuferwicklungen und an Kommutatoren von Kommutatormaschinen sowie an Schleifringen von Synchron- und Asynchronmaschinen. Diese Störungen können im Zusammenhang stehen mit einem starken Verschleiß der Bürsten bei unrichtig gewählter Sorte oder bei elektrischen oder mechanischen Fehlern an der Stromabnahme. Auch bei ungenügender Wartung der stromabnehmenden Teile kann eine starke Verstaubung entstehen. Besonders gefährdet sind Antriebe in der Eisen- und Kohlenindustrie, in Walzwerken, Förderanlagen, Kokereien u. a. Die Luft in solchen Betrieben enthält meist feinen Eisen- oder Kohlenstaub. Bei der Kühlluftentnahme aus den Arbeitsräumen gelangt dieser Staub an die Läuferwicklungen, Kommutatoren und Schleifringe und bildet leitende Brücken, die allmählich zu Eisenschlüssen führen können. Der in der Luft enthaltene Staub ist sehr leicht und so fein verteilt, daß er durch die Kühlluft an Stellen im Innern der Maschinen getragen wird, wo man ihn nie vermuten könnte. Während des Drehens oder Schleifens von Kommutatoren sollen die Fahnen sorgfältig mit Papier oder Tuch bedeckt werden. Eingedrungener Kupferstaub, oder Drehspäne können neben Eisenschlüssen auch Win-

der Regel ist eine Trocknung von neuen Niederspannungsgeneratoren und Motoren kleinerer Leistung, die sofort nach dem Verlassen des Lieferwerkes in Betrieb kommen, nicht notwendig. Sie ist jedoch unumgänglich für Maschinen, die beim langen Transport oder während der Lagerung Feuchtigkeit aufgenommen haben oder naß geworden sind. Kleinere Gleich- und Wechselstrommaschinen werden am einfachsten mit von außen her einwirkender Wärme oder durch Zufuhr warmer Luft getrocknet.

Nur wenig feuchte, kleinere Gleich- und Wechselstrommaschinen und -motoren mit Nennspannung bis 500 V können getrocknet werden, indem man sie fremd antreibt und genügend lange durchlüftet. Ist dies nicht möglich, so kann die Trocknung durch von außen her einwirkende Wärme oder durch Zuführung warmer, trockener Luft erfolgen.

Asynchronmotoren können anfänglich mit reduzierter Spannung von $1/5 \ldots 1/4$ der Nennspannung leer laufen gelassen werden.

Maschinen größerer Leistung, deren Wicklungen nur wenig Feuchtigkeit aufgenommen haben, und die von ihrer Antriebsmaschine auf Drehzahl gebracht werden können, erfahren möglicherweise durch Eigenventilation eine so reichliche Durchlüftung, daß diese zur Trocknung genügt. Vor dem Laufenlassen sind die Bürsten auf den Schleifringen des Läufers abzuheben, damit die Maschine sich nicht errege. Auch sollen die Sternverbindungen der Wicklung geöffnet oder, wenn dies nicht möglich ist, die Erdverbindung zum Sternpunkt weggenommen werden. Die Trocknung soll solange fortgesetzt werden, bis der Isolationswiderstand nach Abb. 18 erreicht ist. Darauf kann die Spannung langsam und stetig gemäß nachstehender Tabelle bis Nennspannung gesteigert werden.

Nennspannung V	500	2000	5000	10000	über 10000
Zeit . . . Std.	2	3	4	5	6

Bei der erstmaligen Inbetriebsetzung von Wechselstromgeneratoren, deren Wicklungen durch Lagerung und während der Montage feucht geworden sind, wird deren Trocknung durch Strom- oder Eisenverluste ausgeführt, weil eine Austrocknung von innen heraus einfacher ist als bei Wärmezufuhr von außen. Beim Laufe im Kurzschluß erfolgt die Trocknung durch die Stromwärmeverluste in der Ständerwicklung. Diese wird an den Klemmen über drei Amperemeter oder Stromwandler nach Abb. 19 durch eine provisorische Verbindung kurzgeschlossen, die für den Nennstrom bemessen ist. Es darf zwischen den Klemmen des Generators und der Kurzschlußverbindung kein Schalter vorhanden sein, da die beim irrtümlichen Öffnen desselben auftretende Spannung die Maschine gefährdet. Hierauf wird die Maschine auf Nenndrehzahl gebracht und dann langsam bis zum Nennstrom erregt. Eine langsame

Steigerung des Stromes ist wichtig, weil besonders bei Maschinen mit großer Eisenlänge die Gefahr einer ungleichen Erwärmung von Wicklung und Eisen besteht, die zu Schäden an der Wicklung führen kann. An sehr feuchten Wicklungen, die nicht sehr sorgfältig getrocknet werden,

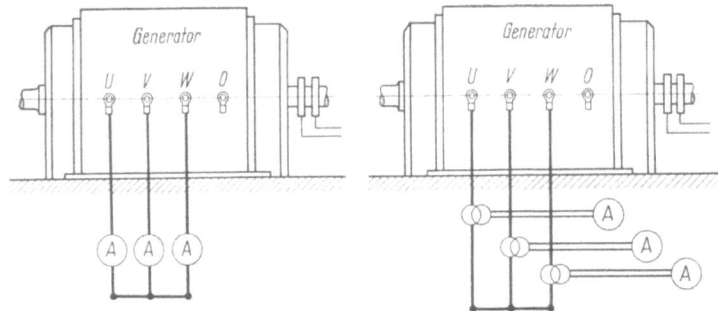

Abb. 19. Schaltungen für Trocknung im Kurzschluß

können außerdem Blähungen der Isolation entstehen, besonders wenn der Strom zu rasch gesteigert wird. Die Temperatur der Wicklung ist dauernd zu überwachen und darf 70 °C, an den Wicklungsköpfen gemessen, nicht überschreiten.

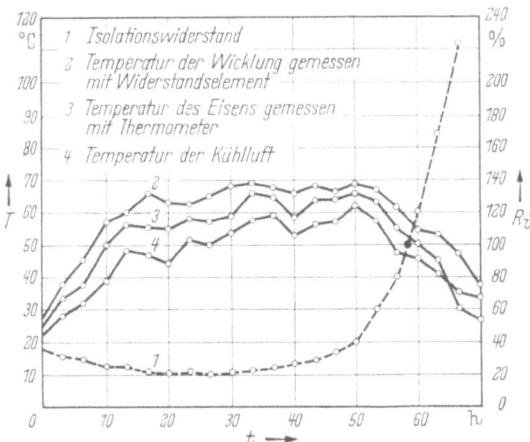

Abb. 20. Änderung des relativen Isolationswiderstandes R_i (100 % = zulässiger Mindestwiderstand) und der Wicklungstemperaturen T während der Trocknungszeit t

Der Isolationswiderstand ist alle 3···6 Stunden zu messen und zu notieren, ebenso die Wicklungstemperatur, wie Abb. 20 zeigt.

Der Isolationswiderstand sinkt zu Beginn der Trocknung und erreicht vorerst einen Mindestwert, um dann im weiteren Verlauf der Trocknung wieder anzusteigen. In Abb. 20 ist als Beispiel der Verlauf des Isolations-

dungsschlüsse verursachen. Außer Staub kann die Luft, beispielsweise in chemischen Betrieben, auch Gase und Dämpfe enthalten, deren Niederschlag auf der Isolation zu Überschlägen und damit zu Eisenschlüssen führen kann. Besonders gefährdet sind in dieser Hinsicht Maschinen, welche in solchen Räumen längere Zeit stillstehen.

Zerstörungen der Isolation wurden auch schon beobachtet nach Gebrauch von Lötwasser bei der Reparatur von Spulen. Bei unvorsichtiger Herstellung von Lötverbindungen kann auch die benachbarte Isolation verbrannt werden, so daß Überschläge gegen Eisen möglich sind. Verbrannte Isolation muß stets ersetzt werden. Wenn Hartpapierisolationen oberflächlich angesengt sind, müssen diese Stellen durch Abkratzen äußerst sorgfältig gereinigt und [neu lackiert werden.

Abb. 21. Wirkung ungenügend gepreßter Ständerbleche

Außerdem sind noch mechanische Ursachen von Eisenschlüssen zu erwähnen. Durch Unachtsamkeit des Betriebspersonals oder bei ungenügend geschütztem Lufteintritt können Fremdkörper mit der Kühlluft in die Maschinen eindringen. Sie zerstören die Isolation auf mechanischem Weg und erzeugen leitende Brücken zwischen spannungsführenden Teilen und Erde.

Abb. 22. Wirkung lockerer Endbleche und Preßfinger

Durch die allmähliche Lockerung von Niet- oder Schweißverbindungen an Distanzstegen in den Kühlschlitzen oder an den Preßfingern der Endbleche können lose gewordene Teile in dauernde Schwingungen

geraten. Benachbarte Spulenisolationen werden dadurch beschädigt.
Bei ungenügender Pressung einzelner Stellen der Blechpakete können
Zahnbleche zu vibrieren beginnen (Abb. 21) und die Isolation der ein-

Abb. 23. Eisenschluß im Ständer eines Turbogenerators

gebetteten Wicklungen allmählich durchscheuern. Abb. 22 stellt als
Beispiel die Wirkung von losen Endblechen und losen Preßfingern an der
benachbarten Spulenisolation dar. Abb. 23 zeigt einen Eisenschluß im
Ständer eines Einphasen-Turbogenerators alter Konstruktion. Dieser

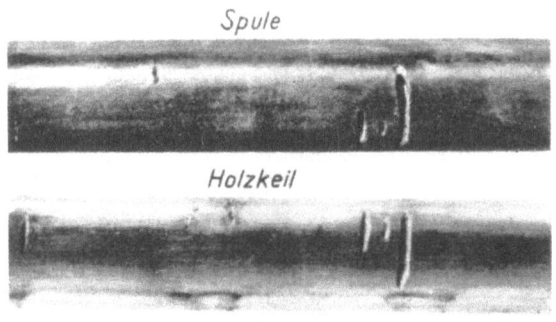

Abb. 24. Durch einen Eisenspan verletzte Spule und Nutkeil

Schluß entstand infolge ungenügender Pressung der Bleche, wodurch die
Zähne in Schwingung gerieten. Durch Eintreiben von Eisenkeilen, die
einwandfrei anzuschweißen sind, kann ein loser Blechkörper wieder
gefestigt werden. Vielfach genügen auch Keile aus Hartpapier, die mit
dickem Lack bestrichen und eingetrieben werden. Bei den heutigen

Blechungsverfahren und Preßdrücken und bei der kräftigen Ausbildung der Blechpreßkonstruktionen, sind solche Fehler nicht mehr zu erwarten.

Außer Staub und Sand konnten in Maschinen schon Nägel, Schrauben, Zinn, Werkzeuge, Metallspäne, Putzwolle u. a. gefunden werden.

Interessante Wirkungen eines Fremdkörpers zeigt Abb. 24. Beim Einsetzen des Nutenkeiles müssen hier kleine Eisenteile mitgerissen und zwischen Stabisolation und Holzkeil eingeklemmt worden sein. Durch die magnetischen Kräfte wurden diese kleinen Eisenstücke dauernd hin und her bewegt und arbeiteten so im Laufe von ungefähr vier Jahren die im Bilde sichtbare Kerbe in der Spulenisolation und im Keil heraus. Wäre diese Stelle nicht bei einer Reparatur zufällig entdeckt worden, so wäre daraus ein Eisenschluß entstanden. Unter ganz besonderen Umständen können feine Eisenspäne durch magnetische Einwirkung in Rotation versetzt werden und die Stabisolation durchbohren. Abb. 25 zeigt eine so erzeugte Anbohrung, welche an einer anderen, weiter fortgeschrittenen Stelle zu einem Eisenschluß führte.

Abb. 25. Von rotierenden Eisenteilchen durchbohrte Stabisolation

Überhitzung bei Überlast oder sogenannte Alterung nach langer Betriebszeit kann Wicklungsisolationen stark verschlechtern. Mikaisolationen blättern auf und solche aus Papier und Baumwolle verkohlen, so daß sie schon bei Betriebsspannungen oder geringen Überspannungen durchschlagen werden. Solche Wicklungsisolationen haben auch ihre ursprüngliche Festigkeit eingebüßt, so daß unter der Einwirkung mechanischer oder elektrodynamischer Wirkungen Eisen- und Windungsschlüsse auftreten können. Es sei hier auch hingewiesen auf das Durchscheuern der Isolationsunterlagen von Polradspulen durch die Fliehkräfte, auf die Bewegungen von Magnetspulen bei umsteuerbaren Antrieben (Förder- und Walzwerk-Steuergeneratoren), auf die Lockerung von Wicklungsteilen im Ständer oder Läufer durch die öfteren Stromstöße bei Motoren mit großer Anlaßhäufigkeit. Auch Windungsschlüsse, welche die Isolation verbrennen, können Eisenschlüsse nach sich ziehen.

b) Folgen der Eisenschlüsse

Bei allen Maschinen mit nicht isoliert aufgestelltem Gehäuse, also in fast allen Fällen, bedeutet ein Eisenschluß stets auch einen Erdschluß. Bei guter Erdung wird das Gehäuse im allgemeinen keine gefährliche Spannung gegen Erde annehmen.

Bei isoliert aufgestellten Maschinen kann jedoch beim Bestehen eines Eisenschlusses die Berührung eine Gefahr bedeuten.

Der Erdschluß kann entweder dauernd oder intermittierend sein. Bei einem dauernden Erdschluß wird meist die betroffene Stelle ausgebrannt, da ein entstandener Lichtbogen bestehen bleibt. Besonders schädlich ist das längere Bestehen des Lichtbogens beim[1] Fehlen geeigneter Schutzvorrichtungen. Aus einem einfachen Eisenschluß entsteht dabei leicht ein Windungsschluß, unter Umständen ein zweipoliger Eisenschluß, d. h. ein Kurzschluß. Durch einen Lichtbogen können das Eisen sowie benachbarte Wicklungsteile ganz beträchtlich in Mitleidenschaft gezogen werden.

Abb. 26. Folgen eines Eisenschlusses mit anschließendem Windungsschluß

Abb. 27. Blitzschlag-Auswirkung an einer Generatorwicklung

Abb. 26 ist ein Beispiel für die Auswirkungen eines Eisenschlusses und darauffolgenden Windungsschlusses an einem Wechselstromgenerator von 4500 kVA. Das Eisen war über eine große

Stelle verschmort; ein Umblechen dieser Maschine war nicht zu umgehen. Das Übergreifen der Zerstörung auf die danebenliegenden Nuten war hauptsächlich dadurch verursacht, daß der Maschinenwärter bei der Wahrnehmung der Rauchentwicklung während des normalen Be-

Abb. 28. Einzelner Nutstab des Generators nach Abb. 27

triebes die Maschine wohl richtig ausschaltete, jedoch ohne weitere Untersuchung später wieder in Betrieb setzte. Aus diesem Eisenschluß war ein Windungsschluß geworden.

Abb. 27 veranschaulicht die Wirkungen eines Blitzschlages an der Wicklung eines Drehstromgenerators, Abb. 28 einen Nutstab an derselben Stelle.

c) Aufsuchen der Eisenschlußstelle

Ist die Eisenschlußstelle nicht so stark ausgebrannt, daß ihre Lage ohne weiteres sichtbar wird, dann muß sie durch Messungen und Versuche ermittelt werden. In erster Linie wird man durch eine Trennung der bisher verbundenen Wicklungsstränge die kranke Wicklungsgruppe näher eingrenzen. Um die genauere Lage der Fehlerstelle zu finden, sind verschiedene Untersuchungsmethoden bekannt. Hier werden nur solche erwähnt, welche sich mit den in den meisten Werken vorhandenen Meßinstrumenten durchführen lassen. In Reparaturwerkstätten stehen weitere Einrichtungen zur Fehlerortsbestimmung zur Verfügung; erwähnt seien beispielsweise Meßbrücken für Widerstandsmessungen, Abhorchgeräte.

Methode der Widerstandsmessung. Nach Abb. 29 wird die Wicklung mit Gleich- oder Wechselstrom aus einer erdschlußfreien Hilfsstromquelle mit geeigneter Spannung gespeist. Die Messung mit Wechselstrom sollte nur an ausgebauten Polrädern und an Ständerwicklungen bei entferntem Läufer vorgenommen werden. Sonst können im Ständer oder Läufer unter Umständen gefährliche Spannungen induziert werden. Man mißt nacheinander bei angelegter Speisespannung U_3 die Teilspannungen U_1 und U_2 gegen Eisen. Bei genügend hohem Widerstand des Instrumentes oder bei blankem Eisenschluß fällt der Übergangswiderstand an der Fehlerstelle außer Betracht, so daß $U_1 + U_2 = U_3$ wird. Aus dem Verhältnis der Teilspannungen kann man darin auf die Lage der Fehlerstelle schließen. An Polradwicklungen kann man diese Messungen auch bei Lauf vornehmen und die zugehörigen Erregermaschinen als Stromquelle benützen, s. Abb. 35.

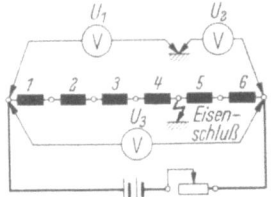

Abb. 29. Aufsuchen eines Eisenschlusses durch Messung der Teilspannungen U_1, U_2

Stromrichtungsmethode. Bei Wicklungen von Maschinen niederer Spannung und hoher Stromstärke ist die vorerwähnte Methode nicht geeignet. Wegen des geringen Widerstandes werden die Teilspannungen so klein, daß sie mit den meist vorhandenen Instrumenten nicht richtig meßbar sind. Auch läßt sich dieses Verfahren bei Läuferwicklungen von Gleichstrommaschinen, ohne sie zu öffnen, nicht mehr anwenden.

In diesen Fällen dient folgende Methode: Man speist den Wicklungsstrang z. B. einer Wechselstrom-Ständerwicklung nach Abb. 30, indem man beide Wicklungsenden mit dem einen Pol einer Gleichstromquelle und das Eisen mit dem anderen Pol verbindet. Dann wird sich in der Wicklung eine Stromverteilung nach der Fehlerstelle hin ausbilden,

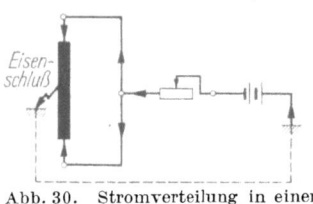

Abb. 30. Stromverteilung in einer Wicklung mit Eisenschluß bei Stromzufuhr über die Wicklung und das Eisen

welche der gezeichneten Pfeilrichtung entspricht. Ist die Stromstärke groß, so kann man mit einer Magnetnadel (Kompaß), die man über Nute und Leiter hinbewegt, die Stelle auffinden, an welcher die Stromrichtung wechselt; dies ist die Fehlerstelle. Mit einem genügend empfindlichen Instrument (Millivoltmeter) läßt sich die Stromrichtung in anderer Weise feststellen. Durch die Beobachtung der Teilspannungen an den Verbindungen der Spulen kann man leicht die Stromrichtung ersehen. Diese Art der Untersuchung ist jedoch nur bei Wicklungen anwendbar, bei welchen die Stirnverbindungen blank ausgeführt sind. Abb. 31 zeigt schematisch die Untersuchung an einem Strang einer Drehstrom-Ständerwicklung. Mißt man bei bestehendem Eisenschluß die Spannungen zwischen $a-a$, $b-b$ und $c-c$, so wird man bei $c-c$ die Voltmeteranschlüsse vertauschen müssen, um einen positiven Ausschlag zu erhalten. Die Stromrichtung in dieser Stirnverbindung ist also umgekehrt wie in den beiden anderen Verbindungen.

Bei Drehstromwicklungen kennt man im voraus oft den Wicklungsstrang nicht, in dem sich die Schlußstelle befindet. Man verbindet dann zweckmäßig die Klemmen miteinander und mit dem evtl. vorhandenen Sternpunkt und legt die Stromquelle, wie in Abb. 30 bereits angedeutet, an die so verbundenen Wicklungsstränge und an Eisen. Die gesunden Stränge führen nun keinen Strom. Führt man die Magnetnadel über die zu diesen Strängen gehörenden Nuten, so wird man keine Ablenkung der Nadel beobachten.

In der Läuferwicklung einer Gleichstrommaschine läßt sich mit der Magnetnadel eine Schlußstelle, ohne die Wicklung zu öffnen, weniger eindeutig bestimmen. Schließt man nämlich die Stromquelle zwischen Kommutator und Eisen an, indem man alle Lamellen durch ein blankes Metallband oder einen genügend starken Draht kurzschließt, so wird man ein eindeutiges Ausschlagen der Magnetnadel an so viel Nutenstellen beobachten, als Pole vorhanden sind. Dasselbe ist auch der Fall, wenn man nur zwei Lamellen, die um eine Polteilung entfernt sind, durch aufgelegte Kupferstücke anschließt und sie gemeinsam mit einem Pol der Gleichstromquelle verbindet. Durch diese Versuche kann man also nur sicher feststellen, welche Nutengruppen die Fehlerstelle enthalten. Die genaue Lage der Fehlerstelle kann man erst finden, wenn die Wicklung an einigen zu diesen Nuten führenden Ableitungen geöffnet und hernach weiter untersucht wird.

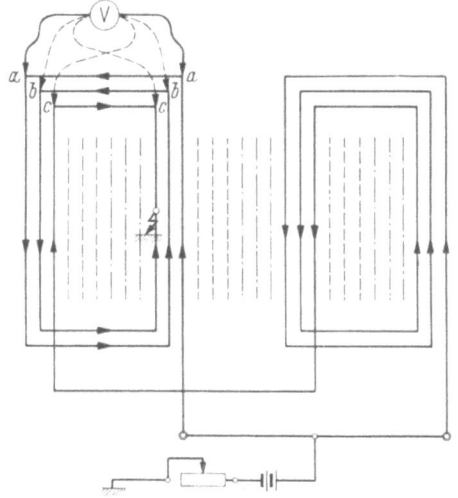

Abb. 31. Bestimmung der Stromverteilung bei einer Eisenschlußstelle durch Messung des Spannungsabfalles an den Spulenköpfen einer Ständerwicklung

Ausbrennverfahren. Hat man z. B. durch Messungen mit einem Kurbelinduktor oder mittels einer Prüflampe einen satten Eisenschluß festgestellt, so kann man die Lage der Fehlerstelle durch das Ausbrennverfahren auffinden. Zu diesem Zwecke legt man zwischen Eisen und Wicklung eine fremde, niedere Gleich- oder Wechselspannung von oft nur einigen Volt an. Hierzu ist ein Schweißumformer oder ein Schweißtransformator geeignet. Der durch die Fehlerstelle fließende Strom bringt dieselbe zur Erwärmung; es sind Rauch und nicht selten Funken an der Fehlerstelle zu beobachten. Um den Schadenumfang durch Verschmorungen des umliegenden Eisens nicht noch zu vergrößern, ist es unbedingt nötig, daß die angelegte Spannung gering ist, und daß womöglich durch genügend große Vorwiderstände die Entstehung einer unzulässigen Stromstärke verhindert wird.

d) Beheben der Eisenschlüsse

Das Vorgehen zur Behebung des Fehlers richtet sich nach der Ursache und den Folgen des Eisenschlusses. Waren Staubbrücken die Ursache, so wird man die Kriechstellen sorgfältig reinigen, angebrannte Isolation wegkratzen oder ersetzen und neu lackieren. Zur Vorbeugung müssen entweder die Maschinenteile besser überwacht oder Verbesserungen an der Maschine angebracht werden. Bei starker Verstaubung durch Bürstenverschleiß müssen geeignetere Kohlenmarken gewählt, nötigenfalls die Kommutation oder die Stromabnahme an den Schleifringen verbessert werden. Oft genügt allein ein sorgfältiges Abdrehen der Kommutatoren oder Schleifringe. Sind Wicklungsteile durch Eisenschluß beschädigt worden, so empfiehlt es sich die Isolierung solcher Wicklungen möglichst gleichartig auszuführen wie der Hersteller selbst.

Wie Beschädigungen des aktiven Eisens zu beheben sind, ist auf S. 47 angegeben.

3. Windungsschlüsse

a) Ursachen der Windungsschlüsse

Wie die Eisenschlüsse müssen auch Windungs- und Lagenschlüsse auf verschiedene Ursachen zurückgeführt werden: Überspannungen verschiedenster Art von angeschlossenen Anlageteilen herkommend, Schwächungen der Isolation benachbarter Leiter als Folge von Übererwärmung, Alterung, Verstaubung, mechanischer oder elektrodynamischer Kräftewirkungen. Auch Zinn, das bei Überhitzungen aus den Lötstellen der Spulenköpfe austritt und zwischen die Leiter eindringt, kann zu Windungsschlüssen führen. Nicht selten gehen Windungsschlüsse aus Eisenschlüssen hervor. Überschläge zwischen den Spulenköpfen der Läufer von Asynchronmotoren und Kommutatormaschinen sind bei Brückenbildung aus leitendem Metall- und Kohlenstaub möglich, vermögen jedoch nicht immer dauernde, sog. *feste* Windungsschlüsse herbeizuführen.

b) Folgen der Windungsschlüsse

Werden eine oder mehrere Windungen einer induzierten Wicklung durch Windungsschluß kurzgeschlossen, so fließt im dadurch entstandenen Kreis ein starker Strom. Dieser kann die betroffenen Wicklungsteile unter Rauchentwicklung rasch überhitzen. Wird mangels eines geeigneten Schutzes oder bei ungenügender Wartung die Störung nicht sogleich beachtet, so können durch entstandene Lichtbogen weitere benachbarte Wicklungsteile und das Eisen in Mitleidenschaft gezogen werden. Es können sogar Wicklungsbrände daraus entstehen. Abb. 32 zeigt die Wirkung eines Windungsschlusses in der Ständerwicklungsspule eines Drehstrommotors von 700 kW. Die betroffene Spulenisolation ist gänzlich verkohlt; die danebenliegenden Spulen sind stark angesengt; auch das Eisen ist von der Zerstörung erfaßt.

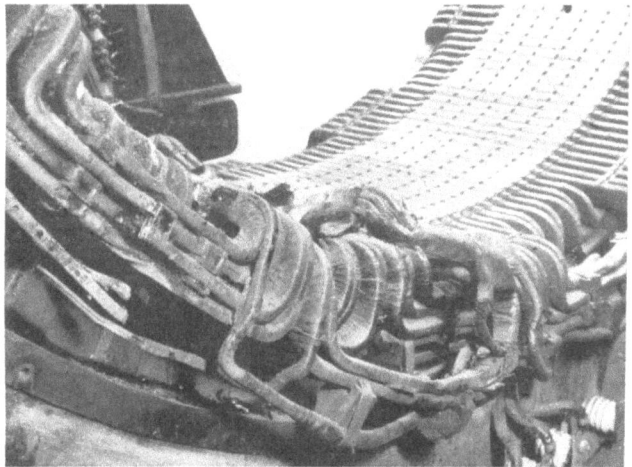

Abb. 32. Windungsschluß in der Ständerwicklung eines Drehstrom-Motors

Bei Windungsschlüssen im Ständer von Wechselstrommaschinen kann ein Brummen und Vibrieren wahrgenommen werden. Wechselstrommotoren mit starken Windungsschlüssen im Läufer oder Ständer laufen aus Stillstand oft nicht an; der eingelegte Schalter wird nicht selten durch den Überstromschutz wieder ausgelöst. Bei festen Windungsschlüssen im Läufer von erregten Kommutatormaschinen beobachtet man schon bei Leerlauf neben austretendem Rauch auch starkes Bürstenfeuer. Diejenigen Lamellen, welche zu der kranken Spule gehören, werden rasch geschwärzt. Ist die Läuferwicklung mit Ausgleichleitern versehen, dann werden auch andere Lamellen geschwärzt, welche um die doppelte Polteilung von der ersteren entfernt sind; zum Beispiel beobachtet man am Kommutator einer 6poligen Maschine drei um 120° versetzte Lamellengruppen, welche angebrannt sind. Bei Windungsschluß im Läufer eines Einankerumformers werden oft neben den zur kranken Spule gehörenden Lamellen auch die Lamellen aller übrigen Spulen angebrannt, welche mit demselben Schleifring verbunden sind. Bisweilen ist der Windungsschluß nicht von Anfang ein fester, sondern z. B. durch die vorerwähnten Staubbrücken auf Spulenköpfen oder Lamellen erzeugt. Dann kann sich die betroffene Spule nicht sofort stark überhitzen, sondern es ist anfänglich nur das verstärkte Funken und das Anbrennen der Lamellen zu beobachten. Erst nach längerer Betriebszeit kann beim Abtasten der Wicklung eine stärkere örtliche Erwärmung an der kranken Spule beobachtet werden.

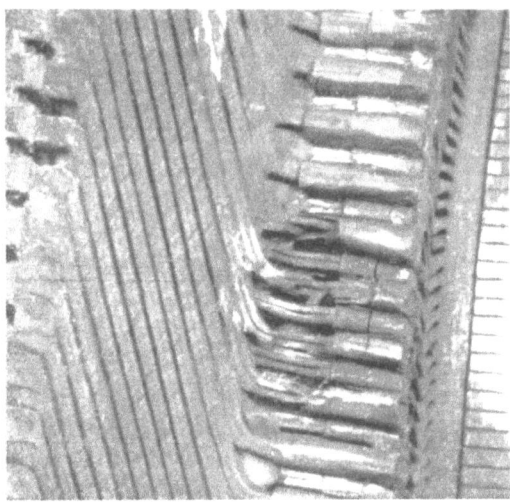

Abb. 33. Windungsschluß durch Kohlenstaub im Läufer einer Gleichstrom-Maschine

Schließlich würde dann eine Überhitzung derselben entstehen. Abb. 33 zeigt die Auswirkungen eines Windungsschlusses, der durch angesammelten Kohlenstaub im Läufer einer Gleichstrommaschine hervorgerufen war. Zwischen den Leitern sind Staubbrücken noch deutlich zu erkennen.

Bei Windungsschlüssen in Magnetwicklungen und Polspulen entstehen selten starke Verbrennungen. Höchstens bilden sich Schmorspuren an den Schlußstellen. Sind durch den Schluß nur wenige Windungen überbrückt, so wird man den Fehler am Lauf der Maschine überhaupt kaum erkennen. Erst wenn durch den Windungsschluß ein gewisser Teil der Wicklung einer Polspule unwirksam geworden ist, kann durch die entstandene magnetische Unsymmetrie bei Gleichstrommaschinen mit Reihenparallel- und Parallelwicklung des Läufers ein verstärktes Bürstenfeuer entstehen. Bei Synchrongeneratoren und -motoren treten in einem solchen Falle Vibrationen auf, die mit zunehmender Erregung immer stärker werden. Bei asynchron anlaufenden

Synchronmotoren können Windungsschlüsse im Polrad den Anlauf verschlechtern, wobei dann auch unter Umständen eine verstärkte Erwärmung der kranken Teile eines Poles festgestellt werden kann.

c) Aufsuchen der Windungsschlußstellen

Zum Aufsuchen der Fehlerstelle sind im folgenden einige einfachere Verfahren angegeben. Nicht näher eingegangen wurde auf die Untersuchungsmethoden, welche besondere Geräte erfordern, die meist nur in Reparaturwerkstätten und Fabriken vorhanden sind. Dazu gehört vor allem die Prüfmagnetmethode mit Verwendung eines Telephons als Sucher.

Äußere Wicklungsuntersuchung. Kranke Spulen in induzierten Wicklungen, sofern sie stark überhitzt wurden, bemerkt man meistens rasch an der angesengten Spulenisolation im Spulenkopf oder an der anormalen Temperatur. Oft ist der Schaden so ausgedehnt, daß er auf den ersten Blick erkannt wird. Ist eine starke Verbrennung noch nicht entstanden, weil man durch das Ansprechen von Schutzapparaten oder durch schwache Rauchentwicklung und Brandgeruch auf die Gefahr aufmerksam und zum Abstellen der Maschine veranlaßt wurde, dann kann man meist beim Abtasten der Wicklung eine kranke Spule an ihrer stärkeren Erwärmung feststellen. Gute Dienste bei dieser Nachforschung leistet auch ein empfindliches Geruchsorgan der untersuchenden Person.

Kann der Fehler nicht gefunden werden, so wird die Maschine nochmals kurzzeitig und sehr vorsichtig in Betrieb genommen; Generatoren erregt man dabei ganz langsam auf kleine Spannung und beobachtet sie auf Rauchaustritt oder Vibrationen. Sofort nach raschem Abstellen tastet man die Wicklung wiederholt ab. Motoren schaltet man kurzzeitig ans Netz, wenn möglich mit reduzierter Spannung, und beobachtet sie ebenso. In gleicher Weise geht man bei Gleichstrommaschinen vor, wenn ein Windungsschluß im Läufer vermutet wird.

Induktionsmethode. Diese Methode läßt sich mit Vorteil bei Asynchronmaschinen anwenden. Speist man bei geöffneter Läuferwicklung den Ständer eines Asynchronmotors, so wird bei einem Windungsschluß im Ständer oder Läufer vor allem meist ein anormales Brummen auftreten; auch werden die Ströme der drei Stränge ungleich sein. Dreht man den Läufer, so kann man am Amperemeter in einer beliebigen Ständerzuleitung mit dem Wandern der kurzgeschlossenen Spule ein ausgeprägtes Schwanken der Stromstärke wahrnehmen, und zwar entstehen pro Umdrehung des Läufers so viele Schwankungen, als der Motor Pole hat. Zudem ist die Bewegung des Läufers ruckartig. Sitzt der Windungsschluß im Ständer, so kann man bei Speisung der Läuferwicklung mit geeigneter Spannung, bei offener Ständerwicklung und Drehung des Läufers die gleichen Beobachtungen am Läuferstrom machen. Daneben wird man rasch eine anormale Erwärmung der kranken Spule feststellen können. Auch zeigt eine Messung der drei Läufer-Klemmenspannungen — z. B. bei Speisung des Ständers und Schluß im Läufer — beträchtliche Unterschiede. Es genügt meist schon eine Speisespannung von $50\cdots 70\%$ der Nennspannung, um den Fehler eindeutig zu erkennen.

Methode der Widerstandsmessung. Kann bei Gleichstrommaschinen die Fehlerstelle im Läufer nicht aus der Erwärmung festgestellt werden, z. B. wenn der Motor überhaupt nicht mehr anläuft, dann kann sie durch Widerstandsmessungen gefunden werden. Man geht dabei wie folgt vor: Der Läuferwicklung führt man über zwei geeignete Anschlußstücke, welche auf zwei um eine Polteilung voneinander entfernte Lamellen aufgesetzt werden, einen Gleichstrom von $10\cdots 20\%$ des Nennstromes zu. Bei konstant gehaltener Stromstärke mißt man mit einem empfindlichen Voltmeter die Teilspannungen zwischen je zwei benachbarten Lamellen, z. B. 1—2, 2—3, 3—4 usw., wie dies in Abb. 34 für eine 4polige Wicklung erläutert ist.

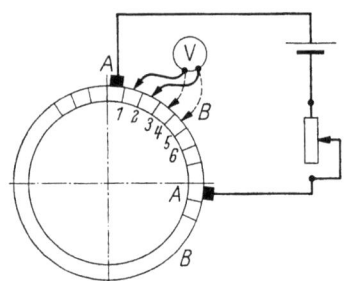

Abb. 34. Aufsuchen eines Windungsschlusses durch Widerstandsmessung in einem Gleichstromläufer

Wegen der Stromverteilung sind in der Nähe der Anschlußstücke diese Spannungen etwas größer als in einiger Entfernung davon. Die Abweichungen sind jedoch gering. Bei den meisten Lamellen sind die Teilspannungen nahezu gleich groß, sofern kein Windungsschluß dazwischen vorhanden ist. Ein solcher ist dadurch zu erkennen, daß die Spannung zwischen zwei Lamellen bedeutend geringer, oft fast Null ist. War die erste gemessene Polteilung ohne Schlußstelle, so wiederholt man die Messung über der nächsten Polteilung usw. Die oben erwähnte Ungleichheit der Teilspannungen zwischen den Lamellen wird durch Zwischenmessungen ausgeschaltet, indem man die Anschlußstücke jeweils nur um eine halbe Polteilung weiter versetzt, z. B. aus Stellung $A-A$ in Stellung $B-B$. Ist die Lamellenzahl durch die Polzahl nicht ganz teilbar, so schließt man an derjenigen Lamelle an, welche der Teilstelle am nächsten liegt. Statt mit Gleichstrom kann die Messung an Ankerwicklungen auch mit Wechselstrom erfolgen.

Um Windungsschlüsse in Polrad- und Magnetwicklungen rasch und sicher aufzufinden, speist man sie zweckmäßiger mit Wechselstrom statt mit Gleichstrom.

Um die Spannungsverhältnisse bei kurzgeschlossenen Windungen zu untersuchen, wurden an einer Polspule eines 6poligen Synchrongenerators versuchsweise 0···10 von total 118 Windungen kurzgeschlossen und die Teilspannungen der einzelnen Pole gemessen.

Tabelle 1: Teilspannungen an Polen bei teilweise kurzgeschlossenen Windungen

Total-spannung V	Strom A	Spannung der einzelnen Pole V						Anzahl kurz-geschl. Win-dungen an Pol Nr. 6
		1	2	3	4	5	6	
726	22,35	123	121	124	120	121	122	0
722	23,65	123	127	130	127	122	99	1
725	24,9	125	132	134	133	125	60	3
725	25,9	127,5	141	140	140	128,5	51	7
725	26,5	130	141	140	140	128	47	10

Mit Gleichstrom könnte ein Schluß, der nur wenige Windungen umfaßt, nicht mit Sicherheit festgestellt werden, während mit Wechselstrom die angegebenen großen Spannungsunterschiede auftreten.

Zu solchen Messungen sollte das Polrad ausgebaut werden, da unter Umständen in der Ständerwicklung gefährliche Spannungen induziert werden können.

Statt das ausgebaute Polrad zu speisen, kann auch die Ständerwicklung bei eingebautem Polrad und offener Erregerwicklung an eine geeignete Stromquelle mit reduzierter Spannung kurzzeitig angeschlossen werden. Meist genügen 15···25% der Nennspannung, wobei ein Strom bis zur Stärke des Nennstromes fließen kann. Durch das Ständerfeld werden die Polspulen induziert; ist in diesen eine kurzgeschlossene Windung vorhanden, so wird darin ein großer Strom fließen und dieselbe beträchtlich erwärmen. Auch kann man die Teilspannungen an den einzelnen Polspulen messen und dabei ebenfalls den kranken Pol an der kleineren Spannung erkennen. An der Polradwicklung können bei diesem Versuche hohe Spannungen entstehen. Eine Berührung der Wicklungsteile bedeutet daher Gefahr.

Schwieriger gestaltet sich das Auffinden von Windungsschlüssen, welche nur während des Laufes der Maschine, z. B. unter dem Einfluß von Fliehkräften vorhanden sind, etwa bei Läufern von Wechselstromgeneratoren. Wenn hier nicht ganze Spulen durch den Kurzschluß unwirksam gemacht werden und deshalb am Unterschied der Erwärmung erkannt werden können, kommt man nur mit äußerst sorgfältigen Widerstandsmessungen im Betrieb zum Ziele, mit Gleichstrom auch nur dann, wenn so viele Windungen kurzgeschlossen sind, daß dadurch der Widerstand um einige Prozent sinkt. Beim Versuch speist man die Polradwicklung über die Schleifringe mit einer möglichst konstanten Gleichspannung. Ausgehend vom Stillstand nimmt man bei verschiedenen Drehzahlen stets den Widerstand aus Strom und Spannung auf; letztere mißt man an den Schleifringen mittels besonders aufgesetzten Hilfsbürsten aus Kupferdrahtgewebe. Beim Anschluß des Voltmeters an die stromführenden Bürsten würde die veränderliche Übergangsspannung die Meßgenauigkeit stark beeinflussen. Mit steigender Drehzahl wird nun plötzlich eine sprunghafte Änderung des Widerstandes feststellbar sein; hernach ist der kranke Pol zu suchen.

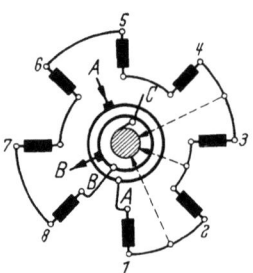

Abb. 35. Aufsuchen eines nur bei Lauf auftretenden Polschlusses durch Widerstandsmessungen

Dazu sind weitere Widerstandsmessungen bei Lauf nötig, bei denen man nur mehr einzelne Polgruppen mißt. Hierzu muß entweder ein Hilfsschleifring aufgesetzt oder die Welle und eine Hilfsbürste C zur Abnahme der Meßspannung verwendet werden (Abb. 35). Man mißt nun zuerst etwa zwischen dem Schleifring A und der Hilfsbürste C, wozu man eine Verbindung zwischen den Polen 1 und 2 und der Welle anbringt. Alsdann verschiebt man diese Verbindung nach den Polen 3 und 4 und weiter, bis man den kranken Pol dadurch erkennt, daß beim Anlaufen eine sprunghafte Änderung des Widerstandes einer Polgruppe eintritt. Zeigte sich beim Anschluß der Verbindung $2-3$ an die Welle keine Änderung, bei Anschluß von $3-4$ jedoch eine sprunghafte Änderung des Widerstandes, so liegt der Fehler im Pol 3.

d) Beheben der Windungsschlüsse

Ständer- und Läuferspulen von Wechselstrommaschinen und Läuferspulen von Kommutatormaschinen, in denen ein Windungsschluß vorhanden ist, sollten stets gänzlich ersetzt werden. Die Wicklungsisolation ist meist durch Überhitzung so zerstört, daß die Gefahr weiterer Schlüsse besteht, auch wenn es gelingt, die Berührungsstelle zu finden und zu isolieren. Magnetspulen aus dünnem Draht wird man, sofern der Schluß überhaupt eine störende Wirkung hat, teilweise abwickeln und neu wickeln. Polspulen aus blankem Kupfer kann man durch Einlegen neuer Isolationen reparieren. Ist bei der Verbrennung der Spulen auch das Eisen in Mitleidenschaft gezogen worden, dann müssen die allfällig zusammengeschmolzenen Eisenstellen repariert werden. Über die Untersuchung des kranken Eisens und dessen Reparatur s. S. 46.

4. Wicklungsunterbrüche

a) Ursachen der Unterbrüche

Die Hauptursachen für Unterbrüche in Wicklungen und Wicklungsverbindungen sind mechanischer Natur: Ermüdungsbrüche von Leitern infolge Vibrationen bei ungenügender Abstützung — z. B. Brüche von

Kommutatorfahnen —, Beschädigung dünner Leiter infolge von Schlägen und Stößen bei unsorgfältiger Behandlung, Unterbrüche an Kontaktstellen mit verhältnismäßig hohem Widerstand infolge Schmelzens der Lötungen. Dieser letztere Fehler kann entstehen an Spulenköpfen der Läuferwicklungen von Gleichstrom- und Wechselstrommaschinen wie auch an Wechselstrom-Ständerwicklungen bei Überlastung der Wicklung. Besonders groß ist die Gefährdung, wenn der Querschnitt der Lötverbindung kleiner ist als der Leiterquerschnitt, und wenn die Überlastung kurzzeitig sehr hoch ist.

b) Folgen der Unterbrüche

Diejenigen Folgen eines Unterbruches, welche die Spannungserzeugung von Generatoren oder den Anlauf und Betrieb von Motoren störend beeinflussen, sind in den betreffenden Abschnitten eingehend besprochen. Erwähnt seien hier nur noch die Erscheinungen bei Unterbrüchen in der Läuferwicklung von Kommutatormaschinen. Besitzt darin eine Spule einen Unterbruch oder eine ausgeflossene Lötstelle, dann tritt am Kommutator ein starkes charakteristisches Perlfeuer auf, das infolge der Verbrennung des Kupfers grünlich erscheint. Die mit der Unterbruchstelle zusammenhängenden Lamellen sind an den Kanten stark verbrannt; die Fuge zwischen den Lamellen ist bis auf den Grund verrußt.

Außerdem müssen noch Unterbrechungen in einzelnen Parallelzweigen von Ständerwicklungen erwähnt werden. Diese machen sich bei Generatoren nicht durch fehlende Strangspannung und bei Motoren nicht durch Nichtanlaufen bemerkbar, sondern nur durch starkes Geräusch und Vibrationen.

5. Verschaltung von Wicklungen

Solche Fehler treten nur auf an Maschinen, die entweder im Lieferwerk nicht geprüft oder im Betrieb einer Reparatur unterworfen wurden. Die möglichen Verschaltungen der Erreger- und Hauptstromkreise von Generatoren und Motoren sind in den betreffenden Abschnitten erwähnt.

Bemerkenswert sind noch die Verschaltungen von Wechselstrom-Ständerwicklungen beim Vertauschen der Anschlüsse einzelner Spulen eines Stranges. Dieser Fehler macht sich in Wicklungen mit Serieschaltung im Leerlauf nur durch die verminderte Phasenwicklungs-Spannung geltend. Die Verschaltung ist durch Messung der einzelnen Spulenspannungen und der ganzen Phasenwicklungs-Spannung im Leerlauf leicht feststellbar. Bei Parallelschaltung zweier und mehrerer Zweige einer Phasenwicklung treten jedoch im erregten Leerlauf schon starke Geräusche und Vibrationen auf.

An Drehstrommotoren wird man in erster Linie durch den unter Umständen verzögerten Anlauf, das ungewöhnliche Geräusch (Brummen) und die Vibrationen auf die ungleiche Stromaufnahme aufmerksam. Hier werden am besten zur Auffindung einer solchen Verschaltung bei offener Ständerwicklung der Läufer oder bei offener Läuferwicklung der Ständer mit geeigneter Spannung gespeist und dann die induzierten Spannungen an den Spulen und Strängen gemessen.

6. Elektrodynamische Schäden

Beim Auftreten von Überströmen, z. B. bei Ein- und Umschaltvorgängen, oder bei Kurzschlüssen treten zwischen benachbarten Leitern

Abb. 36. Kurzschlußwirkung an einer Wendepol-Spule

große Kräfte auf. Wird z. B. ein stillstehender Generator irrtümlicherweise auf volle Netzspannung geschaltet, dann können Kurzschlußströme von 10···15fachem Nennstrom auftreten, was bereits eine erhebliche Beanspruchung der Wicklung bedeutet. Schlimmer ist, wenn eine bereits auf Nennspannung erregte Maschine in Phasenopposition ans Netz geschaltet wird. Bei diesem Vorgang werden Kurzschlußströme von 20···30fachem Nennstrom auftreten. Wicklungsteile, wie Spulenköpfe von Wechselstrom-Ständerwicklungen, Verbindungen von Dämpferwicklungen, Leiter von Polspulen u. a., können dabei vorübergehend oder bleibend deformiert werden. Spulenköpfe von Ständerwicklungen werden gegen das Ständereisen gezogen, benachbarte Wickelschichten sowie Leiter ungleicher Stränge gegenseitig abgestoßen und die Leiter desselben Stranges gegeneinander gezerrt. Dadurch können Brüche von Nutenkanälen und Durchscheuerungen von Windungsisolationen und als Folge Eisen- und Windungsschlüsse entstehen.

Abb 36 zeigt die Kraftwirkungen eines Kurzschlußstromes an der Wendepolspule eines 750-kW-Einankerumformers alter Bauart; in Abb. 37 ersieht man die Folgen sehr häufiger Kurzschlüsse an der Ständerwicklung eines ehemals zu Kurzschlußversuchen verwendeten

Dreiphasen-Generators von 12000 kVA Leistung. Die Spulenkopfabstützungen waren hier ungenügend.

Durch die bei Kurzschlüssen auftretenden Drehmomentstöße können auch Wellen, Kupplungen und Befestigungen von Läuferkörpern beschädigt werden. Abb. 38 stellt die Kupplungshälfte mit Keil des obenerwähnten Generators dar; Keil und Keilbahn sind ausgeschlagen.

Durch elektrodynamische Wirkung kann an lockeren Klemmen auf Klemmbrettern und an schlechten Übergangsstellen Spritzfeuer entstehen, welches Kurzschlüsse zwischen blanken Anlageteilen oder Erdschlüsse und damit Wanderwellen einleiten kann. Durch sie können weiterhin Durchschläge gegen Erde an den Eingangswindungen von Wicklungen entstehen, ferner Windungsschlüsse durch Überschläge

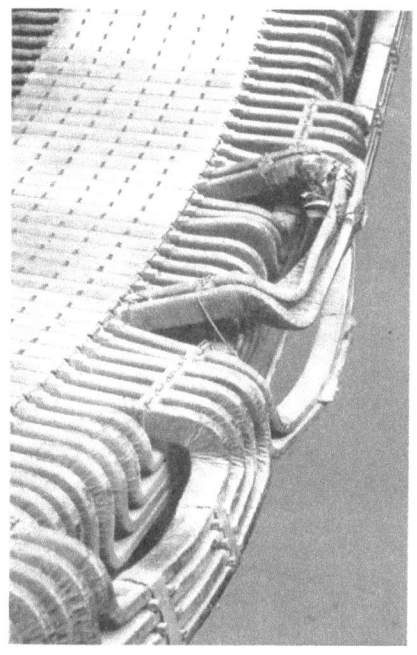

Abb. 37. Wirkung häufiger Kurzschlüsse an der Ständerwicklung eines Versuchs-Generators

Abb. 38. Keil und ausgeschlagene Keilbahn als Folge von Kurzschlüssen

in Eingangsspulen, gefolgt vom Abschmelzen der ersten Windungen. Auch sind Überschläge in anderen Anlageteilen möglich. Manche Störungen, eingehend untersucht, sind auf *Spritzfeuer* zurückzuführen.

7. Glimmschäden

Im normalen Betrieb von Wechselstromgeneratoren und -motoren für Hochspannung wird man Entladungserscheinungen meist nur an

Abb. 39. Nutauskleidung aus rohem Preßspan, durch Glimmen zerstört. (Aus einem Einphasengenerator für 16 kV Betriebsspannung bei einpoliger Erdung nach 12 Jahren Betrieb)

Abb. 40. Durch Glimmen angegriffene Deckschicht einer mit Glimmer umpreßten Spule. (Aus einem Einphasengenerator für 16 kV Betriebsspannung bei einpoliger Erdung nach 12 Jahren Betrieb)

Maschinen mit Nennspannungen zwischen 10 und 15 kV wahrnehmen, und zwar nur als Glimmentladungen. Das Glimmen ist in Form leuchtender Punkte im Dunkeln an den Stellen höchster Beanspruchung der Luft sichtbar, z. B. an der Austrittsstelle der Nutstäbe aus dem Eisen.

Auch kann hie und da in der Kühlluft ein durch das Glimmen verursachter Ozongehalt festgestellt werden. Die Riechgrenze für Ozon liegt zwar für ein empfindliches Riechorgan schon bei etwa 0,0002 Vol.-%, einem äußerst geringen Wert. Aber der Ozongehalt in der Kühlluft älterer Generatoren kann bis zum zehnfachen dieses Wertes ansteigen und der Geruch stärker werden, ohne daß eine Gefährdung der Maschine zu befürchten wäre.

Abb. 41a. Glimmwirkung an der Eingangsspule eines Drehstrom-Generators

Bei alten Maschinen für hohe Spannungen wurden noch keine Schutzmaßnahmen zur Vermeidung des Glimmens am Nutaustritt und im Innern der Nute angewendet. Deshalb konnte z. B. die zum mechanischen Schutz des Nutstabes gegen die Nutwand vorhandene Preß-

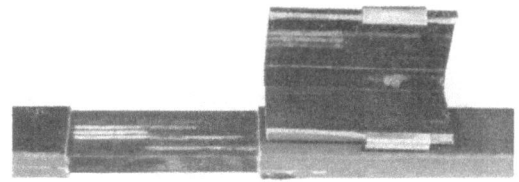

Abb. 41b. Glimmwirkung am selben Generator bei reduzierter Spannung gegen Erde

spaneinlage zerstört werden, wovon Abb. 39 einige Stücke zeigt. Die am wenigsten angegriffenen Stellen liegen in der Mitte der Kühlschlitze. Ähnliche Folgen des Glimmens an einem Deckpapier einer mit Glimmer umpreßten Spule zeigt Abb. 40. Die Glimmerumpressung selbst ist vollkommen gesund.

Im allgemeinen sind Betriebsleute hinsichtlich der Folgen des Glimmens zu ängstlich, da wirkliche Schädigungen durch Glimmentladungen äußerst selten sind.

Auch im Innern des Eisens liegende Teile der Wicklung können unter Glimmentladungen leiden, als Folge der örtlichen Ionisation von eingedrungener Luft. Abb. 41a zeigt einen Teil der Eingangsspule eines Drehstromgenerators mit 11 kV Nennspannung, nach 30 Betriebsjahren. Die Spule weist Grünspanspuren an den Kupferleitern auf (Weiß im Bild), auffallenderweise war nur die erste Schicht der Glimmer-Umpressung und die Kanten der Teilleiterisolation angegriffen. Die abgebildete Spule stand unter dem höchsten Potential gegen Eisen, während eine weitere Spule mit nur 80% dieses Potentials (s. Abb. 41b) nur noch schwache Spuren von Glimmwirkungen erkennen läßt, als weiße Streifen im Bild. Diese Glimmerscheinungen waren kein Anlaß, den betr. Generator außer Betrieb zu stellen.

Um das Glimmen zu unterdrücken, erhält die Nutenisolation von Hochspannungswicklungen einen Glimmschutz. Auch die Nutenauskleidungen aus Preßspan und anderen Materialien werden mit sog. Halbleitern gestrichen oder mit Graphit imprägniert. Außerhalb des Eisens sind die Spulenköpfe mit Ableitern, das sind halbleitende Lacke, gespritzt. Verletzte Ableitanstriche sind bei Revisionen und Reparaturen auszubessern, nach den Anweisungen der Herstellerfirma.

C. Eisenkrankheiten

1. Blechschlüsse

a) Ursachen und Folgen der Blechschlüsse

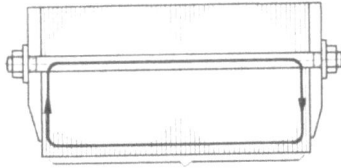

Abb. 42. Bildung einer Kurzschlußwindung im Ständereisen eines Generators

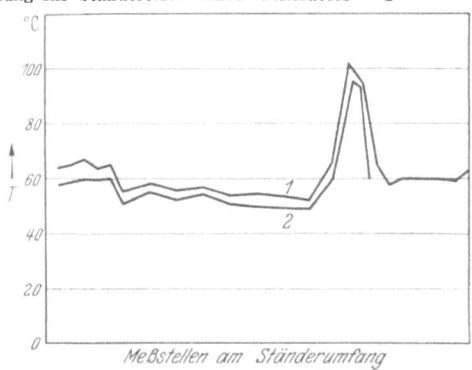

Abb. 43. Temperatur T am Eisen des eisenkranken Ständers eines Dreiphasengenerators 900 kVA. *1* bei Lauf mit Nennlast, *2* bei Leerlauf mit Nennspannung

Die Bleche des aktiven Eisens von Ständern und Läufern sind zur Isolierung mit dünnem Papier beklebt oder mit einer Lack- oder Oxydschicht versehen. Durch Gratbildung beim Bearbeiten der Eisenkörper mit ungeeigneten Werkzeugen oder durch Verschleifen der Bleche beim Streifen von Läufer- und Ständereisen kann diese Isolierung überbrückt werden. An diesen Blechstellen erhöhen sich dann die Eisenverluste durch Wirbelstrombildung und erzeugen eine zusätzliche örtliche Erwärmung der kranken Stellen. An letzteren wird die Leiterisolation überhitzt, was zu Eisenschlüssen Anlaß gibt.

Auch können durch nicht isolierte Preßbolzen der Eisenpakete Kurzschlußwindungen entstehen, wie Abb. 42 andeutet. Der von ihnen umschlungene magnetische Fluß induziert weitere Kurzschlußströme, welche die Stromwärmeverluste vermehren und die Erwärmung der kranken Eisenstellen noch weiter steigern.

In Abb. 43 sind die Ergebnisse der Eisentemperaturmessung am Rücken eines alten und eisenkranken Dreiphasengenerators von 900 kVA, 8000 V, $66^2/_3$ U/min dargestellt. Die Stelle der erhöhten Eisenerwärmung fällt zusammen mit starken Streifstellen an der Luftspaltseite.

b) Aufsuchen und Beheben der Blechschlüsse

Einen geblechten Ständer- oder Läuferkörper kann man in folgender Weise auf das Vorhandensein kranker Stellen im Eisen prüfen, bei welchen sich infolge zerstörter Isolation oder durch Brauen oder Gratbildung die Bleche gegenseitig berühren: Man legt nach Abb. 44 eine Anzahl Windungen um das Eisen und beschickt diese provisorische Erregerwicklung mit einem Wechselstrom während 15···30 min. Durch den im Eisen entstehenden magnetischen Fluß werden an Stellen, wo die Bleche ungenügend isoliert sind, Wirbelströme erzeugt, welche die kranken Stellen erhitzen. Durch sorgfältiges Abtasten kann man solche Stellen leicht finden.

Abb. 44. Einbau einer Hilfswicklung zur Magnetisierung des Eisenkörpers. Stemmen kranker Blechstellen

Die Windungszahl N der Wicklung bestimmt man näherungsweise mit folgender Formel:

$$N = (8 \cdots 10) \cdot \frac{D_m}{I},$$

worin

D_m in cm $\triangleq$ der mittlere Durchmesser des Blechkörpers,

I in A $\triangleq$ die zulässige oder verfügbare Stromstärke.

Diese Formel ist gültig für 50 Hz und eine mittlere Induktion von 10 000 Gauß. Die erforderliche Spannung U an der Spule in Volt wird:

$$U = 4{,}4 \cdot F \cdot B \cdot A \cdot N \cdot 10^{-8};$$

worin

F in Hz ≙ Frequenz,
B in Gauß ≙ Induktion,
A in cm² ≙ kleinster Querschnitt des aktiven Eisens;
$$A = 0{,}9 \cdot l \cdot d$$
l in cm ≙ Länge des Eisens abzüglich die Breite sämtlicher Luftschlitze,
d in cm ≙ Dicke des Blechrückens.

Setzt man F zu 50 Hz, B wie angenommen zu 10 000 Gauß ein, dann wird
$$U = 0{,}022 \cdot A \cdot N.$$

Handelt es sich um starke Schleifstellen größeren Ausmaßes, so ist unter Umständen eine teilweise Umblechung des Eisenkörpers notwendig.

Als Folge von Eisen- oder Windungsschlüssen entstandene örtliche Brandstellen oder Schmelzperlen können durch Wegmeißeln und Überschleifen entfernt werden. Der gute Lauf einer Maschine wird im allgemeinen durch solche Eingriffe nicht beeinträchtigt, selbst wenn größere Teile eines Zahnes entfernt werden müssen. Um benachbarte Zähne am Schwingen zu verhindern, können an Stelle des herausgeschnittenen Materials Stücke aus Fiber oder Hartpapier eingesetzt werden. Wichtig ist, daß die Bleche an den Brandstellen sorgfältig, und zwar einzeln voneinander getrennt und isoliert werden, damit keine Eisenkrankheiten mit örtlicher Überhitzung des Blechkörpers entstehen. Mit einem messerartig geschärften Stahlblech werden die Bleche auseinandergetrieben, Isolierlack eingestrichen, dünnes Papier oder besser dünne Glimmerplättchen eingeschoben. Da Glimmerplättchen von 0,05 ··· 0,1 mm Dicke eine erhebliche Steifigkeit aufweisen, gelingt es, dieselben genügend tief einzuschieben. Papier und Glimmer können mit Isolierlack eingeklebt, Glimmerplättchen außerdem so zugeschnitten werden, daß die Nutenkeile sie am Herausschlüpfen hindern. Mußte der Eisenkörper an mehreren Stellen repariert werden, so empfiehlt es sich, durch Magnetisierung gemäß Abb. 44 festzustellen, ob keine kranken Stellen mehr vorhanden sind. Ist das Eisen stark in Mitleidenschaft gezogen, dann muß umgeblecht und teilweise neu geblecht werden. Zu diesen Arbeiten wird man am besten Personal des Maschinenlieferanten beiziehen.

2. Geräusche

Neben dem bekannten magnetischen Brummen oder *Singen* können an elektrischen Maschinen auch mechanische Geräusche von Ventilatoren, Bürsten auftreten. Hie und da sind auch rasselnde oder Flattergeräusche wahrnehmbar.

Krankheiten der Bürsten, Schleifringe und Kommutatoren

Tabelle 3. Bürstendruck in g/cm^2 bei verschiedenen Maschinentypen

Anwendung	Hartkohlen	Elektro-graphitierte Kohlen	Hochgraphit-kohlen	Metallkohlen
Normale ortsfeste Gleichstromgeneratoren und -motoren	140···180	140···210	100···140	—
Schleifringmaschinen u. Einankerumformer	—	170···280	100···140	175···240
Straßenbahnmotoren	250···500	250···500	—	—
Vollbahnmotoren	210···350	250···400	—	—
Walzwerkmotoren	210···350	210···350	—	—
Drehstrom- u. Wechselstrom-Kommutatormotoren	210···350	250···400	200···300	—
Niederspannungsmaschinen	—	—	—	175···240

Die vorgenannten spezifischen Drucke gelten für Bürstenquerschnitte von über 5 cm²; bei kleineren Querschnitten ist der Bürstendruck höher zu wählen, und zwar um etwa:

10% für 4···5 cm² Bürstenquerschnitt
20% ,, 3···4 ,, ,,
30% ,, 2···3 ,, ,,
40% ,, 1···2 ,, ,,

Der günstigste Bürstendruck ist der, welcher einen einwandfreien Kontakt zwischen Bürste und Ring oder Kommutator gewährleistet, den geringsten Materialverschleiß und die kleinste Temperatursteigerung ergibt.

Der Druck muß den jeweils vorliegenden Verhältnissen, d. h. der Art und Verwendung der Maschine sowie dem Material und dem Querschnitt der Bürsten angepaßt werden. Er wird im allgemeinen um so höher gewählt, je stärkeren Erschütterungen die Maschine ausgesetzt ist. Die Gleichmäßigkeit und die richtige Höhe des Bürstendruckes sind aus folgenden Gründen von großer Bedeutung:

Ist der Druck ungleichmäßig, so kann es leicht zu ungleicher Stromverteilung kommen. Hierdurch werden einzelne Kohlenbürsten stark überlastet und dadurch möglicherweise von der Stromübernahme ganz ausgeschaltet; sobald dies der Fall ist, werden die übrigen Kohlenbürsten höher belastet und das gleiche wiederholt sich bei den verbliebenen Bürsten.

Ist der Druck zu niedrig, so kann der Verschleiß sowohl der Kohlenbürsten wie auch des Schleifkörpers infolge starker Funkenbildung stark ansteigen. Außerdem ist die Übergangsspannung bei niederem Druck höher, so daß sich dadurch eine höhere Erwärmung von Schleifkörper und Bürste ergibt. Abb. 50 zeigt die Abhängigkeit der Übergangsspannung vom Bürstendruck.

Ist jedoch der Druck zu hoch, so steigt der Verschleiß von Kohlen-

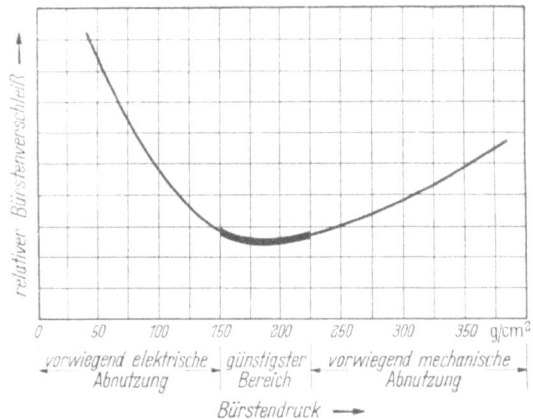

Abb. 52. Beziehung zwischen Bürstendruck und Bürstenverschleiß

bürste und Schleifkörper infolge der mechanischen und thermischen Wirkung der Reibung an. Es gibt also für den Anpreßdruck der Kohlenbürste in jedem Fall einen günstigsten Wert, der zur Erzielung geringsten Verschleißes und Angriffs einzuhalten ist.

Die Kurve in Abb. 52 erhellt besser als weitere Erklärungen die Abhängigkeit zwischen Bürstendruck und Bürstenabnützung.

Eine minimale Bürstenabnützung erfolgt beim günstigsten Druck an der mittleren, dick ausgezogenen Stelle, während links die Abnützung durch Stromübergang und rechts die Abnützung durch mechanischen Abrieb größer ist.

Zur Nachkontrolle des Bürstendruckes ist gemäß nebenstehender Abb. 53 eine Schlaufe aus Leder- oder Baumwollband unter dem Druckfinger des Bürstenhalters durchzuziehen und an den Haken der Zugwaage zu hängen. Dann ist der Druckfinger vollständig aus dem Bürstenhalter herauszuziehen und nachher wieder langsam einsinken zu lassen. Beim Einsinkenlassen ist der Federzug an der Waage abzulesen, kurz bevor der Druckfinger den Bürstenkopf berührt. Wichtig ist dabei, daß die Federwaage genau in der Verlängerung der Bürstenachse gehalten wird. Der Bürstendruck soll vom neuen bis zum abgenützten Zustand

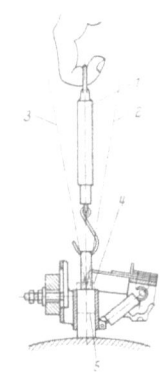

Abb. 53. Messung des Bürstendruckes. *1* richtige Haltung der Waage, *2* und *3* falsche Haltungen, *4* unabgenützte Bürste, *5* abgenützte Bürste

Eisenkrankheiten

Geräusche werden durch die Luft und über die Fundamente übertragen, sie können besonders bei Anlagen in Wohnquartieren störend wirken, weshalb schon bei der Projektierung und Aufstellung Maßnahmen zu treffen sind, die eine Ausbreitung der Geräusche verhindern.

Die Ursache der Geräusche läßt sich durch eine genaue Untersuchung ermitteln. Durch Entlastung und Entregung läßt sich unterscheiden, ob sie magnetischer oder mechanischer Herkunft sind.

Starkes Brummen und Vibrieren im kalten Zustand der Maschine kann von ungenügender Pressung des Statoreisens an den Trennstellen herrühren. Dies ist ziemlich sicher der Fall, wenn die Maschine im warmen Zustand sich ruhiger verhält. Durch Einlagen aus Preßspan sind die Luftzwischenräume an den Trennstellen so auszufüllen, daß auf der ganzen Fläche der Trennstellen eine gleichmäßige Pressung entsteht.

Tritt Rassel- oder Flattergeräusch auf, dann können schwingende Distanzstege, lose Preßfinger, Nutenzackenbleche oder Isolierteile die Ursache sein. Fehlerhafte Stellen am Eisenkörper sind oft durch braunrotes Reibrostpulver gekennzeichnet, welches bei trocken aufeinanderreibenden Eisenteilen entsteht.

Durch Eintreiben von Keilen aus Eisen oder Isoliermaterial können Distanzstege, Preßfinger und Blechzacken am Schwingen verhindert werden.

Eisenkeile sind so anzuschweißen, daß sie nicht in den Luftspalt gelangen, und Keile aus Isoliermaterial sind einzukleben und wenn möglich durch die Nutenkeile zu sichern. Rassel- oder Flattergeräusche sollten so rasch als möglich behoben werden, da sie Spulenisolationen durchscheuern und zu Eisenschlüssen führen können (Abb. 22).

Wo elektrische Zentralen in Wohngebieten oder deren Nähe sind, empfiehlt es sich spezielle Maßnahmen zur Verhütung und Ausbreitung von Geräuschen zu treffen. Wenn die durch Maschinengeräusch erzeugte Lautstärke in Wohnungen über etwa 30 Phon ansteigt, ist mit Reklamationen zu rechnen. Es kann sich um Luft- oder Körperschall handeln, welcher durch die Luft und über die Fundamente auf die Umgebung übertragen wird. In nachstehender Aufstellung ist die Lautstärke von Geräuschen verschiedener Art und die zulässigen Lautstärken für Wohnräume und Krankenzimmer angegeben.

0 Phon		Untere Grenze der Hörbarkeit.
10	„	Leises Flüstern in 1,5 m Distanz, leichtes Blätterrauschen.
15 ··· 25	„	Krankenzimmer in Spitälern, Schlafzimmer.
20 ··· 30	„	Ruhige Wohnräume, Vorstadtstraße, Rauschen der Bäume.
30 ··· 40	„	Normale Wohnräume, ruhige Büros, leises Sprechen.
40 ··· 50	„	Lärmige Wohnräume, Büros mit Schreibmaschinen, normales Sprechen.
50 ··· 60	„	Verkehrsreiche Straße.

4 Spieser, Krankheiten elektr. Maschinen, 2. Aufl.

50 Krankheiten elektrischer Maschinen

60···70 Phon Laute Straße, Straßenbahn, Verständigung nur auf 2,5 m Distanz möglich.
70···80 ,, Fabrikationsräume, Kraftwerkzentralen mit Maschinen unter dem Zentralenboden oder mit Geräuschdämpfung. Verständigung auf 2,5···1,5 m Distanz möglich.
80···100 ,, Verkehrsflugzeuge, Benzinmotoren ohne Schalldämpfung, Kraftwerkzentralen mit Generatoren und Turbinen über dem Zentralenboden.
85···110 ,, Dieselzentralen.
120 ,, Flugzeug in 3 m Entfernung.
130 ,, Schmerzempfindung im Ohr.

Durch geeignete Maßnahmen, wie die Anwendung von unter dem Maschinensaalboden versenkten, vertikalen Maschinen mit geschlossener Umluftkühlung, oder Ummantelung von Ständern über dem Maschinenboden kann eine Dämpfung der Geräusche erreicht werden. Wenn die genannte Ummantelung auf der Innenseite mit schallabsorbierendem Material ausgekleidet wird, kann bei sachgemäßer Ausführung eine wesentliche Reduktion des Maschinengeräusches erreicht werden. Bei einer Ummantelung bestehender Maschinen darf die Ventilation derselben nicht beeinträchtigt werden, außerdem darf das Schallschluckmaterial nicht brennbar sein. Bei horizontalen, auf dem Maschinensaalboden montierten Gruppen ist die Dämpfung der Geräusche trotz Anwendung geschlossener Umluftkühlung der Ventilationsluft schwieriger. Neuerdings wird auch an solchen Maschinen der Einbau von Schallschluckmaterial ins Gehäuse und die Verschalungen erwogen. Es ist zu beachten, daß Geräusche nicht nur durch elektrische Maschinen erzeugt werden, sondern beispielsweise auch durch Pelton-Turbinen, deren Geräusch stärker sein kann als das von den elektrischen Teilen erzeugte. Eine Ummantelung solcher Gruppen ist praktisch nicht möglich. In diesen Fällen wird versucht, durch Auftragen eines schallabsorbierenden Materials auf die Zentralen-Wände und Decken eine Dämpfung des Geräusches zu erreichen. Dieses Verfahren kam in

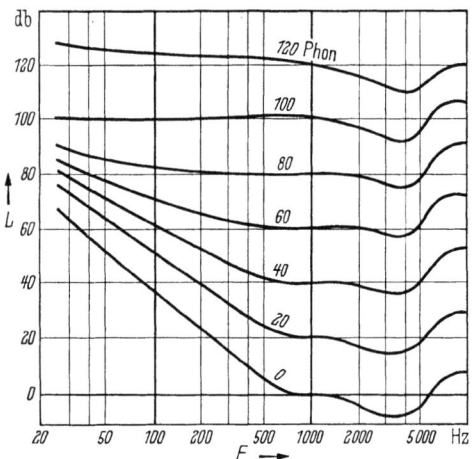

Abb. 45. Hörkurven des menschlichen Ohrs. Lautstärke L in Abhängigkeit der Tonfrequenz F

bestehenden Zentralen schon oft mit Erfolg zur Anwendung. Zur Beurteilung der Wirksamkeit der möglichen Maßnahmen ist zu beachten, daß die Schallempfindung des menschlichen Ohres nicht nur auf die Lautstärke, sondern auch auf die Tonhöhe, d. h. Tonfrequenz ausgerichtet ist. Währenddem die Lautstärke eines Geräusches elektrisch gemessen werden kann und als absolute physikalische Größe in Dezibel (db) ausgedrückt wird, reagiert das Ohr auf einen physiologischen Wert, der mit Phon bezeichnet wird. Die Abb. 45 gibt Aufschluß über den

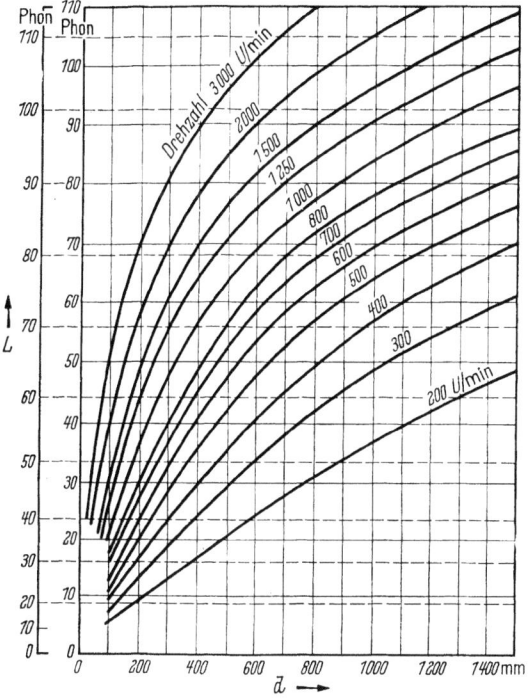

Abb. 46. Geräuschlautstärken L eines Ventilators mit Drehzahlen von 200···3000 U/min in Abhängigkeit vom Flügelraddurchmesser d. Meßstelle: 1 m vom Flügelrad in Achsrichtung; linke Skala: Axial-Ventilator, rechte Skala: Radial-Ventilator

Zusammenhang zwischen Lautstärke, Frequenz und Hörempfindlichkeit. Messungen haben ergeben, daß zwei gleichlaute Schallquellen zusammen nur drei Phon lauter sind als eine allein. Drei gleichlaute Schallquellen sind etwa fünf Phon lauter als eine allein. Mehrere verschieden laute Schallquellen haben zusammen mindestens die Lautstärke der lautesten Schallquelle. Es empfiehlt sich deshalb, bei zwei gleichlauten Schallquellen beide zu dämpfen, bei verschieden lauten in erster Linie die lauteste.

Auch Ventilatoren können starke Geräusche erzeugen und nachstehende Abb. 46 gibt die Lautstärke in Phon an, welche für die Radial- und Axialventilatoren verschiedener Flügelraddurchmesser und Drehzahlen zu erwarten sind.

D. Krankheiten der Bürsten, Schleifringe und Kommutatoren

1. Eigenschaften der Bürsten und Bürstenhalter

a) Bürstenarten

Die Verwendung ungeeigneter Bürsten kann leicht zu ernsten Betriebsstörungen und Schäden an elektrischen Maschinen führen.

Die heute zur Anwendung gelangenden Bürsten lassen sich in folgende vier Hauptgruppen einteilen:

1. Hartkohlen aus hartem Kohlenstoff, Retortenkohle und Koks.
2. Elektrographitierte Kohlen: Ausgangsmaterialien wie unter 1., durch Glühen bis etwa 2500 °C im Elektroofen in reinen Graphit verwandelt.
3. Hochgraphitkohlen aus Naturgraphit mit wenig nichtleitenden, harten mineralischen Bestandteilen.
4. Metallkohlen aus Graphit mit Metallzusätzen in feinverteilter Form.

Durch Mischung und durch verschiedene Behandlung der Ausgangsmaterialien der vier genannten Hauptgruppen werden die verschiedenen Varianten innerhalb der Gruppen erreicht.

Hartkohlen haben einen hohen elektrischen Widerstand sowie hohe Übergangsspannung und werden gewöhnlich für Maschinen kleinerer Leistung verwendet sowie in Fällen, wo schwierige Kommutationsverhältnisse einen großen Querwiderstand erfordern. Sie haben ein sehr festes Gefüge und große Abschleifwirkung und eignen sich hauptsächlich für Kommutatormaschinen kleinerer Leistung, zudem wegen ihres großen Querwiderstandes auch für größere Wechselstrom-Kommutatormotoren.

Elektrographitierte Kohlen vereinigen eine große mechanische Zähigkeit und eine hervorragende elektrische und thermische Belastbarkeit. Sie sind weicher als Hartkohlen, aber härter als Hochgraphitkohlen. Elektrographitierte Kohlen sind für moderne Großmaschinen fast universell verwendbar, und zwar für Kommutatoren wie Schleifringe. Je nach dem Grad der Elektrographitierung eignen sie sich auch für höhere Umfangsgeschwindigkeiten als Hartkohlen.

Hochgraphitkohlen sind weicher als alle übrigen Kohlensorten. Sie zeichnen sich durch sehr gute Wärmeleitung und Gleiteigenschaften aus und durch ein ausgesprochenes Poliervermögen. Sie eignen sich für Schleifringe und vor allem für Kommutatoren und ergeben auch bei größeren Umfangsgeschwindigkeiten einen sehr ruhigen Lauf.

Metallkohlen haben von allen Kohlensorten die geringste Übergangsspannung und zufolge ihres Metallgehaltes die höchste elektrische Leitfähigkeit. Der Graphitgehalt gibt ihnen außerdem gute Gleiteigenschaften. Sie kommen hauptsächlich auf Maschinen für hohe Ströme und niedere Spannung zur Anwendung, welche leicht und gut kommutieren. Im weiteren eignen sich Metallkohlen für Schleifringe von Einankerumformern und Generatoren.

Die nachstehende Tabelle enthält Angaben über die spezifischen Eigenschaften der vorgenannten vier Hauptgruppen von Kohlenbürsten. Die Werte können je nach den Kühlverhältnissen, dem Zustand der Oberfläche des Schleifkörpers und dem Bürstendruck stark schwanken.

Tabelle 2. *Haupteigenschaften der Kohlebürsten*

	Hartkohlen	Elektrographitierte Kohlen	Hochgraphit-Kohlen	Metallkohlen
Dauerbelastung auf Kommutatoren und Ringen: A/cm²	4···7	8···10	8···10 (höchste Werte für Ringe)	10···15
Max. Umfangsgeschwindigkeit m/s	20	60	70	30
Übergangsspannung für + und —-Bürste zusammen: V	1,5 ···2,5	1,5 ···2,5	1,5 ···2,0	0,5 ···1
Reibungskoeffizient	0,23···0,3	0,13···0,22	0,10···0,17	0,13···0,22

Über die Verwendung der obengenannten Bürstensorten auf den verschiedenen Arten von Maschinen gibt die Tab. 3 (S. 57) Aufschluß, in welcher auch die entsprechenden Bürstendrücke angegeben sind.

Die Anwesenheit von Staub und Gasen unter der Bürstenfläche gibt oft Anlaß zu einem unstabilen Verhalten der Bürsten. Versuche und Beobachtungen im Betriebe haben gezeigt, daß es oft durch Schlitzen der Bürstenfläche möglich ist, diesen labilen Zustand zu beheben. Der Spannungsabfall wird durch diese Maßnahme gleichförmiger, was eine bessere Belastungsverteilung zwischen den Bürsten eines Ringes oder eines Bürstenarmes bewirkt. Mit guten Resultaten werden geschlitzte Bürsten auf Einankerumformer-Schleifringen verwendet und auf solchen von Turbo- und gewöhnlichen Generatoren (Abb. 47). Auch auf Gleichstromkommutatoren können geschlitzte Bürsten gute Resultate ergeben, wenn die Kommutatoren genau rund laufen und die Bürsten nicht rattern oder vibrieren. Tritt aus irgendeiner Ursache ein Rattern oder Vibrieren der Bürsten ein, so können die durch das Schlitzen geschwächten Bürsten in ganz kurzer Zeit in Stücke zerfallen. Es empfiehlt sich deshalb, die Kohlen versuchsweise nur etwa 2 mm tief zu schlitzen, um die Bürste nicht zu stark zu schwächen.

In Sonderfällen kommen auch zusammengesetzte Bürsten zur Anwendung.

Der Reibungskoeffizient der Bürsten ist bei größerer Bestückung von weittragender Bedeutung. Er hängt in erster Linie von der Be-

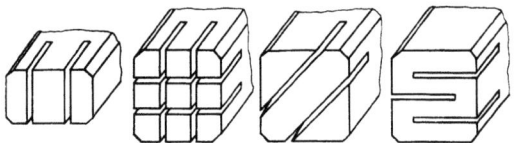

Abb. 47. Geschlitzte Bürsten verschiedener Ausführung

schaffenheit des Bürstenmaterials und vom Zustande der Oberfläche des Schleifkörpers ab. Zufolge der Einwirkung vieler weiterer Faktoren, wie Stromdurchgang, Umfangsgeschwindigkeit, Temperatur, Umgebungsluft, ist die Reibung zwischen Bürste und Schleifkörper ein kompliziertes Problem. Die Reibungsverhältnisse können als günstig betrachtet werden, wenn das Gleiten zwischen Bürste und Schleifkörper so ruhig und geräuschlos erfolgt, wie wenn man z. B. mit trockenem Finger über eine trockene Glasplatte fährt. Macht man genau das gleiche auf einer nassen Glasplatte, so entsteht ein Ton, der um so höher ist, je schneller der Finger über die Glasplatte fährt. Bei ganz langsamer Bewegung ist die Schwingungszahl, die dem tieferen Ton entspricht, auf der Glasplatte, d. h. im Wasserfilm sichtbar. Eine ähnliche Erscheinung kann zwischen Bürste und Schleifkörper auftreten, wo diese Schwingungen bzw. Vibrationen das Tanzen und Rattern der Bürsten verursachen. Bleiben diese raschen Schwingungen längere Zeit bestehen, so haben sie das Abbröckeln der Bürstenkanten, Eindrücke in den Bürstenkörper und das Brechen der Bürstenkabel zur Folge. Auch greifen sie mit der Zeit die Oberfläche des Schleifkörpers an und zerstören die empfindlicheren Teile des Bürstenhalters. Die gleichen

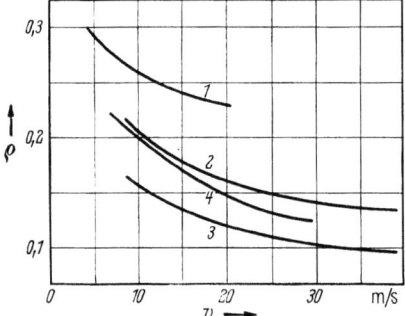

Abb. 48. Reibungskoeffizient ϱ in Abhängigkeit von der Umfangsgeschwindigkeit v
1 Hartkohle, 2 Elektrographit, 3 Hochgraphit, 4 Metallgraphit

Symptome können sich bei stromlosem Lauf zeigen, bei dem sich die Reibungsverhältnisse ändern.

Der Einfluß der Druckänderung an der Bürste ist von ganz wesentlichem Einfluß auf den Reibungskoeffizienten. Letzterer wird bei Erhöhung des Bürstendruckes von 150 auf 300 g/cm² gewöhnlich mehr als verdoppelt.

Aus Abb. 48 ist die Wirkung der Geschwindigkeit auf den Reibungskoeffizienten ersichtlich. Er erfährt mit zunehmender Geschwindigkeit eher eine Verminderung, was durch die Bildung einer Gasschicht zwischen Schleifkörper und Bürste bei höheren Geschwindigkeiten erklärt werden kann.

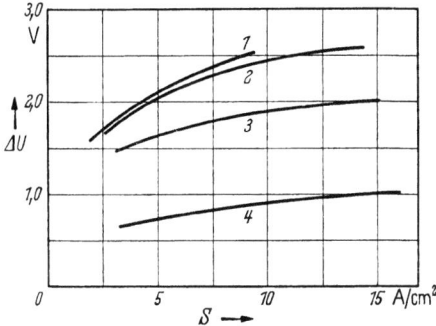

Abb. 49. Spannungsabfall ΔU von Plus- und Minusbürsten in Serie, in Abhängigkeit von der Stromdichte S. *1* Hartkohle, *2* Elektrographit, *3* Hochgraphit, *4* Metallgraphit

Wie aus Abb. 49 ersichtlich ist, ändert sich der Spannungsabfall einer Bürste nicht proportional dem Strom. Bei einer Graphitbürste steigt der Spannungsabfall zwischen 3 und 10 A/cm² an, was als Arbeitsbereich dieser Bürste gelten kann, nur von etwa 1,5···2,0V. Praktisch wird der Spannungsabfall von der Umfangsgeschwindigkeit des Schleifkörpers nicht stark beeinflußt. Dagegen zeigt Abb. 50 eindeutig, wie der Spannungsabfall bei Erhöhung des Druckes stark abnimmt. Leider nehmen mit der Erhöhung des Druckes die Reibungsverluste sehr stark zu, so daß dieses Mittel zur Reduktion des Spannungsabfalles nur in beschränktem Maße anwendbar ist.

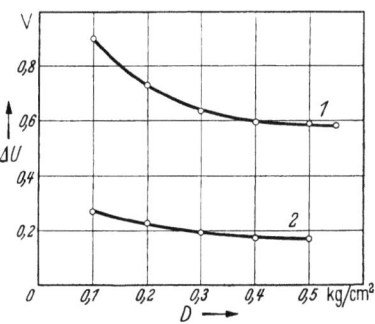

Abb. 50. Abhängigkeit der Übergangsspannung ΔU vom Bürstendruck D bei unveränderter Stromdichte und Geschwindigkeit. *1* Hochgraphitbürste, *2* Stark metallhaltige Bürste

Obigen Kurven liegen die Durchschnittswerte der vier gebräuchlichsten Bürstensorten zugrunde.

Auf einen guten Stromübergang und einen minimalen Verschleiß ist das Polier- oder Abschleifvermögen einer Bürste von großem Einfluß. Das Poliervermögen einer Bürste, z. B. einer Hochgraphitbürste, ist dann zu groß, wenn sie eine zu starke Patina bildet, welche störend wirkt, indem Spannungsabfall und Erwärmung zu groß werden. Das Abschleifvermögen einer Bürste ist übermäßig, wenn sie die Oberfläche des Schleifkörpers angreift, d. h. keine Patina aufkommen läßt. Zwischen diesen Extremen liegt das für einen normalen Betrieb günstige Polier- und Abschleifvermögen.

Sind Schleifringe und Kommutatoren chemisch aktiven Gasen, wie Chlor, Ammoniak oder Säuredämpfen, ausgesetzt, so sind Bürsten mit etwas größerem Abschleifvermögen notwendig und die Schleifkörper sind sauber zu halten.

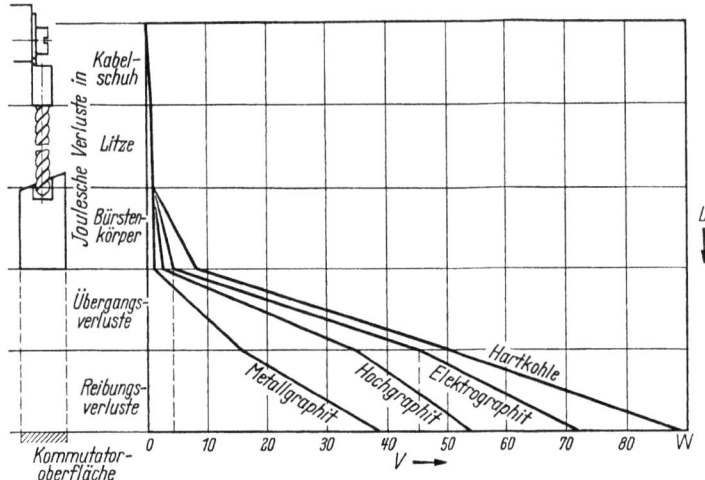

Abb. 51. Vergleichsdarstellung der Übergangsverluste V auf dem Weg L vom Kabelschuh zur Kommutatorfläche

Ein zu hohes Poliervermögen kann dazu führen, daß die Patina durch elektrischen Durchschlag aufgekratzt wird und ein hoher Verschleiß des Schleifkörpers wie der Bürsten eintritt. So paradox es scheint, kann eine Bürste mit größerem Abschleifvermögen weniger Materialverschleiß bedingen.

Die vorstehende Abb. 51 zeigt Vergleichswerte für Übergangs- und Reibungsverluste der vier Hauptgruppen von Bürsten. Die tatsächlichen Verluste für eine bestimmte Bürstensorte sind nach den Angaben des Bürstenlieferanten zu ermitteln.

b) Anwendung der verschiedenen Bürstensorten; Bürstendruck

Nachstehende Tabelle gibt einen Anhaltspunkt über die Anwendung der verschiedenen Bürstenqualitäten und der entsprechenden Bürstendrücke.

möglichst unverändert bleiben. Auf dem gleichen Ring oder dem gleichen Bürstenarm sitzende Bürsten dürfen keine großen Druckunterschiede aufweisen; Abweichungen von mehr als 10···15% sind nicht zulässig.

c) Bürstenhalter

Die Bürstenstellung wird als radial bezeichnet, wenn ihre Mittellinie mit dem Radius des Kommutators zusammenfällt. Sogenannte *ablaufende* Bürsten bilden einen stumpfen Winkel, die Reaktions- oder auflaufenden Bürsten hingegen einen spitzen Winkel mit der Drehrichtung (Abb. 54).

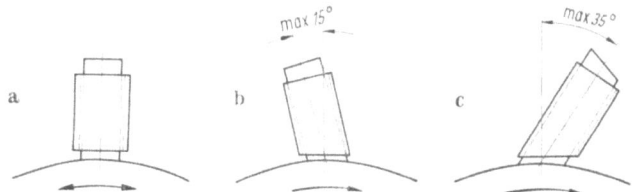

Abb. 54. Bezeichnung der Bürstenstellungen: a) radiale Stellung, b) ablaufende Stellung, c) auflaufende oder Reaktionsstellung

In einem richtig gebauten und eingestellten Radialhalter kann die Bürste in beiden Drehrichtungen gut arbeiten. Radialhalter müssen genau radial gestellt werden, da selbst eine geringe Schiefstellung für den Lauf der Bürste ungünstig ist. Ablaufende und Reaktions-Halter sind an eine bestimmte Drehrichtung gebunden, wobei die Neigung der Bürste je nach Konstruktion zwischen 5···15° für ablaufende und zwischen 20···35° für Reaktionshalter variiert. Letztere gelangen hauptsächlich bei größeren Gleichstrommaschinen zur Anwendung.

Die Führungsflächen der Halter sollen glatt und eben sein. Bombierte oder kurze Führungsflächen geben Anlaß zum sog. Tanzen der Bürsten. Die Führungsflächen sind so groß zu wählen, daß auch weiche Bürsten keine Eindrücke erleiden und in dem Halterkasten hängen bleiben.

Zu großes Spiel zwischen Halter und Bürste ist ebenso nachteilig wie zu kleines Spiel. Im ersteren Falle wackeln die Bürsten, so daß keine richtige Lauffläche entsteht. Im zweiten Falle werden die Bürsten in ihrer Beweglichkeit gehemmt oder klemmen sich in den Haltern fest.

Unter Berücksichtigung der nach VDE gültigen Toleranzen ergeben sich folgende Spielräume zwischen Bürstenhalterkasten und Bürste:

Da das Größtspiel in der Praxis nur selten zur Anwendung kommt, dürften die Mittelwerte aus Kleinst- und Größtspiel etwa richtig sein. Die Bürstenhalter sind

Tabelle 4. Bürstenspiele

	Spiel in mm		
	Längsrichtung (axial)	Laufrichtung bei Bürstenbreite	
		5···16 mm	über 16 mm
Kleinstspiel	0,2	0,1	0,15
Größtspiel .	0,5	0,3	0,4

so einzustellen, daß das Haltergehäuse etwa 1,5···2 mm vom Ring oder Kommutator absteht (Abb. 55). Diese Anordnung ist ein gutes Mittel, um das Tanzen der Bürsten zu vermeiden und die Bürstenspitzen, an welchen die größte Erhitzung auftritt, kühl zu halten.

Der durch den Druckbügel auf die Bürste ausgeübte Druck soll vom neuen bis zum verbrauchten Zustand der Bürste um nicht mehr als 10···15% abweichen.

Bürstenhalter sollen beim Aufschrauben auf Spindeln oder Bürstenarme nicht verzogen werden. Die Übergangsstellen zwischen Halter und Bürstenträger müssen genügend groß bemessen sein, um Oxydationsstellen und ungleiche Stromverteilung zu vermeiden. Bei Revisionen sollen diese Kontaktstellen sowie die Anschlüsse der Bürstenableitungen auf satten Sitz kontrolliert werden. Am Druckbügel der meisten Halter ist eine Isolation vorhanden, welche die Stromleitung über den Bügel verhindern soll. Den gleichen Zweck verfolgt das in den Bürstenkopf eingelassene Isolierstück.

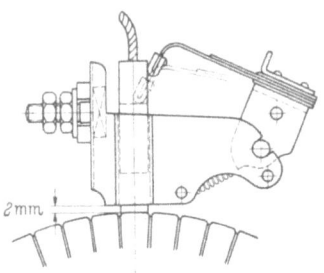

Abb. 55. Kommutator und Bürstenhalter

Die Stromzuleitung oder -ableitung soll zur Hauptsache über die Bürstenkabel erfolgen. Direkter Stromübergang zwischen Bürste und Halterkasten kann zu Anfressungen beider Teile und zum Klemmen der Bürsten führen.

Abschließend ist zu bemerken, daß Bürstenhalter ebenso gut behandelt und instand gehalten werden müssen wie Schleifringe und Kommutatoren, weil mit ausgelaufenen Haltern kein einwandfreier Betrieb möglich ist.

2. Bürsten auf Schleifringen

a) Ringmaterial

Der Stromübergang an den Schleifringen ist ein Problem, das abhängig ist von den Bürsten und Bürstenhaltern, vom Material der Ringe, von der Umfangsgeschwindigkeit und von einer Reihe anderer Einflüsse.

Je nach den elektrischen und mechanischen Beanspruchungen, welchen die Schleifringe genügen sollen, ist deren Bauart und deren Material verschieden. Neben Ringen, welche mit einer Zwischenlage von Glimmer oder ähnlichen Isolationen auf besondere Büchsen oder direkt auf die Welle aufgeschrumpft werden, wird eine große Anzahl Konstruktionen ausgeführt, welche Ringe auf eine Nabe aufschrauben oder auf Bolzenkonstruktionen aufreihen. Geschrumpfte Ringe bestehen vorwiegend aus Stahl, Bronze und Gußeisen; für geschraubte Ringe wird neben diesen Materialien auch Kupfer verwendet, besonders dann, wenn es sich um Konstruktionen für Abnahme sehr hoher Stromstärken handelt. Messing kommt für Schleifringe meist nur bei kleinen Motoren zur Anwendung.

An gegossenen Schleifringen sind Störungen infolge von Materialfehlern der Bronze oder des Gußeisens möglich. Die Ringe können Poren und selbst Lunker oder durch ungleichmäßige Abkühlung auch Stellen von ungleicher Härte und verschiedenem Gefüge enthalten. Dadurch kann sich eine Ringfläche allmählich ungleich abnützen, wobei sich flache Stellen bilden, welche Vibrationen der Bürsten zur Folge haben. Geschmiedete Ringe aus Stahl oder auch gewalzte und gezogene

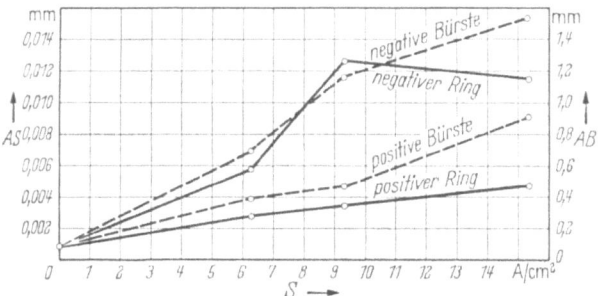

Abb. 56. Radiale Abnützung von Bronce-Schleifringen (AS) und von harten Kohlebürsten (AB) in Abhängigkeit von der Stromdichte S und der Polarität

Ringe aus Kupfer sind diesen Störungen seltener ausgesetzt, obwohl auch bei ihnen infolge ungleichmäßiger Abkühlung Härteunterschiede entstehen können.

Die Feststellung von Materialfehlern in Ringen ist äußerlich nur möglich, wenn grobe Einschlüsse, poröse Stellen oder Risse wahrnehmbar sind; sonst müssen mikroskopische Schliffaufnahmen und Härteprüfungen an den ausgebauten Ringen gemacht werden, wenn bei Störungen, wie z. B. bei Rillenbildung, keine Erklärung möglich ist. Die Veranlassung dazu wird jedoch sehr selten eintreten.

An den gleichstromführenden Schleifringen von Synchron-Generatoren und -Motoren kann vereinzelt beobachtet werden, daß nur der positive Ring eine polierte Oberfläche besitzt, während der negative Ring matt und in Ausnahmefällen sogar aufgerauht ist. Die Ursache hiervon liegt im Transport von Metallteilchen durch den Strom in der Richtung vom negativen Ring zu seiner Bürste; die Wirkung ist bei höherer Strombelastung ausgeprägter. Zur Abhilfe wird einfach die Polarität der Ringe von Zeit zu Zeit gewechselt; sonst wäre eine ungleiche Abnützung an Ring und Bürsten der negativen Polarität zu erwarten, besonders bei Kupfer- und Bronzeringen, weniger bei Stahlringen.

Die Abb. 56 zeigt die Abnützung an positiven und negativen Ringen und Bürsten in Abhängigkeit von der Stromdichte.

Unter normalen Verhältnissen ist die Abnützung der Ringe nicht beträchtlich und die der Bürsten etwa 4···7 mm in 1000 Betriebsstunden. Der Verschleiß kann jedoch ein Mehrfaches betragen und Anbrennungen auf dem ganzen Umfang der Lauffläche zur Folge haben, wenn folgende Umstände vorliegen:

Abb. 57. Seitlich überhängende, unrichtig aufgesetzte Bürste

Lose Bürstenträger infolge Lockerung von Verschraubungen oder infolge Schwindens von Isolationsteilen, Erschütterungen der ganzen Maschine infolge eines Wuchtfehlers oder infolge von Schlägen des Läufers gegen die Lager in axialer Richtung, wodurch der Bürstenapparat erschüttert wird, der nicht selten an Lagerschildern und Lagerböcken befestigt ist. Auch Übertragungsorgane — schlagende Riemen oder Zahnräder — können indirekt durch die Maschine Erschütterungen der Bürsten und Bürstenfeuer verursachen. Seitliches Überstehen der Bürsten an der Ringkante kommt bei zu schmalen Ringen oder bei nicht richtig aufgesetzten Bürsten vor (Abb. 57). Bei der geringsten seitlichen Verschiebung des Läufers erhält die Bürste einen Schlag, hebt sich ab und feuert.

b) Bürstenmaterial, Druck und Strombelastung

Auf Schleifringen werden Elektrographit-, Hochgraphit- und Metallkohlen verwendet; letztere vorwiegend auf Ringen von Einankerumformern.

Die für Bürsten auf Schleifringen zulässige spezifische Belastung und Umfangsgeschwindigkeit sind in der Tab. 2 (S. 53) angegeben und die zur Anwendung gelangenden Bürstendrücke in der Tab. 3 (S. 57). Entscheidend für die spezifische Belastung sind die Abkühlungsverhältnisse von Ring und Bürsten und die auf S. 62 aufgeführten Faktoren.

c) Einsetzen und Einschleifen der Bürsten

Unzulässiges Bürstenfeuer ist oft auf unsachgemäßes Einsetzen, Einschleifen und falsche Einstellung der Bürsten zurückzuführen. Ein sorgfältiges Einschleifen ist besonders wichtig. Eine Maschine soll nicht voll belastet werden, wenn die Bürsten nicht richtig eingelaufen sind, weil die Stromdichte für die nicht eingeschliffenen kleinen Berührungsflächen viel zu hoch ist.

Beim Einsetzen der Bürsten sind gleichzeitig die Bürstenhalter auf richtigen Sitz zu prüfen, von Staub zu reinigen, und die Druckhebel und Drehpunkte der Gelenke sind nach Klemmungen zu untersuchen. Der Abstand zwischen Kastenunterkante und Schleifkörper sollte nicht größer als 2 mm sein. Die Bürsten sollen ohne zu großes Spiel ungehindert in den Halterkasten gleiten. Die Halter müssen so aufgesetzt sein, daß die Bürsten nicht über den Rand der Schleifringe hinausragen. Ist die Ringbreite größer als die Breite einer einzelnen oder mehrerer nebeneinander sitzender Bürsten, dann sollen die Bürsten der einzelnen Stifte versetzt werden, um eine möglichst gleichmäßige Abnützung des Ringes über die ganze Breite zu erreichen.

Nachdem der richtige Druck an allen Haltern eingestellt ist und letztere in richtiger Stellung endgültig verschraubt sind, kann mit dem Einschleifen der Bürsten begonnen werden. Man zieht dazu einen längeren Streifen aus geschmeidiger Schmirgelleinwand S, der auf einem möglichst großen Teil des Schleifringes fest aufliegt, unter den Kohlenbürsten hin und her (Abb. 58). Bei Maschinen, die stets in einer Drehrichtung laufen, soll das Schleifleinen unter der aufliegenden Kohlenbürste zuletzt nur noch in Drehrichtung gezogen werden, d. h. beim Zurückziehen ist die Kohlenbürste abzuheben. Das Einschleifen erfolgt bei normalem, vom Bürstenhalter erzeugtem Bürstendruck. Keinesfalls darf der Druck etwa durch zusätzliches Andrücken mit der Hand vergrößert werden.

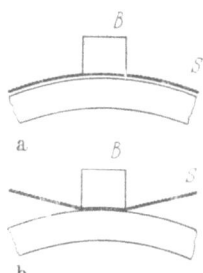

Abb. 58. Einschleifen von Bürsten B mit Schmirgelleinen S oder Glaspapier: a) Schmirgelband richtig geführt, b) Schmirgelband falsch geführt

Metallhaltige Bürsten sind wegen ihrer Härte schwerer einzuschleifen als Graphitbürsten. Zur Erleichterung kann man die Bürste nach einer Schablone, die der Ringrundung entspricht, mit einer Feile oder geeigneten Schleifscheibe vorbereiten. Bürstenlieferanten können auch Bürsten mit passender Rundung liefern.

Gut eingeschliffene Kohlenbürsten zeigen auf der ganzen Breite der Schleiffläche den Kreisbogen des Schleifringes. Nach Beendigung des Einschleifens sind alle Bürsten aus den Haltern zu entfernen und jede Spur von Staub auf dem Ring und den Kanten, den Bürsten und Haltern zu beseitigen. Ein besonderes Augenmerk ist darauf zu richten, daß sich keine Schmirgelkörnchen in der Bürstenfläche festgesetzt haben.

Beim Reinigen soll der Kohlen- oder Schmirgelstaub nicht in die Wicklungen hineingeblasen werden.

d) Fleckenbildung

Ungleichheiten im Material und Gefügeveränderungen in Ringen können Anlaß zu Fleckenbildung oder flachen Stellen in Ringoberflächen geben. Die gleiche Wirkung können auch Wasser, Säuren und chemisch wirksame Gase haben. Selbst wenn die Angriffstellen anfangs nur oberflächlich sind, können sie im Betriebe doch rauh werden und Bürstenfeuer verursachen. Der dabei entstehende Lichtbogen verdampft das Ringmaterial und verschlechtert den Kontakt zwischen Ring und Bürsten immer mehr. Wenn mehrere Bürsten parallelgeschaltet sind, so ist die Stromverteilung unter denselben gestört, indem andere Bürsten den Strom der ausfallenden übernehmen müssen und überlastet werden. Es kann soweit kommen, daß die am stärksten überlasteten Bürsten aufglühen und ihre Bürstenkabel abbrennen.

Insbesondere kann bei Stahlringen eine Fleckenbildung auftreten, wenn die Bürsten bei stillstehender Maschine auf den Ringen aufliegen. Die zuerst grauen Flecken entstehen auf elektrochemischem Wege (als

Abb. 59. Fleckenbilder am Schleifring

Eisen-Kohle-Element) bei Anwesenheit von Feuchtigkeit und vermutlich unter Einwirkung von Wärme. Je nach der Dauer des Stillstandes sind die angegriffenen Stellen mehr oder weniger tief. Im Betrieb können dann Funken auftreten und zu den obenerwähnten Störungen führen.

Auf Schleifringen von Drehstrom- und Einphasen-Generatoren sowie von Phasenkompensatoren können sich Flecken bilden als Folge von starken Kurzschlüssen im Statorstromkreis.

In den meisten Fällen entspricht das Fleckenbild der Bürstenteilung (Abb. 59). Es können sich auch mehrere gegeneinander versetzte Fleckenbilder auf dem Ring zeigen.

Auf Schleifringen von Einankerumformern können sich Flecken bilden, wenn die Bürsten so angeordnet sind, daß bei jeder Umdrehung der Maximalwert des Wechselstromes an derselben Ringstelle auftritt und in gleicher Richtung von der Bürste auf den Ring übergeht. Der Ring wird dadurch an einer Stelle dauernd höher beansprucht, und aus den anfänglichen Flecken können rauhe und angefressene Stellen entstehen; die darüberlaufenden Bürsten können dann feuern. Durch Bürstenverschiebung ist diese Störung vermeidbar. Ähnliche Erscheinungen können an den Schleifringen der Polräder von Einphasengeneratoren auftreten unter dem Einfluß des dem Erregerstrom überlagerten Wechselstromes.

Zur Abhilfe müssen die Ringe überdreht oder überschliffen werden. Bei Stahlringen sollen die Bürsten im Stillstand abgehoben sein oder es soll ein Stück Papier zwischen Bürste und Ring eingelegt werden. Bisweilen verhindert ein leichtes Ölen der Ringe die Fleckenbildung im Stillstand.

Wo die vorgenannten Maßnahmen, z. B. bei automatischem Betrieb oder in ferngesteuerten Anlagen, nicht anwendbar sind, soll eine andere Kohlensorte mit geringerem Graphitgehalt gewählt und unter Umständen der Bürstendruck erhöht werden.

e) Bürstenfeuer auf Schleifringen

Das Bürstenfeuer kann verschiedenartiges Aussehen zeigen. Bisweilen auftretende Spritzfunken von gleichbleibender Stärke sind meist unschädlich; sie können von weggeschleuderten Kohlenteilchen herrühren.

Andauerndes Spritzfeuer von rötlicher, bläulicher bis grünlichweißer Farbe läßt eine allmähliche Zerstörung der Ringfläche erwarten. Unter den Ursachen des Bürstenfeuers stehen unrunde Ringe an erster Stelle, weil sie Erschütterungen der Bürsten verursachen. Unrunder Lauf kann entstehen durch Verwerfen und Verlagern der Ringe auf den Tragkonstruktionen. Ferner kann sich bei Überhitzung der Ringe durch Überlast oder durch ungeeignete Bürsten die Schrumpfung als zu gering erweisen.

Nachstehend sind noch einige weitere Möglichkeiten für das Auftreten von Bürstenfeuer angegeben:

Flecken oder rauhe Stellen an Ringen;
Erschütterungen durch Wuchtfehler oder Schläge in axialer Richtung;
Spritzöl oder Öldunst, von Lagern oder von Dieselmotoren herrührend;
Staub aus der Luft oder Schmirgelstaub, beim Einschleifen der Bürsten entstehend;
ungeeignete Kohlensorte;
ungleiche Bürstensorte auf dem gleichen Ring, ungleicher Bürstendruck;
ungleicher Widerstand zwischen Bürste und Gesamtstromabnahme oder -zuführung;
Klemmen einzelner Bürsten in den Haltern;
schlecht eingeschliffene Bürsten.

f) Ungleiche Stromverteilung

Diese Störung bedeutet die Übernahme des größten Stromanteils durch nur eine oder wenige von sämtlichen Bürsten eines Schleifringes.

Anfänglich beobachtet man meist nur das Feuern der höher belasteten Bürsten. Wird ein Stromausgleich nicht bald vorgenommen, so können während längerer Betriebszeit die Bürstenkabel ausglühen, an der Armierung vorhandene Lötstellen sich überhitzen und ausschmelzen; zuletzt können sogar die Bürstenableitungen abschmelzen. Die Überhitzung der meist aus Kupfer bestehenden Bürstenkabel erkennt man an ihrer gelben bis bläulichen Verfärbung. Sind etwa sogar die Ableitungen durchgebrannt, und wird die Störung nicht sogleich beachtet, so fließt der Strom über den Kasten des Bürstenhalters; Kastenwände und Bürstenflanken schmoren an. Im schlimmsten Falle kann sogar der Halterkasten abschmelzen oder mit der Bürste ganz zusammenschweißen. Abb. 60 zeigt als Beispiel eine verschmorte Hochgraphitbürste, welche auf Stahlringen lief. Wegen einer oxydierten Kontaktstelle der Armierung ist der Strom zum Teil über den Halter-

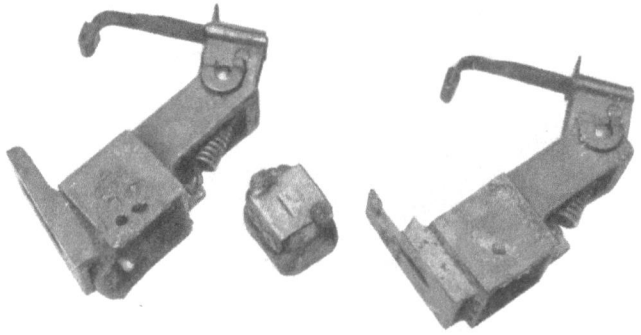

Abb. 60. Hochgraphitkohle mit angeschmortem Halterkasten als Folge ungleicher Stromverteilung

kasten zur Bürste geflossen; die anliegenden Kohlenteile sind deshalb zerfallen. Die danebenliegende Kohle läßt die die ungleiche Stromverteilung begünstigenden Metalleinschlüsse erkennen, welche durch Oxydation während der nachherigen Lagerung der Kohle deutlich sichtbar wurden. Immer geht bei andauernd ungleicher Stromverteilung der gänzliche Verschleiß einer Bürste rasch vor sich, oft innerhalb weniger Stunden. Dabei stellt sich eine vermehrte Erwärmung der Ringe ein, so daß sich Ringe schon deswegen von den Tragkörpern lockern konnten.

Eine der häufigsten Ursachen für ungleiche Stromverteilung ist die Verwendung ungleicher Bürstensorten auf dem gleichen Ring. Wenn zwei Bürstensorten mit ungleichen Übergangsspannungen, z. B. Metall- und Graphitbürsten, oder zwei Metallkohlen mit verschiedenem Metallgehalt auf dem gleichen Ring verwendet werden, so verteilt sich der Strom entsprechend den Übergangsspannungen auf die einzelnen Bürsten. Im ersteren Falle würden dann die Metallbürsten den Großteil des Stromes führen und stark überlastet, da sie kleineren Übergangswiderstand besitzen als die Graphitbürsten. Die Stromverteilung auf die Bürsten ist bedingt durch die in Serie geschalteten Widerstände in den Bürsten, zwischen Bürsten und Ring und längs der Sammelringe.

Abb. 61 zeigt schematisch eine Konstruktion mit einseitigem Stromanschluß. Bei ungenügenden Querschnitten können ungleiche Spannungsabfälle eine ungleiche Stromverteilung verursachen, indem die in der Nähe von A liegenden Bürsten mehr Strom aufnehmen als die weiter entfernten. Bei Konstruktionen für die Stromzufuhr oder Abnahme sehr großer Ströme werden deshalb die Leitungsquerschnitte abgestuft.

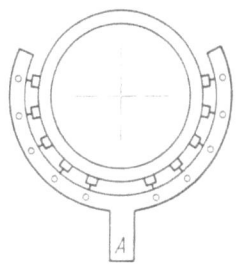

Abb. 61. Schleifring mit einseitiger Zu- oder Ableitung der Bürstenströme bei A

Werden die ersten Anzeichen ungleicher Stromverteilung beobachtet (Abb. 62), etwa Überhitzungen der Ableitungen oder starke Abnützung der Bürsten, so kann oft eine Betriebsunterbrechung verhütet werden, wenn die Ringe mit Kunstbimsstein oder mit einem anderen Schleifstein behandelt werden. Durch die leichte Aufrauhung der Ringoberfläche und vor

Abb. 62. Graphitanreicherung in der Lauffläche von metallhaltigen Bürsten. Links: ganze Lauffläche stark mit Graphit durchsetzt. Rechts: Lauffläche teilweise noch metallisch, erkenntlich an glänzenden Flächen

allem durch den mitgerissenen Schleifstaub wird die Lauffläche der Bürsten verbessert; es stellt sich eine neue stabile Stromverteilung ein. Natürlich ist dies ein Notbehelf. Sollte sich die Störung wiederholen oder unbemerkt weiter entwickeln, so helfen nur gründliche Maßnahmen, z. B. die Einstellung eines möglichst gleichmäßigen erhöhten Bürstendruckes oder eine Änderung der ganzen Bestückung.

Störungen in der Stromverteilung können auch noch von folgenden Ursachen herrühren:

Bürstendruck zu niedrig.
Poliervermögen der Bürsten zu schwach.
Überlastung der Maschine.
Klemmen einzelner Bürsten in den Haltern.
Ungenügend eingeschliffene Bürsten.

Vibrationen oder Rattern der Bürsten.
Fabrikatorische Ungleichheiten der Bürsten.
Ungeeignete Bürsten mit Hinsicht auf die Stromdichte.

g) Rillen- und Riefenbildung

Bei geeignetem Ring- und Bürstenmaterial, bei richtigem Druck und gut laufenden Ringen wird an einer neuen Maschine nach kurzer Zeit die Ringoberfläche poliert und die Bürstenlauffläche glatt sein. Sorgfältiger Unterhalt und normale Betriebsverhältnisse vorausgesetzt, dürfte dieser Zustand anhalten.

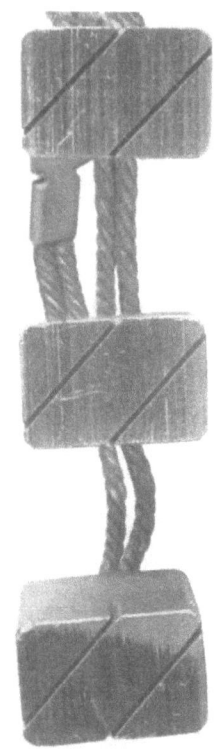

Abb. 63. Metallhaltige Bürsten mit Haarrillen

Eine unzulässige Ringabnützung wird sich jedoch als breite, eingelaufene Bahn (sog. *Spur*), durch feine Rillen (*Haarrillen*), durch wellige Riefen oder als Aufrauhung der Ringoberfläche kenntlich machen. Abb. 63 zeigt metallhaltige Bürsten mit Haarrillen.

Die Ursachen können sowohl beim Ring wie bei der Bürste oder bei beiden liegen. Poröser schlechter Guß, Rillen vom Überdrehen der Ringe her, unrund laufende Ringe sowie ungeeignete Bürsten und Staub in der Luft sind die Hauptursachen für die Bildung von Haarrillen. Solche werden meistens von metallhaltigen und elektrographitierten Bürsten erzeugt. Graphitbürsten verursachen eher flachwellige Riefen, die weniger gefährlich sind. Tatsache ist, daß sich weicher Graphit leichter in die Kommutatoroberfläche einreibt als harter Kohlenstoff, und umgekehrt reibt sich das Kommutatorkupfer eher in die Lauffläche einer harten Bürste ein als in eine weiche. Weisen Ring und Bürsten ausgesprochene Haarrillen auf, so ist kein sicherer Betrieb mehr gewährleistet, indem bei einer seitlichen Verschiebung zwischen Ring und Bürste nur noch die Spitzen der beidseitigen Haarrillen miteinander in Kontakt sind.

Nachstehend sind noch einige weitere Möglichkeiten für die Rillenbildung angegeben:

Bürstendruck zu hoch;
Bürstenreibung zu hoch;
Abschleifvermögen der Bürste zu stark;
schlecht eingeschliffene Bürsten;

Schmirgelstaub auf der Lauffläche;
zu feuchte Luft;
Ölspritzer oder Öldunst.

h) Übermäßige Bürstenabnützung

Um zu beurteilen, ob die Bürstenabnützung zu groß ist, muß das gewöhnliche Maß der Abnützung bekannt sein. Versuche mit Wechselstrom auf Bronzeringen ergaben, daß an guten, metallhaltigen Bürsten mit etwa 12 A/cm² Belastung, bei 25···30 m/s Geschwindigkeit, eine Abnützung in der Größenordnung von 4···7 mm in 1000 Betriebsstunden erwartet werden darf. Mit Gleichstrom von etwa 14 A/cm² wurden auf gleichartigen Ringen und mit guten metallhaltigen Bürsten ähnliche Abnützungsziffern als Mittelwerte für beide Stromrichtungen erreicht. Im allgemeinen beobachtet man jedoch, daß Bürsten bei der Stromrichtung Ring—Bürste eine vielfach größere Abnützung erfahren als bei entgegengesetzter Stromrichtung. Bei einer Versuchsreihe mit verschiedenen Bürstenmarken lag das Verhältnis der Abnützung am negativen zu derjenigen am positiven Pol zwischen 2 und 10.

Bei günstigen Arbeitsverhältnissen der Bürste wurden auf Kupferringen geringere Abnützungen als die vorstehenden Werte erreicht, ebenso mit Graphitkohlen auf Stahlringen bei ähnlichen Betriebsbedingungen. Die Abnützung hängt natürlich stark ab von der Wartung, von den Abmessungen der Bürsten, vom Material der Ringe sowie von Geschwindigkeit, Stromdichte, Druck und Abkühlung. Die einzelnen Bürsten auf demselben Ring weisen verschieden starke Abnützung auf; hier kommen ungleichmäßige Fabrikation und alle die früher beschriebenen Störeinflüsse mehr oder weniger ins Spiel. Eine Bürste, welche z. B. bei 10···12 m/s und bei hohen Strombelastungen noch einwandfrei arbeitet, kann bei der doppelten Geschwindigkeit völlig versagen.

Auch die Anordnung der Bürsten auf dem Ring beeinflußt die Abnützung stark. Auf dicht besetzten Ringen ist die Kühlung behindert, und der Staub einer Kohle kann unter die Lauffläche der nächstfolgenden gerissen werden. Die Bürstenabnützung ist hier deshalb größer als auf Ringen mit weit auseinanderstehenden Bürsten. Um den Staub fortzuschleudern und die Lauffläche besser zu kühlen, werden bisweilen die Bürsten schräg oder quer zur Laufrichtung geschlitzt (S. 54). Die Abnützung der Bürsten kann auch durch Fremdstaub stark gefördert werden. Dasselbe Ergebnis entsteht bei unrichtiger Behandlung der Ringe, öfterem Schmirgeln, Schmieren mit ungeeigneten Mitteln. Nur gut geeignete Bürsten und eine sorgfältige Wartung von Ring und Bürstengarnitur können den Verschleiß auf einem Minimum halten. Tritt eine der früher beschriebenen Störungen ein, so steigt die Bürstenabnützung sofort gewaltig an; sie erreicht dann ein Mehrfaches der eingangs erwähnten Werte. Ungleiche Stromverteilung ist für die Bürstenabnützung sehr gefährlich.

Stark metallhaltige Bürsten zeigen bei Überlastung eine größere Verstaubung und damit einen größeren Verschleiß; sonst sind sie gegen hohe Überlastungen weniger empfindlich als graphitreiche Bürsten, weil die stark metallischen Anteile der Bürsten, wie Kupfer, Bronze oder Messing, die Leitung begünstigen. Metallhaltige Bürsten mit ziemlich hohem Graphitgehalt verhalten sich bei Stromüberlastungen wie folgt: Zuerst setzt Graphitanreicherung der Lauffläche ein, worauf die Übergangsspannung steigt und damit auch die Erwärmung. Der negative Temperaturkoeffizient der Bürste setzt darauf den Widerstand und Spannungsabfall herab, so daß der Strom weiter ansteigen kann. Schließlich wird die Bürste rasch abgenützt. Bei starker örtlicher Stromüberlastung einer Bürste tritt meist Bürstenfeuer auf. Dabei entstehen kleine Brandperlen auf den Ringen, welche die Reibung erhöhen. Zuletzt sind die Ringe so rauh und aufgerissen, daß auch die übrigen Bürsten abgeschmirgelt werden.

Bei großer Bürstenabnützung können außer den bereits erwähnten noch folgende Ursachen vorliegen:

Flecken an Ringen;
Erschütterungen durch Unbalance;
Zu feuchte oder zu trockene Luft;
Chemisch aktive Gase, Säuredämpfe;

Ölspritzer oder Öldunst;
Bürstenreibung zu stark oder zu niedrig;
Rattern der Bürsten.

i) Wartung und Instandhaltung der Schleifringe

Im allgemeinen bedürfen Schleifringe und Bürsten außer der periodischen Entfernung des Staubes von Ringen und Bürsten keiner besonderen Wartung, sofern die Betriebsverhältnisse normal sind, und die passenden Bürsten verwendet werden.

Die rauhe oder auch leicht fleckige Oberfläche eines noch rundlaufenden Ringes kann mit einem geeigneten Handschleifstein oder mit Schmirgelleinen meist wieder instand gesetzt werden. Ein unrunder Ring kann aber auf diese Weise nicht mehr rund gemacht werden, indem das Andrücken der Schleifmittel von Hand die flachen Stellen und Vertiefungen noch größer macht.

Unrunde Ringe können nur durch Überdrehen oder Überschleifen mit fest eingespanntem Stahl oder Stein oder mit rotierender Schmirgelscheibe richtig instand gesetzt werden. Vor dem Überarbeiten der Ringe prüfe man, ob die Schleifringbüchse fest auf der Welle und die Ringe fest auf der Büchse oder der Tragkonstruktion sitzen. Erfolgt das Überdrehen der Ringe bei horizontalen Maschinen in den Lagern der Maschine selbst, so ist das Axialspiel der Welle während des Abdrehens aufzuheben. Schleifringe kleinerer Rotoren werden am besten auf der Drehbank überdreht oder überschliffen.

Vor Beginn dieser Arbeit deckt man die Isolationen zwischen und außerhalb der Ringe mit Tuch oder Baumwollband ab, um Kriechwege und Überschläge durch abgelagerten Metallstaub oder Späne zu vermeiden. Das Fertigdrehen der Ringe soll nur mit kleinem Vorschub von 0,05···0,1 mm und ebensolcher Spantiefe erfolgen, um eine glatte Oberfläche zu erhalten.

Die günstigsten Schnitt- bzw. Umfangsgeschwindigkeiten sind ungefähr folgende:

Für Ringe aus Gußeisen und Stahl 12···16 m/min
„   „   „   Bronze   20···30 „
„   „   „   Kupfer   30···50 „

Für das Überdrehen von Ringen mit eingebrannten Flecken und Schmelzperlen, die sehr hart sind, empfiehlt sich die Verwendung von Hartstählen; sonst genügen gewöhnliche gute Drehstähle. Während des Drehens oder Schleifens muß die Umfangsgeschwindigkeit gleichmäßig sein; auch darf der Stahlhalter kein zu großes Spiel haben.

Nachher sind die Ringoberflächen zu polieren mit einem Holzstück, das der Rundung der Ringe angepaßt und mit feinem Schmirgeltuch überzogen ist.

Nach gründlicher Reinigung des Kommutators und aller Isolationen der Ableitungen und Bürstenträger werden die Bürstenhalter aufgeschraubt, die Bürsten eingesetzt (Druckkontrolle) und eingeschliffen, wie auf S. 63 angegeben.

3. Bürsten auf Kommutatoren

a) Bedingungen guter Kommutation

Wie auf allen Gebieten des elektrischen Maschinenbaues hat die Weiterentwicklung der Gleichstrommaschine dazu geführt, daß neben den höchsten mechanischen Beanspruchungen auch die elektrische Belastbarkeit bis an die Grenze ausgenützt wurde. Dies bezieht sich auch auf die Kommutation, mit der man sich bei neuen Maschinen den Grenzbedingungen nähert. Neuere Maschinen haben oft erhebliche Vorteile, wie höherer Nutzeffekt, geringer Platzbedarf, einfachere Wartung. Dabei kann aber nicht noch verlangt werden, daß bei allen Belastungen oder sogar bei Überlast keine Spuren von Bürstenfeuer sichtbar sein dürfen.

Die REM 1920 legen Folgendes fest: „Ein Betrieb gilt als praktisch funkenfrei, wenn Kommutator und Bürsten in betriebsfähigem Zustande bleiben". Wenn demnach zur Aufrechterhaltung des Betriebes nur die periodischen Reinigungen des Kommutators, der Ersatz abgenützter Bürsten und eine nur leichte Behandlung des Kommutators mit unschädlichen Schmiermitteln ohne Betriebsunterbruch notwendig sind, so kann eine Kommutation als gut bezeichnet werden, wenn auch geringe Funkenbildung zu beobachten ist. Die Praxis zeigt denn auch, daß große Maschinen mit hohen Stromstärken bei dauernder Vollast monatelang mit geringem Perlfeuer, jedoch ohne Störungen oder Nachteile für

Bürsten und Kommutator, im Betrieb stehen können. Maschinen mit stark wechselnder Last und kurzzeitig sehr hohen Stromüberlastungen, z. B. in Bahn-, Förder- und Walzwerksbetrieben, sind in dieser Beziehung noch weniger empfindlich. Während kurzen, hohen Stromspitzen können sich die Folgen des Bürstenfeuers nicht voll auswirken; Bürsten und Kommutatoren ertragen sie ohne Schädigung, da sich die Lauffläche während der folgenden geringen Belastungszeiten wieder aufpolieren und die Bürsten inzwischen gekühlt werden.

Naturgemäß ist der Kommutator einer der wichtigsten Teile einer Gleichstrommaschine. Er ist ein kompliziertes Gebilde, indem er oft

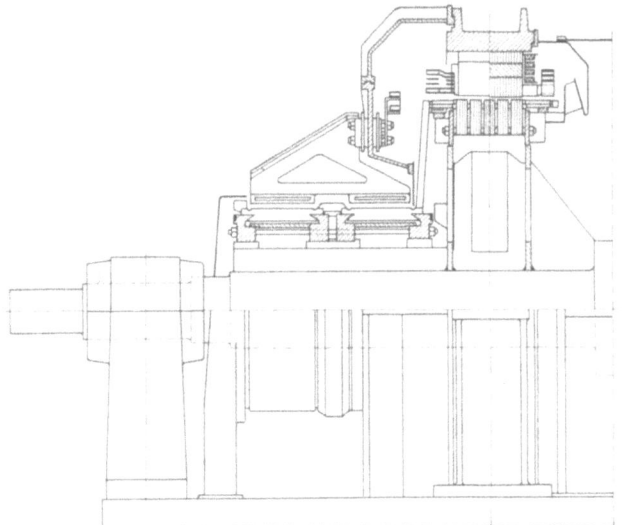

Abb. 64. Schnitt durch einen Gleichstromgenerator mit Doppelkommutator

aus Hunderten von Lamellen und Isolationen zusammengesetzt ist. Abb. 64 und 65 zeigen Schnitt und Ansicht des Kommutators eines Gleichstromgenerators von 3400 kW, 400 V, 8500 A, 428 U/min.

Für die Herstellung von Kommutatoren wird fast ausschließlich elektrolytisch reines Kupfer verwendet. Die Lamellen werden auf den hundertstel Millimeter genau gezogen und weisen eine Brinellhärte von 85···95 auf. Die Isolationen zwischen den Lamellen bestehen bei allen größeren Maschinen aus Mikanit und sind auf genaue Dicke kalibriert. Je höher die Umfangsgeschwindigkeit und je breiter ein Kommutator ist, um so stabiler und konzentrischer muß er sein. Bei den vielen Einflüssen auf einen Kommutator können schon geringfügige Veränderungen von Konstruktionsteilen eine große Wirkung auf dessen Verhalten haben.

Bei der Fabrikation im Lieferwerk werden die Kommutatoren einer mehrmaligen Erwärmung und Abkühlung unterzogen. Größere Kommutatoren werden zudem mit etwa 1,2facher Nenndrehzahl geschleudert.

Trotz aller Sorgfalt bei der Fabrikation und trotz der vorgenannten Maßnahmen kann es vorkommen, daß Kommutatoren schon nach den Probeläufen im Lieferwerk nochmals überdreht werden müssen, um die geringen Deformationen zu beseitigen, die durch die Erwärmung und Abkühlung entstanden sind.

Abb. 65. Ansicht der Maschine nach Abb. 64

b) Kommutatoralterung

Ein Kommutator sollte im Betrieb unabhängig von Temperatur und Geschwindigkeit *unverändert* rund bleiben. Trotz der Einwirkung der Fliehkräfte, Erwärmung und Abkühlung dürfen Lamellen weder einzeln noch in Gruppen hervortreten oder zurückstehen. Vorstehende Lamellen schlagen gegen die Bürstenkanten und bewirken das Ausschleudern der Bürstenrundung; zurückstehende Lamellen erzeugen oft flache Stellen in der Kommutatoroberfläche.

Bei den Probeläufen der Maschine im Lieferwerk kann der spätere, tatsächliche Betriebszustand in den seltensten Fällen hergestellt werden. Es ist deshalb begreiflich, daß besonders größere, schnellaufende Kommutatoren erst nach einer gewissen Betriebszeit ihren Endzustand erreichen. Diese natürliche Alterung erfordert oft ein Überdrehen des Kommutators nach einer kürzeren oder längeren Betriebszeit.

c) Einstellung der Wendepole, Polfolge

Heute werden nur noch Gleichstrommaschinen kleinster Leistung ohne Wendepole ausgeführt. In Abb. 66 ist die Feldverteilung einer solchen Maschine aufgezeichnet.

Zufolge der Ankerrückwirkung verschiebt sich die neutrale Zone zwischen Leerlauf und Vollast. Um Bürstenfeuer zu vermeiden, muß die Bürstenbrücke entsprechend der Belastung verschoben werden.

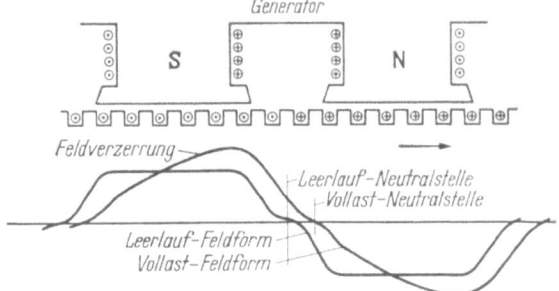

Abb. 66. Feldverteilung bei Leerlauf und Vollast ohne Wendepole

Die Abb. 67 zeigt die entsprechenden Kurven einer Maschine mit Wendepolen und mit gleichbleibender Bürstenstellung für Leerlauf und Vollast.

Die Feldverzerrung unmittelbar unter den Hauptpolen ist hier beim Einsetzen der Belastung immer noch vorhanden, aber die Verschiebung

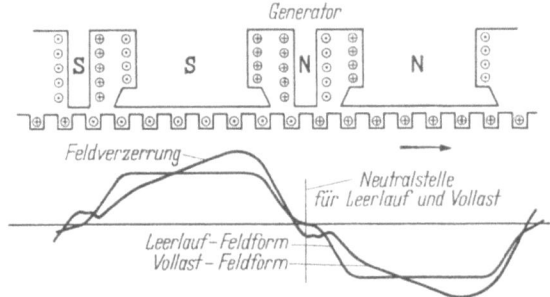

Abb. 67. Feldverteilung bei Leerlauf und Vollast mit Wendepolen

der neutralen Zone ist durch das Wendepolfeld aufgehoben. Das Absenken der Feldkurve in der neutralen Zone erfolgt durch das zusätzliche Kommutierungsfeld des Wendepoles, welches zur Unterdrückung der Induktionsspannung notwendig ist. Letztere wird hervorgerufen durch die Änderung der Stromrichtung in den durch die Bürste kurzgeschlossenen Spulen.

Größere Maschinen mit schwierigeren Betriebsverhältnissen oder mit Lamellenspannungen über 15 V erhalten zu den Wendepolen eine Kompensationswicklung in den Hauptpolen. Die aus den Abb. 66 und 67 ersichtliche Verzerrung der Feldkurven unter den Hauptpolen erfolgt durch den stromdurchflossenen Anker, d. h. die Ankerrückwirkung.

Die in die Hauptpole eingesetzte Kompensationswicklung kann mit Hilfe der Wendepole die Wirkung der Ankerrückwirkung und damit die

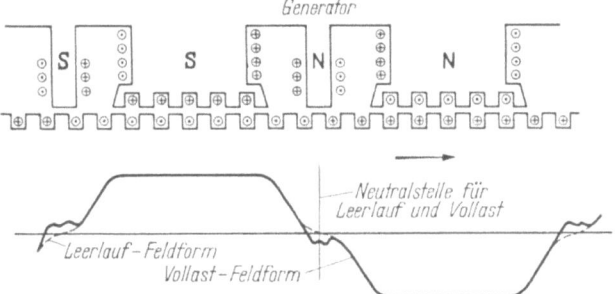

Abb. 68. Feldverlauf bei Leerlauf und Vollast

Feldverzerrung unter den Hauptpolen fast vollständig eliminieren. Dadurch gelingt es, die Spitzenspannung zu reduzieren, die auftritt, wenn die Ankerspulen den höchsten Punkt der Feldverzerrung der Abb. 68 passieren. Die Kompensationswicklung erlaubt es, Maschinen größerer

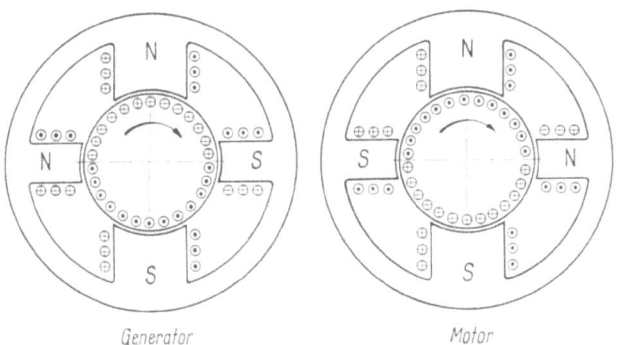

Abb. 69. Stromrichtung und Polfolge beim Generator und Motor

Leistung mit hoher Lamellenspannung zu bauen und das Auftreten von Isolationsdefekten und Rundfeuer auf ein Minimum zu beschränken.

Richtiger Anschluß und richtige Polfolge sind Bedingung, wenn Wendepole und Kompensationswicklung den Zweck erfüllen sollen. In Abb. 69 sind die Stromrichtungen und die Polfolge angegeben.

Die Stärke des Wendefeldes wird im Prüffeld des Lieferwerkes eingestellt. Sollte die genaue Abstimmung für Parallellauf mit anderen

Maschinen erst bei der Inbetriebsetzung am Ort möglich sein, so muß die spätere Einstellung des Wendepol-Luftspaltes durch fachkundiges Personal erfolgen. Zur Untersuchung der Wendepoleinstellung bzw. der Kommutation müssen neben anderen Messungen auch Bürstenpotentialkurven aufgenommen werden.

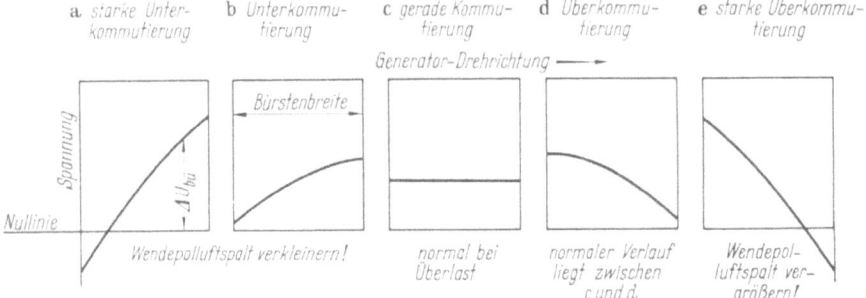

Abb. 70. Bürstenpotentialkurven

Der Verlauf des Kurzschlußstromes in der durch die Bürste kurzgeschlossenen Ankerspule läßt sich direkt nur schwer ermitteln. Der Verlauf der Bürstenpotentialkurven läßt aber annähernd auf den Stromverlauf unter der Bürste schließen.

Abb. 70 zeigt einige Bürstenpotentialkurven mit den Bemerkungen, ob die Einstellung der Wendepole richtig ist oder wie sie geändert werden soll.

Die Bürstenpotentialkurven können wie Abb. 71 zeigt aufgenommen werden. Zur Messung eignet sich ein Drehspulinstrument mit einem 3-Volt-Bereich. Für das Abstechen der Teilspannungen $\Delta U_{bü}$ am Kommutator verwendet man mit Vorteil

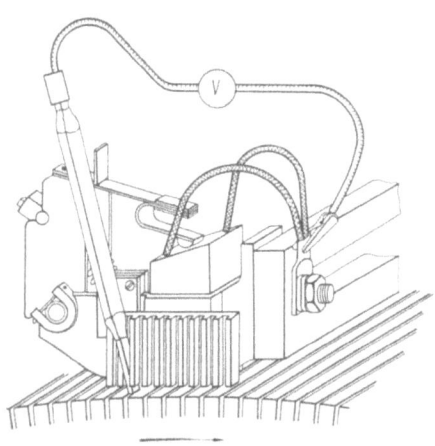

Abb. 71. Anordnung zur Aufnahme von Bürstenpotential-Kurven

einen isolierten Graphitstab. Um die Meßpunkte exakt festzulegen, empfiehlt sich eine isolierte Führungsplatte am Bürstenhalter aufzustecken; ohne die Kohlenbürste mit dem Graphitstab zu berühren, wird zuerst der Meßpunkt an der Auflaufkante der Bürste und zuletzt derjenige an der Ablaufkante gemessen.

Die mit dem Voltmeter gemessenen Teilspannungen werden unter Berücksichtigung des Vorzeichens aufgezeichnet und ergeben so die Bürstenpotentialkurve (Abb. 70a bis e). Weisen alle gemessenen Spannungen gleiches Vorzeichen auf und fällt die Kurve nicht allzustark nach der Ablaufkante ab, entsprechend Abb. 70d, so liegt schwache Überkompoundierung vor. Bei Vollast ist dieser Zustand erwünscht, weil dann bei Überlast die Kommutation nach Abb. 70c gerade verlaufen wird.

Nur auf die vorgenannte Weise dürfte es möglich sein, festzustellen, ob das Bürstenfeuer auf unrichtigen Wendepol-Luftspalt zurückzuführen ist. Durch bloße Beobachtung selbst bei starkem Bürstenfeuer kann kein sicherer Schluß gezogen werden.

Wird eine unrichtige Wendepoleinstellung vermutet, etwa nach einer Änderung der Bürstensorte oder der Bürstenbreite, z. B. nach Änderung der Betriebsverhältnisse (Spannung, Drehzahl u. a.), so wird am besten der Maschinenlieferant benachrichtigt. Je nach den vorliegenden Umständen ist eine Änderung des Wendefeldes durch Nebenschlußwiderstand zur Wendepolwicklung oder durch Änderung des Luftspaltes mittels Blechunterlagen notwendig.

d) Bürstenmaterial, Druck und Strombelastung

Auf Kommutatoren kommen Hart-, Hochgraphit- und Elektrographitkohlen zur Anwendung, metallhaltige Kohlen nur auf Maschinen mit sehr niedriger Nennspannung.

Die Eigenschaften der möglichen und spezifischen Belastungen der vorgenannten Bürstensorten sind auf S. 52 u. f. aufgeführt. Die Wahl der richtigen Bürstensorte für eine bestimmte Maschine ist Sache der Erfahrung. Oft ist es erst nach einiger Betriebszeit möglich, die Bürstensorte zu ermitteln, welche unter den am Aufstellungsort herrschenden Verhältnissen die besten Resultate ergibt.

Auf S. 57 sind die für Gleichstrommaschinen geeigneten Bürstensorten und die spezifischen Bürstendrücke aufgeführt.

Der Druckunterschied zwischen allen Bürsten einer Maschine soll nicht mehr als $10 \cdots 15\%$ betragen. Eine Ausnahme wird höchstens bei schweren Bürsten auf Maschinen mit waagerechter Achse gemacht. Hier soll das Gewicht der Bürsten, welches teilweise mit, teilweise gegen den Druck des Bügels wirkt, in Betracht gezogen werden.

e) Einsetzen und Einschleifen der Bürsten

Im Abschn. D 2 c ist das Wesentliche über das Einsetzen von Bürsten enthalten. Bei Gleichstrommaschinen ist das genaue Einschleifen der Bürsten von größter Bedeutung, da dadurch mancher Mißerfolg vermieden werden kann. Bei Maschinen mit einer großen Anzahl Bürsten ist dies oft eine Arbeit, die nicht in kurzer Zeit bewältigt werden kann. Bei leicht zugänglichen Maschinen mit geringer Bürstenzahl besteht die einfachste Methode darin, die Bürsten in die Halter einzusetzen und die Ausrundung der Bürsten durch Hin- und Herziehen eines Streifens Schmirgelleinwand an die Kommutatoroberfläche anzupassen (Abb. 72a). Wenn das Einschleifen fast beendet ist, soll zum Schluß feinkörnigeres Schmirgelleinen oder Glaspapier, straff über den Kommutator gespannt, nur noch in der Drehrichtung des Rotors vorwärts bewegt werden. Beim Zurückziehen des zum Schmirgeln verwendeten Streifens ist die Bürste jeweils abzuheben (Abb. 72b).

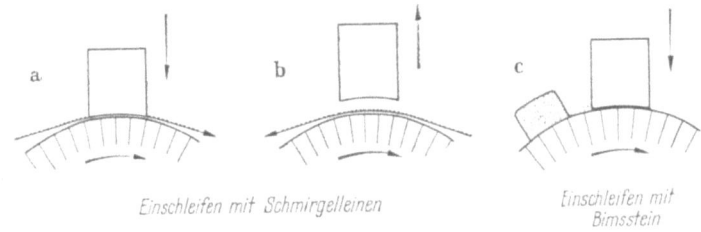

Abb. 72a-c. Einschleifen der Bürsten

Bei größerer Bürstenzahl geht das Einschleifen mit Bimsstein schneller vor sich. Man läßt die Maschine unerregt mit aufgesetzten Bürsten laufen und führt den Bimsstein auf dem Kommutator so hin und her, daß sich das abgeriebene Bimssteinpulver zwischen Kommutator und Bürsten hineinzwängt und die richtige Rundung der Bürste einschleift (Abb. 72c). Das Einschleifen mit Bimsstein hat den Nachteil, daß die Kommutatoroberfläche rauh wird und nachpoliert werden muß.

Das Einschleifen muß immer bei dem den Bürsten entsprechenden Druck erfolgen und so lange fortgesetzt werden, bis die ganze Bürstenfläche auf der Kommutatorrundung aufliegt.

Nach Beendigung des Einschleifens sind alle Bürsten aus den Haltern herauszuziehen und jede Spur von Staub auf dem Kommutator, auf den Bürsten und Haltern zu entfernen. Auch die Schleiffläche der Bürsten ist zu reinigen, wobei darauf zu achten ist, daß keine Spuren von Schleifmaterial in der Auflagefläche der Bürsten verbleiben. Bürsten-, Schmirgel- oder Bimssteinstaub darf nicht in die Ankerwicklung hineingelangen, da er von dort durch die Ventilationsluft wieder auf die Kommutatoroberfläche geblasen werden kann.

Es ist zu beachten, daß das endgültige Einschleifen der Bürsten erst im Betrieb erfolgt. Aus diesem Grunde soll die Belastung nur allmählich gesteigert und erst auf Vollast gefahren werden, wenn die Bürsten tatsächlich eingeschliffen sind. Bei Maschinen mit Hochgraphitkohlen geht dies rascher, weil sich die Lauffläche hier schneller einarbeitet als bei Maschinen mit Elektrographitkohlen. Letztere erfordern eine längere Einlaufzeit, weshalb anfangs nur auf Halblast und erst nach einigen Stunden auf Vollast gegangen werden soll. Manche Mißerfolge mit Elektrographitkohlen sind auf unsorgfältige Inbetriebnahme zurückzuführen.

f) Bürstenfeuer auf Kommutatoren

Aussehen des Bürstenfeuers. Eine der wichtigsten Erscheinungen an den Bürsten ist die Funkenbildung. Je nach der Störungsursache und dem Stärkegrad der Funken kann Bürstenfeuer in verschiedener Form und Farbe auftreten. Unzulässig wird ein Bürstenfeuer erst, wenn einzelne Lamellen und Stellen der Bürstenfläche anbrennen.

In der Praxis unterscheidet man verschiedene Arten von Bürstenfeuer, wovon hier die zwei wichtigsten erwähnt seien.

Das *Perlfeuer* ist eine Leuchterscheinung, die ganz dicht an der Bürstenkante verbleibt. Es zeigt sich als wechselndes, punktförmiges Flimmern von weißbläulicher bis rötlicher Farbe. Schwaches Perlfeuer an der ablaufenden Bürstenkante ist meist unschädlich. Stärkere Perlen bis gegen Stecknadelkopfgröße, besonders gelblich oder grünlich gefärbte, deuten auf eine Störung in der Kommutierung hin.

Beim *Spritzfeuer* treten im Anfangsstadium kleine Funkenspritzer vorwiegend an der Ablaufkante der Bürste auf. Spritzfeuer wird erzeugt durch überhitzte, lockere Kohlenteilchen, welche mit großer Geschwindigkeit herausgeschleudert werden. Häufig ist das rötliche oder grünlichweiße Spritzfeuer von Zischen begleitet.

Bei größeren Störungen können Perl- und Spritzfeuer gemeinsam auftreten. In diesem Falle wird der Kommutator meist in kurzer Zeit angegriffen, und die Bürstenflächen zeigen rußige, mattschwarze Streifen quer zur Laufrichtung.

Bei fortgeschrittenem Abbrand der Lamellen wird meist das Feuer so stark, daß ein prasselndes Geräusch zu hören ist. Das Feuer tritt dann nicht nur vorwiegend an der ablaufenden Kante auf, sondern auch unter der Lauffläche; Spritzer treten auch seitlich unter den Bürsten hervor; die Bürste scheint auf einem Feuerkissen zu laufen. Ihre Lauffläche zeigt keine Politur mehr, sondern rußige oder matte Flecken von unregelmäßiger Form, oft noch Zonen.

Zeitweises Aufglühen der Bürstenkanten, verbunden mit Perl- und Spritzfeuer, deutet auf unrichtigen Verlauf der Kommutierung und auf wechselnde ungleiche Stromverteilung unter den Bürsten desselben Stiftes. Diese Zustände sind unhaltbar. Sie führen zur Zerstörung der Bürsten und der Kommutatorlauffläche. Die Erscheinungen bei der Funkenbildung sind von so verschiedener Form, daß eine genaue Trennung von Ursache und Wirkung nur bei großer Erfahrung einigermaßen möglich ist.

Ursachen des Bürstenfeuers. Erschütterungen sind eine der häufigsten Ursachen für Bürstenfeuer. Letzteres wird zur Hauptsache hervorgerufen durch unrunde Kommutatoren, hervor- oder zurückstehende Lamellen und vorstehende Glimmerisolationen. Im weiteren können auch Rillen und Riefen oder aufgerissene Stellen auf der Kommutatoroberfläche die Störungsquelle sein. Wenn die Bürste den Schwankungen des Kommutators nicht mehr zu folgen vermag, dann genügen ein geringes Unrundlaufen, ein kaum fühlbares Heraustreten einzelner Lamellen oder ein ganz geringes Überstehen des Glimmers, um die Bürste zu Erschütterungen anzuregen und dadurch den Stromübergang zu verschlechtern.

Man bemerkt oft an frisch gereinigten Kommutatoren ungleiches Aussehen der Politur, wobei die Kommutatoroberfläche nahezu gänzlich poliert ist, einzelne Lamellen jedoch noch ganz blank und unpoliert sind. Solche Lamellen oder Lamellengruppen stehen zurück, bedingen dabei ganz geringe Unterschiede in der Lauffläche und einen unruhigen Lauf der Bürsten. Je größer die Geschwindigkeit eines Kommutators ist, um so besser muß der Kommutator rund laufen und um so geringer dürfen die Deformationen des Kommutators im Betrieb sein, auf welche auf S. 73 hingewiesen ist. Der Kommutator kann aber auch infolge ungleicher Abnützung der Lauffläche dauernd unrund werden. Vorübergehende Deformationen entstehen bei raschen Temperaturänderungen, beispielsweise bei raschem Anstieg der Kühllufttemperatur. Bleibende Deformationen der Kommutatorlauffläche verschlechtern naturgemäß auch die Kommutation dauernd, vorübergehende Deformationen nur während kürzerer oder längerer Zeit. Wenn der Kommutator dabei den veränderten Temperaturen entsprechend einen neuen Dauerzustand erreicht hat, kommutiert die Maschine wieder ebenso gut.

Ist eine bleibende, wenn auch geringe Deformation eingetreten, z. B. Hervor- oder Zurückstehen einer Lamelle, und hat sich das Bürstenfeuer deswegen etwas verstärkt, so kann die Maschine dennoch weiter im Betrieb bleiben, solange nicht durch allzu starkes Feuern einzelne Lamellen angebrannt wurden oder die Bürstenlauffläche zerstört wird, wobei dann Spritzfeuer auftritt. Nicht selten bilden sich dabei auf der Bürstenlauffläche Flecken und matte Streifen.

Deformationen des Kommutators erkennt man am besten beim Auslaufen der Maschine, in schlimmen Fällen schon von Auge an der Bewegung der Bürsten im Halter. Sonst kann man mit den Fingerspitzen, die auf den Halterrand der spannungslosen Maschine gestützt werden, die Auf- und Abbewegungen der Bürste im Halter spüren. Dabei können selbst Deformationen von ganz geringem Ausmaß festgestellt werden.

Vorstehende Lamellen machen sich beim Auslaufen der Maschine durch ein klapperndes Geräusch bemerkbar. Auch die Seitenflächen der Bürsten zeigen alsdann oft Spuren von Vibrationen; die Berührungsstellen sind blank gescheuert.

Im weiteren sind Bürstenvibrationen bei unrundem Läufer möglich, z. B. wird durch einseitig vorstehendes Läufereisen der Luftspalt verkleinert; der Läufer erfährt dann besonders bei Maschinen mit kleinem Luftspalt einseitig vergrößerten Zug. Ist zugleich noch das Lagerspiel groß, so kann der Läufer eine wälzende Bewegung ausführen, welcher der Kommutator und damit auch die Bürsten folgen. Bei hoher Drehzahl verursacht dies unregelmäßige Erschütterungen der Bürsten.

Mechanische Schwingungen der Bürsten, der Bürstenausleger und des ganzen Bürstenapparates können von Lamellenstößen auf die Bürsten und durch bloße Reibung erzeugt werden. Bei zu großem Spiel im Halter kann die Bürste zum *Tanzen* kommen. Werden dadurch Eigenschwingungen der Bürste mitsamt Halter oder Bürstenträger erregt, so kann ein weiterer Betrieb der Maschine durch unzulässiges Feuern unmöglich werden. Mitbestimmend für die Entstehung solcher Eigenschwingungen sind Bürstensorte, Halterform und ihre konstruktive Anpassung an die tragenden Teile (Stifte). Einfluß auf die Eigenschwingungen haben ferner der Bürstendruck und dessen Änderung, beispielsweise mit der Bürstenabnützung, die Politurbildung an Kommutator und Bürstenlauffläche, der Abstand des Halterrandes vom Kommutator.

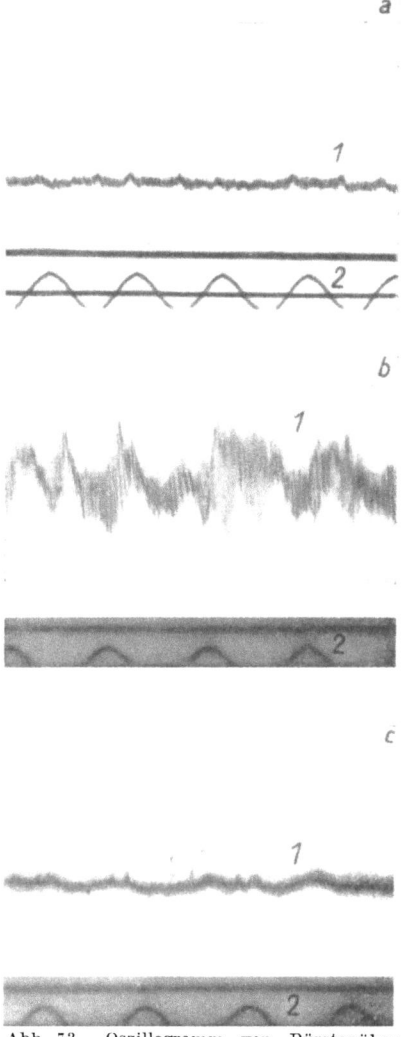

Abb. 73. Oszillogramm von Bürstenübergangs-Spannungen

Als Beispiel dafür, wie bei einer ungünstigen konstruktiven Anpassung des Halters an den Bürstentragarm die Schwingungen verstärkt werden können, dienen die Oszillogramme der Bürstenübergangsspannung von Abb. 73, aufgenommen zwischen zwei fremd gespeisten benachbarten Bürsten. Abb. 73a entspricht der normalen Ausführung des Bürstenarmes bei normalem Radialhalter. Bei der Aufnahme des Oszillogramms in Abb. 73b war versuchsweise ein Reaktionshalter mit ganz anderen Massenverhältnissen auf dem gleichen Bürstenarm angebracht. Bei Versuch Abb. 73c war der gleiche Reaktionshalter vorhanden, der Bürstentragarm jedoch durch zusätzliche Verstrebungen versteift. Beim Ersatz von Bürstenhaltern durch solche anderer Bauart ist also Vorsicht nötig; statt der erwarteten Verbesserung kann ein Mißerfolg eintreten.

Abb. 74. Durch Vibrationen zerbrochene Bürsten

Die Veränderung der Reibungsverhältnisse zwischen Kommutator und Bürsten macht sich öfters durch das bekannte Kreischen und Tanzen der Bürsten bemerkbar. Diese Erscheinung tritt hauptsächlich bei Leerlauf oder geringer Last auf; sie kann sich aber auch bei Vollast zeigen, wenn der Kommutator heiß und die Luft sehr trocken ist. Durch Überfahren der Kommutatorlauffläche mit einem trockenen Tuch oder durch ganz leichtes Schmieren mit Paraffin verschwinden Geräusch und Vibrationen. Auf Grund dieser Erfahrung kommen neuerdings Bürsten in den Handel mit genau dosierten Imprägnierungen aus Paraffin oder Leinöl. Auch die Anwendung von sog. Schmierkohlen hat schon gute Resultate ergeben. Das Kreischen und Tanzen, welches hauptsächlich mit der Veränderung der Bürstenlauffläche bei Leerlauf und beim Stromdurchgang zusammenhängt, ist besonders auch im Bahnbetrieb bekannt. Bei Leerfahrten, etwa bei stromloser Talfahrt einer Lokomotive, bricht bisweilen eine große Anzahl von Bürsten. Auch beim stromlosen Einlaufen von neuen Bürsten gewisser Sorten tritt diese Störung auf. Die Vibrationen können so heftig werden, daß Armierungsteile brechen, und zwar an ganz unerwarteten Stellen. Abb. 74 zeigt zwei solche Bürsten. In Abb. 75 sind Bürsten ersichtlich, deren Armierungen im Nennbetrieb der Maschine durch Vibrationen, herrührend von ungeeigneter Bürstensorte, zerstört wurden. Eigenerregte Schwingungen führen oft erst dann zu Störungen in der Kommutation, wenn die Bürstenabnützung einen gewissen Grad erreicht hat. Eine verkürzte Bürste wird im Halter weniger gut geführt. Sie kann verklemmt werden, was sich mitunter so schädlich auswirkt wie ein zu großes Spiel. Es werden auch die Massenverhältnisse und die Reibung im Kasten und damit die Eigenschwingungszahl verändert. Trotz gleichbleibenden oder nur wenig veränderten Druckes kommt die Bürste dabei in Schwingungen. Werden die defekten Bürsten durch neue von gleicher Qualität ersetzt, so arbeitet die Maschine wieder monatelang störungsfrei, bis die kritische Länge der Bürste neuerdings erreicht wird.

Während die Vibrationen sehr verschiedene Ursachen haben, sind die Folgen jedoch stets die gleichen; hat die Störung ein kritisches Maß erreicht, dann treten Schwierigkeiten in der Kommutierung auf. Sind fremderregte Vibrationen, hervorgerufen durch Antriebs- und Übertragungsorgane, die Störungsursache, so wird man sie bei genauer Beobachtung erkennen und beheben können. Schwieriger sind eigenerregte Schwingungen zu untersuchen. Vermutet man solche und hat man andere Störungsmöglichkeiten beseitigt, dann wird man meist erst Versuche mit einer anderen Bürstensorte anstellen. In jedem Fall empfiehlt es sich, die Vorschläge des Lieferanten einzuholen. Durch falsche Eingriffe sind oft größere Schäden entstanden.

Abb. 75. Bürsten aus zerbrochenen Armierungen als Folge von Erschütterungen beim stromlosen Einfahren

Wendepoleinstellung ist unrichtig. Das Zustandekommen der richtigen Wendefeldeinstellung und die Möglichkeiten zu ihrer Änderung im Betrieb sind auf S. 74 u. f. erwähnt.

Bei unrichtiger Einstellung zeigen sich folgende Erscheinungen: Die Maschine feuert, unter Umständen schon bei Teilbelastung, an allen

Stiften gleichmäßig; das Bürstenfeuer wird mit längerer Betriebszeit stärker, bis der Betrieb unmöglich wird. Oft erträgt jedoch die Maschine dank ihrer Bauart und Berechnung eine ungünstige Wendepoleinstellung längere Zeit, dies auch, wenn die Belastungsverhältnisse stark wechseln. Dann entstehen oft neben geringem Bürstenfeuer ganz geringe Anbrennungen der Lamellen; die Kommutatoroberfläche erscheint besonders im Lauf gräulich verschmiert. Die Bürsten erhalten je nach der Stärke der Wendepolerregung an der ablaufenden oder auflaufenden Kante zuerst nur schwache und mit der Betriebszeit größer werdende matte Streifen, sog. *Zonen*, wie dies in Abb. 76 gezeigt ist. Es braucht jedoch eine große Erfahrung, um daraus zu beurteilen, ob unrichtige Wendepoleinstellung vorliegt; solche Zonenbildung kann auch im Zusammenhang mit Vibrationen auftreten.

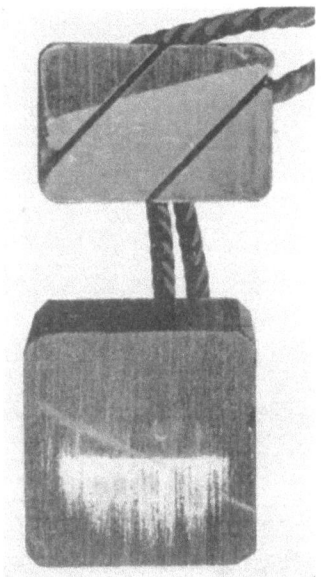

Abb. 76. Zonenbildung an Bürsten bei ungünstiger Wendepoleinstellung

Wird die Bürstenbreite geändert, so ist zu beachten, daß eine in der Laufrichtung schmalere Kohle ein stärkeres Wendefeld verlangt und umgekehrt.

Wendepolwicklung ist verkehrt angeschlossen. Tritt bei einer Maschine schon im Leerlauf oder bei ganz geringer Belastung starkes Bürstenfeuer auf, so kann ein unrichtiger Anschluß der Wendepolwicklung vorliegen, z. B. nach einer Revision oder Reparatur. In diesem Falle prüft man zuerst die Anschlüsse zur Wendepolwicklung; meist sind zusammengehörige Klemmen an den Anschlüssen der Bürstenbrücke bezeichnet. Die Polfolge ist in Abb. 69 dargestellt. Man kommt jedoch am schnellsten zum Ziele, wenn man versuchsweise die Verbindungen zur Bürstenbrücke vertauscht und die Maschine nachher wieder beobachtet.

Bürstenstellung ist unrichtig, Bestimmung der neutralen Zone. Die Bürsten von Gleichstrommaschinen mit Wendepolen stehen meist in der neutralen Zone oder sind nur wenig aus derselben verschoben. Die günstigste Bürstenstellung ist bei neueren Maschinen stets durch eine Marke an der Bürstenbrücke gekennzeichnet. Ist eine Nachprüfung der Bürstenstellung nötig geworden, dann kann dies auf folgende Arten erfolgen:

Maschine im Stillstand. Der Ankerstromkreis muß geöffnet und sämtliche Bürsten abgehoben sein, mit Ausnahme von je einer Bürste auf zwei aufeinanderfolgenden Bürstenstiften. Um die neutrale Zone möglichst genau zu ermitteln, sollen beide Bürsten gut eingeschliffen oder gegen die Mitte symmetrisch angeschrägt sein. An den genannten zwei Bürstenstiften ist ein empfindliches Gleichstromvoltmeter mit einem Meßbereich von einigen Volt anzuschließen. Die Hauptpole werden mit etwa halbem Nennstrom gespeist; als Gleichstromquelle wird eine Batterie oder eine Umformergruppe (z. B. Schweißgruppe) verwendet. Durch Öffnen und Schließen des Hauptpolstromkreises werden im Anker Spannungen induziert, welche dann ihren kleinsten Wert erreichen, wenn die Bürsten in der neutralen Zone stehen. Zur Kontrolle soll die Messung mit zwei bis drei verschiedenen Ankerstellungen wiederholt werden.

Maschine im Lauf. Der Ankerstromkreis soll wieder geöffnet und sämtliche Bürsten sollen abgehoben sein. In den Bürstenhalterkasten irgendeines Bürstenstiftes werden zwei halbe Bürsten eingesetzt, und zwar so, daß dieselben gegeneinander und gegen den Bürstenhalterkasten isoliert sind. Die beiden Halbbürsten sind beidseitig so anzuschrägen, daß die Distanz ihrer Berührungsstellen auf dem Kommutator etwas größer ist als die Lamellenteilung. Ein empfindliches Gleichstromvoltmeter mit einem Meßbereich von einigen Volt wird an die beiden Halbbürsten angeschlossen. Die Hauptpole werden mit Nennstrom gespeist. An den Halbbürsten entsteht eine Spannung, welche dann ihren kleinsten Wert erreicht, wenn die Bürsten in der neutralen Zone stehen. Zur Kontrolle soll die Messung an zwei bis drei verschiedenen Stiften ausgeführt werden.

Bei Motoren, welche in beiden Drehrichtungen betrieben werden können, ist die neutrale Zone auch sehr genau aus der Drehzahländerung zu bestimmen (s. S. 165).

Bürstensorte ist unrichtig. Auswechslung. Ändert sich die Kommutierung einer Maschine nach dem Aufsetzen neuer Bürsten von gleicher Sorte, so kann dies am unrichtigen Einschleifen der neuen Bürste liegen. Meist wird allerdings die Kommutation mit fortschreitendem Einarbeiten der Bürsten wieder wie früher vor sich gehen. Wurde jedoch die Bürstenqualität absichtlich geändert, und hat sich die Kommutation trotz gut eingearbeiteter Bürstenlauffläche beträchtlich verschlechtert, dann muß geschlossen werden, daß die Bürstenqualität für die betreffende Maschine nicht geeignet ist. Bevor auf einem Kommutator eine neue Bürstensorte aufgesetzt wird, muß der Kommutator in einwandfreien Zustand gebracht werden. Wird eine neue Bürstensorte auf einen Kommutator mit rauher oder gerillter Oberfläche oder angebrannten Lamellen aufgesetzt, wird sie von vornherein versagen.

Ein Urteil über das Verhalten der neuen Bürsten ist nur möglich, wenn der Kommutator einwandfrei rund läuft, seine Oberfläche sauber überdreht oder überschliffen, die Lamellenisolationen ausgekratzt, und die Lamellenkanten abgezogen sind, wie dies unter *Wartung und Instandstellung* angegeben ist, s. S. 96.

Zudem sollen die Bürsten in der richtigen Teilung, richtig verteilt und ausgerichtet auf dem Kommutator stehen. Der Bürstendruck ist der neuen Sorte entsprechend einzustellen.

Sehr ungünstig ist auf alle Fälle die gleichzeitige Verwendung verschiedener Bürstensorten auf einer Maschine, ganz besonders auf demselben Bürstenstift. Müssen in Ausnahmefällen ungleiche Bürsten verwendet werden, so sollten doch wenigstens die Stifte von gleicher Polarität einheitlich bestückt sein.

Bürstenteilung ist ungenau. Weichen die Abstände einzelner Bürstenstifte in der Umfangsrichtung stark voneinander ab, dann liegen diejenigen Ankerleiter, welche durch gleichpolige Bürsten parallel geschaltet sind, nicht an der gleichen Stelle des Feldes. Die entstehenden Ausgleichströme können Bürstenfeuer an einzelnen Stiften zur Folge haben. Dieser Fehler entsteht u. a. durch das Schwinden oder Verziehen der Bürstenstiftisolationen, wodurch die Bürstenausleger verdreht werden, oder durch einen nachlässigen Aufbau der Ausleger und Bürstenhalter. Äußerst selten kommt es vor, daß alle Bürsten von derselben Polarität vom Maschinenlieferanten selbst verschoben eingestellt wurden; verglichen mit den vorerwähnten Ungleichheiten sind aber in diesem Fall immer noch regelmäßige Teilungen vorhanden.

Die Sollteilung benachbarter Bürsten beträgt:

$$t_s = \frac{\text{Kommutatorumfang}}{\text{Anzahl Bürstenstifte}}.$$

Die wirklichen Bürstenabstände, am Kommutatorumfang gemessen, sollten in der Regel von der Sollteilung nicht stärker abweichen als um die Dicke der Lamellenisolation. Am besten wird die Bürstenteilung mit einem straff um den Kommutator gelegten Papierband kontrolliert und eingestellt. Die Sollteilung t_s wird auf dem Papierband genau aufgetragen und die Bürsten entsprechend den Sollteilungsstrichen eingestellt. Die Empfindlichkeit der Maschinen gegen Fehler in der Bürstenteilung ist verschieden.

Bei ungleicher Bürstenteilung können auch einzelne Bürsten schräg zum Kommutator zu stehen kommen und zu Erschütterungen angeregt werden, welche ebenfalls ein Feuern veranlassen.

Bürsten sind schlecht ausgerichtet. Bei unsorgfältigem Aufbau der Bürsten eines Stiftes stehen diese nicht in einer Linie. Dabei ist die totale Bürstenbreite vergrößert und die Lamellenüberdeckung geändert: die Kommutierung kann verschlechtert werden; meist funken die am weitesten vorstehenden Bürsten. Zur richtigen Einstellung der Bürsten verschiebt man entweder die Bürstenbrücke oder verdreht den Läufer so, daß alle ablaufenden Bürstenkanten mit einer Lamellenkante eine Linie bilden. Waren die Bürsten eines Stiftes von Anfang gestaffelt, so sind die Bürsten jeder Staffel unter sich auszurichten.

Bürstendruck ist unrichtig. Bei zu geringem Bürstendruck können besonders die schmalen Bürsten durch die Stöße des Kommutators und durch Änderung der Reibungsverhältnisse in Vibration gelangen und zu feuern beginnen. Zudem wird dabei die Stromverteilung ungleich. Der Bürstendruck muß sowohl der Bürstenmarke wie den Betriebsverhältnissen der Maschine entsprechen. Einige orientierende Werte sind auf S. 57 angegeben. Ebenso sind die Folgen ungleicher Stromverteilung auf S. 65 u. f. erwähnt.

Der eingestellte Bürstendruck kann nachlassen durch das Ausglühen der Federn bei ungleicher Stromverteilung oder durch Ermüdung der Federn bei mechanischer Überbeanspruchung.

Luftspalte sind ungleich. Durch stark verschiedenen Luftspalt unter den Hauptpolen und durch ungleiche Polabstände werden die parallelen Ankerkreise verschieden stark induziert, so daß innere Ausgleichströme auftreten. Maschinen, besonders solche für große Leistungen, besitzen deshalb Ausgleichverbindungen im Anker. Da auch bei genauem Aufbau der Maschine doch kleine Unterschiede des Luftspaltes und der magnetischen Leitfähigkeit unvermeidlich sind, haben die Ausgleichleiter eine Störung der Kommutierung zu verhindern, indem sie die Ausgleichströme direkt ableiten. Sind jedoch die Unterschiede im Luftspalt zu groß, und fehlen in einem Anker die Ausgleichverbinder, oder ist nicht jede Lamelle an dieselben angeschlossen, so wird ein Ausgleichstrom über Bürsten und Sammelringe fließen und kann dabei die Kommutation verschlechtern.

Starke Abweichungen in der Breite des Luftspaltes können entstehen durch Auslaufen der Lager oder durch Fehler beim Wiedereinbau der Pole nach einer Überholung oder Reparatur. Dabei können Unterlagbleche zwischen Polkern und Joch vergessen, Pole schief gestellt und seitlich verschoben werden, wodurch Teilungsfehler entstehen. Die Unterschiede im Luftspalt einzelner Pole sollten etwa 10% des Mittelwertes nicht überschreiten. Die Polteilungen, gemessen zwischen den Polecken gleichartiger Pole, sollten nicht mehr als $0{,}5 \cdots 1{,}0$ mm voneinander abweichen.

Ungleichheiten im Luftspalt und in der Teilung der Wendepole haben ähnliche Folgen. Die zulässigen Abweichungen sind in derselben Größenordnung wie an den Hauptpolen. Es ist bei Wendepolen wichtig, daß ihre Achse möglichst genau in die Mitte zwischen die Hauptpole eingestellt wird.

Sammelringe und Bürstenstifte haben ungleiche Widerstände. Verschmutzung und Oxydation von Kontaktstellen an den Sammelringen, welche die Bürstenstifte unter sich verbinden, können die gleichmäßige Stromverteilung auf die einzelnen Stifte stören, besonders an Maschinen für hohe Stromstärken. Die Bürsten einzelner Stifte können dabei feuern. Solche Fehler entdeckt man am raschesten bei einer genauen Besichtigung der Übergänge. Kontaktstellen von hohem Widerstand zeigen nicht selten Erwärmungsfarben. In diesem Fall löst man am besten alle Kontaktstellen und unterzieht sie einer gründlichen Reinigung.

Selbst an ein und demselben langen Bürstenstift kann die Stromabnahme an einzelnen Bürsten oder Bürstengruppen ungleich sein, wenn die Übergangswiderstände aus obigen Gründen erhöht sind.

Ableitungen und Bürstenapparate für die Stromabnahme können auch konstruktiv fehlerhaft sein. Einzelheiten sind aus der Spezialliteratur zu entnehmen (z. B.: HEINRICH, W.: Das Bürstenproblem im Elektromaschinenbau).

Wicklungen sind fehlerhaft. Windungsschlüsse in Haupt- und Wendepolwicklungen, Eisenschlüsse an zwei und mehr Spulenstellen sowie verkehrt angeschlossene Pole erzeugen magnetische Unsymmetrien, die gleiche Wirkungen haben wie Ungleichheiten im Luftspalt. Die Wirkungen von Eisenschlüssen und Windungsschlüssen sind auf S. 26 u. f. und S. 46 u. f. beschrieben.

Bei magnetischer Unsymmetrie wie auch bei ungleicher Bürstenteilung feuern oft nur einzelne aufeinanderfolgende Stifte. Das Aufsuchen dieser Fehler ist auf S. 86 besprochen.

Im Läufer zeigen sich Windungsschlüsse und Unterbrechungen bald durch eine Verschlechterung der Kommutation an und am Anbrennen derjenigen Lamellen, welche mit den kranken Wicklungsteilen verbunden sind, Abb. 77. Ein Läufer mit schlechten Lötverbindungen kann jedoch lange Zeit im Betrieb bleiben, ohne daß sich die Störung zeigt. Oft ist die Widerstandserhöhung einer Lötstelle anfänglich noch gering, z. B. an Ableitungen zum Kommutator oder bei Stabwicklungen an einer rückseitigen Spulenkopfverbindung. Nur eine Maschine mit sehr empfindlicher Kommutation wird dabei schon eine merkbare Verschlechterung der Kommutierung und Bürstenfeuer zeigen. Erst mit fortschreitender Oxydation der schlechten Lötstelle verstärken sich dann die Erscheinungen. Die mit der kranken Stelle direkt zusammenhängenden, wie auch die über die Ausgleichleiter damit verbundenen Lamellen beginnen sich zu schwärzen; dabei verstärkt sich das Bürstenfeuer. Durch Reinigen des Kommutators und Wegschleifen der angebrannten Stellen können bisweilen die Verhältnisse so verbessert werden, daß noch ein Betrieb möglich ist. Zuletzt schmilzt die kranke Lötstelle aus, ein weiterer Betrieb wird unmöglich; die schlechte Lötstelle ist nahezu eine Unterbruchstelle geworden.

Beobachtet man angebrannte Lamellen, die unregelmäßig oder um eine Pol- bzw. Polpaarteilung voneinander entfernt liegen, so muß auf Windungsschluß oder schlechte Lötstellen geschlossen werden. Wenn nicht ausgeflossenes Zinn als eindeutiges Anzeichen der Ausschmelzung sichtbar ist, kann man durch Widerstandsmessungen nach S. 37 u. f. die Fehlerstelle aufsuchen. Gelingt dies nicht mit Sicherheit, wie etwa bei schlechten Lötstellen, dann empfiehlt sich das Nachlöten aller Stellen,

Abb. 77. Kollektor mit Anbrennungen herrührend von Windungsschluß

welche in der Nähe der angebrannten Lamellen liegen. Bei Windungsschlüssen im Läufer wird die Schlußstelle meist durch Überhitzung und deren Folgen in kurzer Zeit leicht erkenntlich.

Eisenschlüsse im Läufer beeinflussen die Kommutierung nur dann, wenn sie an zwei Wicklungsstellen auftreten, wodurch ein begrenzter Wicklungsteil kurzgeschlossen wird; in einem einpolig geerdeten Netz führt schon ein einziger Eisenschluß zu einem Erdschluß. Hat der Eisenschluß wenig Widerstand, so kann durch den Störstrom ein Kurzschluß und Rundfeuer entstehen. Selbstverständlich ist bei allen Störungen der Kommutation die Wicklung auf ihren Isolationszustand zu prüfen.

Kommutator hat Lamellenschluß. Zwischen benachbarten Lamellen und auch zwischen ihren Ableitungen können Schlüsse durch abgelagerten Kohlenstaub entstehen, insbesondere wenn dieser mit Öl vermischt ist. Solche Schlüsse und das Ausbrennen von Lamellenisolationen treten auch auf, wenn Kommutatoren zu stark geschmiert werden. Diese Schlüsse vermögen, besonders bei Maschinen mit hoher Lamellen-

90 Krankheiten elektrischer Maschinen

spannung, einzelne Lamellengruppen anzubrennen, woraus Bürstenfeuer entstehen kann, bisweilen selbst Rundfeuer. Bei kleinem Widerstand der Schlußstelle werden sogar die Anschlüsse auslöten und unter Umständen Erwärmungsfarben an der kranken Lamelle ersichtlich sein. Bei Lamellenschlüssen werden auch diejenigen Lamellen im Abstand doppelter Polteilung angebrannt sein, welche durch Ausgleichverbindungen leitend zusammenhängen. Selten kommen Lamellenschlüsse vor durch das Eindringen von Säure in die Glimmerisolation beim Löten

Abb. 78. Durch Lamellenschluß zerstörter Kommutator

der Anschlüsse mit säurehaltigen Lötmitteln oder durch metallische Fremdkörper, welche in die Glimmerisolation zwischen den Lamellen oder in die Isolationsringe eindringen. Solche Störungen können sehr umfangreich ausfallen (Abb. 78), besonders wenn der Schluß im Innern des Kommutators entsteht; nicht selten muß dann der Kommutator zerlegt werden. Bei allen äußeren Lamellenschlüssen muß der Glimmer ausgesägt oder ausgekratzt werden, bis seine Oberfläche weiß erscheint. Ist dadurch der Fehler nicht zu beseitigen, dann muß der Kommutator losgelötet und die Isolation zwischen den einzelnen Lamellen getrennt untersucht werden mit Prüflampen oder noch besser mit dem Isolationsprüfer.

g) Ungleiche Stromverteilung, Abbrennen von Bürstenkabeln

In elektrochemischen Betrieben können die Kommutationsverhältnisse durch Einwirkung von chemisch aktiven Gasen, wie Chlor, Ammoniak und Säuredämpfe, plötzlich verschlechtert werden. Fast immer wird die Patina zerstört. Zuerst nehmen einzelne Bahnen Kupferfarbe an, was zu ungleicher Stromverteilung führt.

Die Reihenfolge der weiteren Vorgänge ist dabei folgende: Zufällige stärkere Stromaufnahme einer Bürste; Rückgang des Übergangswiderstandes wegen des negativen Temperaturkoeffizienten der Bürste; weitere vermehrte Strombelastung derselben; Lockerung der Kohle durch Verglühen; Erhöhung der Ableitwiderstände mit der Erhitzung; Zerstörung der Bürste und Armierung. Die Neigung von verschiedenen Bürstensorten zu ungleicher Stromverteilung ist verschieden; bei Hochgraphitkohlen ist sie — besonders bei geringem Druck — stärker als bei Hart- und Elektrographitkohlen. Abb. 79 stellt mehrere Hochgraphitbürsten dar, welche durch ungleiche Stromverteilung und daher örtliche Stromüberlastung in ihrem Aufbau so gelockert wurden, daß sie zuletzt teilweise zerfielen. Die Ursache der Störung war hier neben der besonderen Neigung zu ungleicher Stromverteilung noch ein zu geringer Bürstendruck. Abb. 80 zeigt die verheerenden Folgen ungleicher Stromverteilung wegen ganz ungeeigneter Elektrographitbürsten. Die Maschine von 400 kW, 100 V und 4000 A lief Tag und Nacht, und der Maschinenwärter hatte von sich aus diese ungeeignete Bürste aufgesetzt. Man erkennt deutlich, wie nach dem Abbrennen der Ableitung der Halterkasten die Stromleitung übernahm und daß dieser zuletzt an der ablaufenden Seite, wo die Bürste anliegt, wegen Stromüberlastung ausschmolz.

Abb. 79. Bürstenzerfall als Folge ungleicher Strombelastung

Bei ungleicher Stromverteilung wird man auch die Kontaktstellen an den Bürsten und Haltern nachsehen. Besonders schädlich können folgende Störungen an den Verbindungsstellen zwischen Litze und Bürste sein: Oxydierung bei Erwärmung, schlechte Verkupferungen, Ausfließen der Lötmittel.

Bei Hochgraphitbürsten sollte der Druck aus Rücksicht auf ungleiche Stromverteilung 160 g/cm² nicht unterschreiten. Elektrographitbürsten können noch bei geringerem Druck gut arbeiten. Versuchsweise kann man auch die spezifische Belastung der Bürsten eines Stiftes ändern durch Wegnehmen oder Zufügen einzelner Bürsten.

Beim Beginn ungleicher Stromverteilung kann man die Weiterentwicklung der Störung zurückhalten durch periodisches Reinigen des Kommutators bei aufgesetzten Bürsten, Überschleifen mit feinkörnigem Kunstbimsstein, mit Schmirgelleinen und Glaspapier, die beiden letzteren aufgezogen auf ein Holz mit geeigneter Rundung. Ungleiche Stromverteilung durch *Tanzen* der Bürsten kann auch durch leichtes Schmieren mit Paraffin oder Vaseline behoben werden. Müssen diese Abhilfen jedoch zu oft vorgenommen werden, so daß Kommutator und Bürsten rasch verschleißen, dann ist meistens Abhilfe möglich durch eine Änderung der Bestückung, vorausgesetzt daß Drücke und Übergangswiderstände von Bürste und Bürstenapparat in Ordnung sind. In neuerer Zeit werden in chemischen Betrieben durch Ventilatoren, die Frischluft ansaugen, Maschinensäle unter leichtem Überdruck gehalten, um das Eindringen von chemisch aktiven Gasen und Säuredämpfen zu verhindern. Diesem Zweck dient auch die Zufuhr von Frischluft in Kanälen zu den Maschinen.

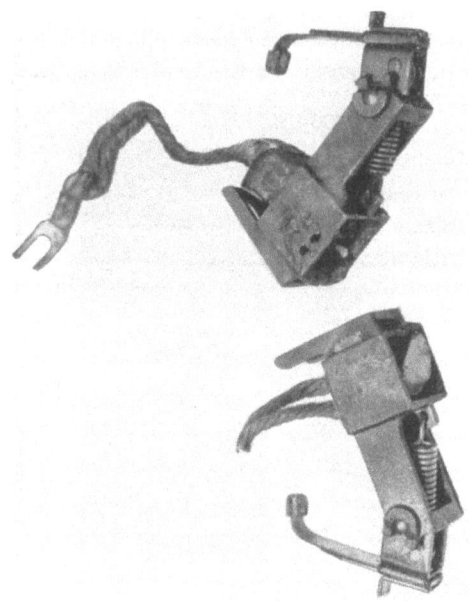

Abb. 80. Zerstörte Bürstenarmaturen und Halterkasten

h) Rillen- und Riefenbildung

Um eine gleichmäßige Abnützung des Kommutators zu erhalten, sind die Bürsten der einzelnen Polpaare in der Achsrichtung gleichmäßig gegeneinander zu versetzen. Die positiven und negativen Bürsten eines Polpaares müssen genau hintereinander stehen wie in Abb. 81.

Bei ungleicher Abnützung des Kommutators in der Umfangsrichtung spricht man von Rillenbildung. Je nach den Erscheinungen kann man von Riefen, Haarrillen, Bahnen oder von Spurlauf sprechen. Vorwiegend ist wohl die Bildung von breiten und ausgeprägten Bahnen durch ungeeignetes Bürstenmaterial bei zu hohem Druck und großer Kommutatorgeschwindigkeit. Die Folge sind dann die welligen Bürstenlaufflächen nach Abb. 82. Daneben zeigen sich feine Haarrillen ähnlich wie in Abb. 79 an metallhaltigen Bürsten oder Spuren von ganzer Bürstenbreite wie in Abb. 76.

Leichte Riefen, die sich nach dem Erreichen einer gewissen Tiefe und nach eingetretener Härtung der Kommutatoroberfläche nicht mehr weiter vertiefen, sind weniger als Störung, sondern eher als Schönheitsfehler zu bewerten. Es muß davor gewarnt werden, Kommutatoren, die einwandfrei laufen, nur wegen ihrer Welligkeit zu überdrehen oder zu schleifen. Die während der Politurbildung gehärtete Oberfläche des Kupfers wird dabei aufs neue aufgerissen; nachher können sich ohne weiteres wieder neue Riefen bilden, wenn nicht gleichzeitig die Bestückung geändert wird.

Die Hauptursache der Riefenbildung ist wohl eine ungeeignete Bürstensorte. Vor allem neigen Hochgraphitkohlen durch ihr Einreibevermögen zu Riefenbildung, Hart- und Elektrographitkohlen hingegen weniger.

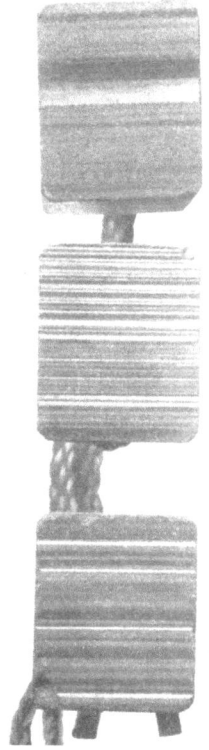

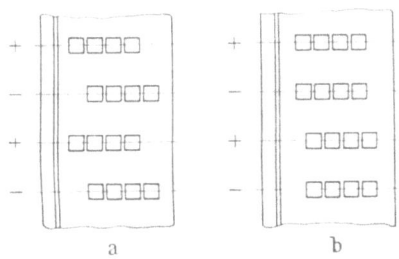

Abb. 81. Bürstenverteilung auf Kommutatoren. a) falsch; b) richtig

Abb. 82. Bürsten mit starken Rillen

Metallhaltige Kohlen reißen den Kommutator eher auf und bilden Rillen. Das Lamellenkupfer ist nur in seltenen Fällen, bei zu geringer Härte, oder wenn Einschlüsse von Oxydul vorhanden sind, schuld an der Rillenbildung. Auch Kupferablagerung in den Bürstenlaufflächen bei Vibrationen der Bürste oder bei ungünstiger Kommutierung kann störend wirken. Mit schlecht geschliffenen Stählen gedrehte oder mit rauhen Steinen geschliffene Kommutatoren neigen eher zur Rillenbildung als solche, die beim Dreh- oder Schleifprozeß möglichst schonend behandelt wurden.

94 Krankheiten elektrischer Maschinen

Weitere Ursachen der Rillen- und Riefenbildung können sein:

Schlechte Kommutation;
schlechter mechanischer Lauf;
zu hoher Bürstendruck;
zu hohe Bürstenreibung;
Staub oder Sand in der Luft;

Schmirgelstaub auf der Lauffläche;
zu feuchte Luft;
Ölspritzer oder Öldunst;
Einwirkung von chemisch aktiven Gasen oder Säuredämpfen.

i) Übermäßige Bürstenabnützung

Die Bürstenabnützung hängt von Bauart und Betriebsverhältnissen, Bürstensorte und Unterhalt des Kommutators ab. Allgemeine Regeln sind nicht angebbar. Die Größenordnung der Abnützung zeigt etwa folgendes Beispiel: Elektrographitierte Kohlen erlitten auf einer 2500-kW-Maschine in einem chemischen Betrieb mit Tag- und Nachtbelastung bei einer Stromdichte von 7,4 A/cm² und einer Kommutatorgeschwindigkeit von 29 m/s eine mittlere Abnützung von etwa 4 mm in 1000 Std. An Gleichstrommaschinen kleinerer Leistung bis gegen 100 kW und bei Stromdichten von $4 \cdots 8$ A/cm² sowie Kommutatorgeschwindigkeiten bis gegen 20 m/s wurden Elektrographit- und Hochgraphitkohlen um $1,0 \cdots 3,0$ mm in 1000 Std. abgenützt.

Bei zu hoher Bürstenabnützung können noch folgende Ursachen in Frage kommen:

Überlastung;
Glimmer vorstehend;
Erschütterungen, Rattern der Bürsten;
Bürstendruck zu hoch oder zu niedrig;
ungleich und schlecht versetzte Bürsten;

chemisch aktive Gase und Säuredämpfe;
Staub und Sand in der Luft;
Schmirgelstaub oder Bimsstein;
zu feuchte Luft;
Ölspritzer oder Öldunst.

k) Kommutator-Übererwärmung

Die in Wärme umgesetzten Kommutatorverluste setzen sich zusammen aus den Bürstenreibungs- und Stromübergangsverlusten. Ihre Anteile am Gesamtverlust hängen von der Kommutatorgeschwindigkeit, der Oberflächenbeschaffenheit und von der verwendeten Bürstensorte ab. Erwärmt sich ein Kommutator zu stark — nach REM sind 60° für stationäre Maschinen zulässig — so kann einer dieser Teilverluste erhöht sein oder, bei ungünstigem Zusammenwirken von Reibung und Stromübergang steigen beide Verlustanteile. Mit zunehmender Politurbildung eines Kommutators wachsen im allgemeinen die Übergangsverluste, während die Reibungsverluste abnehmen. Bei frisch geschmirgelten Kommutatoren sinken hingegen die Stromverluste, während die Reibungsverluste steigen. Bei übermäßiger Kommutatorerwärmung können also folgende Störungsursachen vorliegen: Starke Verschmutzung und Oxydation der Kommutatorlauffläche — letzteres z. B. als Folge der

Einwirkung von Gasen in chemischen Betrieben — schlechte Kommutation, rauhe Kommutatorfläche, zu großer Bürstendruck, Verwendung ungeeigneter Bürsten — beispielsweise mit unpassender Imprägnierung. Bei ungeeigneter Bürstensorte kann die Übergangsspannung und damit die Erwärmung zu hoch ausfallen. Die Übergangsspannung hängt von vielen Einflüssen ab: Stromdichte und Stromrichtung, Zustand beider Laufflächen, Geschwindigkeit und Bürstendruck sowie von den allgemeinen Laufverhältnissen. Hoch- und Elektrographitkohlen haben $1{,}5 \cdots 2{,}5$ V, Hartkohlen noch höhere Übergangsspannung, metallhaltige

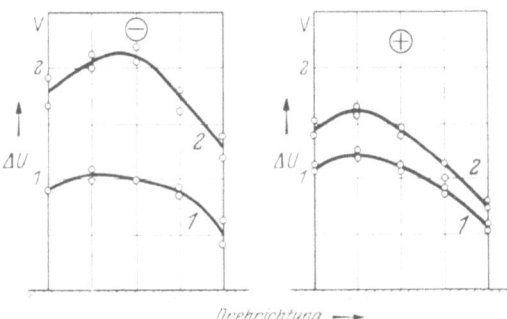

Abb. 83. Änderung der Bürstenübergangsspannung ΔU ($+$ und $-$) durch Politurbildung an Kommutator und Bürstenlauffläche. Kurven 1: Kommutator und Bürsten frisch geschmirgelt. Kurven 2: Nach 700 Std. ununterbrochenem Betrieb mit 70% Nennstrom. Kurven sind Mittelwerte der Messungen an je 2 verschiedenen Stiften bei Nennstrom. Spez. Stromdichte = 10 A/cm², Spez. Druck = 170 g/cm², Hochgraphitkohlen

Kohlen je nach Zusammensetzung $0{,}5 \cdots 1{,}0$ V pro Bürstenpaar. Obenstehende Abb. 83 zeigt die Übergangsspannung bei Betriebsbeginn und nach längerer Betriebszeit; der erhöhende Einfluß der Politur ist auffällig. Es ist bekannt, daß die Bürstenreibungsverluste bei Hartkohlen und teilweise auch bei Elektrographitkohlen stark steigen, wenn die Maschine mit nur geringem Strom oder ganz stromlos läuft. Es kann demnach bei bloßem Leerlauf eine Übererwärmung des Kommutators eintreten, besonders dann, wenn die Bürstenreibungsverluste ohnehin den Hauptanteil der Kommutatorverluste ausmachen, wie dies bei schnellaufenden Maschinen der Fall sein kann.

Natürlich können auch Störungen in der Belüftung, die auf S. 9 u. f. angeführt sind, eine zu große Erwärmung verursachen.

Bei Übererwärmung wird man in erster Linie den Kommutator und die Bürsten auf den Zustand ihrer Laufflächen untersuchen und unter Umständen durch Versuche mit anderen Bürstenmarken eine Abhilfe zu erreichen suchen. Wenn die spezifische Belastung nicht zu hoch wird, kann versuchsweise eine Anzahl Bürsten jeder Polarität entfernt werden, was nur dann Erfolg verspricht, wenn die Reibungsverluste die Bürstenübergangsverluste überwiegen.

l) Kurzschlüsse und Rundfeuer

Um außerhalb entstehende Kurzschlüsse für den Kommutator möglichst unschädlich zu machen, wird man vor allem einen wirksamen Kurzschlußschutz einbauen. Dazu sind Schnellschalter geeignet, welche einen Kurzschluß innerhalb äußerst kurzer Zeit, wenn möglich schon vor dem Eintritt des Höchststromes, abschalten. Dann sind vor allem solche Kohlensorten zu verwenden, welche die sehr hohen momentanen Überlastungen aushalten, ohne viele glühende Kohlenteilchen wegzuschleudern und dabei Rundfeuer einzuleiten. Elektrographitierte Bürsten sind in dieser Hinsicht besser als Hochgraphitkohlen, besonders für Maschinen mit hoher Lamellenspannung.

Tritt Rundfeuer auf, so werden zu weiche Kohlen durch die von den Lichtbogenansätzen aufgerauhte Kommutatorlauffläche wie durch eine rauhe Feile rasch abgeschliffen; der entstehende Kohlenstaub begünstigt in hohem Maß Überschläge. Mit geeigneten Bürsten versehen, besteht die Möglichkeit, daß die Maschine einen Kurzschluß mit geringem Bürstenfeuer ohne wesentlichen Schaden verträgt, während bei ungeeigneten Kohlen nicht selten eine Betriebsstörung auftritt.

Durch den Kommutator selbst kann Rundfeuer hervorgerufen werden bei Lamellenschlüssen als Folge angesammelten Kohle- oder Kupferstaubes auf der Kollektoroberfläche oder in den Lamellennuten. Ungeeignete Kohlebürsten und ungenügende Wartung können die Ursache sein; nach dem Überdrehen und Schmirgeln des Kommutators oder Einschleifen der Bürsten sind die Voraussetzungen für diese Störung ebenfalls gegeben, wenn nicht sorgfältig nachgereinigt wird.

Maschinen mit hohen Lamellenspannungen sind in dieser Hinsicht natürlich besonders gefährdet. Es soll daher stets der Kommutator nach dem Einschleifen der Bürsten oder nach dem Schmirgeln gründlich gereinigt werden, etwa durch Ausblasen mit trockener Preßluft und Nachkratzen des Glimmers, ferner sind die Lamellenkanten zu entgraten.

m) Wartung und Instandhaltung der Kommutatoren

Der Kommutator ist naturgemäß der empfindlichste Teil der Gleichstrommaschine und verlangt daher auch eine gewisse Pflege und Wartung. Eine regelmäßige Entfernung von Staub und Schmutz sowie das Ausziehen der Nuten zwischen den Lamellen sind notwendig, um Schäden an Kommutatoren zu vermeiden.

Schmiermittel sind am Kommutator vorsichtig und sparsam zu benützen; manches empfohlene Kommutatorschmier- und -pflegemittel enthält wertlose oder zum mindesten nicht nützliche Stoffe. Die Kommutatoren erhalten davon oft eine harzige Oberfläche. Die Schmiermittelreste setzen sich in der Bürstenlauffläche fest, regen dadurch die Bürsten zu Erschütterungen an und verschlechtern die Kommutation. Häufiges Schmirgeln des Kommutators ist unnötig, außer zur Entfernung von Anbrennungen, herrührend von Kurzschlüssen oder Rundfeuer, oder zur Reinigung einer von Gasen oxydierten Lauffläche. Bei gutem Lauf und richtiger Bürstensorte wird eine polierte Oberfläche im Betrieb rotbraun bis schwarzrot getönt.

Kleine Unrundheiten oder schwach vorstehende Lamellen können mit einem Handschleifstein ausgemerzt werden. Der Handschleifstein muß aber in der Umfangsrichtung mindestens doppelt so lang sein wie die beschädigte Stelle, um eine weitere Vertiefung derselben zu vermeiden. Ist jedoch der Kommutator so stark unrund, daß die dadurch vibrierenden Bürsten die Kommutation verschlechtern, so wird Überdrehen oder Schleifen notwendig. Vor der Ausführung dieser Arbeiten prüfe man die Preßschrauben der Kommutatorbüchse auf festen Sitz. Ein Nachziehen soll nur bei lockeren Bolzen erfolgen; mit großer Gewalt den Kommutator nachpressen zu wollen, ist eher schädlich, indem die Lamellen dabei aus ihrer im bisherigen Betrieb gewonnenen Lage verdrängt werden.

Während des Drehens oder Schleifens sind Kommutatorfahnen und Wicklung durch eine Kartonscheibe oder ein Tuch gegen das Eindringen von Spänen und Staub zu schützen. Der Kommutator kann bei eingebautem Läufer oder auf einer Drehbank überdreht werden; im ersteren Fall ist ein gut befestigter Stahlhalter erforderlich. Wird das Überdrehen in den Lagern der Maschine vorgenommen, so ist das seitliche Wellenspiel aufzuheben. Bei ausgefrästem Glimmer kann mit einer Geschwindigkeit von max. 60 m/min, auf einer ganz guten Drehbank mit etwa 90 m/min gedreht werden, bei nicht ausgefrästem Glimmer mit etwa 30 m/min. Der Vorschub sollte 0,1 mm pro Umdrehung nicht überschreiten. Es sind gute Kohlenstoff- und naturharte Stähle zu verwenden. Um eine möglichst glatte Kommutatorfläche zu erhalten, soll das Fertigdrehen mit einem Drehdiamanten oder einem Drehstahl aus Hartmetall mit geläppter Schneide erfolgen. Die günstigsten Schnittgeschwindigkeiten sind 150 $\cdots$ 250 m/min bei 0,03 $\cdots$ 0,06 mm Vorschub und ebensolcher Spantiefe. Das Nachpolieren mit einer Feile ist unter allen Umständen zu vermeiden; dadurch würde der Kommutator unrund.

Zum Schleifen werden entweder rotierende Schleifscheiben oder Schleifapparate mit eingespanntem Schleifstein verwendet.

Abb. 84 zeigt als Beispiel einen solchen Schleifapparat nach Patent NORREL mit verstellbarem Schleifstein; die Schleifgeschwindigkeit kann 6 $\cdots$ 18 m/s betragen.

Das Ausfräsen der Lamellenisolationen soll mit einem Fräser entsprechender Breite oder einem Sägeblatt erfolgen und so ausgeführt werden, daß seitlich am Kupfer keine Glimmerrückstände mehr bleiben. Die Abb. 85 erklärt, wie das Ausziehen richtig nach 2 und falsch nach 3 erfolgen kann.

Abb. 84. Schleifapparat nach NORREL, mit festeingespanntem Schleifstein

Die Ausfrästiefe h soll normalerweise ungefähr die Dicke d der Lamellenisolation haben. Nach dem Ausfräsen sind die Kupferkanten mit einem Profilziehmesser gut zu runden, wie Abb. 85.4 zeigt, oder

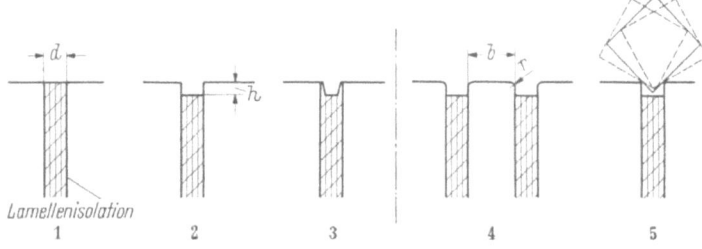

Abb. 85. Behandlung der Lamellenisolation

im Sinne von Abb. 85.5 mit einem feinkörnigen Vierkantschleifstein abzuziehen. Der Rundungsradius r ist der Lamellendicke b anzupassen; er soll für Lamellen bis 3 mm Dicke etwa 0,3 mm und für solche von über 5 mm Dicke etwa 0,5 mm betragen. Nachher ist der Kommutator mit feinem Glaspapier oder Schmirgelleinwand auf einem der Rundung angepaßten Holz nachzupolieren. Eine spiegelblanke Politur wird durch

Anpressen eines trockenen Lederstückes erreicht. Zuletzt muß der Kupferstaub zwischen den Lamellen und auf der Lauffläche sorgfältig mit einem Lappen entfernt werden, um das Eindringen von Kupfer in die Kohlenlauffläche und um Lamellenschlüsse zu verhüten. Die an vielen Kommutatoren seitlich der Lauffläche vorhandenen Eindrehungen und die Ventilationswege sind mit Benzin sorgfältig zu reinigen und wenn nötig wieder neu zu lackieren. Dadurch werden Überschläge zwischen Lamellen und Fahnen, die nicht selten an frisch überdrehten Kommutatoren auftreten können, vermieden.

n) Bürsten auf Wechselstrom-Kommutatormaschinen

Die meisten an Kommutatoren und Bürsten von Gleichstrommaschinen vorkommenden Störungen können auch an Wechselstrom-

Abb. 86. Kommutator mit „Spurlauf" nach Betrieb mit ungleichen Bürstensorten

Kommutatormaschinen auftreten. Die Kommutierung ist bei letzteren erschwert durch Oberwellen und hauptsächlich durch die Transformationsspannung, welche vom Ankerfeld in der kommutierenden Spule erregt wird. Aus diesem Grunde können für solche Motoren nur Hart- und Elektrographitbürsten von geringer Breite zur Anwendung gelangen. Schmale Bürsten sind jedoch für einen ruhigen Lauf ungünstig, so daß die Wahl einer geeigneten Bürstensorte schwierig ist. Dies ist besonders der Fall bei Motoren mit Drehzahlregulierung durch Bürstenverschiebung.

Durch die kleinste Exzentrizität von Bürstenbrücke und Kommutatoroberfläche nehmen die Bürsten bei jeder Verschiebung eine andere Lage zur Kommutatoroberfläche ein, so daß sie in jeder Stellung wieder einlaufen müssen. Wenn noch ein leichtes Unrundlaufen des Kommutators hinzukommt, beginnen die Bürsten zu vibrieren, was zu ihrem raschen Verschleiß führt. Auf gleiche Weise wirken sich Staub in der Luft und chemisch aktive Gase aus.

Die Folgen der Verwendung verschiedener Bürstensorten auf dem Kommutator eines Dreiphasen-Motors zeigt Abb. 86. Der Inhaber hatte zur Bestückung mit total 36 Kohlen drei verschiedene Qualitäten verwendet. Während die Bürsten der Außenseite einigermaßen gut arbeiteten und ruhig liefen, neigten die inneren, ungeeigneteren Kohlen von anderer Sorte zum *Tanzen*. Dadurch entstanden stromloser Lauf und Litzenbrüche; die Stromabnahme fand also nur an der äußeren Bürstenreihe statt. Schleifwirkung und stark vergrößerte Reibung der stromlosen Bürsten führten zum sog. Spurlauf dieser Kommutatorhälfte, wodurch eine ungleich tiefe Spur am ganzen Umfang entstand. Hier wirkte sich die ungleiche Stromverteilung nicht im Verglühen und Verbrennen der Bürstenlitzen aus; die geringe Strombelastung wurde ohne weiteres nur von einer Bürstenreihe übernommen. Hingegen führten die Vibrationen der wenig belasteten Bürsten zu ihrem Bruch. In der inneren Reihe waren 75% der Bürsten gebrochen; in der äußeren Reihe waren 95% der Kohlen ganz geblieben.

E. Unruhiger Lauf, Erschütterungen und Schwingungen

1. Allgemeines

Diese Erscheinungen können ihre Ursache in der Maschine selbst haben oder durch äußere Einwirkung hervorgerufen werden.

In erster Linie sind eine einwandfreie Aufstellung, ein gutes Fundament, sorgfältiges Eingießen und genaues Ausrichten die Grundbedingungen für einen befriedigenden Betrieb. Während eine allfällige Unwucht behoben werden kann, beeinträchtigt jede unkorrekte Aufstellung dauernd die Betriebssicherheit durch Überbeanspruchung und rasche Abnützung einzelner Teile. Eine einwandfreie Aufstellung macht sich in jedem Falle bezahlt durch verminderte Unterhalts- und Reparaturkosten und seltenere Betriebsstörungen.

Als äußere Einflüsse können in Betracht kommen: Übertragung von Erschütterungen oder Vibrationen von Turbinen auf Generatoren bei Wasser- und Dampfturbinensätzen; Rückwirkungen von angetriebenen Maschinen in der Schwerindustrie, etwa von Antriebsmotoren bei Walzenstraßen, Steinbrechern, Hammerwerken; Störungen durch Übertragungsorgane wie unpassende oder schlecht aufgebaute Kupplungen, schlecht laufende Zahnradgetriebe, Riemen-, Seil- und Kettentriebe. Die Feststellung der Störungsursache kann in allen diesen Fällen mit Schwierigkeiten verbunden sein und die Trennung der Maschinen nötig machen; bei Einankerumformern und Phasenschiebern sind die Untersuchungen einfacher und führen meist auch rascher zum Ziel.

An elektrischen Maschinen können Erschütterungen und Vibrationen unter anderm von Wuchtfehlern, magnetischen Unsymmetrien, Läuferunrundheit, Polspulen-Windungsschlüssen und Wicklungskrankheiten herrühren. Bei großen Motoren mit kleinem Luftspalt hat schon eine geringe Läuferunrundheit eine große magnetische Zugkraft zur Folge, die zu Vibrationen Anlaß geben kann. Bei Einphasen-Generatoren werden die Vibrationen der Ständer durch das pulsierende Drehmoment erzeugt. Die Erfahrung zeigt, daß bei diesen Maschinen selbst bei einwandfreier Ausführung der Fundamente mit der Zeit eine Lockerung der Verankerung, oder ein Ablösen des Fundamentes von der Unterlage möglich ist. Aus diesem Grunde werden die Ständer großer Einphasen-Generatoren elastisch mit dem Fundament verbunden oder auf Federn montiert.

Auch bei andern Maschinen können sich Schwingungen und Vibrationen bei mangelhafter Aufstellung oder Einbetonierung ungünstig auf die Umgebung auswirken. Dies ist besonders dann der Fall, wenn Gegenstände inner- oder außerhalb der Gebäude in Resonanz mitschwingen. Um die Übertragung solcher Vibrationen zu verhindern, was in bewohnten Gebäuden oder in deren Nähe verlangt wird, sollen Maschinen durch dämpfende Materialien von den Gebäudeteilen isoliert werden.

Über die an Maschinen höchst zulässigen Vibrationen bestehen noch keine allgemein gültigen Vorschriften. Die nachstehende Tabelle gibt Aufschluß, wie sich Vibrationen und Schwingungen mechanisch und gefühlsmäßig auswirken.

Die Werte sind an Lagern mit dem elektrodynamischen Amplitudenmesser aufgenommen worden.

Bei Messungen mit einem Wellentaster entspricht die Hälfte der auftretenden Doppelamplitude den obengenannten Werten.

Tabelle 5. Schwingweiten an Lagern bei verschiedenen Drehzahlen

Beurteilung des Laufes	Schwingweite[1] in μm^2 bei verschiedenen Drehzahlen				Feststellung Beobachtung
	500 U/min	1000 U/min	1500 U/min	3000 U/min	
Sehr ruhig	bis 50	bis 30	bis 20	bis 10	Kaum fühlbar
Ruhig	50···85	30···50	20···35	10···15	Fühlbar
Befriedigend....	85···130	50···80	35···60	15···25	Gut fühlbar
Schlecht; baldige Abhilfe notwendig	130···240	80···140	60···95	25···50	Unangenehm
Sehr schlecht für Dauerbetrieb unzulässig, Abhilfe sofort notwendig.	über 400	über 250	über 150	über 80	Frei bewegliche Gegenstände beginnen zu wandern

[1] Schwingweite ≙ Amplitude.
[2] $1\,\mu m = {}^1/_{1000}$ mm $= 10^{-6}$ m $=$ 1 Mikrometer.

2. Wuchtfehler

An allen sich drehenden Teilen mit der Masse m eines Körpers wirkt die Fliehkraft; sie wird allgemein aus der Gleichung $P = m \cdot \dfrac{v^2}{r}$ berechnet, worin

$m = \dfrac{G}{g} = \dfrac{\text{Gewicht in kg}}{9{,}81 \text{ m/s}^2} = $ Masse des drehenden Teiles in Massen-kg,

r in m $\triangleq$ Abstand vom Drehpunkt bis zum Schwerpunkt der betrachteten Masse,

v in m/s $\triangleq$ Umfangsgeschwindigkeit des betreffenden Schwerpunktes,

P in kg $\triangleq$ Fliehkraft.

Wir betrachten eine dünne, vollkommen runde Stahlscheibe, welche sich um eine durch ihren Mittelpunkt gehende Achse dreht und welche gleichzeitig auch Massenzentrum ist. An der rotierenden Scheibe treten

Abb. 87. Kräfte an einer drehenden Scheibe mit dem Massenschwerpunkt S in der Drehachse D

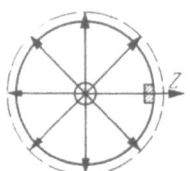
Abb. 88. Kräfte an einer drehenden Scheibe mit einem Zusatzgewicht Z am Umfang

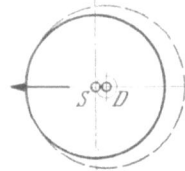
Abb. 89. „Unrund" laufende Scheibe. Schwerpunkt S und Drehpunkt D nicht zusammenfallend

neben der Schwerkraft noch die Fliehkräfte auf, welche nur Spannungen im Material selbst hervorrufen. Da diese Fliehkräfte symmetrisch verteilt sind (Abb. 87), entsteht durch sie keine zusätzliche Beanspruchung der Lager. Letztere sind nur dem Gewicht der Scheibe ausgesetzt, welches in senkrechter Richtung auf die unteren Teile der Lager wirkt.

Wird am Umfang der Scheibe ein Zusatzgewicht Z angebracht oder besteht an einer Stelle ein Übergewicht, werden sich die Fliehkräfte an der drehenden Scheibe nicht mehr das Gleichgewicht halten. Die Fliehkraft in der Richtung des Zusatzgewichtes bewirkt, daß eine mit der Drehgeschwindigkeit der Scheibe umlaufende Kraft an der Scheibe angreift. Befindet sich das Zusatzgewicht während der Drehung ganz oben, so wird durch seine Fliehkraft das Scheibengewicht entlastet; in der untersten Lage wird es erhöht, es tritt in den Lagern ein zusätzlicher Druck der Wellenzapfen nach unten auf. Bei seitlicher Lage des Zusatzgewichtes tritt eine entsprechende Horizontalkraft auf (Abb. 88). Durch diese Drehkraft werden die oft störend wirkenden Erschütterungen oder Vibrationen erzeugt.

Die gleiche Wirkung entsteht auch dann, wenn die Scheibe *unrund läuft*, d. h. wenn ihr Schwerpunkt S nicht im Drehpunkt D liegt, nach

Abb. 89. Dies kann bei Maschinen vorkommen, deren Läuferwicklungsteile sich während des Betriebes einseitig verschoben oder verlagert haben, oder in denen sich die Läuferbandagen — bei Turbomaschinen die Läuferkappen — gelockert haben. Dasselbe entsteht bei Kommutatoren, die infolge ungleichmäßiger Abnützung unrund laufen. Es kann beim Vorhandensein eines großen Übergewichtes oder bei sehr großer Drehgeschwindigkeit vorkommen, daß die Wuchtkraft die Schwerkraft aufhebt und sogar überwiegt, so daß die Wellenzapfen im Lageroberteil anstoßen.

Abb. 90. Kräfte an zwei drehenden Scheiben auf gemeinsamer Welle; Massenschwerpunkte S und S' in der Drehachse D

Werden zwei gleichgroße, vollkommen runde und gleichmäßig dicke Scheiben, deren Massenzentrum wieder mit der Achse zusammenfällt, in einem bestimmten Abstand auf einer Welle befestigt und gemeinsam in Drehung versetzt, so werden sich die Fliehkräfte, wie bei der Einzelscheibe, gegenseitig aufheben und der zusammengesetzte Drehkörper wird in seinen Lagern ohne Vibrationen laufen nach Abb. 90. Befestigt man an jeder Scheibe ein genau gleich schweres Zusatzgewicht, so daß die Verbindungslinie A der beiden Gewichte genau parallel zur Wellenachse liegt, dann wird der kombinierte Körper während der Drehung bestrebt sein, sich um die Schwerpunktsachse S zu drehen, welche in diesem Falle parallel zur Drehachse und in einem bestimmten Abstand von ihr liegt (Abb. 91). Diese Art des Wuchtfehlers nennt man statischer Wuchtfehler, weil

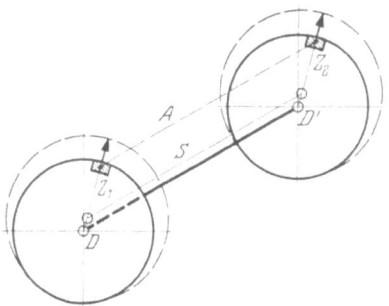

Abb. 91. Statischer Wuchtfehler durch 2 gleiche Zusatzgewichte Z_1, Z_2 auf einer Parallelen A zur Drehachse DD'

dieser Fehler, wie an einer einzelnen Scheibe, auf statischem Wege, d. h. ohne fortwährendes Drehen festgestellt und behoben werden kann (s. S. 108).

Wird das Gewicht an einer der Scheiben um 180° verschoben, aber im gleichen Abstand von der Drehachse befestigt, so hebt sich die statische Wirkung der beiden Gewichte gegenseitig auf, d. h. der Körper befindet sich wieder im statischen Gleichgewicht in bezug auf die Drehachse. Dreht sich dieser Körper, so will sich jede Scheibe um ihren eigenen Schwerpunkt drehen, der nicht mehr mit der Drehachse zusammenfällt. Die Verbindungslinie der beiden Gewichte steht nun schief zur Drehachse und beschreibt bei der freien Drehung einen Doppelkegel (Abb. 92).

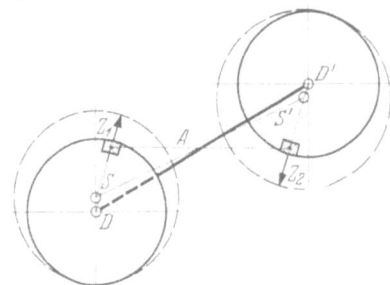

Abb. 92. Dynamischer Wuchtfehler durch 2 gleiche Zusatzgewichte Z_1, Z_2 in entgegengesetzter Lage, auf einer Geraden A, welche die Drehachse kreuzt

Läuft dieser Körper in zwei Lagern, so wechselt der senkrechte und waagerechte Lagerdruck mit jeder neuen Lage des Körpers, und zwar nimmt er in dem einen Lager zu und in dem andern Lager gleichzeitig ab und umgekehrt. Durch diesen mit der Drehzahl veränderlichen Lagerdruck werden Erschütterungen erzeugt. Der Körper besitzt einen *dynamischen Wuchtfehler*, der erst bei einer Drehung des Körpers in Erscheinung tritt.

Die Läufer der elektrischen Maschinen kann man sich zusammengesetzt denken aus einer Welle und einer Reihe darauf befestigter Scheiben, von welchen jede einen bestimmten Wuchtfehler in irgendeiner Richtung besitzt. Je länger der walzenförmige Läufer ist, desto mehr kommt neben dem statischen auch der dynamische Wuchtfehler zur Geltung (Abb. 93). Bei einem schmalen Polrad nach Abb. 94 wird sich hauptsächlich der statische Wuchtfehler geltend machen. Die Wirkung der verschiedenen Wuchtfehler ist selbstverständlich auch stark von der Drehzahl abhängig.

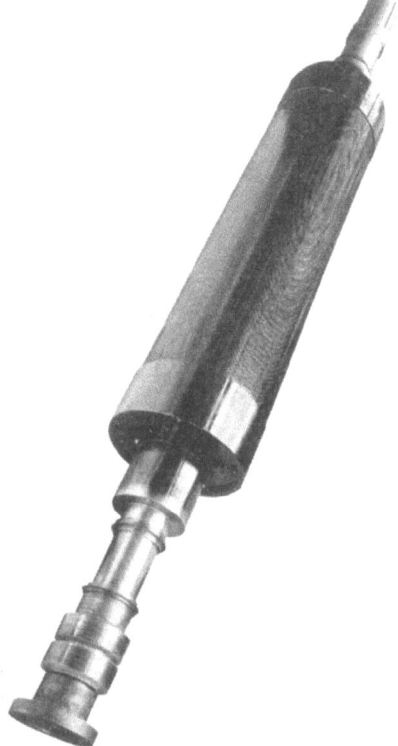

Abb. 93. Zweipoliger Läufer eines Turbogenerators: Typus des Läufers, bei dem sich dynamische Wuchtfehler besonders geltend machen

a) Ursachen der Wuchtfehler

Wuchtung ist ungenügend. Beim Aufbau eines umlaufenden Maschinenteiles entstehen, besonders wenn diese Teile nicht allseitig bearbeitet sind, infolge konstruktiver oder stofflicher Verschiedenheiten ungleiche Massenverteilungen, welche Wuchtfehler verursachen. Um

Abb. 94. Polrad eines Langsamläufers: Typus des Läufers, bei dem sich dynamische Wuchtfehler nicht stark geltend machen

einen erschütterungsfreien Lauf solcher Teile zu erhalten, müssen diese ungleichen Massenverteilungen beseitigt werden; es muß durch Zusatzmassen oder auch durch Wegnehmen von Material an der überschweren Stelle ein genauer Ausgleich erfolgen, so daß das Massenzentrum mit der Wellenachse zusammenfällt. Die umlaufenden Teile, wie Läufer, Kupplungen, Riemenscheiben, müssen ausgewuchtet werden. Je nach Bauart und Geschwindigkeit der Maschinenteile werden sie entweder statisch oder dynamisch ausgewuchtet; dynamische Auswuchtung erfolgt besonders bei raschlaufenden, langen Maschinenteilen.

Die meisten Lieferwerke für elektrische Maschinen verfügen über die nötigen Einrichtungen und genügende Erfahrung, um ihre Fabrikate so auszuwuchten, daß der verbleibende oder restliche Wuchtfehler, die sog. *Restunwucht* vernachlässigbar ist und die Maschine ruhig läuft. Bei langsam laufenden Maschinen mit Läufern von großem Durchmesser hat man in letzter Zeit die früher üblichen Stahlringe durch verschraubte Blechkörper ersetzt, in denen die Pole verkeilt sind. Der Blechkörper wird hierbei am Aufstellungsort der Maschine aufmontiert, so daß ein Auswuchten des Läufers erst dort möglich ist. Dabei wird der Läufer mit Hilfe einer Zentrierbüchse auf einer Kugel gelagert (Abb. 95). Der Läufer verhält sich dann wie ein rotationssymmetrischer Waagebalken, dessen zu schwere Stelle nach unten sinkt. Der Einfluß der Auflagereibung kann dadurch ausgeschaltet werden, daß man nach erfolgter Auswuchtung außen ringsum am Läuferkranz ein kleines Gewicht verschiebt und feststellt, ob sich der Läuferkranz an allen Stellen gleichviel senkt.

Diese Methode genügt bei langsam drehenden, flachen Läufern, weil die allfällige *Restunwucht* keine Vibrationen hervorruft.

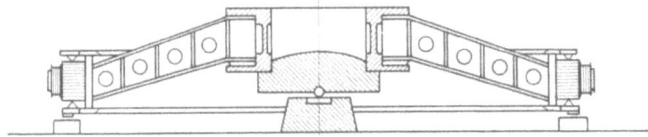

Abb. 95. Läuferlagerung zum Auswuchten

Durch den Betrieb einer Maschine können sich jedoch Ursachen für neue Wuchtfehler ergeben, deren hauptsächlichste in den folgenden Abschnitten beschrieben sind.

Welle ist unrund oder verkrümmt. Eine Kontrolle der Welle und der Lagerstellen auf guten Rundlauf oder Verkrümmung ist in Störungsfällen dieser Art stets angebracht. Vor allem ist es unerläßlich, daß vor Beginn von Wuchtarbeiten stets die Welle und die Lagerstellen in Ordnung sind. Unrunde Wellenzapfen sind auf einer Drehbank zu *egalisieren*, wofür von Anfang an eine vollkommen rundlaufende Stelle der Welle zur Lagerung in der Lunette vorhanden sein soll oder hergestellt werden muß; hernach kann der Wellenzapfen durch Schleifen

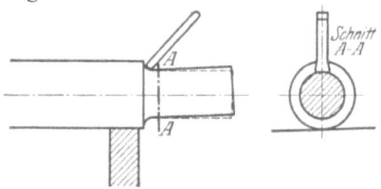

Abb. 96. Richten eines Wellenzapfens durch Stemmen

oder leichtes Überdrehen rund gemacht werden. Bei raschlaufenden Maschinen beträgt die noch zulässige Exzentrizität der Wellenzapfen 1 bis 2 Hundertstel Millimeter, je nach dem Durchmesser des Wellenzapfens. Krumme Wellen können nach Abb. 96 gerade gerichtet werden durch Stemmen mit einem vorn abgerundeten, gehärteten Stahlstemmer. Durch das Strecken der Materialfasern an der Stelle, wo gestemmt wird, kann sich der Wellenzapfen in die punktiert gezeichnete Lage zurückbiegen. Die gleiche Wirkung kann auch ohne Stemmen erreicht werden, wenn diese Stelle mit einer Azetylen- oder Säuerstoffflamme (Schweißapparat) schnell und sehr stark überhitzt wird. Der Wellenzapfen soll sich dabei ein wenig nach der Gegenseite überbiegen, um sich beim Abkühlen in die gewünschte gerade Lage zurückstrecken zu können. Nach den beiden genannten Methoden gerichtete Wellen dürfen nach der Behandlung nicht die geringsten Anrisse aufweisen, sonst sind sie zu ersetzen.

Wicklungen sind verlagert. Eine Wicklungsverlagerung macht sich manchmal bei der ersten Vollbelastung einer raschlaufenden Maschine, deren Läufer umgewickelt wurde, bemerkbar. Sie erzeugt einen Wuchtfehler. Wicklungsverlagerungen sind nur durch Entfernen der Läuferbandagen, besseres Pressen der Wicklung und Aufziehen von stärker gespannten Bandagen zu beheben. Wenn eine Wicklungsverlagerung sich weiter nicht mehr ändert, kann der entstandene Wuchtfehler durch Nachwuchten behoben werden. Nicht mehr festsitzende Magnetspulen von Polrädern sind durch Einpressen von Zwischenstücken aus Isoliermaterial besser zu befestigen. Wie und wo dies geschehen kann, hängt ganz von der Konstruktion ab. Ein Nachwuchten ist auch in diesem Falle zu empfehlen.

Läuferteile sind gelockert. Nicht festsitzende oder lose auf der Welle liegende Teile des Läufers (Polrad, Riemenscheiben, Kommutatorbüchsen, Läuferstern) machen sich gewöhnlich schon bei niederer Drehzahl durch Klopfen oder Quietschen bemerkbar. Manchmal sind diese Anzeichen nur festzustellen durch Abhorchen der Lager mit einem Stethoskop, Metallstab oder elektrischen Fühlapparaten.

Befürchtet man, daß ein auf der Welle sitzender Teil sich gelockert hat und kann mit einer Zehntellehre dennoch kein Spiel gemessen werden, so ist nach dem Eingießen von Petroleum an die Auflagestelle und anschließend ganz langsamem Drehen des Läufers manchmal das Ausquetschen des Petroleums mit Luftblasen zu beobachten. Dies gestattet einen sicheren Schluß auf Lockerung des betreffenden Teiles, besonders dann, wenn mit dem Petroleum auch noch aufgelöster Rost herausgepreßt wird. Sogenannter Reibrost von rotbrauner Farbe tritt überall da auf, wo lockere Teile trocken gegeneinander reiben. Sein Auftreten an Sitzstellen deutet daher stets auf eine Störung hin. Wird sie nicht beachtet, so können die Sitzstellen mit der Zeit stark verdorben werden. Abb. 97 zeigt eine Welle, die durch ungenügenden Sitz einer Riemenscheibe stark beschädigt wurde.

Nicht festsitzende Teile können je nach der Konstruktion des Läufers durch Aufziehen von Schrumpfringen, z. B. über die Naben, oder durch Verbohren mit Stellschrauben oder durch besseres Verkeilen neu befestigt werden. Unter Umständen läßt sich ein Entfernen der losen Teile und ihr Wiedermontieren mit verkleinerter Bohrung oder mit vergrößertem Durchmesser der Sitzfläche nicht umgehen. Wenn die Oberflächen nicht zu stark angegriffen sind, können sie durch Verschraubung und nachträgliches Überschleifen wieder instand gesetzt werden, auch kommt ihre Verchromung in Betracht. In manchen Fällen kann durch elektrisches Aufschweißen von Eisen in Bohrungen oder auf Sitzflächen und durch nachheriges Überdrehen der geschweißten Stelle, der verlangte Fest- oder Schrumpfsitz wieder hergestellt werden.

Abb. 97. Welle, durch ungenügenden Sitz einer Riemenscheibe stark beschädigt

b) Auswuchten außerhalb der Maschine

Drehkörper mit rein statischer Unwucht. Schmale Räder und Scheiben sowie auch schmale Polräder, die von Anfang vollständig symmetrisch bearbeitet sind und aus homogenem Material bestehen, werden statisch gewuchtet, indem man sie, wie Abb. 98 zeigt, mit den Wellenzapfen von gleichem Durchmesser auf genau horizontal liegenden glatten Schienen abwälzen läßt. Nach einigem Hin- und Herpendeln ist die Ruhelage gefunden, die schwere Seite liegt unten und man zeichnet sie an. Nun dreht man die Scheibe um 90°, so daß die schwere Seite waagrecht zu liegen kommt, um zu prüfen, ob die zuerst gefundene Stelle wirklich die Übergewichtsstelle ist. Dann läßt man den Körper nochmals frei rollen und beobachtet, ob er wieder die vorherige Ruhelage einnimmt. Ist dies der Fall, so dreht man ihn neuerdings um 90° und beurteilt aus dem Gefühl, durch Halten der Scheibe mit der Hand und leichtes Bewegen derselben, die Größe des Ausgleichsgewichtes. Dieses wird an der entgegengesetzten Stelle der Marke angehängt und das Verfahren nachher weitergeführt, bis die Scheibe in jeder Lage ruhig verbleibt. Wegen der Reibung auf den Schienen kann diese Art der Wuchtung nicht so genau ausfallen wie die Methode der Schwingungsresonanz, wie sie nachstehend beschrieben ist.

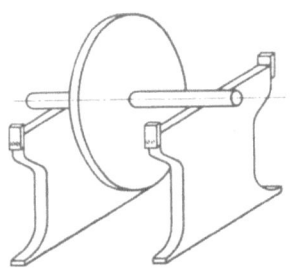

Abb. 98. Statisches Wuchten schmaler Räder und Scheiben auf horizontalen Ebenen

Läufer mit statischer und dynamischer Unwucht. Wenn keine spezielle Apparatur für das Auswuchten zur Verfügung steht und dies am Aufstellungsort der Maschine erfolgen muß, mögen folgende Hinweise dienlich sein. Dem Drehkörper muß die Möglichkeit gegeben werden, den durch die Wuchtfehler entstehenden Kräften in gewissem Maße nachzugeben. Die Läufer sind jedoch in den Maschinen meist so gelagert, daß kein besonders großes Spiel möglich ist. Die von den Wuchtfehlerkräften ausgelöste Bewegung der Läuferwelle soll dagegen leicht fühlbar und sichtbar gemacht werden. Wenn in den zur Maschine gehörenden Lagerböcken ausgewuchtet wird, sollen diese auf eine Unterlage gelegt werden, welche eine Horizontalbewegung der Lagerung gestattet. Das einfachste und zweckmäßigste Mittel besteht aus elastischen Gummiplatten (Abb. 99). Sind keine Lagerböcke vorhanden,

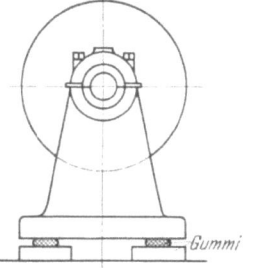
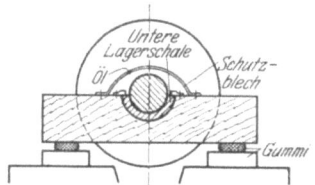

Abb. 99. Anordnung der Gummiunterlagen bei Läufern mit gesonderten Lagerböcken

Abb. 100. Lagerung eines Läufers in der unteren Lagerschale auf einer Hartholzunterlage

z. B. bei Maschinen mit Schildlagern, so kann der Läufer mit den zugehörigen Lagerschalen provisorisch auf eine Hartholzunterlage mit Gummifüßen gesetzt werden. Bei geteilten Lagerschalen genügen hierzu die unteren Lagerschalenhälften, welche gegen Verdrehung gut zu sichern sind (Abb. 100). Mit diesen Behelfsmitteln darf nur bei niedriger Drehzahl ausgewuchtet werden, wobei beide Lager gleichmäßig und genügend zu schmieren sind. Der Antrieb des Läufers erfolgt am einfachsten mit einem möglichst gleichmäßig dicken Riemen, der über den Eisenkörper gelegt wird. Am besten eignet sich ein endloser Riemen, der entspannt werden kann; sogar ein Polrad kann mit einem auf den Polen laufenden Riemen angetrieben werden. Der Antriebsmotor muß für beide Drehrichtungen eingerichtet werden. Hauptbedingung für ein erfolgreiches Auswuchten ist das vollkommene Rundlaufen der Wellenzapfen und der Anzeichnungsstellen. Wellen oder Wellenzapfen, welche nicht rund laufen, müssen vorerst gerichtet oder überdreht werden. Die Probe auf Rundlauf kann leicht mit der beschriebenen Auswuchteinrichtung erfolgen, und zwar bei langsamer, gleichmäßiger Drehung des Läufers und bei vollkommen entspanntem und nicht schwingendem Riemen. Dabei ist die Bewegung der Lagerschalen zu beobachten und abzutasten oder auf den zwischen Wellenzapfen und Lagerschale hervorquellenden Ölfilm zu achten. Auch eine Wasserwaage auf den Lagerkörpern kann eine Bewegung derselben als Folge unrund laufender Wellenzapfen anzeigen. Dies unter der Voraussetzung, daß der vorhandene Wuchtfehler nicht außerordentlich groß ist und nicht schon bei ganz langsamer Drehung eine Bewegung des Lagerkörpers verursacht. In der Nähe der Lager, an vollkommen rundlaufenden Stellen, werden Unterlagstücke aus Holz oder Eisen an den feststehenden Lagerstellen angebracht, auf welchen die Farbstifte zum Anzeichnen der Wellen gut abgestützt werden können. Während des Antreibens oder Abbremsens des Läufers müssen die Lagerböcke durch Keile festgehalten sein.

Die Beweglichkeit der ganzen Anordnung für die Ausführung von Schwingungen kann durch Zwischenlegen von einigen verschieden dicken und verschieden weichen oder elastischen Gummiplatten nach Bedarf verändert werden. Durch Hin- und Herstoßen des stehenden Läufers parallel zu seiner Achse kann man sich überzeugen, ob die Unterlage genügend elastisch ist.

Wird der Läufer zunehmend schneller gedreht, so wird er je nach Art und Größe des Wuchtfehlers bei einer bestimmten Drehzahl mehr oder weniger starke Schwingungen ausführen, wenn die Lagerstellen nicht zu fest verkeilt sind und der Antriebsriemen nicht zu stark gespannt ist. Wenn die Drehzahl daraufhin noch weiter gesteigert wird, so nehmen die Schwingungen an Stärke wieder ab. Nach dem Ausschalten des Antriebsmotors wird der Riemen entspannt und die Keile entfernt, alsdann kann der Läufer frei ausschwingen. Die Schwingungen werden während des Auslaufens bei der sog. Resonanzdrehzahl die größte Stärke erreichen. Hinsichtlich der Art der Schwingungen wird man beobachten, daß der Läufer mit parallel bleibender Achse pendelt; diese Schwingung nennt man *statische Resonanzschwingung*.

Wird die Antriebsdrehzahl noch weiter als beim vorherigen Versuch erhöht, so werden sich am Läufer bei etwa dem doppelten Wert der statischen Resonanzdrehzahl neuerdings Schwingungen zeigen, wobei die Wellenachse jedoch einen Doppelkegel beschreibt (Abb. 92), dies ist die *dynamische Resonanzschwingung*.

Um Lage und Größe des Wuchtfehlers und der Ausgleichsgewichte zu bestimmen, benützt man nach der ältesten und einfachsten Methode die Pendelbewegung der Läuferwelle bei Resonanz und das Anzeichnen der Welle mit Farbstiften. Dabei hat man zu beachten, daß die größte Auslenkung der Welle zeitlich und örtlich erst nach der Einwirkung der Wuchtkraft auftritt. Die Farbstiftmarke ist, in der Drehrichtung gesehen, gegen die Stelle des Übergewichtes zurückversetzt, und deshalb liegt auch die richtige Stelle für das Ausgleichsgewicht immer hinter der angezeichneten Marke zurück.

Zum Verständnis dieser für das Auswuchten wesentlichen Erscheinung führt folgende Überlegung: Die am Läuferübergewicht nach

Abb. 101a, b, c angreifende Wuchtkraft vermag den Läufer zufolge seiner Massenträgheit nicht augenblicklich mitzureißen. Er folgt der Wuchtkraft erst mit einer bestimmten Verzögerung, deren Zeitdauer von der Masse des Läufers und von der Elastizität der Unterlage abhängt. Bis der Läufer zur vollen Auslenkung und damit zum Anzeichnen gelangt ist, hat sich die Stelle des Übergewichtes bereits weiter gedreht um einen Winkel, der von der Drehzahl abhängig ist. Dieser Winkel zwischen Übergewichtstelle und Mitte der Marke kann zwischen 0 und 180° liegen, je nach der Drehzahl, bei der die Marken angezeichnet werden. Beim Anzeichnen bei Resonanzdrehzahl fallen die Farbstiftmarken an der Welle sehr kurz aus, darüber oder darunter werden sie länger. Das

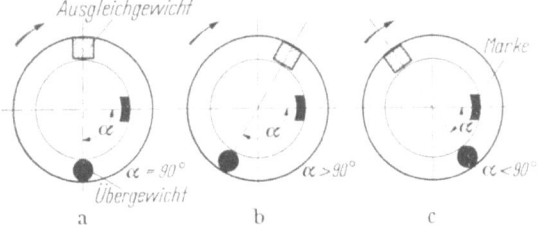

Abb. 101a–c. a) Winkel α zwischen Übergewicht und Marke bei rein statischer oder rein dynamischer Resonanz ist 90°. b) α > 90° bei Drehzahlen oberhalb rein statischer oder dynamischer Resonanz. c) α < 90° bei Drehzahlen unterhalb rein statischer oder dynamischer Resonanz

Gesagte gilt sowohl für die statische wie für die dynamische Resonanzdrehzahl.

Theoretisch sollte der Winkel zwischen Übergewicht und Marke bei beiden Resonanzdrehzahlen je 90° betragen, vorausgesetzt, daß am Läufer nur ein rein statischer oder rein dynamischer Wuchtfehler vorhanden wäre. Praktisch sind an dem zu wuchtenden Läufer beide Wuchtfehler nebeneinander vorhanden und die statische Resonanz kann durch den noch nicht beseitigten dynamischen Wuchtfehler gestört werden. Aus diesem Grund sind beim Anzeichnen der Welle während der stärksten Vibrationen die Winkel α beträchtlich von 90° abweichend, wie weiter oben erwähnt (Abb. 101b, c).

Erste Aufgabe beim Auswuchten ist es, den *statischen Wuchtfehler* zu beheben. Dazu wird die statische Resonanz benützt, welche schon durch einen verhältnismäßig geringen Wuchtfehler angeregt wird. Man bringt die Farbstiftmarken an den beidseitigen Wellenzapfen oder an anderen rundlaufenden, möglichst nahe bei den Lagern liegenden Stellen für beide Drehrichtungen an und verwendet zweckmäßig für jede Drehrichtung eine besondere Farbe, z. B. rot und blau. Die Farbstifte müssen auf den festen Stützpunkten gut aufliegen und sind während des Anzeichnens langsam um ihre Achse zu drehen, damit immer neue, noch nicht abgenützte Stellen des Stiftes mit der Welle in Berührung kommen.

112   Krankheiten elektrischer Maschinen

Das Anzeichnen muß möglichst schnell erfolgen, damit die Drehzahl nicht zu stark abfällt. Steht ein Handtachometer zur Verfügung, so wird die Drehzahl beim größten Schwingungsausschlag gemessen und notiert. Wenn das Anzeichnen für eine Drehrichtung beendet ist, wird der Läufer abgebremst und alsdann in der Gegenrichtung bei gleicher Drehzahl und entspanntem Riemen mit dem andersfarbigen Stift etwas seitlich der ersten Marken neuerdings angezeichnet. Steht kein Tachometer zur Drehzahlkontrolle zur Verfügung, so muß auf möglichst gleich großen Schwingungsausschlag wie vorher geachtet und dabei angezeichnet werden. Es kann nun beim Anzeichnen ausnahmsweise der Fall auftreten, daß die rote und die blaue Marke auf dieselbe Stelle

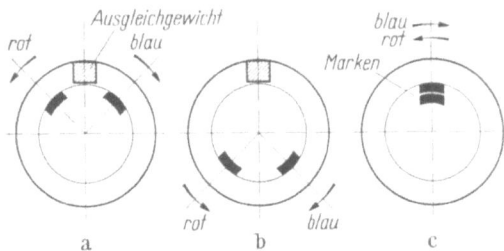

Abb. 102 a–c. Lagenbestimmung des Ausgleichsgewichtes. a) und b) Mittellagen zwischen Marken ,,rot'' und ,,blau''. c) Zusammenfallende Marken, Lage unbestimmt

fallen (Abb. 102), dann muß für das Anzeichnen eine höhere oder tiefere Drehzahl gewählt werden, damit die Marken wieder getrennt erscheinen.

Hat man einmal festgestellt, bei welcher Drehzahl die statische Resonanz eintritt, sei es durch Anzeichnen an beiden Wellenenden oder durch Beobachten der Schwingungen des Läufers, so genügt es, wenn nachher nur noch an einem der beiden Läuferenden angezeichnet wird, entweder bei der gleichen Drehzahl oder beim Auftreten der maximalen Schwingung.

Für die Behebung des Wuchtfehlers gilt die Regel: Die Stelle, an der das Ausgleichsgewicht anzubringen ist, liegt auf die Drehrichtung bezogen gegenüber der entsprechenden Marke zurückversetzt; sie liegt in der Mitte zwischen den zu beiden Drehrichtungen gehörenden Marken (rot und blau) (Abb. 102).

Zur Behebung des statischen Wuchtfehlers müssen nach Abb. 103 an beiden Enden des Läufers gleich große Gewichte angebracht werden, sofern ihre Befestigungsstellen auch in gleichen Abständen von der Drehachse liegen. Sind diese Abstände hingegen ungleich, so müssen die Gewichte im umgekehrten Verhältnis der Radien gewählt werden, also für den kleinen Radius das größere Gewicht und umgekehrt (Abb. 104).

Die Größe des Gewichtes ist durch mehrmaligen Versuch zu ermitteln, indem man beobachtet, wie sich die Resonanzschwingungen bei

Unruhiger Lauf, Erschütterungen und Schwingungen 113

verschiedenen Gewichten verändern und wie die Marken kürzer oder länger werden oder durch ihre veränderte Lage eine Überbalance anzeigen. Solange die Marken immer kurz bleiben und wieder an der gleichen Stelle erscheinen, ist ein größeres Ausgleichsgewicht nötig; werden die Marken lang und verändert sich ihre Lage beträchtlich, so ist nur noch ein kleiner Zusatz nötig.

Die Behebung des statischen Wuchtfehlers braucht anfänglich nicht vollkommen zu sein; man kann schon vorher zur Beseitigung des dynamischen Wuchtfehlers übergehen. Zu diesem Zweck wird die Drehzahl auf ungefähr doppelte, statische Resonanzdrehzahl erhöht. Wenn dabei

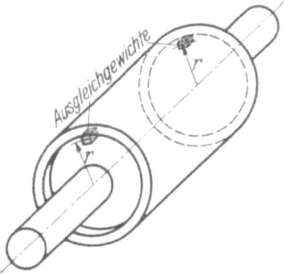
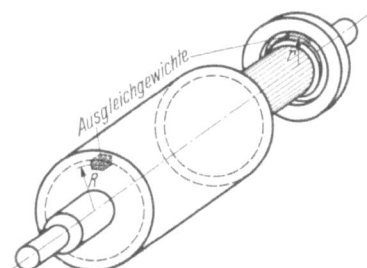

Abb. 103. Behebung des statischen Wuchtfehlers durch zwei gleiche Ausgleichgewichte im gleichen Achsabstand r von der Drehachse

Abb. 104. Behebung des statischen Wuchtfehlers durch zwei ungleiche Ausgleichgewichte mit ungleichen Achsabständen R und r von der Drehachse

am Läufer die typischen Resonanzschwingungen eines dynamischen Wuchtfehlers auftreten, werden wieder für beide Drehrichtungen Farbstiftmarken angezeichnet. Die Marken an den beiden Enden des Läufers werden dabei auf entgegengesetzter Seite erscheinen. Der dynamische Wuchtfehler muß nach den gleichen Regeln wie der statische Wuchtfehler beseitigt werden. Um die statische Wuchtung durch die neuen Zusatzgewichte nicht wieder zu verändern, müssen an beiden Enden gleich große, aber entgegengesetzt liegende Gewichte befestigt werden, vorausgesetzt, daß die Befestigungsstellen in gleicher Entfernung von der Drehachse liegen. Ist dies nicht der Fall, so sind die Gewichte umgekehrt proportional zu den Achsabständen zu wählen. Nachdem der dynamische Wuchtfehler möglichst gut behoben ist, wird gewöhnlich noch eine kleinere Korrektur der statischen Wuchtung nötig und zum Schluß nochmals eine Verbesserung der dynamischen.

c) Auswuchten ohne Ausbau des Läufers

Wenn am Montageort mit einfachsten Mitteln, ohne Ausbau des Läufers nachbalanciert werden muß, eignet sich hierfür das nachstehend beschriebene Dreipunktverfahren. Dabei muß durch dreimaliges Ein-

8 Spieser, Krankheiten elektr. Maschinen, 2. Aufl.

setzen eines Gewichtes an 3 um 120° versetzte Stellen die jeweilige größte Schwingungsamplitude gemessen werden.

Dreipunktverfahren (Abb. 105). Vorteilhaft wird die Schwingung an der Stelle des Objektes gemessen, welche den größten Ausschlag zeigt. Es ist wie folgt vorzugehen:

1. Messen des Ausschlages u_1 ohne Zusatzgewicht.
2. Anbringen des Zusatzgewichtes G_z an irgendeiner Stelle A des Rotors. Messen des Ausschlages a_1 (gleich wie u_1).

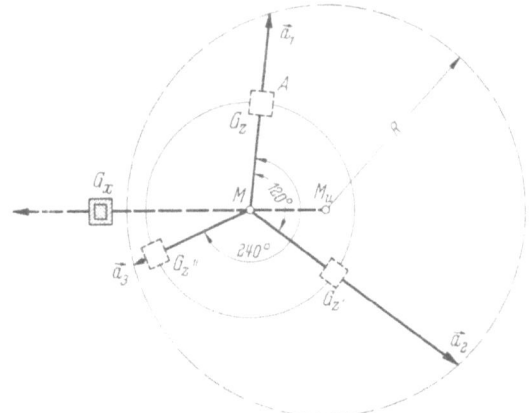

Abb. 105. Verteilung der Zusatzgewichte beim Dreipunkt-Verfahren

3. Anbringen des gleichen Zusatzgewichtes $G_{z'}$ um 120° gegenüber der Stelle A des Rotors verschoben. Messen des Ausschlages a_2.

4. Anbringen des gleichen Zusatzgewichtes $G_{z'}$ um 240° gegenüber der Stelle A des Rotors verschoben. Messen des Ausschlages a_3.

5. Konstruktion des Ortes der Unbalance: Kreis durch die drei Endpunkte der Vektoren a_1, a_2, a_3. Die Gerade vom Mittelpunkt M gegen den Mittelpunkt M_u des Umkreises gibt die Richtung der Unbalance an.

6. Anbringen eines Bezugsgewichtes G_B auf der Ortgeraden der Unbalance. Messen des Ausschlages u_2.

7. Auswerten von G_x aus:
$$G_x = G_B \cdot \frac{u_1}{u_1 - u_2}.$$

Wird der Wert $u_1 - u_2$ negativ, so ist $u_2 - u_1$ einzusetzen.

8. Anbringen des definitiven Balanciergewichtes und damit ein neuer Kontrollauf und Messung des Ausschlages u. Sollte beim Ausbalancieren langer Rotoren in einer Ebene kein genügender Erfolg erzielt werden, ist das Verfahren nochmals in einer zweiten Ebene auszuführen.

Unruhiger Lauf, Erschütterungen und Schwingungen 115

Auswuchtgeräte. Mit neuen, handelsüblichen Auswuchtgeräten auf ähnlichem Prinzip ist es möglich, die Unwuchtstelle direkt zu bestimmen. Bei großen Maschinen mit langer Auslaufzeit führen diese Verfahren am schnellsten zum Ziel. Solche Geräte bestehen aus drei Hauptteilen:

1. Einem Schwingungsmesser mit der Aufgabe, die mechanischen Schwingungen des Meßobjektes (Maschine, Fundament, Gebäudeteil) in elektrische Wechselspannungen umzusetzen, welche der Schwingungsamplitude proportional sind.

2. Dem Anzeigegerät, das diese Spannungen verstärkt und im Oszillographen anzeigt.

3. Dem Phasenindikator, der auf photoelektrischem Wege Impulse liefert, die mit den mechanischen Schwingungen zur Überdeckung gebracht werden und die Feststellung der Winkellage der unbekannten Unwucht gestattet, bezogen auf einen bezeichneten Punkt der Welle bzw. des Läufers. Die Bedienung dieser Apparate und die Auswertung der Meßresultate erfordert einige Übung, so daß hierfür am besten Spezialisten beigezogen werden.

Bestimmung der Ausgleichsgewichte. Nachdem die Stelle der Unwucht bestimmt ist, muß noch die Größe des Ausgleichsgewichts festgestellt werden.

Sind bei der Wuchtung in derselben Ebene an mehreren Stellen mit gleichem Achsabstand verschiedene Gewichte angebracht worden,

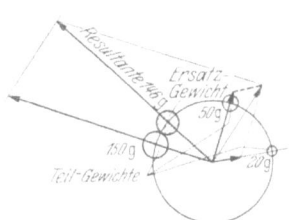

Abb. 106. Graphisches Verfahren zur Bestimmung eines einzigen Ausgleichgewichtes als Ersatz für mehrere Teilgewichte mit gleichem Achsabstand

Abb. 107. Graphisches Verfahren zur Unterteilung großer Ausgleichgewichte G in mehrere kleine g. ⊕ Stellen, wo kleinere Gewichte g gut angebracht werden können

so können dieselben nach Abb. 106 mittels des Parallelogrammes der Kräfte geometrisch zusammengesetzt werden. Ein einzelnes größeres Gewicht, das an der beim Wuchten ermittelten Stelle nicht leicht zu befestigen ist, kann nach demselben Verfahren durch gleiche, kleinere Gewichte an mehreren Stellen derselben Ebene von gleichem Achsabstand ersetzt werden, wo sie besser befestigt werden können (Abb. 107).

Ausgleichsgewichte können in folgenden Formen und Befestigungsarten angewendet werden:

1. Gewindezapfen, radial oder axial im Läufer eingeschraubt.
2. Ringstücke, in Rillen befestigt.

8*

116   Krankheiten elektrischer Maschinen

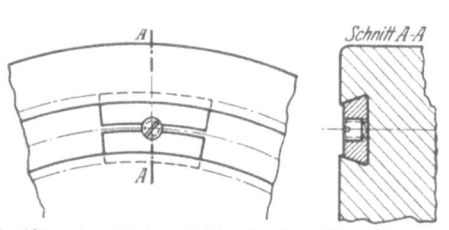 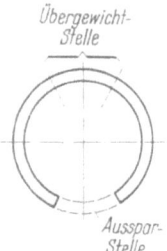

Abb. 108. Ausgleichgewicht als doppeltes Ringsegment in schwalbenschwanzförmige Rillen eingesetzt

Abb. 109. Federring als Ausgleichgewicht

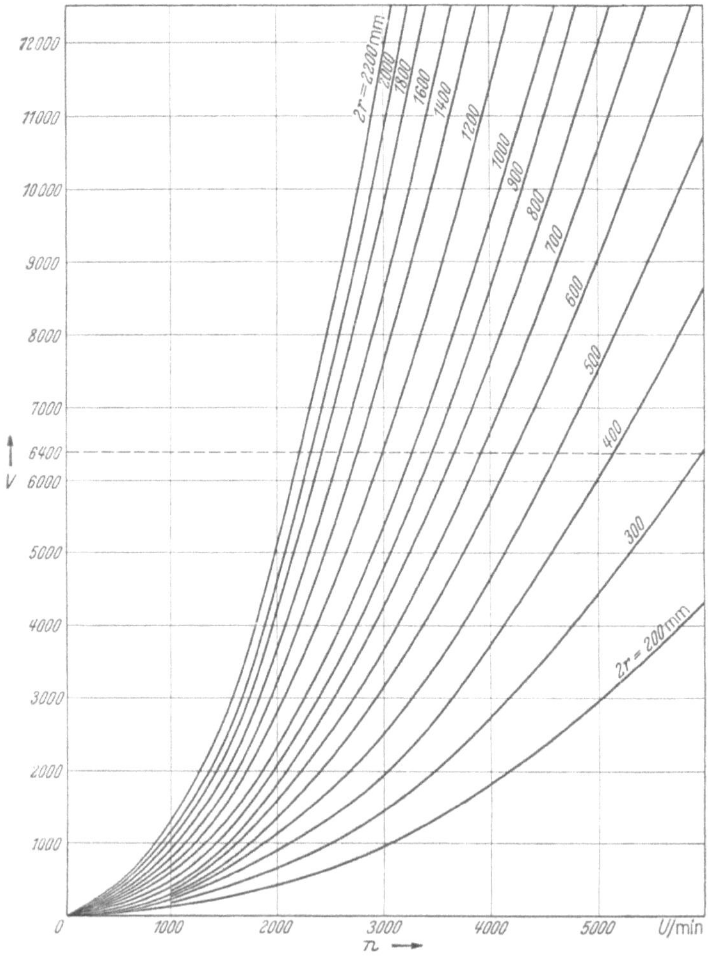

Abb. 110. Größe der Fliehkraft von Ausgleichsgewichten in Abhängigkeit von der Drehzahl n ausgedrückt in Vielfachen V der Gewichte. ($2r$ = Durchmesser des Drehkreises)

3. Doppelringsegment in schwalbenschwanzförmige Rillen eingelegt und mit gut passenden Schrauben angepreßt (Abb. 108).

4. Lötzinnauflagen auf Drahtbandagen, wobei die zulässige Beanspruchung der Bandage durch die Fliehkraft des aufgetragenen Lötzinns nicht überschritten werden darf und darauf geachtet werden muß, daß die verdickte Stelle der Bandage an der Ständerwicklung nicht streift.

5. Bleiausgüsse in besonders vorgesehenen Rillen des Läufers.

6. Federringe (Abb. 109), unvollständig geschlossen; die Ringaussparung liegt gegenüber der Stelle, an der das Ausgleichsgewicht anzubringen wäre. Statt Ausgleichsgewichte anzubringen ist es oft einfacher, der Unwuchtstelle gegenüber Material wegzunehmen. Dies kann entweder durch Bohren von Löchern, Wegschneiden von Material und wieder Befestigen leichterer Teile erfolgen.

Die Ausgleichsgewichte müssen zuverlässig befestigt werden; gegen die Wirkung der Fliehkraft sind sie möglichst so abzustützen, daß die Befestigungsschrauben nicht mechanisch überbelastet werden; sie sind außerdem gut zu sichern.

Zur angenäherten Ermittlung der Fliehkräfte, die an Balanciergewichten angreifen, dienen die Kurven der Abb. 110. Die an einem bestimmten Ausgleichsgewicht bei gegebener Drehzahl und festgelegtem Achsabstand auftretende Fliehkraft ist daraus als Vielfaches des eingesetzten Gewichtes zu entnehmen.

Beispiel: Auf ein Gewicht in 600 mm Abstand von der Drehachse wirkt bei einer Drehzahl von 3000 U/min die Fliehkraft mit der 6400fachen Kraft dieses Gewichtes; ein Gewicht von 20 g unterliegt demnach einer Fliehkraft von $20 \times 6400 = 128\,000$ g $= 128$ kg (Punkt 0, Abb. 110).

3. Magnetische Unsymmetrien

Magnetische Unsymmetrie ist selten ohne gleichzeitigen Wicklungsfehler anzutreffen; sie entsteht hauptsächlich bei ungenau zentrierten oder unrunden Läufern. Die stärksten Erschütterungen treten auf bei Windungsschlüssen in der Läuferwicklung von Synchronmaschinen, seien es Schlüsse zwischen einzelnen Windungen von Polspulen oder Kurzschluß der ganzen Spulen. Auch durch doppelten Eisenschluß kann ein Teil der Läuferwicklung kurzgeschlossen werden. Die bei unrichtiger Polfolge entstehende magnetische Unsymmetrie wird ebenfalls zu Erschütterungen führen.

Magnetisch verursachte Erschütterungen lassen sich verhältnismäßig leicht daran erkennen, daß sie verschwinden, sobald der Erregerstrom ausgeschaltet wird, und sofort wieder erscheinen, wenn der Läufer neuerdings erregt ist. Mittels einer Messung des Widerstandes der Läuferwicklung, wie sie schon näher beschrieben wurde, kann eine Fehlerstelle festgestellt werden. Unrichtige Polfolge kann gefunden werden bei Verwendung von Gleichstrom und einer Magnetnadel. Sonst ist Wechselstrom zu verwenden, um die Spannungen zweier benachbarter Polpaare miteinander zu vergleichen.

Bei Turboläufern, die meistens zweipolig sind, wird die Verbindung zwischen den Polspulen erst nach dem Entfernen der Läuferkappen und der darunter liegenden Isolation für Messungen zugänglich. In vielen Fällen ist dann der Fehler auch ohne Messung, durch nähere Untersuchung der Wicklung und der Verbindungen zu finden.

Tritt der Windungsschluß bei Polrädern und Turboläufern erst bei einer bestimmten Drehzahl auf, wenn sich die Wicklung oder ihre Verbindungen durch die Fliehkraft oder durch Wärmedehnung verlagert haben, so ist die Feststellung der Fehlerstelle bedeutend schwieriger; Verfahren zum Aufsuchen der kranken Stelle sind auf S. 37 zu finden.

Erschütterungen an Asynchronmotoren infolge Läuferunsymmetrien treten meist im Takt des Schlupfes auf und sind von einem anormalen Geräusch begleitet. Die Ursachen dieser Erscheinungen sind auf S. 169 näher beschrieben.

4. Wellenklettern, Wellenverbiegungen

Sehr starke Erschütterungen können an einer Maschine hervorgerufen werden durch das sog. Wellenklettern.

Es tritt auf, wenn die Welle in der Drehrichtung seitlich der Lagerfläche emporsteigt und dann zufolge des Eigengewichtes oder eines Wuchtfehlers des Läufers wieder in die normale Lauflage zurückfällt. Bei schweren Läufern können die dadurch entstehenden Erschütterungen und Schläge so stark sein, daß ein außerhalb des Lagers befindlicher Wellenstumpf mit angebautem Erregeranker beängstigende Ausschläge zeigt.

Kennzeichnend ist dabei, daß die Frequenz des Wellenkletterns sehr oft viel kleiner ist als die Drehzahl des Läufers. Sie ist abhängig von der Viskosität des Schmieröles, dem Lagerspiel, der Masse des Läufers und dem vielleicht noch vorhandenen Wuchtfehler. Die Viskosität des Schmieröls ist stark von der Temperatur abhängig, deshalb tritt das Wellenklettern oft dann auf, wenn Lager und Schmieröl kalt sind. Dies ist der Fall, wenn die Lagerkühlung im Stillstand der Maschine nicht abgestellt wird; verschwindet das Wellenklettern bei wenig erhöhter Lager- und Öltemperatur, so war sie die Ursache. Sofern es die Belastung der Lager zuläßt, kann etwas dünneres Schmieröl eingefüllt werden, um das Wellenklettern zu vermeiden.

Als weitere Maßnahme zur Behebung des Wellenkletterns kommt die Verkleinerung des Lagerspiels in vertikaler Richtung in Betracht. Dies kann geschehen durch Auflöten von Lötzinn an die obere Lagerschale und Nachschaben des Lotes, bis das erforderliche kleine Lagerspiel vorhanden ist, das am besten durch einen Bleidrahtabdruck gemessen wird. Das Lötzinn muß nicht auf der ganzen Länge der Lagerschale aufgetragen werden, sondern es genügt das fleckenweise Auflöten an zwei bis drei Stellen im Scheitel der Lagerschale.

Ein anderes Mittel zur Verkleinerung des Lagerspieles besteht darin, die Auflageflächen zwischen oberer und unterer Lagerschale soweit zurückzufeilen, daß in der oberen Lagerschale das gewünschte minimale Spiel vorhanden ist. Dabei ist immer zu beachten, daß zwischen der oberen Lagerschale und dem Lagerdeckel kein Spiel verbleibt; sonst kann sich die Welle trotz des verkleinerten Lagerspiels doch wieder Bewegung verschaffen, indem sie die obere Lagerschale gegen den Lagerdeckel abhebt.

Bei verkleinertem oberem Lagerspiel würde in vielen Fällen die Lagerreibung und Öltemperatur merklich vergrößert, wenn man nicht gleichzeitig ein vergrößertes seitliches Lagerspiel schaffen und dadurch einen guten Einlauf des Öles unter den Wellenzapfen erreichen würde.

Ebenso starke Erschütterungen wie durch Wellenklettern können durch einseitige Abkühlung der Welle entstehen. Bei Maschinen mit liegender Welle, in deren unteren Lagerschalen eine Kühlschlange eingebaut ist, soll das Kühlwasser bei Stillegung der Maschinen auch abgestellt werden. Wird dies unterlassen, so kühlt sich die in der unteren Lagerschale liegende Stelle der Welle stärker ab als die entsprechende obere Partie der Welle. Dies führt zu einem Verbiegen der Wellenenden nach unten. Je nach der Länge der Wellenenden können diese Verbiegungen so stark sein, daß sich im Betrieb beängstigende Ausschläge einstellen. Einseitig gekühlte Lager erfordern deshalb das An- und Abstellen des Kühlwassers direkt im Zusammenhang mit den Betriebszuständen der Maschine.

5. Wälzen des Läufers

Ist ein runder Läufer in einem runden oder unrunden Ständer exzentrisch gelagert, so wird im allgemeinen keine Vibration und kein Wälzen des Läufers eintreten. Die Verlagerung vergrößert jedoch einseitig den magnetischen Zug, der eine zusätzliche Wellendurchbiegung und zudem ein gegenseitiges Anziehen oder Streifen von Läufer und Ständer zur Folge haben kann. Besitzt die Ständerwicklung eines Motors oder Generators parallele Spulengruppen und ist durch die Läuferverlagerung ein ungleicher Luftspalt entstanden, so können in diesen Parallelkreisen ungleiche Spannungen und daher Ausgleichströme auftreten; sie verursachen ein vermehrtes Geräusch und bisweilen Erschütterungen.

Ist ein unrunder Läufer in einem unrunden Ständer gelagert, so kann das Wälzen des Läufers eintreten. Bei langsam laufenden, vertikalachsigen Maschinen entsteht beim Wälzen der Welle in den Führungslagern auch ein seitliches Schwanken des Erregerkommutators und der Schleifringe. Solche Schwankungen können aber auch von einem schlecht ausgerichteten Spurlagerkopf herrühren. Durch Anzeichnen der Welle mit Farbstiften und Ausmessen des Luftspaltes kann man die Stellen, welche das Wälzen verursachen, im Ständer und Läufer finden. Die Mittel zur Abhilfe sollen mit der Lieferfirma beraten werden; der Fehler muß am Ständer oder Läufer allein oder auch an beiden Teilen behoben werden.

6. Resonanz mit dem Maschinenfundament

Weitere Fälle von Erschütterungen sind auch auf Resonanzschwingungen zurückzuführen; als Beispiel sind Turbinengruppen aufzuführen, die auf einem Fundament stehen, dessen Eigenschwingung übereinstimmt mit derjenigen Schwingungszahl, die von den unvermeidlich verbleibenden Wuchtkräften herrühren. In einem solchen Falle ist die Erschütterung nur bei einer bestimmten Drehzahl ausgeprägt stark und stört nur dann, wenn diese Drehzahl gerade mit der Nenndrehzahl der Maschine zusammenfällt. Die Eigenschwingung eines Fundamentes kann durch Messung oder durch Versuch bestimmt werden. Am einfachsten stellt man einen kleinen, in der Drehzahl leicht regulierbaren Gleichstrommotor auf das Fundament, dessen Läufer vorher ein künstlicher Wuchtfehler erteilt wurde, durch das Anbringen eines zusätzlichen Gewichtes. Treten dann bei einer bestimmten Drehzahl die Resonanzschwingungen des Fundamentes auf und stimmt diese Drehzahl mit der Nenndrehzahl der Turbogruppe überein, so ist der Beweis für die Ursache der Erschütterungen geleistet.

Zur Abhilfe ist entweder ein weiteres Auswuchten der Läufer zu versuchen oder es ist das Fundament, besonders in der Richtung des Schwingungsausschlages, zu versteifen. Bei solchen Untersuchungen ist die Verwendung eines Vibrometers oder elektrischen Schwingungsmessers zu empfehlen.

7. Fehler an Übertragungsteilen

a) Kupplungen

Grundsätzlich müssen Kupplungen vollkommen rund laufen und dürfen auch seitlich nicht schwanken. Bei Maschinen, welche durch starre oder auch elastische Kupplungen miteinander verbunden sind, können Erschütterungen auftreten, wenn die Wellenlage beider Maschinen nicht richtig ist. Jede Welle besitzt infolge ihres Eigengewichtes eine kleine Durchbiegung, worauf besonders bei starren Kupplungen Rücksicht zu nehmen ist. Ein guter Lauf im gekuppelten Zustand wird nur dann erzielt, wenn die Wellen so eingestellt sind, daß zwischen den Kupplungsflanschen, sowohl in senkrechter als auch in horizontaler Richtung, gleiches Spiel vorhanden ist (Abb. 111). Durch Nachmessen des Spiels der Kupplungsflansche mit Messerlehren und entsprechendes Einstellen beider Maschinen muß dieses Ziel erreicht werden. Außerdem ist die eine Welle gegenüber der anderen genau zentrisch einzustellen.

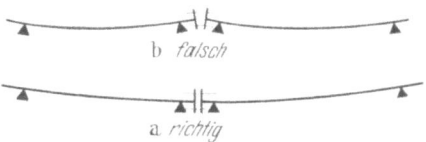

Abb. 111. Kuppeln zweier Wellen

Wenn die Kupplungsflanschen genau gleiche Durchmesser haben, kann zu diesem Zweck eine Wasserwaage oder ein Lineal über die Ränder beider Kupplungsflansche gelegt werden. Überall wo die Möglichkeit besteht, eine der beiden Kupplungshälften zu drehen, empfiehlt es sich, die Parallelität der Kupplungsflächen zu kontrollieren und die

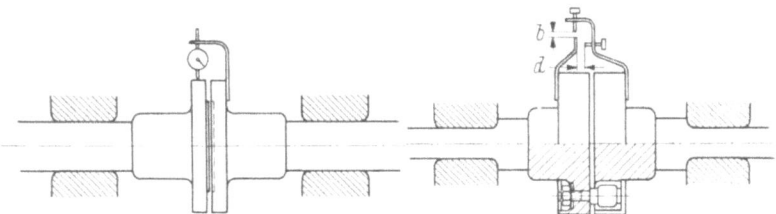

Abb. 112. Zentrierung mit Wellentaster   Abb. 113. Zentrierung mit Lehren

genaue Zentrierung der Wellenachse gemäß Abb. 112 vorzunehmen. An einem der beiden Kupplungsflansche ist ein Wellentaster anzubringen, welcher beim Drehen des anderen Flansches die Abweichungen der Wellenmitten anzeigt. Die Zentrierung ist gut, wenn der Taster keine größeren Ausschläge als 3⋯5 Hundertstel Millimeter anzeigt; zudem muß die Parallelität der Kupplungen gewährleistet sein.

Abb. 113 zeigt, wie Zentrieren und Parallelstellen mit zwei starken Flacheisenarmen und Stellschrauben möglich ist. Die Einstellung ist dann gut, wenn während der Drehung einer Kupplungshälfte die Abweichungen oben, unten und an beiden Seiten in den oben angegebenen Grenzen liegen.

Bei allen erwähnten Methoden sollen die Wellen in jeder Drehlage an ihren Wellenschultern anliegen, damit nicht eine axiale Verschiebung beim Drehen die Einstellung fälschen kann. Auch sollen bei der jeweiligen Kontrolle die Fundamentschrauben der beiden gekuppelten Aggregate satt angezogen sein, damit die Lager ihre Stellung beim Eingießen nicht verändern können.

Die Einstellung der Wellen von vertikalachsigen Generatoren soll auf gleiche Weise vorgenommen werden. Als endgültige Kontrolle empfiehlt es sich noch, das Turbinenlager auszubauen, um festzustellen, ob die Welle rund läuft.

Bei Zapfenkupplungen müssen die Teilungen der Zapfen genau übereinstimmen und die Teilkreise der Löcher und der Zapfen gleichen Durchmesser besitzen, so daß weder eine Kurbelwirkung noch Klemmungen der Zapfen in den Löchern auftreten können. Bei der großen Anzahl gebräuchlicher Kupplungskonstruktionen kann nicht auf weitere Einzelheiten eingegangen werden. Allgemein muß jedoch empfohlen werden, auch die sog. *elastischen* Kupplungen möglichst genau zu zentrieren ohne sich auf die von Lieferanten angepriesene Unempfindlichkeit gegen ungenaue Zentrierung zu verlassen.

Die gute Zentrierung von Kupplungen und damit der ruhige Lauf der Maschinen kann gestört werden bei der Erwärmung des Lagerbockes einer der gekuppelten Maschinen durch zu warmes Öl oder durch die Strahlungswärme heißer Maschinenteile (Dampfturbinenzylinder, Dampfleitungen), wobei die Wellenlage der gekuppelten Maschinen geändert wird. Da in solchen Fällen die betriebsmäßige Ursache der Erwärmung oft nicht behoben werden kann, ist diese Möglichkeit schon bei der Montage ins Auge zu fassen. Die Wellenlage wird dann schon im kalten Zustand, entsprechend der zu erwartenden Wärmedehnung, niedriger gehalten, so daß beide Wellen erst bei warmer Maschine genau zentriert sind. Die Erschütterungen werden dann nur während kurzer Zeit auftreten, bis die dauernde Erwärmung des Lagerbockes eingetreten ist; nachher werden sie verschwinden.

b) Riemen-, Seil- und Kettenantriebe

Erschütterungen und Schläge können auch von Riemenschlössern, Leim- und Spleißstellen an Riemen- und Seiltrieben herrühren. Diese sind um so größer, je kleiner die Riemenscheibendurchmesser, je größer die Geschwindigkeit und je kürzer die Riemen sind. Wenn immer möglich sind endlose Riemen zu verwenden. Seitlich schräg laufende Riemen erteilen dem Läufer Stöße von wechselnder Richtung; er schlägt gegen die Lagerschultern und verursacht dadurch Erschütterungen.

Bei Kettentrieben sind ungenügendes seitliches Ausrichten der Kettenräder sowie Teilungsfehler der Räder und Ketten die häufigste Störungsursache, welche zu Erschütterungen der antreibenden oder getriebenen Maschine führen kann.

Über die günstigsten Scheibendurchmesser und -abstände sowie die Riemen- und Seilmaße geben die einschlägigen Handbücher praktische

Regeln. Riemen oder Seile, die mit ihren Antriebsscheiben unter richtigen Bedingungen zusammenarbeiten, sollten keine beachtlichen Erschütterungen erzeugen.

c) Zahnradgetriebe

Bei unsorgfältig ausgeführten Zahnradgetrieben können Stöße entstehen, welche Getriebe und Maschinen zu Erschütterungen anregen. Zahnradgetriebe, die in der Papier-, Zement-, Textil- und Eisenindustrie verwendet werden, sind in dieser Hinsicht besonders gefährdet. An solchen Getrieben sind meist die folgenden Fehler anzutreffen: Ungenaue Zahnteilung, keine oder unsorgfältige Bearbeitung der Zähne, ungenaue Einstellung des Eingriffes, zu große Zahnabnützung und deshalb zu großes Spiel zwischen den Zähnen, unrund laufende Räder, nicht parallel ausgerichtete Achsen bei Stirnrädern, nicht richtig eingestellte Winkel bei Kegelrädern, zu großes axiales Spiel, besonders bei Schräg- und Pfeilverzahnungen, ungenügende Wuchtung der Räder.

F. Lagerkrankheiten

1. Übererwärmung

Die zulässige Erwärmung von Lagern beträgt nach REM 45 °C; bei 40 °C Raumtemperatur ist demnach die höchst zulässige Temperatur 85 °C. Lager können auch bei höheren Temperaturen noch betriebsfähig bleiben, sofern das Öl für sie geeignet ist. Die Öltemperatur wird an den zugänglichsten Stellen im Lager gemessen. Gelegentlich weisen gleichartig konstruierte und belastete Lager beträchtliche Abweichungen ihrer Temperatur auf. Dies ist z. B. der Fall, wenn das kühlere Lager in der Nähe einer Kupplung oder einer Kühllufteintrittstelle liegt und deshalb besser gekühlt ist als die übrigen Lager.

Folgende Ursachen zu hoher Lagererwärmung können je nach Lagerbauart und Schmiersystem vorhanden sein: Mangel an Öl oder Kühlwasser, ungeeignetes Schmiermittel, zu kleines Lagerspiel, ungünstiger Eintritt des Öles zwischen Lager und Welle, zu großer Lagerdruck, ungeeignetes Lagermaterial, rauhe Welle, reibende Lagerabschlußbleche. In vielen Fällen ist eine ungenaue Kupplung die Ursache. Bei Ringschmierlagern kann die Ölförderung durch den Ring beeinträchtigt werden, wenn der Ring klebt oder zu langsam dreht infolge stark verschmutzten und eingedickten Öles, das durch saugfähige Fremdkörper wie Holzmehl, Mehl, Baumwollfasern, Staub und ähnliches verunreinigt ist. Klemmungen des Ringes im Schlitz und magnetische Wirkungen auf eiserne Ringe stören im gleichen Sinn. Bei durch Pumpen oder Tropfölern fremdgeschmierten Lagern kommen verstopfte Zuleitungen vor.

Zudem kann, bei Umlaufkühlung mittels Pumpen, die Fördermenge zu klein werden, wenn der Ölstand im Sammelbehälter zu tief sinkt. Die Mündung der Saugleitung taucht dann teilweise aus, wobei das Öl reichlich Luft mitreißt, was am milchigen Aussehen des Öles erkenntlich ist.

Kühlwassermangel entsteht meist beim Aussetzen von Hilfspumpen oder auch bei Verstopfungen an Filtern, sowie beim Verkalken und Verschlammen von Kühlern. Je nach den abzuführenden Verlusten macht sich Kühlwassermangel erst nach längerer Zeit, meist am langsamen, aber stetigen Steigen der Lagertemperatur bemerkbar. Wenn sich an Lagern mit Durchflußkühlern, trotz genügender Kühlwassermenge, die Temperatur innerhalb Wochen und Monaten dauernd erhöht, so deutet dies auf Verschlammung und Verkalkung der Kühlrohre hin. Mit Wasserzusatzkühlung versehene Lager können längere Zeit ohne Wasser im Betrieb stehen, ohne daß die Grenztemperatur überschritten wird. Bei Ausfall oder Abstellen des Kühlwassers ist jedoch festzustellen, ob die Lager nicht zu heiß werden.

Die nötige Wassermenge für wassergekühlte Lager berechnet sich aus der Formel:

$$Q = \frac{14,3 \cdot P}{T},$$

worin

P in kW $\triangleq$ Verluste im Lager,
Q in l/min $\triangleq$ Kühlwassermenge,
T in °C $\triangleq$ Temperaturdifferenz zwischen Kühlwasseraustritt und -eintrittstelle.

Daraus ergeben sich für 1 kW Verluste und 1 °C Temperaturzunahme etwa 15 Liter/min oder bei der üblichen Temperaturdifferenz von etwa 10 °C, ein Bedarf von 1,5 Liter/min. Eine Schätzung der Lagerverluste kann nach folgender Formel geschehen:

$$P = \frac{0,6 \cdot A \cdot v}{1000},$$

worin

A in m² $\triangleq$ die Projektionsfläche des Lagers = Zapfenlänge · Durchmesser,
v in m/s $\triangleq$ die Zapfengeschwindigkeit.

Durch Umrechnung ergibt sich bei 10 °C Temperaturzunahme angenähert eine Kühlwassermenge von

$$Q = 8,5 \cdot A \cdot v;$$

Die Erwärmung eines Lagers sinkt mit zunehmender Kühlwassermenge anfänglich rasch, dann immer weniger (Abb. 113). Über einen bestimmten Wert kann, trotz steigender Wassermenge, die Lagererwärmung nicht mehr beträchtlich sinken, weil bei gegebener Kühlfläche, selbst bei gesteigerter Strömungsgeschwindigkeit des Kühlwassers, der Wärmeübergang nicht mehr verbessert werden kann.

Kühlwasser kann bei den verschiedenen Kühlsystemen ins Öl übertreten als Folge undichter Verbindungen und Anschlüsse oder durch mechanische Zerstörungen oder Korrosion der Kühlröhren (Abb. 115). Spuren von Wasser sind im Schmieröl meist ungefährlich; schädlich sind jedoch größere Mengen von freiem Wasser, welche die Schmierfähigkeit durch Zerstörung des Ölfilmes aufheben. Übererwärmung, in schlimmen Fällen sogar Anfressungen des Lagers, ist dann die Folge.

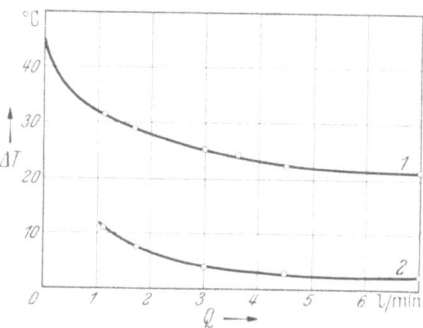

Abb. 114. Einfluß der Kühlwassermenge Q auf die Lagererwärmung ΔT eines Motors mit 3000 U/min und 500 kW Nennleistung. *1* Erwärmung des Lageröls bezogen auf 30° C Raumtemperatur, *2* Temperaturdifferenz des Kühlwassers

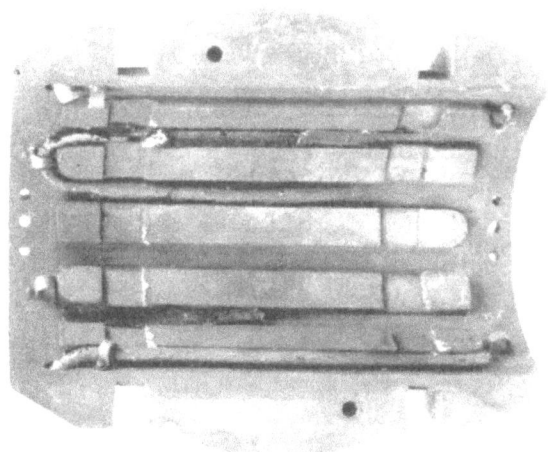

Abb. 115. Durch Korrosion zerstörtes Kühlrohr einer Lagerschale nach 13jährigem Betrieb

Hinsichtlich des Schmieröles oder Fettes beachte man die Vorschläge des Lieferanten. Es muß vor sog. ,,Spezialschmierölen", mit besonders angepriesenen Eigenschaften gewarnt werden. Während bei guten Ölen die Laufflächen des Lagers blank und glatt bleiben, können sie bei solchen Spezialölen harzig und klebrig werden, so daß sich die Verluste noch erhöhen.

Bei Kugel- und Wälzlagern wird, durch zu reichliche Füllung mit Fett, die Reibung und damit die Erwärmung zu groß. Hier halte man sich an die übereinstimmenden Vorschläge des Maschinenlieferanten und des Erstellers der Lager. Alle Schmiermittel sollen frei von festen und harten Beimengungen wie Staub, Sand, Metall sein, wodurch Lagerstellen zerkratzt und rillig werden können. Nach einer Lagerhavarie ist eine besonders gründliche Reinigung der Ölkammern und eine Ölerneuerung unbedingt nötig. Angaben über Schmieröle s. S. 130.

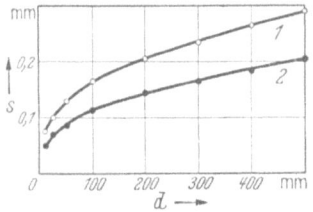

Abb. 116. Lagerspiel s in Abhängigkeit vom Wellendurchmesser d, *1* für weiten Laufsitz, *2* für leichten Laufsitz. Die Kurven stellen die Mittelwerte aus dem jeweiligen Größt- bzw. Kleinstspiel nach den entsprechenden DIN-Blättern 52 bzw. 20 dar

Übermäßige Erwärmung kann auch bei zu kleinem Lagerspiel eintreten. Dieses richtet sich nach der Bauart des Lagers, der Zapfengeschwindigkeit und der Maschinenart (Abb. 116).

Das Öl soll möglichst leicht aus den Schmiernuten zwischen die Welle und das Lager eindringen können; zu diesem Zwecke sind die Schmiernuten gut abzurunden. Scharfe Kanten nach Abb. 117a streifen das Öl ab und verhindern die Bildung eines richtigen Ölfilms. Oft kann schon eine bessere Formgebung allein etwa nach Abb. 117b die Erwärmung herabsetzen.

Abb. 117. Schmiernuten-Querschnitte

Zu großer Lagerdruck in radialer Richtung kann entstehen durch übermäßig gespannte Riemen, Seile oder Ketten und auch durch zu klein gewählte Scheibendurchmesser. Bei der Anwendung von Keilriemen in Sätzen von 10 und mehr Stück für hohe Geschwindigkeiten ist Vorsicht geboten. Die Riemen müssen hier immer so stark gespannt sein, daß der längste eines Satzes nicht flattert. Das führt öfters zu hohen Lagerdrücken. Besonders ungünstig sind die Verhältnisse beim Keilflachtrieb, wo die große Scheibe flach und die kleine mit Rillen ausgeführt ist. In axialer Richtung, d. h. auf die Lagerschulter, kann ein dauernder oder stoßartiger Überdruck entstehen, durch folgende Einwirkungen: Zu großer magnetischer Zug, wenn Ständer und Läufer axial zu stark versetzt sind; Kupplungen mit Übertragungsgliedern, die eine axiale Komponente erzeugen, Axialdruck von direkt auf der Welle sitzenden Pumpen und Ventilatorrädern, Wärmedehnungen der Welle bei zu kleinem Axialspiel. Ein dauernder, übermäßiger Axialdruck überhitzt die Lager und kann zu Anfressungen des Schulterteils führen; andererseits wird durch Schläge in Achsrichtung meist die Lagerschulter zerhämmert oder zerrieben, etwa bei seitlich schlecht laufenden Riemen (Abb. 118), bei fehlerhaften Zahnradübersetzungen oder auch bei ungenügend gewuchteten Läufern, sowie bei vorstehenden Stellen auf der Wellenschulter.

Um die Ursache des zu großen Axialdruckes festzustellen, läßt man die Maschine losgekuppelt laufen und prüft dabei, ob der Axialdruck immer noch übermäßig groß ist und ob genügendes Axialspiel vorhanden ist. Zur Abhilfe müssen bei einseitigem magnetischem Zug der Ständer gegen den Läufer oder die Lagerböcke versetzt werden; unter Umständen sollen auch die Wellen- oder Lagerschultern nachgedreht werden. Das

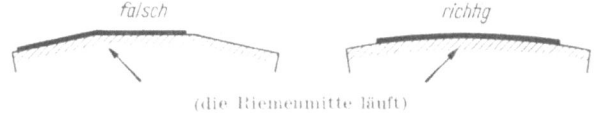

Abb. 118. Riemenscheiben-Profile und Riemenlauf

bisweilen übliche axiale Stemmen der Ständer oder Läuferbleche nützt nicht viel und ist wegen der Gefahr für die Wicklung zu unterlassen. Bei unrichtiger Zusammensetzung des Lagermaterials, durch Einschlüsse von Schlacke, durch Sand, Zement und Asche kann die Reibung und damit die Erwärmung unzulässig vergrößert werden, oder es können die harten Bestandteile der Welle rillig machen.

Eine rauhe Wellenoberfläche und Wellenbeschädigungen durch unsorgfältige Behandlung bei Montagearbeiten können ebenfalls erhöhte Erwärmung bewirken.

Streifende seitliche Lagerabschlüsse (z. B. am Lagerkopf), Ölabstreifer und Dichtungen, sowie reibende Gußränder des Lagergehäuses können die Welle zusätzlich sehr stark erwärmen. Solche Störungen treten meistens auf, wenn sich die Welle durch Lagerabnützung senkt. Gekrümmte Wellenzapfen klemmen im Lager und erzeugen Übererwärmung.

Werden die hier beschriebenen Störungen nicht von Anfang beachtet, so kann in der Folge eine Lagerhavarie eintreten; Gleitlager aus Weißmetall schmelzen dabei aus, und der Läufer kommt unter Umständen zum Streifen. Bronzelager fressen sich an der Welle fest, so daß solche Lagerbüchsen oft nur unter Zuhilfenahme von Wärme oder mit Hammerschlägen von der Welle getrennt werden können.

Reparaturen an Lagern und Wellen sollen stets mit Sorgfalt ausgeführt werden. Rauhe Wellenzapfen werden dabei blank geschliffen, gekrümmte Zapfen gerade gerichtet und poliert, die Lager nach der geschliffenen Welle bearbeitet.

128   Krankheiten elektrischer Maschinen

2. Lagerströme

Lagerschalen und Welle können auch von Strömen, welche durch das Lager fließen, aufgerauht werden. Diese Ströme können folgendermaßen entstehen: Bei Unsymmetrien im magnetischen Kreis oder in der Wicklung kann sich ein magnetischer Ringfluß im Ständer ausbilden, der nicht den normalen Weg über den Luftspalt nimmt. Dieser mit der Frequenz die Richtung ändernde Magnetfluß verläuft im Ständer selbst. Er induziert in der kurzgeschlossenen Windung, die

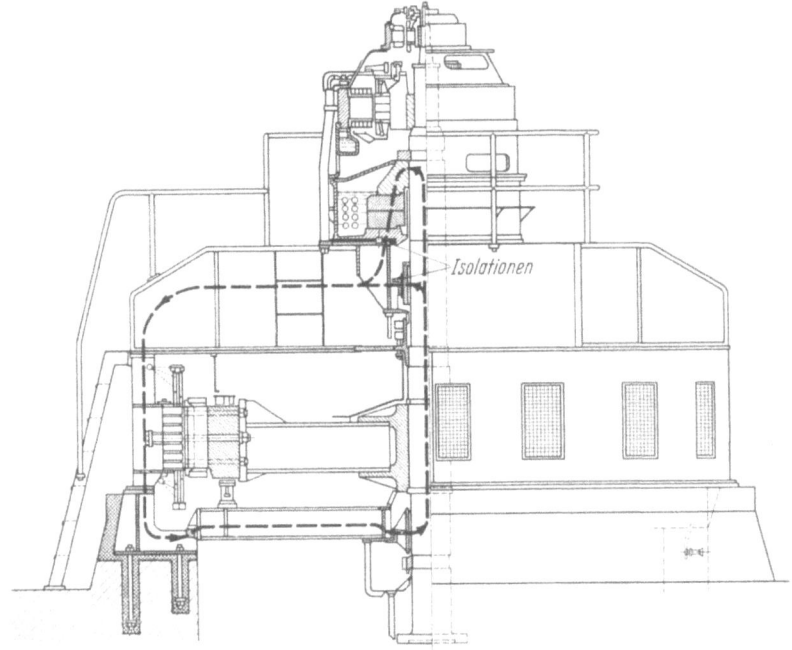

Abb. 119. Möglicher Verlauf der Lagerströme in Maschinen mit vertikaler Welle

im vorliegenden Falle aus Gehäuse, Lager und Welle gebildet wird, eine Spannung, welche Lagerströme zur Folge haben kann. Aus den Abb. 119 und 120 ist ersichtlich, wie die Lagerströme bei vertikalen und horizontalen Generatoren verlaufen, wenn die Lager nicht isoliert sind oder deren Isolation überbrückt ist. Letzteres kann durch Schmutz- oder Metallspäne erfolgen oder durch überbrückte Rohrleitungsisolation.

Auch Kurzschlüsse, besonders einphasige, erzeugen magnetische Unsymmetrien. Wenn keine Lagerisolation vorhanden ist, kann in dem genannten Kreis aus Gehäuse, Lager und Welle die Spannung so groß werden, daß sie den Ölfilm durchschlägt. Dann tritt ein Lagerstrom auf, der bei genügender Stärke und Dauer die Lager- und Wellenober-

Lagerkrankheiten

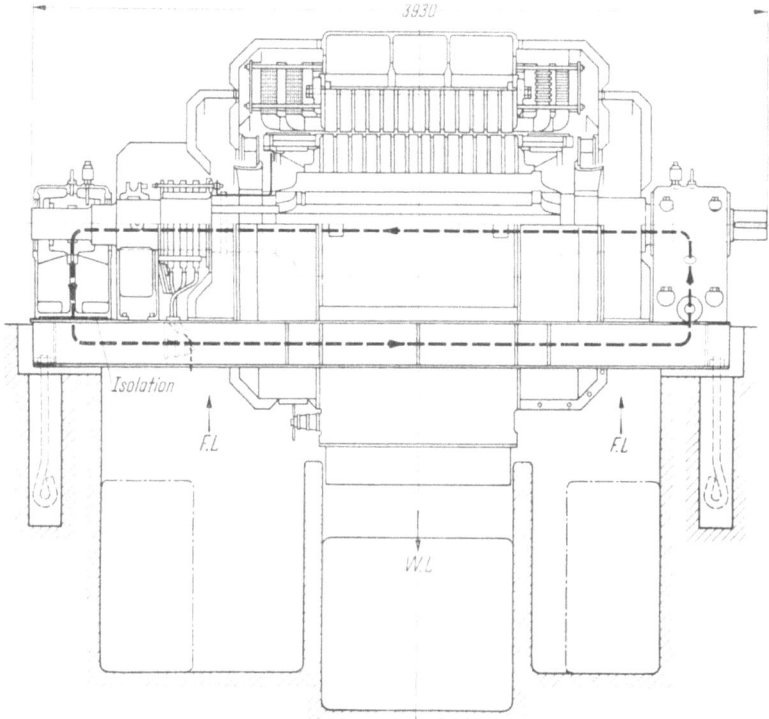

Abb. 120. Möglicher Verlauf der Lagerströme in Maschinen mit horizontaler Welle

a) Lagerschale b) Welle

Abb. 121 a, b. Durch Lagerströme zerstörtes Lager

9 Spieser, Krankheiten elektr. Maschinen, 2. Aufl.

flächen beschädigt. Gelegentlich beobachtet man gleichzeitig einen Funkenübergang an zufällig die Welle berührenden Abstreif- oder Lagerabschlußblechen. Zur Unterdrückung der Lagerströme wird oft eines der Lager von der Grundplatte oder dem Tragstern isoliert. Es ist aber dafür zu sorgen, daß diese Isolierung nicht durch Wasserleitungen oder Schutzmäntel von Signalleitungen wieder metallisch überbrückt wird. Beobachtet man dennoch Spuren von Lagerströmen in Form feiner punktförmiger Aufrauhungen an der Lagerschale und an der Welle, so prüfe man zuerst den Zustand dieser Isolation.

Außer den vorerwähnten Fällen können Lager auch Strom führen, wenn außerhalb der Maschine, im Läuferkreis von Generatoren und Motoren, im Betrieb ein Erdschluß entsteht und gleichzeitig im Innern des Läufers ein Eisenschluß. Der entstehende Kurzschlußstrom fließt dann auch durch die Lager und führt die vorerwähnten Schäden herbei. Abb. 121 a, b zeigt Ausschnitte aus Welle und Lagerschale einer Gleichstrommaschine, welche auf die beschriebene Weise beschädigt wurden.

3. Ölverluste und Ölerneuerung

Eine der häufigsten Ursachen von Ölverlusten ist eine zu reichliche Ölfüllung. In vielen Betrieben ist das Wartepersonal der Auffassung, daß Maschinenlager täglich kontrolliert und nachgefüllt werden müssen. Dabei werden die Ölkammern oft so überfüllt, daß das Öl der Welle entlang ausläuft. Alle Lager besitzen entweder Ölstandsgläser oder Schrauben zur Kontrolle des richtigen Ölstandes.

Öl kann auch längs der Welle austreten, wenn Dichtungsbleche oder Lagerabschlüsse fehlen; offene Lagerkammern können das Verdunsten von Öl begünstigen. Durch starke Ventilationswirkung von Kupplungen kann Öl aus den Lagern gesaugt werden. In staubigen Betrieben kann mangelnder Verstaubungsschutz an den Lagern zu Staubansammlungen Anlaß geben, durch welche Öl angesaugt wird.

Ölverluste sind besonders schädlich, wenn Wicklungen, Schleifringe und Kommutatoren stark mit Öl beschmutzt werden. In Verbindung mit Staub bildet sich oft auf Wicklungen eine dichte schmutzige Schicht, welche den Lacküberzug der Wicklungen beschädigen kann.

In der ersten Betriebszeit von Maschinen wird man das Lageröl öfters erneuern, besonders wenn das Öl schwarz oder trüb wird. Wenn das Lageröl rasch schwarz wird, ist es ein Zeichen, daß stellenweise Lagermetall abgerieben wird. In diesem Falle ist das betreffende Lager zu untersuchen und Abhilfe zu schaffen. Nachdem Lager und Welle eingelaufen und poliert sind, genügen wenige — bisweilen jährliche — Kontrollen und Ölerneuerungen. Bei diesem Anlaß wird das Lager mit

Petroleum durchgespült, bevor das Öl neu eingefüllt wird. Im allgemeinen ist zu empfehlen, die Lager elektrischer Maschinen nicht dauernd ängstlich mit der Ölkanne zu „belästigen", wenn nicht besonders erschwerende Betriebsverhältnisse vorliegen. Die Lagerdeckel sollen geschlossen bleiben; ein gutes Lager kann viele Monate ohne Wartung bleiben.

G. Leerlaufstörungen an Generatoren

1. Gleichstrom-Generatoren

a) Drehzahl ist zu niedrig oder Drehrichtung verkehrt

Dieser Fehler wird am häufigsten in kleinen Anlagen auftreten, die nur eine Maschineneinheit besitzen; nicht selten ist dabei die Antriebsmaschine die Ursache. Wassermenge, Gefälle oder Dampfdruck können zu niedrig sein, oder es verhindern Störungen der Regulatoren die richtige Einstellung der Drehzahl. Auch zu großer Schlupf der Treibriemen und Seile oder das Gleiten von Fliehkraftkupplungen können am Rückgang der Drehzahl schuld sein.

Zur Messung der Drehzahl bedient man sich der heute allgemein gebräuchlichen Handtachometer. Je nachdem, ob eine Maschine eigen- oder fremderregt ist, und ob die Erregermaschine die Drehzahländerungen auch mitmacht, werden die Abweichungen der Spannung kleiner oder größer ausfallen.

Drehrichtung ist verkehrt. Bei einem selbsterregten Gleichstromgenerator können die Anschlüsse der Magnetwicklung irrtümlicherweise nicht dem auf dem Schema angegebenen Drehsinn entsprechen; in diesem Fall erregt sich die Maschine nicht. Die Kontrolle ist wie unter e) beschrieben auszuführen und die Anschlüsse oder der Drehsinn sind richtig zu stellen. Bei einem fremderregten Gleichstromgenerator hat die Vertauschung der vorgenannten Anschlüsse oder der falsche Drehsinn nur die Umkehr der Polarität zur Folge.

b) Erregerkreis ist unterbrochen oder hat zu großen Widerstand

Wenn Gleichstromgeneratoren sich nicht erregen, untersuche man zuerst ihren Erregerkreis auf Unterbrüche oder zu große Übergangswiderstände. Solche können in den Magnetspulen oder in den zwischenliegenden Verbindungen entstanden sein, beim Bruch eines Drahtes, bei ungenügend angezogenen Klemmen, außerdem im Magnetregulator bei Drahtbruch oder bei losem Kontakt. Oft kann schon eine starke

Verschmutzung der Kontaktbahn am Magnetregulator genügen, den Übergangswiderstand derart zu erhöhen, daß die Selbsterregung unmöglich ist.

Wenn der Generator sich anfänglich erregt, jedoch auf einer bestimmten Stellung des Magnetregulators die Spannung wieder verliert, kann die Ursache darin liegen, daß in der betreffenden Regulatorstellung einige Kontakte zurückstehen und den Schleifkontakt nicht mehr berühren können. Auch können *Wackelkontakte* vorhanden sein.

Zum Aufsuchen eines Unterbruches verwendet man eine Prüflampe oder einen Isolationsprüfer; damit wird man einen krassen Fehler leicht entdecken. Liegt nur ein schlechter Kontakt vor, so ist dieser mit beiden Hilfsmitteln nicht immer mit Sicherheit feststellbar. Bei den meist verwendeten, höheren Meßspannungen fällt nämlich der vergrößerte Übergangswiderstand nicht in Betracht; bei kleinen Remanenzspannungen kann er jedoch das Erregen verhindern. In solchen Fällen findet man die Fehlerstelle rasch durch Abtasten und genaues Besichtigen der meist leicht zugänglichen Kontaktstellen. Bei nicht fachgemäß ausgeführten Reparaturen an Magnetspulen oder an ihren Verbindungen können schlechte Kontaktstellen entstanden sein bei Verschmutzung mit Lack oder bei unsorgfältiger Lötung.

c) Erregerkreis besitzt zusätzliche Widerstände

Bei Gleichstromgeneratoren niederer Spannung, beispielsweise Maschinen für elektrochemische Zwecke und Erregermaschinen für synchronisierte Asynchronmotoren, kann durch zu lange oder zu dünne Verbindungen zwischen Maschine und Magnetregulator der Anstieg auf volle Spannung verhindert werden. Es empfiehlt sich hier, den Magnetregulator nahe bei der Maschine aufzustellen und in allen Fällen die Querschnitte der Verbindungsleitungen reichlich zu bemessen.

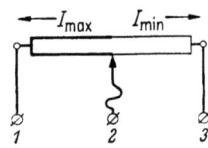

Abb. 122. Klemmenbezeichnung an Magnetregulator-Widerständen

d) Magnetregulator ist verkehrt angeschlossen

Die meisten Magnetregulatoren besitzen drei Anschlußklemmen nach Abb. 122. Bei unrichtigem Anschluß, z. B. an Klemmen *1* und *3* statt an Klemmen *1* und *2*, wird der Generator sich meist nicht erregen oder die Spannung bleibt trotz Kurzschließens des Regulators auf einem Minimalwert stehen.

Durch den unrichtigen Anschluß des Magnetregulators kann zudem folgender Fehler entstehen: Beim Anschluß an den Klemmen *2* und *3* ist die Arbeitsweise des Magnetregulators verkehrt. Diejenigen Widerstandsstufen, welche den kleinsten Strom ertragen können und den größten Widerstandswert besitzen, werden dann erst am Ende statt am Anfang des Reguliervorganges ausgeschaltet. Die Regulierung ist in diesem Fall ungenügend und der Regulator wird warm.

e) Magnetwicklung ist verschaltet

Bei verkehrtem Anschluß der Magnetwicklung eines selbsterregten Gleichstromgenerators wird die durch das vorhandene Remanenzfeld erzeugte Läuferspannung einen Strom in verkehrter Richtung durch die Magnetwicklung treiben, so daß das Remanenzfeld geschwächt und die Selbsterregung verhindert wird. Schließt man, bei Nenndrehzahl des Generators und bei offenem Läuferkreis, zwischen die Läuferklemmen einer selbsterregten Gleichstrommaschine ein Voltmeter für kleinen Meßbereich an, so beobachtet man bei verkehrtem Anschluß der ganzen Magnetwicklung das allmähliche Sinken der Remanenzspannung, wenn der Regulierwiderstand langsam verringert wird. Ein verkehrter Anschluß der Magnetwicklung bei einem fremderregten Gleichstromgenerator verhindert die Erregung nicht, ändert aber die Polarität des Generators.

Besteht die Verschaltung einer Magnetwicklung darin, daß nur einzelne Pole verkehrt angeschlossen sind, so kann z. B. der Zustand eintreten, daß nur Pole einer Polarität entstehen. In diesem Falle erregt sich der Generator überhaupt nicht. Über den Einfluß einzelner verschalteter Pole und die Untersuchung auf richtige Polfolge s. S. 137.

f) Magnetwicklung hat Schluß gegen Eisen und Hauptstromkreis

Ein Schluß der Magnetwicklung gegen Eisen ist ohne Bedeutung für den Lauf eines Generators, solange nicht eine zweite Eisenschlußstelle besteht. Nichterregung ist jedoch möglich, sobald die Magnetwicklung an zwei Stellen Eisenschluß hat, so daß ein Hauptteil der Wicklung überbrückt wird; in Anlagen mit einem betriebsmäßig geerdeten Leiter ist schon mit dieser Erdung eine weitere Berührungsstelle mit Erde von Anfang geschaffen (Abb. 123).

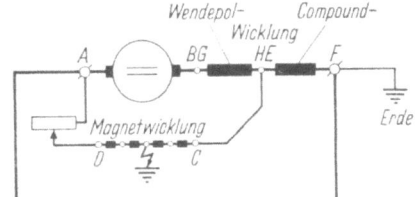

Abb. 123. Gleichstromgenerator mit Erdschluß in der Magnetwicklung

Je nach der Lage der Eisenschlußstelle und deren Übergangswiderstand kann die Wirkung des Eisenschlusses verschieden sein; unter Umständen kann dadurch ein Kurzschluß eingeleitet werden. Meist werden Eisenschlüsse an den Verbindungsstellen auftreten. Bei unsorgfältig ausgeführter Isolation der Magnetspulen ist ein Durchdrücken derselben an den Polecken nicht ausgeschlossen. Als Folge eines bestehenden Windungsschlusses kann, bei fortschreitender Verbrennung der Isolation in der Umgebung der Schlußstelle, auch die Isolation der Spule gegen Eisen verbrannt werden, woraus ein Eisenschluß entstehen kann. Den Ort der Eisenschlüsse stellt man leicht dadurch fest, daß man an verschiedenen Wicklungsstellen die Spannung gegen Eisen mißt.

Schlüsse gegen andere, vom Hauptstrom durchflossene Wicklungen, sei es gegen die Kompound- oder gegen die Wendepolwicklung, können je nach ihrer Lage verschiedene Folgen haben. In Abb. 124 sind einige Fälle schematisch gezeigt. Durch einen Schluß an der Stelle a kann, je nach Lage der Berührungsstellen, die Magnetwicklung teilweise oder ganz durch den viel geringeren Widerstand der Wendepolwicklung überbrückt werden. Entsteht eine Berührung auf dem Weg b, so wird keine Beeinflussung der Erregung stattfinden; aber durch den Nebenschluß zur Wendepolwicklung wird eine Störung der Kommutation eintreten. Eine Verbindung nach c bedeutet, wie bei a, eine Überbrückung der Magnetwicklung; ein Schluß nach d stellt eine Shuntung der Kompoundwicklung und dadurch eine Verminderung ihrer Wirkung dar. Eine Verbindung nach e, bei fehlerhafter Berührung der entsprechenden Ableitungen, hat eine durch den Magnetregulator nicht beeinflußbare Höchsterregung der Maschine zur Folge. Überbrückte Teile einer Magnetwicklung bleiben kalt. Bei stark verschiedener Erwärmung einzelner Pole einer Magnetwicklung wird man in erster Linie die kühl gebliebenen Spulen näher prüfen. Die Messung der Spannung an den einzelnen Polen wird außerdem die kranken Teile rasch finden lassen. Eisenschlüsse stellt man im Betrieb fest durch eine Spannungsmessung zwischen Maschinenklemmen und Erde. Wird an einer Klemme keine oder nur geringe Spannung, an der anderen Klemme fast die volle Maschinenspannung gegen Erde gemessen, so weist dies auf einen Erdschluß desjenigen Poles hin, der keine Spannung gegen Erde aufweist. Im Stillstand sucht man Erdschlüsse mit dem Isolationsprüfer.

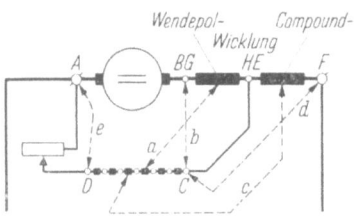

Abb. 124. Schlüsse zwischen Magnet- und Hauptstromwicklungen

Angaben über Eisenschlüsse sind auf S. 26 u. f. zu finden.

g) Äußerer Läuferstromkreis ist kurzgeschlossen

Ein kurzgeschlossener, eigenerregter Nebenschlußgenerator wird keine Spannung abgeben. Dagegen kann bei rückverschobenen Bürsten Selbsterregung eintreten infolge der kompoundierenden Wirkung des Ankerlängsfeldes. Der Strom im Kurzschlußkreis kann dadurch auf ein Mehrfaches des Nennstromes ansteigen und die Maschine gefährden: der Kollektor feuert, und der Generator bleibt auch bei unterbrochener Magnetwicklung erregt. Der Hauptschalter ist dann sofort zu öffnen, um den Generator stromlos zu machen.

h) Kommutator-Übergangswiderstand ist zu groß

Eine häufige Ursache für das Nichterregen eines eigenerregten Gleichstromgenerators kann in einem zu großen Übergangswiderstand am Kommutator liegen, vorwiegend an Maschinen mit niederer Spannung. Sie entsteht bei verschmutztem oder stark *oxydiertem* Kommutator, nicht eingeschliffenen Bürsten, ungenügendem Bürstendruck, ungeeigneter Kohlensorte, auch infolge starker Erschütterungen der Bürsten, z. B. durch vorstehende Lamellen und Isolationen oder durch unrunden Kommutator. Oft genügt es, die Bürstendrücke mit einer Zugwaage zu kontrollieren und auf den ursprünglichen Wert einzustellen, um wieder Spannung zu erhalten.

Verschmutzte und stark oxydierte Kommutatoren reinigt man bei abgehobenen Bürsten mit feinkörnigem Glaspapier oder Kunstbimsstein. Kommt man damit nicht zum Ziel, so ist der Kommutator abzudrehen. Über die Wahl der geeigneten Bürstenmarke und Bürstendruck s. S. 71 u. f.

i) Kommutatorlamellen sind kurzgeschlossen

Bei Gleichstromgeneratoren niederer Spannung, z. B. für elektrolytische Zwecke und bei Erregermaschinen von synchronisierten Asynchronmotoren, werden vorwiegend metallhaltige Bürsten verwendet. Bei unrichtig gewählter Qualität derselben können sich die Nuten zwischen den Lamellen mit metallhaltigem Staub füllen, wodurch die Selbsterregung des Generators verhindert wird. Auch starke Verschmutzung durch Öl kann zum Lamellenkurzschluß führen. Als Abhilfe müssen geeignete Bürstensorten verwendet und die Nuten zwischen den Lamellen sorgfältig ausgezogen werden.

k) Bürstenstellung ist unrichtig

Gleichstromgeneratoren können ferner bei falscher Bürstenstellung nicht erregt werden. Oft werden die Bürstenhalter nach einer Revision der Maschine verkehrt aufgesetzt, so daß die Bürsten weit von der neutralen Zone entfernt stehen, obwohl die Bürstenbrücke richtig bei der vorhandenen Marke steht.

Bei Nebenschlußgeneratoren ist die Betriebsstellung der Bürsten durch eine Marke an der Bürstenbrücke gekennzeichnet. Durch kleine Verschiebungen der Bürstenbrücke kann im Betrieb die Kommutation noch etwas verbessert werden. Bei Wendepolmaschinen hingegen bleibt die Bürstenstellung zwischen Leerlauf und Vollast unverändert. Fehlt die Marke an der Bürstenbrücke, so ist die neutrale Zone (nach S. 84) einzustellen und zu bezeichnen. Verschiedene Firmen kennzeichnen eine bestimmte Spule und die dazugehörigen Ableitungen zum Kommutator mit Farbe. An Hand einer solchen Markierung kann man die neutrale Zone angenähert finden, indem man die bezeichnete Spule unter die Mitte eines Wendepoles dreht und die Bürsten dann auf die zugehörigen Lamellen stellt. Zur Erregung des Generators genügt die so gefundene Bürstenstellung hinreichend.

Erwähnt sei noch, daß eine geringe Verschiebung der Bürstenbrücke aus der neutralen Zone, im Gegensinn zur Drehrichtung, die Selbsterregung begünstigt, aber zu Bürstenfeuer führen kann.

l) Remanenz ist verloren

Fehlt der remanente Magnetismus oder ist die Erregerwicklung verkehrt geschaltet, so bleibt die Selbsterregung des Generators aus.

Bei offenem Erregerkreis und drehender Maschine legt man an die Ankerklemmen ein empfindliches Voltmeter, das Größe und Richtung der Remanenzspannung anzeigt. Fehlt dieselbe ganz, so genügt die Spannung einiger Batteriezellen, welche bei Nenndrehzahl an die Magnetwicklung gelegt wird, um die Pole neu zu magnetisieren. Die Magnetwicklung ist zu diesem Zwecke von den Maschinenklemmen abzutrennen und stoßweise im Sinne der gewünschten Polarität zu erregen. Das Voltmeter wird dabei die wieder entstehende Spannung anzeigen. Dann wird der Feldregler zugeschaltet, der vorgeschaltete Widerstand verkleinert und der Anstieg der Ankerspannung festgestellt.

Sinkt dagegen die remanente Spannung bei diesem Versuch, so ist die Erregerwicklung verkehrt geschaltet; ihre Klemmenanschlüsse müssen vertauscht werden.

Vor der Zuschaltung an die Verbraucher ist nochmals zu kontrollieren, ob die Polarität richtig ist.

m) Läuferwicklung hat Unterbruch, Windungsschluß oder ist verschaltet

Bei einem Unterbruch im Läufer wird ein eigenerregter Gleichstromgenerator meist keine Spannung erzeugen. Betreibt man den Generator versuchsweise mit Fremderregung, so wird bei einem solchen Unterbruch ein starkes Bürstenfeuer entstehen; die Lamellen, zwischen welchen der Unterbruch liegt, werden schwarz und brennen rasch an. Unterbrüche in der Läuferwicklung können mit der Prüflampe (die an benachbarte Lamellen angelegt wird) festgestellt werden. Besteht in einer Läuferwicklung ein Windungsschluß infolge direkter metallischer Berührung benachbarter Leiter, so kann die Selbsterregung verhindert werden. Erregt man den Generator fremd, so wird Bürstenfeuer, Schwärzung der betreffenden Lamellen und nach kurzer Zeit eine Überhitzung der kranken Wicklungsteile eintreten.

Vereinzelt wurde auch schon beobachtet, daß ein Gleichstromgenerator nach dem Einbau eines Reserveläufers sich nicht mehr selbst erregte. Die Ursache lag darin, daß die Wicklung im Reserveläufer nicht gleich angelegt war wie im früheren Läufer. Dadurch wurde dieselbe z. B. zu einer rückschreitenden Wicklung, während sie beim alten Läufer vorschreitend war (Abb. 125) und den Läufer bei gegebenem Drehsinn infolge Umpolarisierung entmagnetisierte. In diesem Fall kommen in Betracht: Kontrolle mit dem Voltmeter, Vertauschen der Magnetwicklung und Magnetisieren mit Fremdstrom.

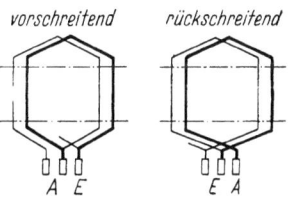

Abb. 125. Vor- und rückschreitend eingelegte Läuferspulen

n) Erregerwicklung ist verschaltet, Polfolgeprüfung

Eine solche Störung macht sich um so mehr bemerkbar, je mehr Pole falsch geschaltet oder abgetrennt sind und je kleiner die Polzahl der Maschine ist. Verschaltungen sind möglich bei Reparaturen an Erregerwicklungen. Entweder werden Anschlüsse irrtümlich vertauscht oder beim Wiedereinbau der Polspulen links und rechts gewickelte Spulen verwechselt, was nur bei älteren Maschinen vorkommen kann. Üblicherweise haben Maschinenspulen alle gleichen Wicklungssinn und können kaum verwechselt werden. Zur Erläuterung des Einflusses dieser Fehler sind in Abb. 126 Leerlaufspannungskurven angegeben, aufgenommen an einem Gleichstrom-Nebenschlußgenerator von 82 kW und 550 Volt mit einem oder zwei verkehrt angeschlossenen Polen. Im letzten Fall erregte sich die Maschine kaum mehr.

Die Abschaltung ganzer Polspulen durch Kurzschluß ist eine seltene Störung. Sie kann eintreten, wenn Spulenverbindungen der innersten Lage mit der äußersten Windung einer Polwicklung in Kurzschluß geraten, ferner bei Kurzschluß zwischen sich kreuzenden Polverbindungen oder bei Eisenschluß an zwei verschiedenen Polen.

In Abb. 126 sind auch die Spannungskurven derselben Maschine beim Kurzschluß eines und mehrerer Pole gezeigt.

Wenn Erregerwicklungen in zwei parallelen Kreisen geschaltet sind, so kann ein paralleler Zweig verkehrt angeschlossen sein. Die Wicklungen heben sich dann in ihrer Erregerwirkung auf.

Bei Parallelschaltung aller Pole der Magnetwicklung kann ein Pol durch Unterbruch in seinen Zuleitungen oder in der Polspule selbst unwirksam werden. Dies ist in der Wicklung gleichbedeutend mit dem Kurzschluß eines Poles bei Serienschaltung aller Spulen.

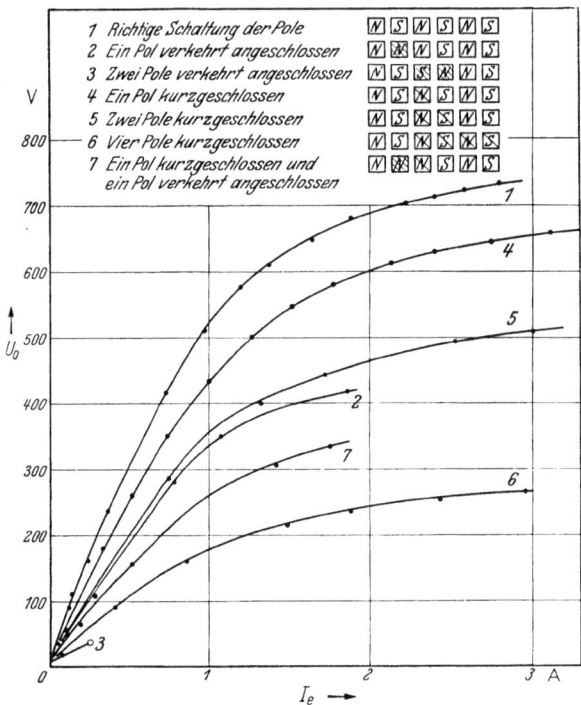

Abb. 126. Einfluß verkehrt angeschlossener oder kurzgeschlossener Polwicklungen auf die Leerlaufspannung eines eigenerregten Gleichstrom-Nebenschlußgenerators
82 kW, 550 V, 6 Pole

Bei Polspulen, die aus einzelnen Teilspulen bestehen, können diese unter sich verkehrt geschaltet werden, wodurch eine beträchtliche Schwächung des betreffenden Poles entsteht.

Verkehrte Schaltung oder Kurzschluß von Polspulen hat bei Gleichstrommaschinen mit Reihenparallel- und Parallelwicklungen einen Einfluß nicht nur auf die Spannung, sondern auch auf die Kommutation. Es entstehen starke Ausgleichströme und Bürstenfeuer sowie erhöhte Erhitzung der Läuferwicklung und des Kommutators. Nur Maschinen mit Läufern mit Reihenwicklung werden nicht beträchtlich beeinflußt.

Die richtige Polfolge (N—S—N—S) wird mit einer Magnetnadel festgestellt.

Ein anderes Verfahren besteht darin, daß man die Pole fremd erregt und nach Abb. 127 die Zugkraft auf das aufgelegte Eisenstück prüft. Folgen sich zwei gleichnamige Pole oder ist ein Pol kurzgeschlossen, so wird die Zugkraft auf das Eisenstück beträchtlich geringer sein als bei richtiger Polfolge. Man kann auch die Kraft messen oder von Hand schätzen, welche nötig ist, um das Eisenstück wegzureißen. Richtige

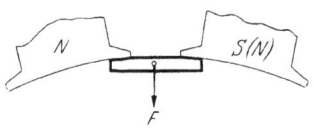

Abb. 127. Bestimmung richtigen Polfolge durch magnetische Zugprobe

Spulenverbindung mit gleichem Wicklungssinn aller Spulen ergibt sich, wenn „Ende an Ende" und „Anfang an Anfang" angeschlossen werden.

o) Erregerwicklung hat Windungs- oder Lagenschluß

Diese Schlüsse können ebenfalls die Ursache der verminderten Spannung sein; sie müssen jedoch einen ziemlich großen Teil aller Windungen erfassen, um bemerkt zu werden. Bei der hohen Windungszahl der Erregerwicklungen von Gleichstrommaschinen ist die Wahrscheinlichkeit sehr gering, daß Schlüsse zwischen benachbarten Windungen oder Lagen die Spannung beträchtlich vermindern.

Um den kranken Pol zu finden, müssen die Widerstände einzelner Polwicklungen gemessen werden. Mit einer Gleichstrommessung sind nur größere Fehler auffindbar, da die Unterschiede der Widerstände einzelner Pole oft größer sind als die durch den Fehler entstandenen Widerstandsunterschiede. Die mit Gleichstrom gemessenen Widerstände einzelner Pole dürfen um $\pm 2\%$ vom Mittelwert abweichen. Sicher führt eine Widerstandsmessung mit Wechselstrom zum Ziel. Kurzschlüsse einzelner Windungen werden sich durch beträchtliche Unterschiede des Wechselstromwiderstandes und durch stärkere Erwärmung der kranken Stelle bemerkbar machen. Auch unrichtige Polschaltungen oder verkehrt geschaltete Teilspulen sind mit Wechselstrom besser zu entdecken als mit Gleichstrom. Hierzu genügt allgemein eine Wechselspannung von $110 \cdots 220$ Volt; die zulässigen Abweichungen der Widerstände einzelner Pole liegt dann etwa bei $\pm 5\%$. Die Probe mit Wechselstrom ist nur zulässig, wenn innerhalb der Spule keine als Kurzschlußwindung wirkenden Metallteile (z. B. Spulenkästen) vorhanden sind.

p) Luftspalt ist zu groß

Dieser Fehler kann vorkommen, wenn die Polkerne bei einer Reparatur der Polspulen ausgebaut und allfällig vorhandene Polunterlagen beim Wiedereinbau vergessen wurden; in diesem Falle zeigt die Maschine Unterkommutierung.

q) Schaltanlage weist Fehler auf

Scheinbar fehlende Generatorspannung beruht oft auch auf Störungen in den Meßleitungen und an den Meßinstrumenten der Anlage. Alle Meßkreissicherungen sind deshalb zu kontrollieren und die Meß- und Schutzkreise auf Wackelkontakte zu untersuchen.

2. Wechselstrom-Generatoren

a) Allgemeines

Gibt ein Wechselstromgenerator keine oder zu geringe Spannung, so kann die Ursache im Generator selbst oder in seiner Erregermaschine liegen. Grundlegend für die Untersuchung des Generators in diesem Fall ist die Kontrolle seiner Leerlaufkennlinie.

b) Erregermaschine ist fehlerhaft

Liegt die Ursache in der Erregermaschine, so ist sie nach Abschn. G 1 zu prüfen.

Die Schleifringbürsten sind jedenfalls erst dann aufzulegen, wenn das Verhalten des Erregers im Leerlauf in Ordnung ist.

c) Drehzahl ist zu niedrig

Die möglichen Störungsursachen sind dieselben wie bei Gleichstrommaschinen (s. S. 131).

d) Polradkreis ist unterbrochen

Ein Unterbruch im Polradkreis oder im Hauptstromkreis des Erregers kann vorhanden sein bei gebrochener oder losgelöteter Verbindung. Auch können die Bürsten auf den Schleifringen oder auf dem Erregerkommutator nicht mehr gut aufsitzen, wenn sie infolge Abnützung an den Anschlägen der Bürstenhalter anstoßen oder wegen starker Verstaubung in den Haltern festklemmen.

e) Polrad ist verschaltet

Gänzlich bleibt die Wechselspannung dann aus, wenn infolge falscher Verbindungen zwischen den einzelnen Polen nur Nord- oder Südpole vorhanden sind. Teilweise verschaltete Pole bringen die Maschine bei reduzierter Spannung zum Vibrieren. Beide Fehler entstehen, wenn die Polwicklungen bei Überholungen entfernt und nachher falsch montiert oder falsch verbunden wurden.

Auf diese Fehler wird man erst schließen, wenn bei normalen Werten von Erregerstrom mit Erregerspannung und bei fehlerfreier Statorwicklung keine oder zu geringe Klemmenspannung gemessen wird.

f) Wendepole des Erregers sind verschaltet

Nach einer Revision können beim Zusammenbau die beiden Anschlußkabel an der Bürstenbrücke der Erregermaschine vertauscht worden sein. Sind die Feldanschlüsse ebenfalls vertauscht worden, so kann sich der Erreger in dieser Schaltung wohl erregen, aber die Hilfspole sind verkehrt zum Rotor geschaltet. Im Leerlauf ist dieser Fehler kaum bemerkbar; sobald jedoch bei Belastung der Rotor und die Hilfspole Strom führen, wird die Kommutation schlecht und die Wechselspannung flackert mit etwa 2 Perioden pro Sekunde. Das Verschieben der Erregerbürsten bringt keine wesentliche Besserung und ist zudem unzulässig. Die Verbindungen des Erregers sind dann an Hand des Schemas zu kontrollieren und richtigzustellen (Abb. 128). Bei Maschinen mit parallelen Stromkreisen treten in der Statorwicklung starke Ausgleichströme auf.

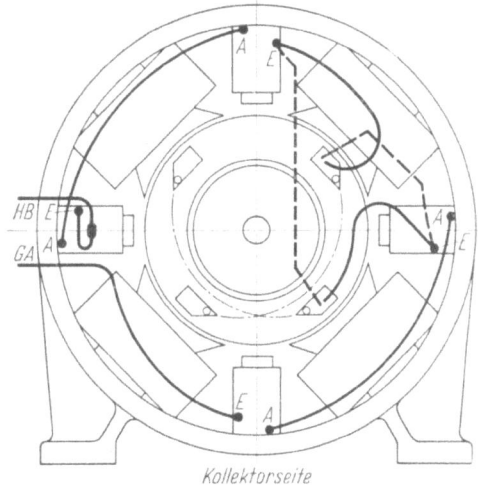

Abb. 128. Richtigstellen der Polarität der Wendepole durch Kreuzen der Anschlüsse an der Bürstenbrücke

Mittel zur Feststellung der verschalteten Pole und Herstellen der richtigen Polfolge s. S. 137.

g) Polradkreis hat Eisen- und Kurzschlüsse

Wenn zufällig zwei Eisenschlüsse auftreten, so daß der Läuferstrom des Erregers sich über diese Eisenschlußstellen ausbilden kann und nicht durch die Polwicklung fließt, kann der Generator keine Spannung erzeugen. Das gleiche ist der Fall, wenn z. B. die Zu- und Ableitung zur Polradwicklung sich gegenseitig berühren, sei es, daß die Isolation der Leitungen durch Befestigungsschrauben durchgescheuert wurde oder daß die Isolation des zu einem Schleifring führenden Anschlußbolzens, beim Durchtritt durch den danebenliegenden Ring der anderen Polarität, zerstört wurde. Wenn sich beim Auftreten dieses Fehlers die im Läuferkreis fast kurzgeschlossene Erregermaschine überhaupt noch erregt, so wird die Stromstärke schon weit unter Betriebsspannung ihren normalen Wert erreichen.

h) Polrad hat Lagen- oder Windungsschlüsse

Windungs- oder Lagenschlüsse machen sich durch eine niedrigere Spannung bemerkbar, sofern durch die Störung ein größerer Anteil der ganzen Wicklung erfaßt wird. Zudem können beim Erregen Vibrationen auftreten, welche beim Entregen wieder verschwinden. Das Aufsuchen der Fehlerstelle ist auf S. 139 erwähnt. Wenn eine genügend hohe Wechselspannung, 380 Volt, zur Verfügung steht, kann man meist alle Pole in Reihe schalten; andernfalls muß man die einzelnen Pole allein messen. Bei der Messung mit Wechselspannung ist, wenn möglich, das Polrad auszubauen, um zu verhindern, daß in der Ständerwicklung gefährliche Spannungen induziert werden. An den Polspulen von ausgebauten Polrädern kann eine genügend hohe Windungsspannung erreicht werden, wenn der zu prüfende Pol a mit den benachbarten Polen magnetisch verbunden wird, indem Blechkerne oder Eisenplatten c aufgelegt werden, wie Abb. 129 zeigt. Bei der Speisung der Spulen b mit Wechselspannung kann eine Windungsspannung erreicht werden, die größer ist als der betriebsmäßige Wert, so daß Windungsschlüsse mit Sicherheit festgestellt werden können. Bei diesem Vorgehen ist jedoch zu vermeiden, daß massive Rahmen von Polspulen, die Kurzschlußwindungen um den Pol bilden, sich übermäßig erwärmen.

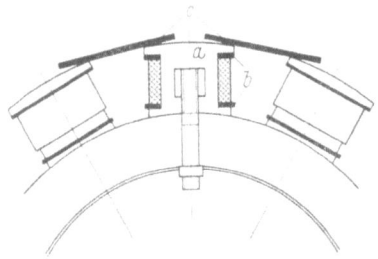

Abb. 129. Magnetisch überbrückte Pole zur Erhöhung der Windungsspannung

Schwieriger ist die Feststellung von Lagen- oder Windungsschlüssen, welche nur bei drehendem Polrad unter der Wirkung der Fliehkraft entstehen. Hier mißt man den Widerstand mit Gleichstrom, während das Polrad verschiedene Drehzahlen durchläuft. Der plötzliche Rückgang des Widerstandes bei einer bestimmten Drehzahl zeigt dann den Beginn des Schlusses an. Um die Fehlerstelle selbst herauszufinden, geht man zweckmäßig nach S. 139 vor.

i) Ständerwicklung ist unterbrochen oder verschaltet

Ein Unterbruch in der Ständerwicklung kann entweder im Leerlauf des Generators durch Spannungsmessungen oder im Stillstand durch Widerstandsmessungen festgestellt werden; auch kann man die Remanenzspannungen der einzelnen Phasenwicklungen messen. Während bei Unterbruch einer Phasenwicklung bei Sternschaltung nur zwischen zwei Polen Spannung meßbar ist, ergibt die Spannungsmessung bei in △ geschalteter Wicklung zwischen allen drei Klemmen ungefähr gleiche

Spannungen. Wenn die Verbindungen der Phasenwicklungen lösbar sind, so ist bei aufgetrennten Phasenwicklungen die kranke Wicklung leicht festzustellen. Ist die Trennung der Wicklungen nicht möglich, so führt bei $\triangle$-Schaltung eine Widerstandsmessung zum Ziel. Man wird dabei zwischen zwei Klemmen einen doppelt so großen Widerstand messen als zwischen den übrigen Klemmen. Besteht eine Phasenwicklung aus zwei oder mehreren parallelen Wicklungszweigen und ist ein Unterbruch nur in einem Zweig vorhanden, so werden die Widerstandsverhältnisse nicht mehr festzustellen sein. In diesem Falle wird auch der Generator im Leerlauf zwischen allen Klemmen gleiche Spannung aufweisen.

H. Einzel- und Parallelbetriebsstörungen an Generatoren

1. Gleichstrom-Generatoren

a) Spannungsänderung ist zu groß

Die Klemmenspannung der Nebenschlußgeneratoren sinkt bei unveränderter Stellung des Magnetregulators mit zunehmender Belastung, und zwar beträgt, bei eigenerregten Generatoren, diese Spannungsänderung von Leerlauf auf Vollast je nach Maschinengröße und Polzahl ungefähr $10 \cdots 20\%$, während sie bei fremderregten Generatoren nur ungefähr $5 \cdots 15\%$ ausmacht.

Tritt bei Belastung eines Gleichstromgenerators ein starker Rückgang der Klemmenspannung ein und muß deshalb die Erregung unzulässig verstärkt werden, so können folgende Störungsursachen vorhanden sein:

Drehzahlabfall der Antriebsmaschine ist zu groß. Eine unzulässig starke Spannungsänderung kann durch zu großen Drehzahlrückgang der Antriebsmaschine bei Belastung entstehen. Die Ursachen dafür können auf Fehler der Regulierorgane der Antriebsmaschinen, auf ungenügender Wassermenge, ungenügendem Dampf u. a. beruhen. Größere Belastung, zunehmendes Gleiten der Übertragungsorgane, wie Riemen, Seile, Reibungsgetriebe können die Störung ebenfalls verursachen. Dienen Elektromotoren als Antriebsmaschinen, so kann der Drehzahlabfall bei zunehmender Belastung an diesen liegen.

Bürstenstellung ist unrichtig. Eine unrichtige Bürstenstellung macht sich im Leerlauf von Gleichstromgeneratoren nicht stark bemerkbar, sofern es sich nur um eine fehlerhafte Verschiebung von $5 \cdots 8\%$ der Polteilung handelt; dagegen macht sich bei Belastung ein deutlicher Einfluß geltend. Bei Generatoren hat ein Bürstenvorschub in der Drehrichtung, ausgehend von der neutralen Zone, eine Vergrößerung der Spannungsänderung zwischen Leerlauf und Vollast zur Folge. Eine zu kleine Spannung bei belasteter Maschine kann daher von zu starker Verschiebung der Bürsten herrühren. Abb. 130 zeigt Kurven über den

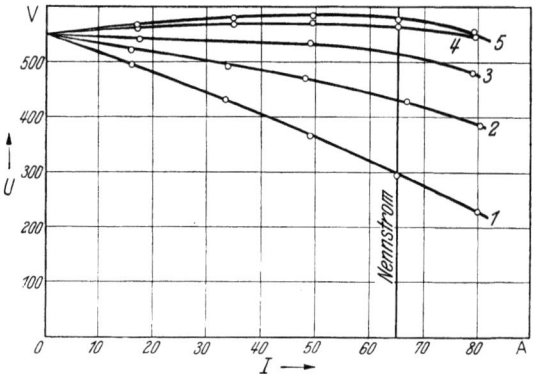

Abb. 130. Abhängigkeit der Klemmenspannung U vom Belastungsstrom bei verschiedenen Bürstenstellungen eines Nebenschlußgenerators, mit Wendepolen, 36 kW, 550 V

1 Bürsten um 4 Lamellen vorgeschoben,
2 Bürsten um 2 Lamellen vorgeschoben,
3 Bürsten in neutraler Zone,
4 Bürsten um 2 Lamellen rückgeschoben,
5 Bürsten um 4 Lamellen rückgeschoben.
(Totale Lamellenzahl pro Polteilung = 48)

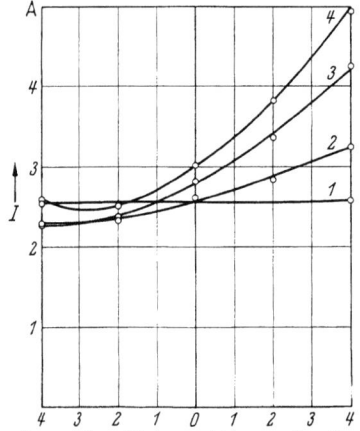

Abb. 131. Abhängigkeit des Erregerstromes I von der Bürstenverschiebung, bei konstanter Belastung und konstanter Spannung eines Nebenschlußgenerators mit Wendepolen, 36 kW, 550 V
1 bei Leerlauf, 3 bei ⁴/₄ Last,
2 bei ²/₄ Last, 4 bei ⁵/₄ Last.
(Totale Lamellenzahl pro Polteilung = 48)

Verlauf der Klemmenspannung einer belasteten, eigenerregten Gleichstrommaschine bei verschiedenen Bürstenstellungen, wobei der Magnetregulator unverändert blieb. In Abb. 131 ist der Erregerstrom in Abhängigkeit von der Bürstenverschiebung angegeben, wenn bei konstanter Belastung der Maschine auch die Klemmenspannung konstant bleibt. Man ersieht daraus, daß bei stärkerer Vorverschiebung eine starke Erhöhung des Erregerstromes nötig ist. Wenn ein starker Vorschub der Bürsten mit Rücksicht auf die Kommutation noch zulässig wäre, kann dabei doch eine Übererwärmung der Magnetwicklung eintreten. In ähnlicher Weise hängt auch bei fremderregten und bei kompoundierten Maschinen die Erregung von der Bürstenstellung ab.

Beim Ersetzen oder Neuwickeln von Gleichstromläufern ist eine Veränderung der Läuferwicklung dadurch möglich, daß die Spulenverbindungen nach anderen Lamellen geführt werden als beim alten Läufer; dadurch verschiebt sich die neutrale Zone. Wird trotzdem die alte Bürstenstellung beibehalten, so kann dies im Fall einer Vorverschiebung der Bürsten eine zu große Spannungsänderung bei Belastung zur Folge haben. Die alte Bürstenstellung kann aber auch eine Rückverschiebung bedeuten, wobei die Maschine in labilen Zustand geraten kann.

Die neutrale Zone ist nach S. 84 einzustellen und zu bezeichnen.

Kompoundwicklung ist falsch angeschlossen. Bei kompoundierten Gleichstrommaschinen kann bekanntlich die Spannung zwischen Leer-

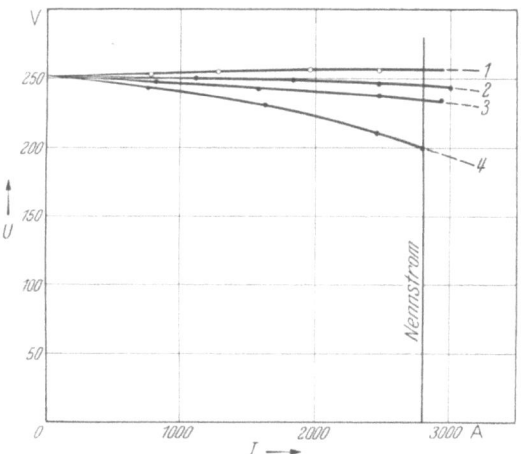

Abb. 132. Klemmenspannung U in Abhängigkeit des Belastungsstromes I eines fremderregten Gleichstromgenerators 700 kW, 500 U/min,
1 mit voller Kompoundwicklung,   3 ohne Kompoundwicklung,
2 mit halber Kompoundwicklung,   4 mit voller Kompoundwicklung, als Gegenkompoundwicklung geschaltet

lauf und Vollast je nach Bemessung der Kompoundwicklung absinken, praktisch unverändert bleiben oder ansteigen. Je nachdem spricht man von einer unter-, flach- oder überkompoundierten Maschine.

Zur Erläuterung sind in Abb. 132 die Kurven der Klemmenspannung in Abhängigkeit vom Belastungsstrom eines Gleichstromgenerators von 700 kW Leistung dargestellt, sowohl im Betrieb als reiner Nebenschlußgenerator mit Fremderregung, wie auch als Kompoundgenerator bei normaler und geschwächter Kompoundierung. Die Änderung derselben wurde durch das Parallelschalten eines Widerstandes zur Kompoundwicklung erreicht. Für gewisse Betriebe ist eine Gegenkompoundwicklung erwünscht, der Spannungsrückgang ist dabei noch größer als bei der reinen Nebenschlußschaltung. Aus Kurve 4 ist der Verlauf der Klemmenspannung bei Gegenkompoundschaltung ersichtlich.

10 Spieser, Krankheiten elektr. Maschinen. 2. Aufl.

Die Gründe für zu große Spannungsänderung eines kompoundierten Generators können in unrichtiger Windungszahl der Kompoundwicklung, falscher Abstimmung eines zur Kompoundwicklung vorhandenen Parallelwiderstandes oder im verkehrten Anschluß der Kompoundwicklung liegen. Bei richtigem Anschluß muß sie die Wirkung der Nebenschlußwicklung im gewünschten Sinn beeinflussen. Zur einfachen Prüfung, ob dies der Fall ist, belastet man zuerst den Generator bei abgeschalteter Kompoundwicklung und mißt die Spannung bei einem beliebigen Belastungsstrom. Hernach wiederholt man den Versuch bei zugeschalteter Kompoundwicklung bei Belastung. Verlangt dann der Betrieb mit Kompoundwicklung einen niedrigeren Erregerstrom, so ist die Wicklung richtig auf Überkompoundierung geschaltet.

Wendepolwicklung ist falsch angeschlossen. Dieser Fehler verursacht großen Spannungsabfall bei Belastung; man wird jedoch in erster Linie durch das starke Bürstenfeuer darauf aufmerksam. Über den richtigen Anschluß der Wendepolwicklung s. S. 74.

Hauptstromableitungen sind unrichtig angeordnet. Bei Maschinen für höhere Stromstärken und mit kleiner Polzahl kann durch unrichtige Verlegung der von den Bürsten herkommenden Hauptstromleitungen eine gegenkompoundierende Wirkung entstehen, die in Abb. 133 erläutert ist. Wenn die Bürstenableitungen A und B beidseitig eines Magnetpols verlaufen, erzeugen sie bei der gezeichneten Stromrichtung eine kompoundierende Wirkung; die Spannungsänderung bei Last wird dadurch vergrößert. Bei umgekehrter Stromrichtung in den Ableitungen A und B ist die Wirkung entgegengesetzt. Werden solche Ableitungen nach einer Demontage wieder eingebaut, so muß darauf geachtet werden, daß sie in richtiger Weise verlegt sind. Dies ist dann der Fall, wenn Hin- und Rückleitung parallel durch die gleiche Pollücke geführt sind.

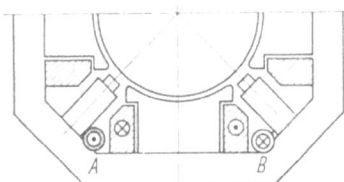

Abb. 133. Feldschwächende Wirkung von Hauptstromverbindungen

Übergangswiderstände am Kommutator sind zu groß. Bei Maschinen für sehr niedrige Spannungen und hohe Ströme, z. B. für elektrochemische Zwecke, kann ein unzulässig großer Spannungsabfall eintreten durch Erhöhung der Übergangswiderstände am Kommutator durch Verschmutzung der Kommutatoroberfläche, Verwendung falscher Bürstensorten sowie unruhigen Lauf der Bürsten, sei es durch unrunden Kommutator oder vorstehende Glimmränder zwischen den Lamellen. Diese Störungen allein können die Klemmenspannung im Betrieb unter Umständen ganz merklich schwächen. Besonders der Ersatz von metallhaltigen Kohlen durch Graphitkohlen erhöht den Übergangswiderstand des Kommutators beträchtlich; meist ist damit eine Übererwärmung verbunden. Schlechte Verbindungsstellen im Innern der Maschine oder an den äußeren Ableitungen erhöhen ebenfalls den Spannungsabfall.

b) Belastungsstrom schwankt

Schwankungen, die nicht vom Verbraucher herrühren, sind meistens auf den Antrieb zurückzuführen; der Regulator der Antriebsmaschine kann Störungen aufweisen oder die Übertragungsorgane, wie Riemen- und Seiltriebe oder Reibungsgetriebe, können zeitweise in vermehrtem Maße schlüpfen. Auch Rückwirkungen von Antriebsmotoren mit stoßweiser Belastung auf das Netz sind möglich. Außerdem können schlechte Kontakte im Erreger- und Hauptstromkreis auch Schwankungen des Belastungsstromes zur Folge haben.

c) Lastverteilung beim Parallelbetrieb ist unstabil

Bei richtig parallel arbeitenden Nebenschluß- und Kompoundgeneratoren ist eine beliebige Verteilung der Belastung mittels der Erregung möglich. Wenn jedoch die Spannungsänderung zwischen Leerlauf und Vollast bei einer der parallel arbeitenden Maschinen kleiner ist als bei der Nachbarmaschine, so tritt bei der kleinsten Änderung ihrer Erregung eine große Belastungsänderung ein. Müssen Stoßlasten übernommen werden, so nimmt die erstere Maschine den Hauptanteil auf. Als Abhilfe kommt nur eine Vergrößerung der Spannungsänderung in Frage, welche sich meist durch einen Vorschub der Bürstenbrücke in genügendem Maße erzielen läßt.

Kompensierte Maschinen haben eine geringere Spannungsänderung als Maschinen ohne Kompensationswicklung. Wenn beide Maschinenarten parallel arbeiten, muß daher die kompensierte Maschine durch Bürstenvorschub meist eine vergrößerte Spannungsänderung erhalten. Unstabile Lastverteilung kann auch bei zu grober Abstufung des Magnetregulators eintreten, wobei eine geringe Verstellung des Regulators schon eine große Stromänderung zur Folge hat.

Wenn ohne erkennbare äußere Ursachen vorübergehende Schwankungen im Belastungsstrom parallel laufender Generatoren auftreten, so sind sie meist auf schlechte Kontakte im Erregerkreis, sei es am Magnetregulator oder an den Anschlußklemmen, zurückzuführen.

Hat die Lastverteilung auf parallel arbeitende Generatoren, ohne Änderung der Erregung, proportional ihrer Nennleistung zu erfolgen, so müssen die Generatoren gleiche Belastungscharakteristiken und ihre Antriebsmaschinen gleichen Drehzahlabfall zwischen Leerlauf und Belastung aufweisen.

Mit den Spannungsreglern zusammenhängende Störungen s. S. 344 u. f.

d) Lastverteilung bei Doppelkommutatormaschinen ist ungleich

Bei Doppelkommutatormaschinen kann sich die Lastverteilung zwischen den parallelgeschalteten Kommutatoren während der Betriebszeit ändern. Es können Unterschiede der Ströme von 10% und mehr auftreten, die meistens durch ungleich große Übergangswiderstände am Kommutator und an den Ableitungen verursacht werden. Schon die Reinigung nur eines der beiden Kommutatoren genügt, um die Lastverteilung stark zu ändern. Wichtig ist daher bei solchen Maschinen die Verwendung derselben Bürstensorte; außerdem müssen die Ableitungen der beiden Kommutatoren so angeordnet sein, daß sie gleiche Widerstände besitzen. Im allgemeinen haben Unterschiede der Stromstärke beider Kommutatoren bis zu 10% keinen störenden Einfluß auf den Gang der Maschine.

e) Ausgleichleiter bei Kompoundgeneratoren

Bei Kompoundmaschinen muß zwischen den Kompoundwicklungen stets ein Ausgleichleiter (L in Abb. 134) von genügendem Querschnitt vorhanden sein, da sonst ein stabiler Parallelbetrieb nicht möglich ist.

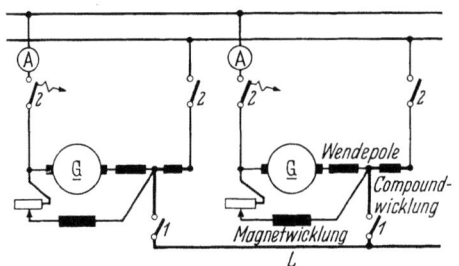

Abb. 134. Einbau des Ausgleichleiters und richtige Lage der Strommesser und Selbstschalter bei Kompoundgeneratoren

Sind die gezeichneten Schalter 1, die zur Verkürzung des Ausgleichleiters bei den Maschinen angeordnet sein können, einpolig ausgeführt, so müssen beim Parallelschalten zuerst diese Schalter und erst hernach die Schalter 2 geschlossen werden. Beim Abschalten werden sinngemäß zuerst die Schalter 2 und hernach die Schalter 1 geöffnet. Die Schalter 1 und 2 können auch zu einem dreipoligen Schalter vereinigt sein. Die Ampèremeter sollen nicht in den Leiter mit dem Kompoundstrom geschaltet werden, da sonst Ungleichheiten der Generatorströme nicht beobachtet werden. Ebenso müssen im Hauptstromkreis verwendete einpolige Überstromschalter nach Abb. 134 eingebaut werden, also im gleichen Leiter wie die Ampèremeter. Bei verkehrtem Einbau kann der Fall eintreten, daß nach dem Auslösen eines Überstromschalters der betreffende Generator als Motor weiterläuft.

f) Spannungsausgleich paralleler Generatoren

Bei geringen Unterschieden in der Spannungsänderung der einzelnen Maschinen kann oft durch Verschiebung der Bürsten ein Ausgleich erreicht werden. Die zulässige Verschiebung ist durch ihren Einfluß auf die Kommutation bestimmt. Wie bereits früher angegeben, hat ein Vorschub der Bürsten eine vergrößerte Spannungsänderung, ein Rückschub hingegen eine Verringerung derselben zur Folge.

g) Anpassung der Spannungsänderung paralleler Generatoren

Eine vergrößerte Spannungsänderung der Kompoundgeneratoren kann durch das Parallelschalten eines Widerstandes zur Kompoundwicklung erzielt werden: Kurven *1* und *2* der Abb. 132. Bei großen Maschinen ist der Widerstand der Kompoundwicklung sehr klein; man erhält genügend kleine Parallelwiderstände durch Verwendung von Kupferkabeln oder Schienen, die durch einen Versuch auf passende Länge abgestimmt werden müssen. Nicht selten wird ein einstellbarer Parallelwiderstand zur Maschine mitgeliefert. Als weitere Maßnahme kommt das Kurzschließen der Kompoundwicklung einiger Pole in Betracht; dabei muß jedoch darauf geachtet werden, daß die kurzgeschlossenen Pole symmetrisch verteilt sind.

2. Wechselstrom-Generatoren

a) Erregerleistung bei Belastung ist zu groß

Leistungsfaktor ist zu niedrig. Die Erregerleistung eines Wechselstromgenerators ist stark von der Blindleistung, also vom Leistungsfaktor abhängig. Eine Vergrößerung der abzugebenden induktiven Blindleistung hat eine Vergrößerung der Erregerleistung zur Folge. Als Hauptursache

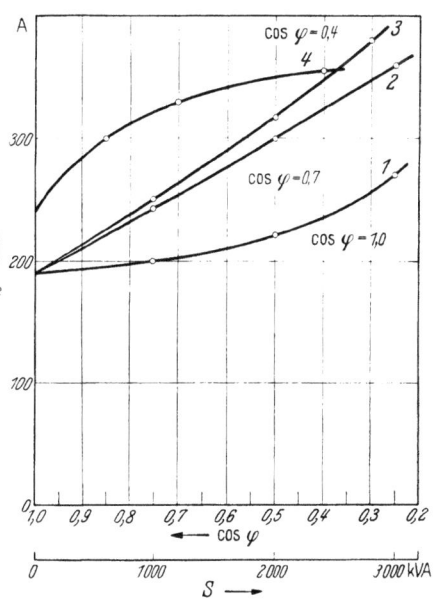

Abb. 135. *1···3* Abhängigkeit des Erregerstromes I_e eines Wechselstrom-Generators von der Scheinleistung S, bei konstanter Spannung und konstantem Leistungsfaktor; *4* Abhängigkeit des Erregerstromes I_e vom Leistungsfaktor ($\cos \varphi$) bei Nennspannung und Nennleistung; untere Skala (Kurven *1-3*), obere Skala (Kurve *4*)

einer zu großen Erregerleistung bei Belastung muß daher eine zu große induktive Blindlast erwähnt werden. Abb. 135 enthält Kurven, welche die Abhängigkeit der Erregerleistung eines Drehstromgenerators von der Scheinleistung bei konstantem Leistungsfaktor darstellen; außerdem zeigt Kurve *4* die Abhängigkeit der Erregerleistung vom Leistungsfaktor bei Vollast und Nennspannung. Stellt man die Spannungsänderung in Abhängigkeit des Leistungsfaktors dar, so ergibt sich die Kurve nach Abb. 136.

Man ersieht aus dieser Abbildung, daß der Erregerstrom im Bereich des Leistungsfaktors von $1 \cdots 0{,}7$ induktiv stark zunimmt, während er von $0{,}7 \cdots 0{,}4$ nur noch wenig ansteigt. Muß also z. B. ein Generator, welcher für den Betrieb mit einem Leistungsfaktor von 0,9 induktiv vorgesehen ist, auch bei $\cos \varphi = 0{,}6$ noch die Nenn-Scheinleistung und -Spannung liefern, so müßte der Erregerstrom unzulässig vergrößert werden; es besteht die Gefahr der Übererwärmung der Polradwicklung. Wird an einem Wechselstromgenerator festgestellt, daß er nicht mehr die normale Spannung liefert, so muß auf den Leistungsfaktor geachtet werden, um den Grund der Änderung beurteilen zu können.

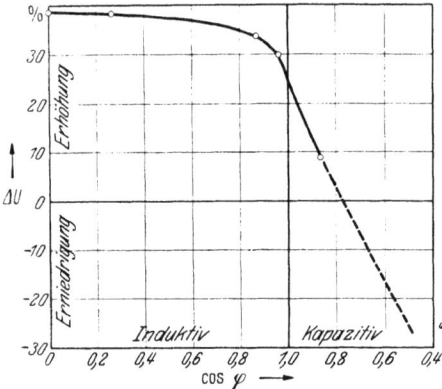

Abb. 136. Abhängigkeit der Spannungsänderung ΔU zwischen Nennleistung und Leerlauf vom Leistungsfaktor ($\cos \varphi$) eines Drehstromgenerators von 13 000 kVA

Drehzahl und Frequenz gehen zurück. Fällt die Drehzahl der antreibenden Maschine aus irgendeinem Grunde ab, so steigt der Erregerstrom unzulässig an, sofern die Spannung durch einen Regler konstant gehalten wird.

Geht im Netz, mit welchem der Generator parallel läuft, die Frequenz zurück, so werden Antriebsmaschine und Generator auf höhere Leistung reguliert, was zu einer Überlastung des Generators führen kann.

b) Leistung und Belastungsstrom schwanken

Leistungs- und Stromschwankungen können, sofern sie nicht vom Verbraucher herrühren, durch Störungen an den Antriebsmaschinen verursacht werden. Bei Wasserturbinen sind Klemmungen an den Regulatoren wie auch ein Gleiten der antreibenden Riemen oder zu großes Spiel der Zahnradantriebe die Ursache schwankender Leistung. Bei Umformergruppen, welche durch Asynchronmotoren angetrieben werden, sind in ähnlichen Fällen Störungen im Läufer dieser Motoren möglich.

Als Störungsursachen im Generator selbst kommen in Frage: Stark unrundes Polrad, meist verbunden mit einem unrunden Ständer; Störungen am Erreger und an den Schleifringen infolge zeitweiser

Unterbrüche in diesen Stromkreisen oder infolge Wackelkontakten im Magnetregulator; kurzzeitig auftretende Schlüsse im Polrad.

c) Lastverteilung im Parallelbetrieb ist ungleich

Während bei parallel arbeitenden Gleichstromgeneratoren eine Erhöhung der Erregung und damit der Klemmenspannung auch eine Erhöhung der Leistung bedingt, erhöht sich bei parallel laufenden Wechselstromgeneratoren die Wirkleistung nicht, wenn die Erregung verstärkt wird. Eine Veränderung der Erregung beeinflußt lediglich die Blindleistung, während die Wirkleistung nur durch die Leistungszufuhr von der Antriebsmaschine her beeinflußt wird.

Um eine selbsttätige, gleichmäßige Wirklastverteilung parallellaufender Generatoren zu erreichen, müssen die Regulierorgane der Antriebsmaschinen gleiche Charakteristik besitzen. Damit sich auch die Blindleistung selbsttätig und gleichmäßig auf parallele Generatoren verteilt, müssen außerdem ihre Spannungsänderungen gleich sein. Wenn mehrere Generatoren gemeinsam reguliert sind, wobei ihre Magnetregulatoren mechanisch gekuppelt werden, müssen auch die Erregermaschinen gleichen Verlauf der Spannungskurven und gleiche Spannungsänderung aufweisen, und zudem müssen die Abstufungen der Magnetregulatoren gleich sein.

Mit den Spannungsreglern zusammenhängende Regulierfragen s. S. 344 u. f.

d) Parallelbetrieb mit Pendelungen

Synchronmaschinen können nicht von allein zu pendeln beginnen, sondern nur durch einen fremden Impuls. Dieser kann entweder mechanisch von der Antriebsmaschine oder elektrisch vom Netz herkommen.

Die Gefahr der mechanischen Anregung von Pendelungen besteht bei Synchrongeneratoren, welche durch Kolbenmaschinen (Dampfmaschinen, Verbrennungsmotoren) angetrieben werden; ihr Drehmoment ist periodisch veränderlich. Durch diese Ungleichförmigkeit wird das angetriebene Polrad beschleunigt und verzögert; es schwingt um eine bestimmte Mittellage. Meist sind diese Schwingungen nur als geringe Schwankungen von gleichbleibender Frequenz an den Strom- und Leistungsmessern bemerkbar. Liegt jedoch die Frequenz der Drehmomentimpulse der Antriebsmaschine in der Nähe der Eigenschwingungszahl des angetriebenen Generators, so können die Schwingungen stark werden: der Generator pendelt dann. Die Strom- und Leistungsschwankungen können anwachsen und der Generator wird schließlich außer Tritt fallen. Im allgemeinen liegt die Ursache nun nicht in der Frequenz der Drehmomentimpulse; die Lieferfirmen der Antriebsmaschinen und Generatoren nehmen darauf Rücksicht, daß die Impulsfrequenz der Antriebsmaschinen genügend hoch über der Eigenschwingungszahl der Generatoren liegen, um Pendelungen zu verhindern. Hingegen können wiederum Störungen an der Antriebsmaschine oder ihrem Regulator periodische Drehmomentstöße hervorrufen, deren Frequenz in der Nähe der Eigenfrequenz des Generators liegt, so daß dieser zu Pendelungen angeregt wird. Solche Störungsursachen können sein: Ungleiche Füllung und dadurch ungleiche Kraftimpulse der verschiedenen Zylinder, Fehler am Regulator oder ungünstige Eigenfrequenz des Regulators.

Von der Netzseite her können Pendelungen angeregt werden, wenn andere, mit Kolbenmaschinen gekuppelte Generatoren oder Synchronmotoren an demselben Netz liegen, und wenn von diesen, durch Fehler im antreibenden oder angetriebenen Teil, störende periodische Leistungsimpulse ausgehen. Liegt deren Frequenz in der Nähe der Eigenschwingungszahl eines Generators, so sind Pendelungen möglich.

Erreichen Pendelungen von Generatoren eine störende Größe, so müssen die Antriebsmaschine und das Netz auf deren Ursachen hin untersucht werden. Man wird dazu zweckmäßig Spezialisten von der Lieferfirma der Antriebsmaschinen beiziehen. Oft wird die Behebung oder Verringerung der Störungen durch Änderungen an der Antriebsmaschine oder an den Regulierorganen möglich sein. Ist die Ursache am Antrieb oder im Netz nicht zu finden, so kann unter Umständen der Einbau einer Dämpferwicklung im Generator Abhilfe schaffen. Auch durch Einschalten von Drosselspulen ist eine Verbesserung möglich; diese erhöhen jedoch den Spannungsabfall.

e) Parallelbetrieb mit Ausgleichströmen

Bei richtiger Einstellung der Erregung parallel arbeitender Generatoren, deren Kurvenformen nicht beträchtlich voneinander abweichen, wird kein Ausgleichstrom auftreten. Müssen dagegen Generatoren mit stark abweichenden Kurvenformen parallel arbeiten, so können trotz richtiger Erregung doch Ausgleichströme höherer Frequenz auftreten.

Bei neuzeitlichen Maschinen sind nur noch geringe Abweichungen in der Kurvenform vorhanden, so daß solche Störungen sehr selten sind. Wenn jedoch Maschinen neuerer Bauart mit alten Maschinen parallel laufen müssen, können unzulässig starke Ausgleichströme auftreten. Da im allgemeinen eine Verbesserung der alten Maschine durch einen Umbau praktisch nicht mehr möglich ist, so müssen Ausgleichdrosseln eingebaut werden.

Bei parallellaufenden Drehstromgeneratoren mit herausgeführtem Sternpunkt zur Speisung von Drehstromnetzen mit Nulleiter können voneinander abweichende Kurvenformen zu Ausgleichströmen über den Sammelschienen-Nulleiter Anlaß geben.

Als praktisches Beispiel einer solchen Störung sei der folgende Fall erwähnt: Ein alter Dreiphasengenerator von 57 kVA, 200 V, 164 A lief parallel mit einem Dreiphasengenerator neuer Bauert von 170 kVA, 200 V, 490 A. Schon bei leerlaufenden Generatoren und abgetrenntem Netz trat in der Sternpunktsverbindung ein Ausgleichstrom von dreifacher Frequenz auf, der bei Erregung auf Normalspannung einen Wert von 105 A erreichte.

Durch den Einbau einer geeigneten Drosselspule konnte dieser Ausgleichstrom auf den unschädlichen Wert von 5 A verkleinert werden. Bei der Messung von Ausgleichströmen von höherer Frequenz ist zu beachten, daß die meisten gebräuchlichen Instrumententypen Ströme höherer Frequenz ungenau anzeigen; nur bei Hitzdrahtinstrumenten ist dies nicht der Fall.

f) Erregermaschinen werden umgepolt oder entmagnetisiert

Wird die Erregung einer Erregermaschine rasch verringert oder sogar unterbrochen, so kann unter der Wirkung der magnetischen Feldenergie des Polrades der Erreger umgepolt oder entmagnetisiert werden. Eine Erklärung hierfür läßt sich am besten an Hand der Abb. 137a

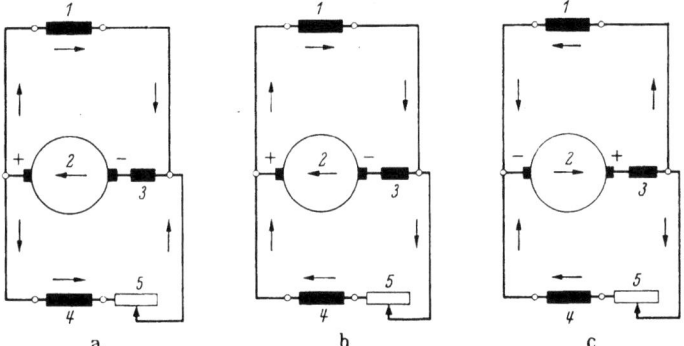

Abb. 137 a–c. Umpolen einer Erregermaschine. a Stromverlauf bei normalem Betrieb, b Stromverlauf während des Umpolens, c Erregermaschine umgepolt; *1* Polradwicklung, *2* Läufer der Erregermaschine, *3* Hilfspolwicklung der Erregermaschine, *4* Magnetwicklung der Erregermaschine, *5* Magnetregulator

und b geben. Die eingezeichneten Pfeile deuten die Stromrichtungen in Polrad, Läufer und Magnetwicklung der Erregermaschine an. Wird der Magnetregulator, bei normalem Betrieb, sehr schnell im Sinn einer starken Widerstandserhöhung und damit Feldschwächung verstellt, oder wird der Stromkreis der Magnetwicklung ganz unterbrochen, so verringert sich die Spannung des Erregers und damit auch der Erregerstrom rasch. Nach dem Induktionsgesetz versucht die Feldänderung den abnehmenden Erregerstrom zu erhalten. Wenn daher die Entregungs-

oder Unterbrechungszeit einen kritischen Wert erreichen, kann sich eine gegenüber der normalen umgekehrte Stromrichtung nach Abb. 137c einstellen; das Polrad wird dabei generatorisch und der Erreger umgepolt.

Die Möglichkeit des Umpolens hängt maßgeblich ab von der Bürstenstellung des Erregers und von der Zeit, innerhalb welcher das Aus- und Wiedereinschalten der Magnetwicklung erfolgt.

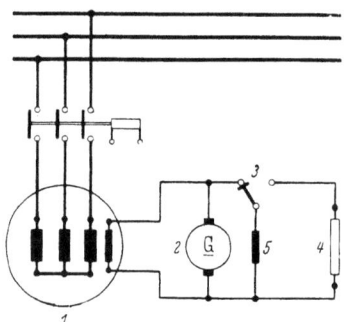

Abb. 138. Normale Entregungsschaltung für kleine bis mittelgroße Generatoren[1]

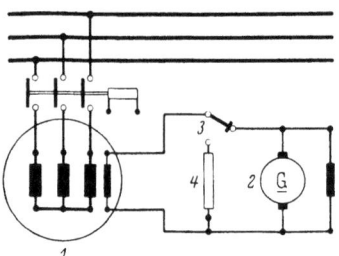

Abb. 139. Schnellentregungsschaltung für mittelgroße bis große Generatoren[1]

Statt umzupolen kann der Erreger sich entmagnetisieren. Seine Remanenzspannung wird dadurch so verringert, daß sie bei den vorhandenen Widerständen im Erregerkreis nicht mehr genügt, um eine neue Selbsterregung einzuleiten.

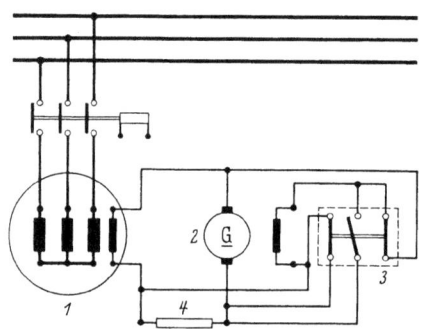

Abb. 140. Schnellentregungsschaltung für große Generatoren[1]

Außer den eingangs erwähnten Ursachen für das Umpolen sind noch die Rückwirkungen vom Ständer auf den Läufer zu erwähnen, welche beim plötzlichen Kurzschluß der Ständerwicklung eines Generators entstehen. Wo Schaltungen mit Schnellentregungswiderständen angewendet werden, kann bei Abschaltungen durch Schutzorgane ein Entmagnetisieren oder Umpolen eintreten. Wird von Hand reguliert, so kann dasselbe eintreten, wenn der Erregerstrom beim Ausschalten zu rasch reduziert wird.

Als erste Maßnahme gegen das Umpolen und Entmagnetisieren kommen in Frage: Die Verschiebung der Bürsten am Erreger entgegen

---

[1] *1* Generator; *2* Erregermaschine, Läufer; *3* Entregungsschalter, unterbrechungsfrei; *4* Entladewiderstand; *5* Magnetwicklung des Erregers.

der Drehrichtung, soweit dies mit Rücksicht auf die Kommutation zulässig ist; meist wird ein Rückschub um 1···2 Lamellen genügen.

Außerdem besteht die Möglichkeit, die Schnellentregungswiderstände den Stromkreisen anzupassen; bei Handregulierung ist ein langsameres Absenken des Erregerstromes angezeigt. Entladewiderstände werden etwa 4···5mal größer gewählt als der Widerstand der Erregerwicklung, Schnellentregungswiderstände etwa doppelt so groß wie die Widerstände der Polradwicklung. Die vier Abb. 138···140 zeigen verschiedene Entregungsschaltungen und den zugehörigen Stromverlauf.

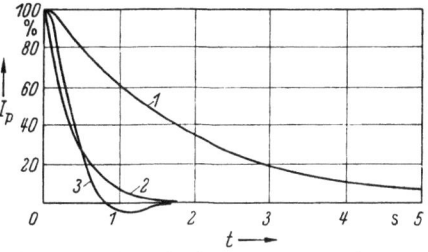

Abb. 141. Verlauf des Polradstromes I_p in Funktion der Zeit t.
Kurve 1: Schaltung nach Abb. 138, Kurve 2: Schaltung nach Abb. 139, Kurve 3: Schaltung nach Abb. 140.

Im modernen Kraftwerkbetrieb ist das Umpolen der Erregermaschinen, sofern es auf Abschaltungen zurückzuführen ist, ohne besondere Bedeutung, da meistens Gleichstrominstrumente für doppelseitigen Ausschlag vorhanden sind, außer wenn der Spannungsregler von der Stromrichtung im Gleichstromkreis abhängig ist. Eine Maschine kann zurückgepolt werden, indem man sie nochmals kurz erregt und wieder schnell entregt.

I. Anlauf- und Betriebsstörungen an Einankerumformern

1. Störungen im Anlauf

Je nach dem Anlaßverfahren eines Einankerumformers ergeben sich verschiedene Störungsmöglichkeiten, welche den Anlauf verschlechtern oder gar verhindern. Am Wechselstromnetz asynchron anlaufende Umformer verhalten sich ähnlich wie Synchronmotoren. Die Anlaufstörungen, welche auf S. 342 beschrieben sind, können daher auch an Umformern auftreten.

Bei Umformern, welche durch einen besonderen Asynchronmotor angeworfen werden, können Störungen an diesem Motor auftreten nach Abschn. I. K 3. Von der Gleichstromseite her angeworfene Umformer können ebenfalls Anlaufstörungen aufweisen (s. S. 163 u. f.).

a) Anlaßspannung ist zu tief

Die Anlaßspannung von Einankerumformern, welche asynchron anlaufen, liegt innerhalb 20···30% der Nennspannung. Sie kann mit Rücksicht auf die Stromstöße im Netz und bei Umformern, welche ohne Abhebung der Kommutatorbürsten anlaufen, vor allem wegen des Bürstenfeuers nicht höher angesetzt werden.

Neben zu tiefer Spannung des Netzes selbst und wegen Fehlern am Anlaßtransformator kann die Anlaßspannung durch übermäßige Verluste in den Zuleitungen zur Maschine zu tief sinken. Dieser Fall tritt wohl sehr selten und nur bei Hochstrom-Einankerumformern auf, die asynchron anlaufen müssen. Bei solchen Einheiten erreichen die Anlaufströme auf der Wechselstromseite oft Werte von mehreren tausend Ampère und verursachen bei unrichtiger Anordnung der Zuleitungsschienen ganz beträchtliche induktive Spannungsverluste. Die Anlaßspannung wird dann um einige Volt gesenkt und der Anlauf des Umformers verhindert. Bei der Installation solcher Hochstromleitungen müssen die Hin- und Rückleitungen mit äußerst geringem Abstand verlegt werden, um Schleifenbildung möglichst zu vermeiden; außerdem sind die einzelnen Parallelschienen der Phasenleiter nach Abb. 142 untermischt zu verlegen. Wegen der niederen Spannungen können die Abstände sehr klein gehalten werden. Ferner müssen die Verbindungsleitungen möglichst kurz sein. Bei solchen Einheiten sollten Transformator und Umformer möglichst nahe beisammen stehen. Müssen die Schienen durch eiserne Verschalungen oder Bodenabdeckungen hindurchgeführt werden, so sind die Platten zu schlitzen; andernfalls muß unmagnetisches Abdeckmaterial verwendet werden.

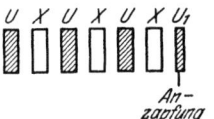

Abb. 142. Untermischung der Hin- und Rückleiter eines Polleiters für einen Sechsphasen-Hochstromumformer

Durch die beschriebenen störenden Zuleitungsverluste wird die Spannung auch gleichstromseitig im Normalbetrieb verringert; bei höherer Nennspannung ist jedoch der Einfluß nicht zu groß.

b) Magnetwicklung erhält Überspannung

Werden Einankerumformer von der Wechselstromseite aus mit offener Magnetwicklung angelassen, können in der Magnetwicklung hohe Spannungen induziert werden. Sie verursachen Überschläge von den Magnetspulen nach dem Eisen oder nach benachbarten Wicklungsteilen, sowie Durchschläge zwischen einzelnen Lagen und Windungen der Magnetspulen. Bei diesem Anlaßvorgang muß daher stets die Magnetwicklung über den Magnetregulator geschlossen sein. Die günstigste Stellung ist dabei in der Regel diejenige, welche der Erregung für Nennbetrieb und $\cos \varphi = 1$ entspricht.

c) Kommutator ist angebrannt

Bei asynchron anlaufenden Umformern werden einzelne, auf dem Kommutator gleichmäßig verteilt liegende Lamellen beim Anlauf stets mehr oder weniger geschwärzt. Diese Schwärzung hängt hauptsächlich von der Höhe der Anlaßspannung und von der Bürstensorte ab; sie verliert sich im Betrieb meist rasch wieder. Bei unzulässig starker, aber gleichmäßiger Anbrennung aller oder einzelner Lamellen, z. B. jeder zweiten, dritten oder vierten Lamelle, muß deshalb zuerst untersucht werden, ob die Anlaufspannung zu hoch ist oder ob eine ungeeignete Kohlensorte verwendet wurde. Starke Abbrennungen nur einzelner Lamellen oder Lamellengruppen, welche sich in Abständen gemäß der Polteilung oder der Schleifringanschlüsse wiederholen, weisen auf Wicklungsfehler im Läufer hin.

d) Andere Ursachen von Anlaufstörungen

Außer Störungen im Netz oder Anlaßtransformator, wie Unterbruch oder falscher Anschluß der Zuleitungen, können noch Unterbrüche und Windungsschlüsse im Läufer, Unterbrüche in der Dämpferwicklung und kurzgeschlossene Magnetpole den Anlauf erschweren.

Solche Unterbrüche können auftreten durch: Bruch einer Schleifringableitung, Abnützung oder Festklemmen der Schleifringkohlen, Loslöten der Spulenköpfe oder Bruch eines Leiters.

2. Störungen beim Synchronisieren asynchron anlaufender Umformer

a) Anlaßspannung ist zu tief

Wie beim Synchronmotor kann auch beim Umformer das Synchronisieren durch zu tiefe Anlaßspannung auf der Wechselstromseite erschwert oder sogar verhindert werden. Außer Störungen im Netz oder Anlaßtransformator — Wahl einer falschen Anzapfung — kann, besonders bei Hochstromumformern, ein zu großer Spannungsabfall in der Zuleitung die Anlaßspannung unzulässig herabsetzen. Auf diese Möglichkeit wurde schon auf S. 175 hingewiesen.

Einankerumformer synchronisieren meist bei einer Anlaßspannung von $15 \cdots 25\%$ der wechselstromseitigen Nennspannung.

b) Magnetwicklung ist falsch angeschlossen

Sind die Anschlüsse der Magnetwicklung verwechselt, so läßt sich ein Einankerumformer nur mit Mühe oder überhaupt nicht synchronisieren. Ist dies bei einer bestimmten Erregung noch gelungen, so wird der Umformer bei einer geringen Änderung der Erregung doch außer Tritt fallen. Ein nicht synchron laufender Umformer feuert am Kommutator im Takt der Schlupffrequenz.

c) Erregerkreis ist unterbrochen

Bei Unterbruch im Erregerkreis, sei es in der Magnetwicklung oder im Magnetregulator, läßt sich ein Umformer im allgemeinen nicht synchronisieren (s. S. 172 u. f.).

d) Dämpferwicklung hat zu hohen Widerstand

Wird beim Umformen, durch unzulässige Erwärmung, schlechte Kontaktstellen oder Bruch von Stäben der Dämpferwicklung der Widerstand der Wicklung und damit der Schlupf zu groß, so wird das Synchronisieren erschwert.

e) Polarität der Gleichstromseite ist falsch

Bei einem wechselstromseitig angelassenen, eigenerregten Umformer hängt die entstehende Polarität der Gleichstromseite ganz vom Zufall ab. Ergibt ein synchronisierter Umformer falsche Polarität, so muß, damit sich die richtige Polarität einstellt, der Läufer einmal um eine Polteilung schlüpfen. Man erreicht dies durch zwei Verfahren:

1. Durch kurzzeitiges Unterbrechen der wechselstromseitigen Zuleitung.
2. Durch kurzzeitiges Umschalten der Magnetwicklung, um den Läufer aus dem falschen Synchronismus zu reißen und beim Erreichen der neuen Lage wieder bei richtig angeschlossener Magnetwicklung zu synchronisieren. Am Gleichstromvoltmeter kann man den Umschaltzeitpunkt nach einiger Übung gut feststellen. Selbstverständlich müssen diese Umschaltungen noch in der Anlaufschaltung mit der Anzapfspannung erfolgen.

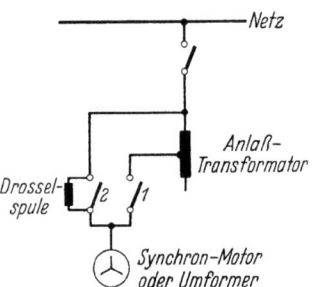

Abb. 143. Anlaßschaltung mit Überschaltdrosselspule für Synchronmotoren und Umformer

f) Stromstöße beim Anlegen der vollen Netzspannung an den erregten Umformer

Während des Schaltvorganges sind die Verhältnisse ähnlich wie beim Umschalten des Synchronmotors (s. S. 172 u. f.). Bei eigenerregten Umformern wird man den Magnetregulator von Anfang an ungefähr in die Betriebsstellung bringen, da man die für volle Netzspannung nötige Erregung wegen der Eigenerregung und der auf der Anlaßstufe ebenfalls verringerten Gleichspannung im Voraus nicht einstellen kann. Bei fremderregten Umformern kann die günstige Erregung schon auf der Anlaßstufe eingestellt werden.

Bei Umformern und Synchronmotoren kann durch die Verwendung von Überschaltdrosselspulen der Umschaltstoß stark verringert werden. Abb. 143 zeigt die Anlaßschaltung eines älteren Synchronmotors mit Überschaltdrossel, Abb. 151 diejenige der sog. KORNDÖRFER-Schaltung.

3. Die Spannungsregelung der Einankerumformer

Bei Einankerumformern kann die Gleichspannung nicht ohne weiteres durch eine Änderung der Erregung geregelt werden, sondern es muß für eine gleichstromseitige Spannungsänderung auch eine Änderung der Wechselspannung stattfinden. Das Verhältnis der Wechselspannung zur Gleichspannung ist zwischen Leerlauf und Vollast nicht stark veränderlich und beträgt bei Drehstromumformern $0,6 \cdots 0,7$ und bei Sechsphasenumformern $0,7 \cdots 0,8$.

Die Regulierung der Wechselspannung erfolgt durch Stufen- oder Drehtransformatoren, Zusatzmaschinen und durch Veränderung der Erregung, sofern auf der Wechselstromseite Transformatoren oder Drosselspulen mit genügender Reaktanz vorhanden sind. Die letztere Art der Spannungsregulierung ergibt infolge des vermehrten Blindstromes eine Vergrößerung der Kupferverluste. Man wählt daher stets die Reaktanz des Transformators und der Drosselspulen möglichst groß, um mit geringem Blindstrom, bei hohem Leistungsfaktor, eine weitgehende Regulierung zu erreichen. Läßt man Blindströme in der Größenordnung von $30 \cdots 40\%$ des auf $\cos \varphi = 1$ bezogenen Nennstromes zu, so muß die abgegebene Leistung um $10 \cdots 20\%$ herabgesetzt werden, mit Rücksicht auf die vergrößerte Erwärmung durch den erhöhten Wechselstrom.

Bei Störungen in der Regulierung der Gleichspannung wird man in erster Linie die Spannungen auf der Wechselstromseite messen. Bei Regulierungen durch Stufentransformatoren können das Steckenbleiben des Regulierschalters, falsche Verkeilung der Antriebsorgane, falsches Aufliegen von Ketten oder Seilen zwischen Schalter und Antrieb Ursachen einer Störung sein. Die Betriebsvorschrift für den Stufenschalterantrieb muß genaue Angaben über die Einstellung der Antriebsteile zueinander enthalten; auch werden Ketten und Räder meistens bei der Werkstattmontage in der richtigen Lage zusammengezeichnet. Bei der Regulierung durch Drehtransformatoren kann ein Unterbruch in der Erregerwicklung eine Störungsursache sein. Wird auf der Wechsel- oder Gleichstromseite eine Zusatzmaschine zur Regelung verwendet, so können Fehler in den Erregerkreisen dieser Maschinen Anlaß zu Störungen geben. Man untersuche daraufhin diese Maschinen, wie vorher beschrieben wurde.

4. Störungen im Betrieb

a) Spannungsänderung ist zu groß

Der Spannungsrückgang zwischen Leerlauf und Vollast erreicht bei Einankerumformer ohne Kompoundwicklung $2 \cdots 5\%$. Durch den Einbau einer Kompoundwicklung kann dieser Wert in gleicher Weise wie bei einer Gleichstrommaschine geändert werden. Auch die Bürstenverschiebung kann eine geringe Änderung bewirken, deren Grenzen jedoch durch die Kommutation festgesetzt sind. Als Ursachen zu großer Spannungsänderungen können hauptsächlich in Frage kommen: Unrichtige Bürstenstellung, falscher Anschluß von Kompound- und Wendepolwicklungen, unrichtige Erregung.

b) Lastverteilung im Parallellauf ist ungleich

Um eine gleichmäßige Verteilung der Belastung parallellaufender Umformer zu erreichen, muß die Spannungsänderung aller Umformer einschließlich ihrer Transformatoren und Zuleitungen möglichst gleich sein. Die Lastverteilung der Umformer kann in geringem Maße durch Bürstenverschiebung erreicht werden; ein Vorschub der Bürsten aus der neutralen Zone hat eine Vergrößerung der Spannungsänderung, ein Rückschub eine Verringerung zur Folge. Bei stärkerem Spannungsrückgang eines Umformers wird sein gleichstromseitiger Belastungsanteil herabgesetzt.

Durch die Erregung kann die Lastverteilung auf der Gleichstromseite nur dann richtig beeinflußt werden, wenn der Umformer wechselstromseitig über einen Transformator ans Netz angeschlossen ist, oder wenn auf der Wechselstromseite geeignete Zusatzdrosselspulen eingebaut sind. Eine Übererregung des Umformers erhöht, eine Untererregung erniedrigt die Wechselspannung und damit auch die Gleichspannung und die Belastung. Der größer werdende Blindstrom erhöht dabei allerdings die Kupferverluste im Umformer; deshalb kann die Veränderung der Erregung nicht zu weit getrieben werden.

Die Wechselspannung selbst und damit die Belastung der Gleichstromseite kann auch durch Stufen- und Drehtransformatoren und durch Zusatzmaschinen reguliert werden.

c) Parallelbetrieb mit Ausgleichströmen

Einankerumformer laufen nicht gut parallel ohne Zwischenschaltung von Transformatoren oder Drosselspulen auf der Wechselstromseite. Wegen der kleinen inneren Spannungsabfälle können geringe Verschiedenheiten der Widerstände, z. B. der Bürstenübergangswiderstände oder der Wicklungswiderstände bei ungleicher Erwärmung, die Belastungsverteilung völlig stören. Es kann sogar vorkommen, daß sich

Anlauf- und Betriebsstörungen an Einankerumformern 161

die Gleichströme über die Wechselstromseite ausgleichen. Jeder Umformer muß deshalb einen eigenen Transformator besitzen, um eine von Zufälligkeiten unabhängige Lastverteilung zu erreichen. Der Anschluß mehrerer Umformer an ein Netz unter Benützung des gleichen Transformators ist nicht möglich. Ebenso ist es nicht zulässig, die Sternpunkte der verschiedenen Transformatoren auf der Umformerseite zu verbinden, da sonst ungehindert Ausgleichströme fließen können.

d) Pendelungen und Außertrittfallen

Umformer können bei raschen Belastungsschwankungen ins Pendeln kommen; bei Kurzschlüssen besteht sogar die Gefahr des Außertrittfallens. Da die Magnetpole von Umformern in der Regel geblecht sind, ist zur Erzeugung des nötigen synchronisierenden Momentes eine Dämpferwicklung eingebaut. Tritt nun allmählich ein Loslöten einzelner Dämpferstäbe ein, so wird der Widerstand der Dämpferwicklung vergrößert, ihre Wirkung verringert und die Gefahr des Pendelns erhöht. Auch ein stark untererregter Umformer neigt leicht zum Pendeln; dabei ist ein starkes Feuer am Kommutator zu beobachten.

e) Durchgehen

Beim Abschalten eines parallellaufenden Umformers vom Wechselstromnetz ohne gleichzeitiges Abtrennen vom Gleichstromnetz kann der Umformer, sofern er schwach erregt ist, auf gefährlich hohe Drehzahl ansteigen. Um dies zu verhindern, werden Fliehkraftschalter angebaut, welche bei zu hoher Drehzahl, die meist $15 \cdots 20\%$ über der Nenndrehzahl liegt, die gleichstromseitigen Schalter auslösen.

Auch ein in umgekehrter Richtung, d. h. vom Gleich- ins Wechselstromnetz arbeitender Umformer, der wechselstromseitig nicht parallel geschaltet und in Synchronismus gehalten ist, kann bei reiner Blindbelastung durch die feldschwächende Wirkung der Blindströme eine unzulässig hohe Drehzahl annehmen. Die gleiche Gefahr besteht bei Kurzschlüssen im Wechselstromnetz.

5. Parallellauf mit Gleichstrommaschinen oder Batterien

Ein mit Gleichstrommaschinen oder Batterien parallel arbeitender Umformer übernimmt bei Stoßbelastungen wegen seiner geringen Spannungsänderung den größten Teil der Last. In geringem Maße kann man eine gleichmäßige Lastverteilung durch Vorschieben der Kommutatorbürsten erreichen. Oft ist es jedoch nötig, an den Hauptpolen eine schwach wirkende Gegenkompoundwicklung anzubringen oder auf der Wechselstromseite zusätzliche Drosselspulen einzubauen.

K. Anlaufstörungen an Motoren

1. Allgemeine mechanische Ursachen

a) Angetriebene Seite ist nicht in Ordnung

Klemmungen oder Anfressungen in den Lagern bei übermäßig gespannten Riemen, Versperrungen und Verstopfungen etwa in Steinbrechern oder Mühlen, irrtümlich geschlossene Auspuffventile von Kolbenkompressoren, offene Schieber im Saug- oder Druckteil von Gebläsen und Pumpen, zu stark angezogene Stopfbüchsen und zahlreiche andere Gründe können das Antriebsmoment des Motors überschreiten. In diesem Fall kommt der Motor nicht mehr zum Anlauf oder nicht mehr auf volle Drehzahl. Dies tritt besonders oft bei Asynchronmotoren mit Kurzschlußläufern auf, welche zur Verminderung des Anlaufstromes mit reduzierter Spannung und deshalb auch verringertem Moment angelassen werden, was bei Stern-Dreieck-Anlauf und bei der Verwendung von Anlaßtransformatoren der Fall ist. Auch bei Asynchronmotoren mit Fliehkraftschaltern, deren Läuferwiderstände während des Anlaufes Stufe um Stufe kurzgeschlossen werden, kann die Abschaltung einer oder mehrerer Endstufen durch ein zu großes Lastmoment verhindert werden. Der Motor bleibt bei einer zu tiefen Drehzahl *hängen*, wobei die Gefahr besteht, daß der eingeschaltete Anlasser verbrennt. Bei Antrieben mit vielen Lagern kann nach einem langem Stillstand das Anzugsmoment unzulässig groß sein.

b) Mechanische Fehler am Motor

Unter den zahlreichen mechanischen Störungen, welche am Motor selbst auftreten können, sind die wichtigsten:

Streifen des Läufers bei ausgelaufenen Lagern oder verspannter Welle, festgefressene Lager, festgeklemmte Läufer.

Das Lagerspiel von Motoren kann zu groß werden durch Verunreinigungen des Öles durch Sand, Zement und Metallstaub, die wie Schleifmittel wirken und Lager samt Welle abnützen. Das Eindringen solcher Fremdkörper in die Lager ist meist auf unsorgfältige Wartung in staubigen und schmutzigen Betrieben zurückzuführen, wenn Ölkammerdeckel, Einfüllöcher und Lagerabschlüsse offen bleiben. Seltener sind unzweckmäßig konstruierte Lager die Störungsursache. Zu großes Lagerspiel führt schließlich zu einer so starken Verlagerung eines Läufers, daß er infolge des stark anwachsenden, einseitigen magnetischen Zuges zu streifen beginnt. Besonders Asynchronmotoren, die allgemein kleine Luftspalte besitzen, unterliegen diesem Fehler nicht selten. Die Ursache für das Streifen eines Läufers kann auch in einer zu großen Durchbiegung der Welle bei übermäßigem Riemenzug liegen, welcher sich bei der Benutzung zu kleiner Riemenscheiben einstellt. Auch chemische Einflüsse auf die Lager können ähnliche Schäden hervorrufen.

Störungen beim Anlauf von Motoren, herrührend von Fremdkörpern, die in den Luftspalt zwischen Ständer und Läufer eingedrungen sind, kommen selten vor. Sie sind meistens durch die Unachtsamkeit des Montage- oder Bedienungspersonals verschuldet.

Wenn ein Läufer streift, so ist stets ein starkes Brummen, verbunden mit Vibrationen, festzustellen; Ständer- und Läuferbleche sind an den streifenden Stellen blank geschliffen und weisen Anlauffarben auf.

2. Anlaufstörungen an Gleichstrommotoren

a) Zuleitungen und Hauptstromkreise sind unterbrochen

Naheliegend sind Fehler in der Zuleitung: durchgeschmolzene oder ungenügend festgeschraubte oder verbrannte Kontakte in Schaltern, ausgelötete Kabelschuhe, Unterbrüche in Anlassern. Unterbrüche im Hauptstromkreis können auch am Kommutator bei nicht aufliegenden Bürsten, in der Wendepol- oder Kompoundwicklung oder in den Verbindungen zu den Bürsten und Wicklungen vorhanden sein.

b) Magnetregulator ist unterbrochen

Gleichstrom-Nebenschlußgeneratoren, deren Magnetregulator oder Verbindungen zur Magnetwicklung einen Unterbruch besitzen, können unter Last nicht anlaufen, in unbelastetem Zustand können sie jedoch durchbrennen. Noch größer ist die Gefahr bei Kompoundmotoren mit sehr stark wirkender Kompoundwicklung. Diese können auch unter Last anlaufen, jedoch mit so großer Stromaufnahme, daß der Überstromschalter auslöst oder die Sicherungen durchgehen.

c) Anschlüsse der Erregerwicklung sind falsch

Gleichstrommotoren können auch infolge falschen Anschlusses nicht anlaufen. Wird die Zuleitung zur Magnetwicklung nach Abb. 144 irrtümlich erst hinter dem Anlasser angeschlossen, dann erhält die Magnetwicklung nur geringe Spannung; die Magnetpole sind nur ungenügend erregt und der Motor kann kein genügendes Drehmoment entwickeln. Erst bei der allmählichen Abschaltung des Anlassers steigt der Strom in der

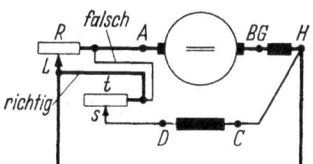

Abb. 144. Richtiger und falscher Anschluß der Magnetwicklung eines Gleichstrom-Nebenschlußmotors

Magnetwicklung; ein unbelasteter Motor wird dann anlaufen und beim Erreichen der Kurzschlußstellung des Anlassers richtig arbeiten. Abb. 144 zeigt auch den richtigen Anschluß. Bei Anlassern mit drei

Klemmen kann, bei falschem Anschluß der Leitungen, dieser Fehler ebenfalls entstehen. Das Netz ist dabei an R und der Motor an L ange-

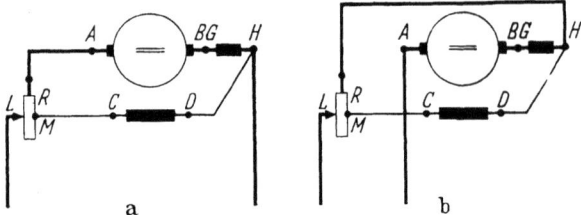

Abb. 145. a richtige und b falsche Schaltung eines Gleichstrom-Nebenschlußmotors und Anlassers

schlossen statt, wie Abb. 145a richtig zeigt, die freie Ankerklemme A an R und das Netz an L. Eine andere falsche Schaltung zeigt Abb. 145 b. Hier sind die Anschlüsse am Motor vertauscht; der Motor wird unter Last nicht anlaufen, jedoch im unbelasteten Zustand durchbrennen.

d) Magnetwicklung ist unterbrochen oder verschaltet

Bei einem Unterbruch in der Magnetwicklung sowie bei teilweise verschalteten oder kurzgeschlossenen Polspulen ist das Anzugsmoment eines Gleichstrommotors jeder Schaltart stark verringert. Der unbelastete Motor wird bei unterbrochener Feldwicklung mit starkem Bürstenfeuer anlaufen und Neigung zum Durchbrennen haben. Ist der Motor genügend stark belastet, so wird er nicht anziehen und einen großen Strom aufnehmen. Nach dem Abschalten weiterer Widerstandsstufen des Anlassers werden die Sicherungen durchbrennen. Sind einzelne Pole einander entgegengeschaltet oder kurzgeschlossen, so wird der Motor je nach seiner Belastung stehen bleiben oder anziehen; im letzteren Fall wird er jedoch die Nenndrehzahl überschreiten, bei anormal großer Stromaufnahme.

e) Erregerwicklung hat Windungs- oder Eisenschlüsse

Durch die verschiedenartigen auf S. 139 erwähnten Windungs- oder Lagenschlüsse der Erregerwicklung sowie durch die ebenfalls früher genannten Schlüsse gegen Eisen und gegen andere Wicklungen (Abb. 123 und 124) kann das Feld so geschwächt werden, daß der Motor auch bei geringer Last nicht mehr anzieht oder aber im unbelasteten Zustand zu hohe Drehzahl erreicht.

f) Läuferwicklung hat Schlüsse oder Unterbrüche

Auch Windungsschlüsse oder Unterbrüche im Läufer verunmöglichen meist den Anlauf oder verhindern das Erreichen der normalen Drehzahl. Bei einem Windungsschluß im Läufer ist die Stromaufnahme groß, und es tritt sehr rasch eine örtliche Überhitzung der kurzgeschlossenen Lagen oder Spulen auf; die zugehörigen Kommutatorlamellen feuern stark. Der Läufer des stillstehenden Motors läßt sich dann meist nur ruckartig bewegen. Auch bei einem Unterbruch im Läufer feuern die zur Unterbrechungsstelle gehörigen Kommutatorlamellen sehr stark, und die Isolation zwischen den einzelnen Lamellen verbrennt.

g) Kompoundwicklung ist falsch angeschlossen

Bei falschem Anschluß der vom Hauptstrom durchflossenen Kompoundwicklung können sich die Wirkungen der Magnet- und Kompoundwicklung teilweise aufheben; die Folge davon ist ein kleineres Anlaufmoment.

Die richtige Schaltung der Kompoundwicklung kann wie folgt festgestellt werden: Kann der Motor entlastet werden — bei Riemenantrieben soll wenn möglich auch der Riemen abgehoben werden —, läßt man zuerst den Motor in normaler Schaltung, mit angeschlossener Magnetwicklung, anlaufen und stellt den Drehsinn fest. Hernach unterbricht man eine Zuleitung zur Magnetwicklung und schaltet neuerdings, vom Stillstand aus, den Anlasser vorsichtig wieder ein, bis der Motor von selbst oder durch Anstoß sich eindeutig nach einer Richtung zu drehen beginnt. Da der Motor die Neigung zum Durchbrennen hat, muß sofort nach einsetzender Drehung wieder ausgeschaltet werden. Nötigenfalls darf man bei diesem Versuch den Strom kurzzeitig bis zum Nennstrom steigern. Dreht sich nun der Motor im gleichen Sinn wie beim ersten Versuch, so ist die Schaltung richtig; andernfalls ist die Kompoundwicklung durch Vertauschen der Anschlüsse richtig zu schalten. Es ist auch darauf zu achten, daß bei Änderung der Drehrichtung eines Kompoundmotors nicht allein die Anschlüsse der Magnetwicklung, sondern auch diejenigen der Kompoundwicklung vertauscht werden müssen.

Auch aus einer Messung des Drehzahlabfalles eines Kompoundmotors, zwischen Leerlauf und Vollast, kann die richtige Schaltung der Kompoundwicklung festgestellt werden. Man mißt bei möglichst konstanter Netzspannung diese Drehzahländerung zuerst bei eingeschalteter und dann bei ausgeschalteter oder überbrückter Kompoundwicklung. Bei richtig angeschlossener Kompoundwicklung muß die Drehzahldifferenz zwischen Leerlauf und Belastung größer sein als ohne Kompoundwicklung.

h) Wendepolwicklung ist falsch angeschlossen

Stehen die Bürsten in der neutralen Zone, so wird ein Nebenschlußmotor trotz falschen Anschlusses der Wendepolwicklung richtig anlaufen, aber meist stark feuern.

i) Bürstenstellung ist unrichtig

Eine starke Verschiebung der Bürsten aus der neutralen Zone hat ein vermindertes Drehmoment zur Folge. Der Anlauf ist entweder zögernd oder der Motor bleibt überhaupt stehen; im ersten Fall entstehen starke Funken am Kommutator.

Sind die Bürsten bei einem Nebenschlußmotor aus der neutralen Zone zurückverschoben, so kann der Fall eintreten, daß ein nur schwach erregter Motor nach dem Anlauf zuerst kurzzeitig auf eine niedere Drehzahl kommt und dann seine Drehrichtung ändert. Diese Störung ist hauptsächlich bei unrichtigem Anschluß der Magnetwicklung nach Abb. 144 oder beim Vertauschen der Anschlüsse am Motor nach Abb. 145 möglich.

Über die richtige Einstellung der neutralen Zone s. S. 84.

3. Anlaufstörungen an Asynchronmotoren

a) Zuleitungen sind unterbrochen oder verschaltet

Drehstrommotoren laufen beim Unterbruch in nur einer Ständerzuleitung nicht an, sondern lassen sich nur ruckweise bewegen und brummen dabei stärker. Läuft der Motor jedoch vor dem Unterbruch auf Nenndrehzahl und tritt dann ein Unterbruch in einer Phase auf, so kann er mit reduziertem Drehmoment weiterlaufen. Dabei nehmen allerdings Statorstrom und Schlupf so stark zu, daß die Gefahr des Verbrennens der Wicklung besteht, wenn nicht ein richtig bemessener Überstromschutz den Motor abschaltet. In Abb. 146 ist gezeigt, wie sich Leistung, Drehzahl und Strom eines Motors sowohl bei richtigem Anschluß wie bei einphasigem Lauf verhalten. Der Motor kann im letzteren Fall noch etwa $80\cdots 90\%$ des Nenndrehmomentes erzeugen und nimmt dabei annähernd den doppelten Nennstrom auf. Bei Motoren mit Stern-Dreieck-Anlauf können Verschaltungen in den Verbindungen zwischen Motor und Schaltgerät, z. B. Anschluß in $\triangle$- statt in $\curlyvee$-Schaltung, auch Anlaufstörungen zur Folge haben.

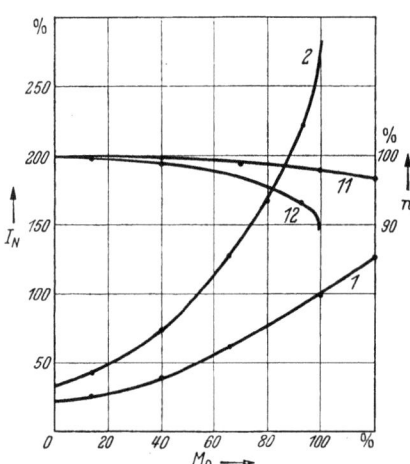

Abb. 146. *1* und *2* Ständerstrom in % des Nennstromes I_N in Abhängigkeit vom Drehmoment M_D (Nennwert = 100%), *11* und *12* Drehzahlen in % der Synchrondrehzahl n_S in Abhängigkeit vom Drehmoment, *1* und *11* Anschluß dreiphasig; *2* und *12* Unterbruch eines Polleiters

b) Netzspannung ist zu niedrig

Asynchronmotoren entwickeln beim Anlauf mit verringerter Netzspannung vielfach ein noch ausreichendes Drehmoment, wenn im Anlasser genügend Widerstand abgeschaltet wird oder wenn Motoren mit Kurzschlußläufer und Stern-Dreieck-Anlassern direkt in Dreieck geschaltet werden.

Bei Motoren mit Kurzschlußläufer, die mit Anlaßtransformatoren angelassen werden, muß man bei zu tiefer Netzspannung an eine höhere Anzapfung anschließen.

c) Unterbruch im Anlasser

Asynchronmotoren können trotz Unterbruch eines der Leiter zwischen Läufer und Anlasser noch leer anlaufen; sie werden dann ungefähr den Nennstrom aufnehmen und noch 10···20% des Nenndrehmomentes besitzen; bei höherer Belastung bleiben die Motoren jedoch stehen.

d) Anlasser ist unpassend

Drehstrommotoren entwickeln bei einem bestimmten, günstigsten Wert des gesamten Läuferwiderstandes das höchste Anzugsmoment. Ist dieser Wert über- oder unterschritten, so muß in beiden Fällen das Anzugsmoment kleiner werden. Abb. 147 zeigt die Abhängigkeit des Anzugsmomentes eines Drehstrommotors vom Widerstand des Läuferkreises. In Abb. 148 (S. 168) sind Drehmoment und Ständerstrom eines Asynchronmotors in Abhängigkeit der Drehzahl bei verschiedenen Läuferwiderständen angegeben. Man ersieht daraus, daß je nach der Größe des Widerstandes das höchste Drehmoment bei einer anderen Drehzahl liegt.

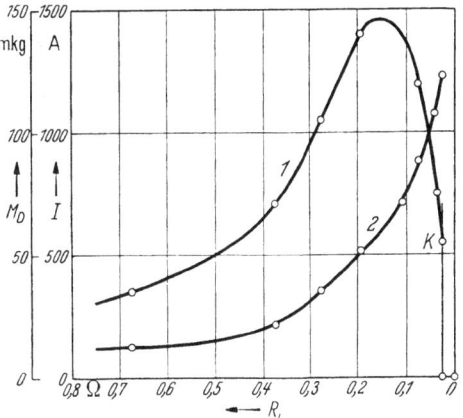

Abb. 147. Anzugsmoment M_D und Ständerstrom I eines Drehstrommotors 55 kW, 220 V, 1000 U/min in Abhängigkeit vom Widerstand des Läuferkreises R_L. 1 Anzugsmoment, 2 Ständerstrom. Punkt K: Läufer kurzgeschlossen

Die Abbildung erklärt auch, daß die Anlaßstromstöße von der momentanen Drehzahl abhängen, bei welcher das Weiterschalten des Anlassers erfolgt. Bei zu raschem Schalten kann der Motor durch den Überstromschutz ausgeschaltet werden. In dieser Hinsicht besteht kein Unterschied zwischen Asynchron- und Gleichstrommotoren.

Störungen an Flüssigkeitsanlassern s. S. 297.

e) Ständer- oder Läuferwicklung ist unterbrochen

Einige Folgen von Unterbrüchen in den Ständer- oder Läuferwicklungen gehen aus den vorstehenden Abschnitten hervor.

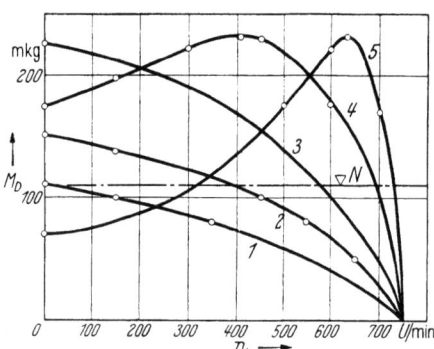

Abb. 148. Drehmoment M_D in Abhängigkeit der Drehzahl n bei verschiedenem Widerstand des Läuferkreises eines Drehstrommotors 80 kW, 500 V, 750 U/min. *1* Anlaufdrehmoment bei $R_{tot} = 40 \times$ Läuferwiderstand; *2* Anlaufdrehmoment bei $R_{tot} = 20 \times$ Läuferwiderstand; *3* Anlaufdrehmoment bei $R_{tot} = 6 \times$ Läuferwiderstand, *4* Anlaufdrehmoment bei $R_{tot} = 3 \times$ Läuferwiderstand, *5* Anlaufdrehmoment, Läufer kurzgeschlossen; Linie N Nennmoment

Sind zudem bei Kurzschlußläufern einige Stäbe losgelötet oder gebrochen, so wird das Drehmoment ebenfalls verringert und der Anlauf erschwert. Losgelötete Spulenköpfe bewickelter Läufer, wie auch schlechte Kontakte an der Kurzschlußvorrichtung, können die Anlaufverhältnisse beeinträchtigen. Diese Fehler machen sich alle durch periodische Schwankungen des Ständerstromes bemerkbar, welche in Netzen mit kleiner Leistung sogar zu Schwankungen der Lichtstärke angeschlossener Lampen führen können. Auch sind stoßartige Brummgeräusche, verbunden mit gleichzeitigen Vibrationen des Motors, welche bei zunehmender Belastung rascher und stärker werden, Anzeichen für Läuferstörungen der beschriebenen Herkunft.

Einphasen-Asynchronmotoren, welche zum Anlauf eine Hilfswicklung und besondere Anlaßgeräte benötigen, können Anlaufstörungen erfahren durch Unterbrüche in der Hilfswicklung oder in den zugehörigen Schaltapparaten. Nicht selten werden bei Motoren, die mittels eines Kondensators mit flüssigem Dielektrikum anlaufen, Störungen durch das Einfrieren oder Verdunsten der Flüssigkeit verursacht.

f) Ständer- oder Läuferwicklung hat Schlüsse

Diese Schlüsse haben ebenfalls das Stehenbleiben des Motors bei Last zur Folge. Während der Anlauf bei einem Windungsschluß im Ständer mit einem geringen Moment noch möglich ist, zieht der Motor bei einem Windungsschluß im Läufer nicht mehr an; der Läufer läßt sich nur mehr ruckartig bewegen. Meist tritt dann ein starkes Brummen und vor allem eine starke örtliche Erwärmung auf. Bei einem Läuferschluß schwankt auch der Ständerstrom, wenn der Motor aus dem Stillstand gedreht wird. Ähnlich sind die Erscheinungen, wenn nicht nur einzelne Windungen oder Lagen, sondern ein ganzer Wicklungsstrang kurzgeschlossen ist, sei es wegen Isolationsfehlern an den Spulen oder Verbindungen, oder wegen Fehlschaltungen am Klemmenbrett des Ständers.

Bei Drehstrommotoren, die an Netze mit geerdetem Nullpunkt angeschlossen sind, bedeutet der Eisenschluß eines Wicklungsteiles stets auch einen Kurzschluß.

g) Ständer- oder Läuferwicklung hat Schaltfehler

Diese Fehler kommen meistens vor bei falschen Anschlüssen der Wicklungsableitungen am Klemmenbrett. Z. B. kann eine Ständerwicklung in Stern statt in Dreieck geschaltet sein, wodurch das Anzugsmoment auf ungefähr die Hälfte desjenigen in Dreieckschaltung verringert wird; dieses Moment genügt für den Anlauf unter Last nicht immer. Bei Motoren, die an verschiedene Spannungen anschließbar sind, können die Schaltverbindungen irrtümlich für eine höhere Spannung als die Netzspannung hergestellt sein. Die Folge davon ist ein verringertes Anzugsmoment, das bei Drehstrommotoren quadratisch mit der Klemmenspannung abnimmt. Der Motor wird sich sehr stark erwärmen und kann bei großer Last verbrennen. Auch die falsche Verbindung der drei Phasen-Wicklungen (nach Abb. 149a statt nach Abb. 149b), wobei Anfang und Ende einer Phasenwicklung vertauscht sind, verursacht das Nichtanlaufen eines belasteten Motors. Ein unbelasteter

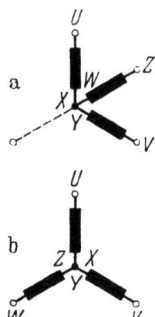

Abb. 149. a) Falsche und b) richtige Schaltung einer Drehstromständerwicklung in Sternschaltung

Motor, der mit einem solchen Schaltfehler behaftet ist, erreicht meist noch die Nenndrehzahl; er brummt dabei jedoch ungewöhnlich stark, auch sind hierbei die Ständerströme sehr verschieden und betragen, schon bei Leerlauf, ein Vielfaches des Nennstromes.

Ähnlich machen sich die Verschaltungen einzelner Spulen oder Spulengruppen bemerkbar; es tritt ein Brummen auf, das besonders bei parallel geschalteten Stromzweigen im Ständer sehr stark wird und mit unzulässigen Vibrationen des leerlaufenden Motors verbunden sein kann.

Das Aufsuchen von Verschaltungen im Ständer oder Läufer ist meist ziemlich schwierig. Vor allem sind hierzu Meßinstrumente und eine Stromquelle mit regelbarer Spannung erforderlich. Auf S. 41 wurde auf die Untersuchung solcher Fehler näher eingegangen.

Bei allen Störungen im Läufer ist zu beobachten, daß schon beim Drehen des Läufers von Hand der Ständerstrom stark schwankt.

h) Schleifringisolation wird überschlagen

Die Voraussetzung hierfür ist stets eine Verschmutzung der Isolation zwischen den Schleifringen und Bürstenträgern durch Kohlen- oder andern Staub oder das Vorhandensein von Kriechwegen herrührend von Feuchtigkeit oder chemischen Einflüssen. In staubigen und schmutzigen Räumen ist eine regelmäßige Reinigung der Isolation zwischen den Schleifringen notwendig. Ölablagerungen an diesen Stellen deuten auf Ölverluste des benachbarten Lagers hin. Eine starke Ansammlung von Kohlenstaub innerhalb kurzer Zeit kann durch unrichtige Kohlensorte oder falschen Bürstendruck verursacht sein.

Viele Betriebsleute vermuten, daß es sich beim Auftreten von Schleifringüberschlägen um Überspannungen im Einschaltmoment als Störungsursache handle. Dem muß entgegengehalten werden, daß beim Einschalten eines Motors, wenn dessen Läufer ordnungsgemäß und ohne Unterbruch mit dem Anlasser verbunden ist, keine gefährliche Überspannungen auftreten können. Sind diese Verbindungen jedoch unterbrochen oder nicht vorhanden und besteht zudem eine Verschmutzung, so ist mit Überschlägen zu rechnen. Es wird stets eine der vorerwähnten Ursachen in Frage kommen.

i) Störungen in den Anlassern

Häufig rühren Störungen auch von den Anlaßvorrichtungen her. Diese sind vor allem auf gute Kontaktgabe und richtigen Schaltablauf zu untersuchen. Die Symmetrie der Anlaßwiderstände sowie deren Stufenfolge sind zu messen. Zu viele, aufeinander folgende Anläufe sind zu vermeiden, da die Anlasser dabei durch Übererwärmung leiden können; die hierfür geltenden Vorschriften sind einzuhalten.

4. Anlaufstörungen an synchronisierten Asynchronmotoren

Da diese Motoren wie gewöhnliche Asynchronmotoren anlaufen, treten an ihnen auch ähnliche Anlaufstörungen auf, wie sie vorstehend beschrieben sind. Über das Synchronisieren dieser Motoren s. S. 172 u. f.

5. Anlaufstörungen an Synchronmotoren

Eine Reihe von Ursachen für Anlaufstörungen an Asynchronmotoren ist auch bei Synchronmotoren wieder vorhanden; es handelt sich um Störungen in der Ständerwicklung, die auf S. 168 erwähnt sind. Dazu müssen noch die Störungen erwähnt werden, deren Ursache in zu tiefer Anlaßspannung oder beim Läufer liegt.

Bei Synchronmotoren mit ausgeprägten Polen entsteht das Anlaufdrehmoment durch das Zusammenwirken des Ständerdrehfeldes mit den Läuferströmen, welche entweder in den massiven Polschuhen oder in besonderen Dämpferwicklungen fließen. Letztere sind zur Vergrößerung des Anlaufmomentes in die Polschuhe eingebaut.

a) Anlaßspannung ist zu niedrig

Asynchron anlaufende Synchronmotoren erhalten beim Anlauf über einen Anlaßtransformator eine reduzierte, betriebsmäßig meist nicht regulierbare Anlaufspannung. Sie beträgt bei leer anlaufenden Synchronmotoren etwa $30 \cdots 40\%$ der Nennspannung. Bei Motoren, die im Anlauf ein bestimmtes Lastmoment überwinden müssen, liegt die Anlaufspannung, je nach der Größe des Drehmomentes, zwischen $50 \cdots 75\%$.

Beim Anlassen nach Abb. 151 kann die Spannung nicht beliebig hoch gesteigert werden, weil sie durch die Netzstromstöße begrenzt ist. Im allgemeinen wählt man die Anlaufspannung so hoch, daß für die schwierigsten Anlaufverhältnisse — kalte Lager und ungünstigste Läuferstellung — noch mindestens 10% Spannungsüberschuß vorhanden ist. Sinkt nun die Netzspannung einer Anlage um etwa 15% oder tiefer, so kann es vorkommen, daß die Maschine nur noch bei einigen wenigen Stellungen des Läufers oder sogar überhaupt nicht mehr anläuft. Da unmittelbar nachher die Lagerreibung stark zurückgeht, kann man den Läufer vor dem Einschalten von Hand etwas drehen, wobei man in den Lagern zweckmäßig etwas Öl auf die Welle gießt. Ist die Netzspannung dauernd vermindert, so wird man den Anlaßtransformator auf eine höhere Spannungsstufe schalten. Ist auch dies nicht mehr möglich, so muß entweder der Transformator geändert, oder die Welle muß mittels Drucköl angehoben werden. Eine geringe Ölmenge, in die Mitte der unteren Lagerschale mit $20 \cdots 30$ Atm. Druck gepreßt, kann bei leer anlaufenden Synchronmotoren die nötige Anlaufspannung ganz beträchtlich herabsetzen. Bei Synchronmotoren mit Anlauf unter Last wird die Anlauferleichterung mit Drucköl allein nicht immer genügen, so daß der Transformator geändert werden muß.

In seltenen Fällen werden Synchronmotoren unter Zwischenschaltung von Anlaßdrosselspulen an die volle Netzspannung gelegt; die Drosselspulen werden dann beim Erreichen der vollen Drehzahl überbrückt. Auch hierbei kann durch eine stark verminderte Netzspannung die Reaktanz der Drosselspulen verkleinert werden. Da solche Drosseln fast immer mit Eisenkern und Luftspalt ausgeführt werden, wird dies einfach durch eine Vergrößerung des Luftspaltes erreicht. Fehlt diese Möglichkeit, so muß die Windungszahl der Spule kleiner gemacht werden.

b) Dämpferwicklung hat Unterbrüche

Die Anlaufdämpferwicklungen sind meist aus Kupfer, Messing oder Bronze hergestellt; die Dämpferstäbe sind mit den Dämpferringen vernietet oder verlötet. Nach vielen Anläufen können sich durch die Erwärmung solche Stäbe allmählich lösen, wodurch die Anlaufverhältnisse verschlechtert werden. Auch die Trennstellen einzelner Segmente, aus denen der Ring zusammengesetzt ist, können schlechte Kontakte aufweisen, den Anlauf erschweren und zu weiteren Schäden führen.

c) Polradwicklung hat Windungsschluß

Für Synchronmotoren wie für Asynchronmotoren besteht für das verlangte Anzugsmoment ein günstigster Widerstandswert im Läuferkreis. Dieser wird beim Anlauf in den Rotorkreis eingeschaltet und beim Erreichen der Nenndrehzahl abgetrennt oder überbrückt (Abb. 150).

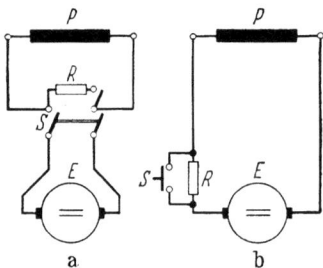

Abb. 150. Neben- und Vorwiderstand (a bzw. b) zum Polrad beim Anlauf eines Synchronmotors. *P* Polradwicklung, *R* Anlaufwiderstand, *E* Erreger, *S* Schalter

Der Anlauf mit offener Polradwicklung wird kaum mehr angewendet, weil die auftretenden Überspannungen zu Überschlägen an den Schleifringen führen können.

Sind die günstigen Widerstandswerte durch Windungsschlüsse in einzelnen Polspulen verändert, so wird der Anlauf erschwert und der Motor vibriert.

6. Störungen beim Synchronisieren von Synchronmotoren

a) Lastmoment ist zu groß

Ein Synchronmotor kann nur mit einem begrenzten maximalen Lastdrehmoment noch sicher synchronisiert werden, wobei auch das Schwungmoment der Maschinengruppe mitbestimmend ist. Wird durch irgendeine Störung an der angetriebenen Maschine dieses höchstzulässige Lastmoment überschritten, so wird es nicht mehr gelingen, den Motor in Tritt zu bringen. Eine solche Störungsursache ist beim Antrieb von Kompressoren und Gebläsen der schlechte Abschluß der Leitungen auf der Saugseite, wodurch der Kompressor von Anfang eine gewisse Förderung liefert und der Motor auf der Anlaßstufe unzulässig belastet wird. Bei Pumpen können ungenügend geschlossene Schieber eine unerwünschte Vergrößerung des Anlaufdrehmomentes zur Folge haben.

Je nach der Starrheit der Netze oder nach dem Anlaufmoment der Maschine wird eine der nachstehend beschriebenen Schaltungen zum Anlassen von größeren Synchronmotoren verwendet.

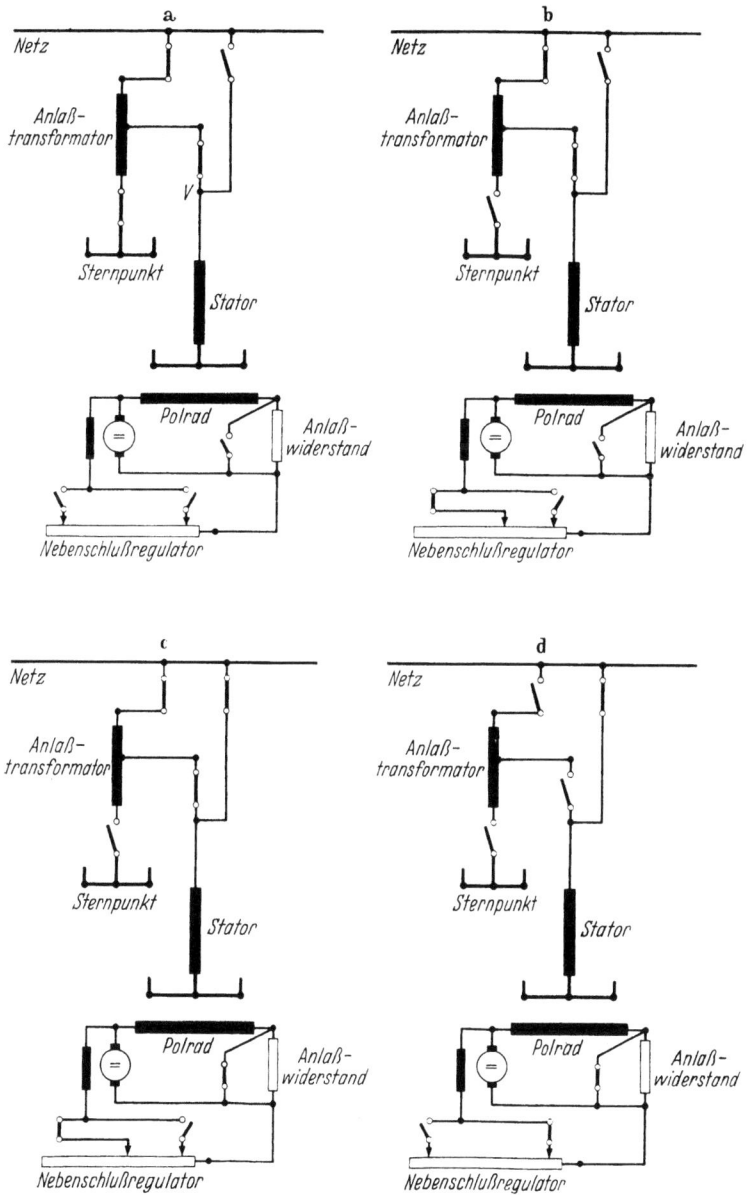

Abb. 151. KORNDÖRFER-Schaltung zum Anlassen von Synchronmotoren. Prinzip-Schema der vier Schaltstufen a ··· d

Sind Kompressoren und Gebläse anzutreiben, wird vielfach gemäß Schaltung Abb. 152 mittels Anlaßtransformator und mit separater Drossel angelassen. Bei dieser Schaltung überschreiten die Anlaß-Stromspitzen den Nennstrom des Motors nur wenig.

Ist das Netz starr und sind relativ kleine Schwungmassen, z. B. Speicherpumpen, anzutreiben, so wird mit Vorteil die KORNDÖRFER-Schaltung (Abb. 151) angewandt. Auf der ersten Schaltstufe (a) ist der

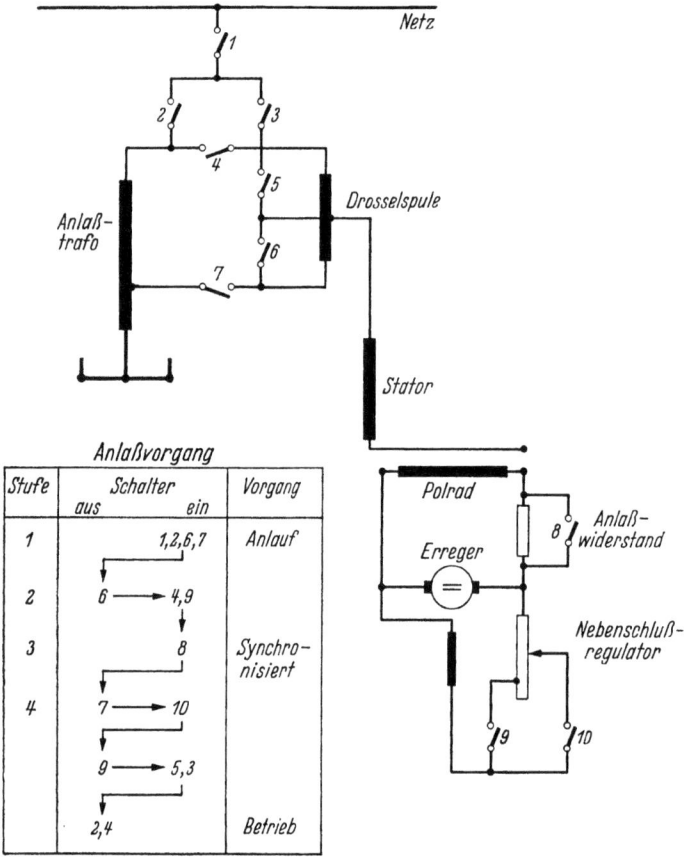

Abb. 152. Anlaß-Schaltung mit Transformator und Drosselspule

Autotransformator meistens bei 50···55% der Netzspannung angezapft; der Einschaltstromstoß wird dabei etwa $2^1/_2$fachen Nennstrom erreichen. Bei der Schaltung über die Drosselspule wird beim Öffnen des Sternpunktes der Statorstrom auf etwa $^2/_3$ des Einschaltwertes abklingen, um beim Umschalten auf die Netzspannung (c) noch einmal fast den ersten Wert zu erreichen. Da in diesem Moment, beim Zuschalten der vollen Erregung, der Motor mit dem Netz synchronisiert, wird dieser Stromstoß sofort auf den normalen Belastungswert abklingen.

Die Oszillogramme Abb. 154a und b wurden beim Anlauf einer 12000-kW-Speicherpumpengruppe am Synchronmotor aufgenommen und zeigen den Netz-, Stator- und Erregerstrom. Die Netzspannung von 12 kV blieb während des Anlaufes praktisch konstant. Abb. 153 zeigt Anlaufwerte eines 8poligen Drehstrom-Synchronmotors älterer Bauart von 370 kW Leistung.

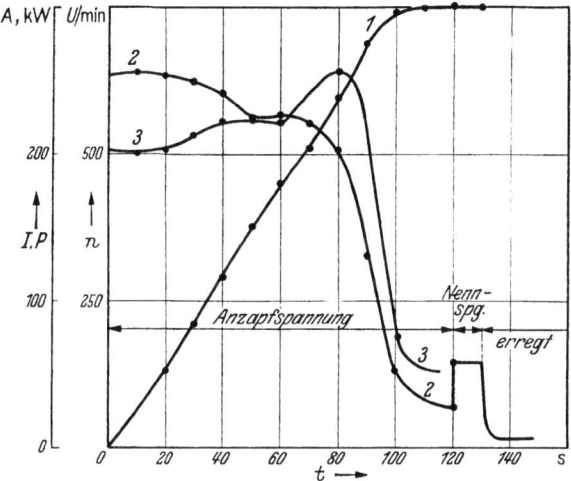

Abb. 153. Anlauf eines 8-poligen Drehstromsynchronmotors, 370 kW. Kurve 1: Drehzahl n; Kurve 2: Ständerstrom I; Kurve 3: Leistungsaufnahme P in Abhängigkeit von der Zeit t

b) Anlaßspannung ist zu niedrig

Das Synchronisieren eines Motors kann auch durch zu niedrige Anlaßspannung verhindert werden. Synchronmotoren, welche nur zur Blindleistungskompensation dienen und daher unbelastet anlaufen, gehen meistens bei erreichter Nenndrehzahl mit beliebiger Pollage in Tritt, ohne Erregung auf der Anlaßstufe.

Bei zu tiefer Spannung ist dies nicht mehr der Fall, doch kann die Maschine durch Erregen leicht in Tritt gebracht werden. Anders sind die Verhältnisse bei Synchronmotoren, welche schon beim Anlauf belastet sind und daher von einem bestimmten Schlupf aus durch Einschalten der Erregung in Tritt zu bringen sind. Bei zu tiefer Spannung ist dann der Schlupf des noch asynchron laufenden Motors zu groß, so daß er nicht mehr synchronisiert werden kann.

Das Synchronisieren von Synchronmotoren an einem starren Netz geht viel leichter vor sich als an einem schwächeren Netz.

Unbelastet anlaufende Synchronmaschinen gehen im allgemeinen bei $25 \cdots 30\%$ der Nennspannung ohne Erregung in Tritt. Bei belastetem

Anlauf liegen die Werte der Anlaßspannung für sicheres Synchronisieren bei noch genügend kleinem Schlupf, je nach dem verlangten Anlaufmoment, beträchtlich höher.

Je nach dem gewählten Anlaßverfahren (Abb. 151 und 152) erfolgt der Übergang von der Anlaßspannung auf die Netzspannung in einer oder mehreren Stufen. Das Einschalten der Erregung geschieht im letzten Falle auf derjenigen Spannungsstufe, auf welcher der Motor vorher ohne Erregung in Tritt gegangen ist. Wenn die Stromstöße zulässig sind, kann sogar nach dem Erreichen der Nenndrehzahl zuerst auf volle Spannung umgeschaltet und hernach die Erregung eingeschaltet werden. Man wird jedoch, um den Umschaltstoß zu verkleinern, besser zuerst den Motor mittels der Erregung synchronisieren und hernach auf die Netzspannung umschalten.

Ist die Anlaßspannung dauernd zu tief und das Synchronisieren unmöglich, dann muß meist eine Änderung am Transformator durchgeführt werden. Dies ist möglich durch die Wahl einer anderen Windungszahl. Meistens ist der Transformator mit zwei und mehreren Anschlüssen versehen, welche eine Erhöhung der Anlaßspannung um $5\cdots 10\%$ ermöglichen, wodurch nicht selten eine Abhilfe erreicht wird.

c) Dämpferwicklung hat zu hohen Widerstand

Da Synchronmotoren mit massiven Polen und ohne Dämpferwicklungen im Anlauf größeren Schlupf aufweisen und somit unter Last schwerer zu synchronisieren sind, werden zur Erzielung des maximalen Anlaufmoments die Motoren oft mit lamellierten Polschuhen und einer Dämpferwicklung ausgerüstet.

Wird der Widerstand der Dämpferwicklung durch unzulässige Erwärmung, Bruch von Stäben oder Verbindungen zu groß, so vergrößert sich auch der Schlupf, das Synchronisieren wird erschwert oder unmöglich.

d) Pollage des Synchronmotors ist verkehrt

Der Läufer einer unerregten Synchronmaschine kann mit richtiger oder falscher Pollage synchronisieren. Letzteren Zustand erkennt man daran, daß nach dem Einschalten und Erhöhen der Erregung der Ständerstrom nicht seinen Minimalwert erreicht. Er wächst sogar vorerst mit zunehmender Erregung an und erreicht schließlich mindestens $50\cdots 100\%$ des Nennstromes. Dabei schlüpft das Polrad um eine Polteilung und geht in die richtige Pollage. Bei voller Nennspannung des Motors erreicht der Ständerstrom kurzzeitig beim Schlüpfen etwa den doppelten Wert des Nennstromes, während bei tieferer Anlaßspannung die Ströme etwas kleiner sind.

Dieser Vorgang kann sich auch abspielen, wenn die Magnetwicklung des Erregers unterbrochen ist. Die Selbsterregung im geschlossenen Gleichstromkreis, gebildet aus Erregeranker und Polrad, genügt vielfach, um den Läufer in Tritt zu bringen, aber nicht, um ihn darin zu halten. Dieser Zustand bringt das Polrad zum Schlüpfen, von einer Polteilung zur andern. Das Oszillogramm Abb. 154b vom Anlauf eines großen Synchronmotors unter den beschriebenen Verhältnissen veran-

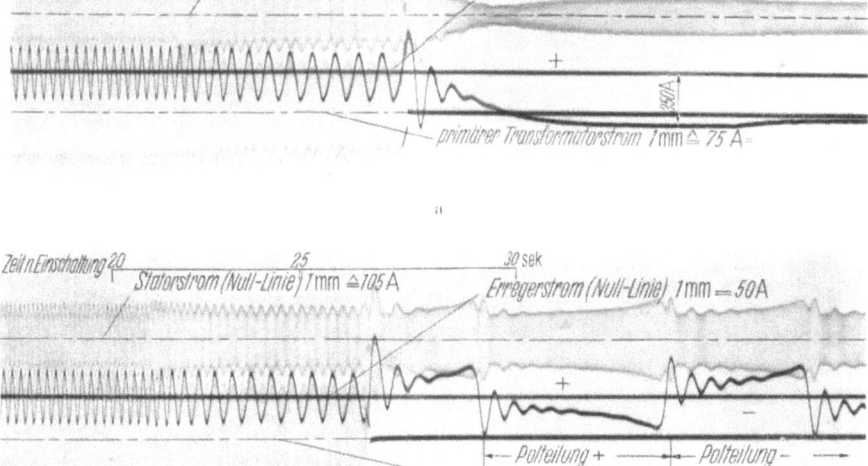

Abb. 154 a, b. Anlauf eines Synchronmotors 12 MW. a) normaler Anlauf, b) Synchronisieren mit verkehrter Pollage

schaulicht diesen Vorgang deutlich. Der Motor ist deshalb abzustellen und die Gleichstromkreise sind auf Unterbruch zu prüfen.

e) Stromstöße beim Einschalten auf volle Netzspannung

Um den Stromstoß beim Umschalten von der Anlaßspannung auf die Netzspannung möglichst klein zu halten, ist auf der Anlaßstufe eine bestimmte Erregung des Motors nötig. Ihr günstiger Wert liegt in der Nähe der Erregung für Normalspannung und $\cos \varphi = 1$; der Motor ist dabei auf der Anlaßstufe übererregt. Abb. 155 zeigt den beim Umschalten eines unbelasteten Synchronmotors entstehenden Stromstoß bei

12 Spieser, Krankheiten elektr. Maschinen, 2. Aufl.

verschieden hoher Erregung. Wichtig ist vor allem, daß das Umschalten ohne oder nur mit sehr kurzer Unterbrechung erfolgt (Oszillogramm Abb. 154a). Schon ein verhältnismäßig kleiner Unterbruch während des Umschaltens kann eine beträchtliche Winkelabweichung des Polrades zur Folge haben. Diese hängt bei leerlaufenden Synchronmotoren ab von den Verlusten und vom Läuferschwungmoment. Haben Synchronmotoren schon auf der Anlaßstufe ein gewisses Lastmoment, so ist dieses für die Winkelabweichung vorwiegend maßgebend. Sie bedingt auch die Höhe des Leistungsstoßes beim Synchronisieren.

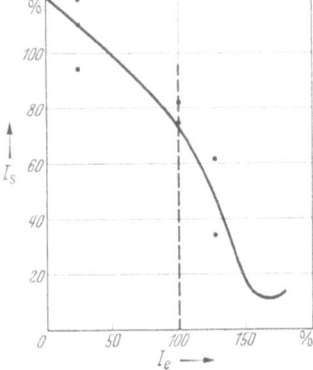

Abb. 155. Abhängigkeit des Umschaltstromstoßes I_s von der Erregung I_e eines leerlaufenden Drehstromsynchronmotors 3000 kVA. 100% I_e entspricht Nennspannung, Leerlauf und $\cos \varphi = 1$

Wenn OHMsche Widerstände statt Drosselspulen zum Anlauf benützt werden und wenn zwischen dem Ausschalten des Anlaßtransformators und dem Kurzschließen des Widerstandes einige Sekunden verstreichen, so liegt der Motor während dieser Zeit über dem Widerstand an der vollen Netzspannung. Dabei kann er ins Pendeln kommen und bei langer Überschaltzeit und ungünstiger Bemessung des Widerstandes sogar außer Tritt fallen. Bei der Verwendung OHMscher Widerstände darf daher die Überschaltzeit im allgemeinen nur einige Sekunden dauern.

f) Kurzschlüsse im Anlaßtransformator

Abb. 156 zeigt das einpolige Prinzipschaltbild der Anlaßschaltung eines Synchronmotors oder Umformers mit einstufigem Anlaßtransformator.

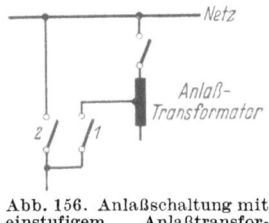

Abb. 156. Anlaßschaltung mit einstufigem Anlaßtransformator

Meist verwendet man dazu Anlaßschalter, bei welchen die beiden Apparate, Anlaßschalter 1 und Anlaßschalter 2, mechanisch so gekuppelt sind, daß der erstere zwangsläufig ausgeschaltet wird, wenn die Kontakte des letzteren sich berühren. Beide Schalter dürfen nicht gleichzeitig aufliegende Kontakte aufweisen, weil hierbei ein Kurzschluß über den Anlaßtransformator entstehen würde. Diese Schalter besitzen deshalb einen Vorkontaktwiderstand.

Werden dagegen nur Schalter verwendet, die nicht zwangsläufig gekuppelt sind, so müssen diese Schalter gegenseitig elektrisch verriegelt sein. Bei Störungen in der Verriegelung oder bei unrichtiger Einstellung der Schaltwege an den Schaltern können die Kontakte des Arbeitsschalters schon berühren, bevor die Kontakte des Anlaßschalters geöffnet sind oder bevor der Lichtbogen in diesem Schalter gelöscht ist. Dadurch wird der Anlaßtransformator kurzgeschlossen, wobei die Stromstöße die Wicklung deformieren können. In solchen Fällen muß in erster Linie die Arbeitsweise der Schalter geprüft werden, nötigenfalls muß durch Kürzen der Kontakte oder durch Änderung der Steuerorgane erreicht werden, daß eine gleichzeitige Kontaktgabe des Anlaß- und des Betriebsschalters ausgeschlossen ist.

g) Störungen durch Anwurfmotoren

Große Synchronmotoren, welche im Leerlauf als Synchron-Kompensatoren (Blindleistungsmaschinen) zur Spannungsregulierung dienen müssen, werden häufig durch besondere Anwurfmotoren angelassen. Dazu dienen oft einfache Asynchronmotoren oder synchronisierte Asynchronmotoren. Damit der asynchrone Anwurfmotor den Synchronmotor auf Nenndrehzahl bringen kann, weist er eine kleinere Polzahl auf. Ein synchroner Anwurfmotor besitzt hingegen gleiche Polzahl wie der anzuwerfende Motor. Der asynchrone Anwurfmotor wird durch Läuferwiderstände auf die richtige Synchronisierungsdrehzahl geregelt; der Synchronmotor wird dann nach den Einstellungen der richtigen Spannung und Phasenlage wie ein normaler Synchrongenerator parallel ans Netz gelegt. Bei der Verwendung eines synchronisierten Asynchronmotors als Anwurfmotor kann der Synchronmotor ohne weiteres stoßfrei an das gleiche Netz geschaltet werden, nachdem der Anwurfmotor mit richtiger Polarität synchronisiert hat. Eine wichtige Bedingung ist hierbei, daß die richtige Kupplungslage zwischen dem Synchronmotor und dem Anwurfmotor schon im Lieferwerk oder bei der Inbetriebsetzung voraus bestimmt wird, ferner müssen auch die Kupplungen in der bezeichneten Stellung zusammengebaut werden. Zudem muß die Erregung des Anwurfmotors und des Synchronmotors selbst mit der ebenfalls anfangs festgelegten und bezeichneten Polarität erfolgen.

Zeigt die Kontrolle der Phasenlage mittels Phasenlampen oder Voltmeter die Phasenopposition an, so ist die Polarität, d. h. Plus- und Minusklemme vertauscht, und es darf nicht parallel geschaltet werden. Es muß dann entweder die Erregerpolarität des Synchronmotors oder diejenige des Anwurfmotors gewechselt werden. Eine Phasenverschiebung zwischen der Motorspannung und der Netzspannung kann auch entstehen, wenn die vom Werk vorgeschriebene richtige Erregerstromstärke nicht eingestellt wird.

L. Einzel- und Parallelbetriebsstörungen von Motoren

1. Gleichstrommotoren

a) Betrieb ist unstabil

Gleichstrom-Nebenschlußmotoren haben zwischen Leerlauf und Vollast, bei unveränderter Netzspannung, einen Drehzahlrückgang von $2\cdots10\%$ der Nenndrehzahl. Dieser Wert ist einerseits bestimmt durch den OHMschen Spannungsverlust im Läuferkreis, der mit steigendem Belastungsstrom zunimmt. Anderseits bewirkt die mit dem Läuferstrom anwachsende Ankerrückwirkung eine Schwächung des resultierenden magnetischen Luftspaltflusses und damit eine Erhöhung der Drehzahl. Diese beiden Einflüsse haben bei unveränderter Erregung des Motors eine entgegengesetzte Wirkung auf die Drehzahl: je nach dem Überwiegen des ersten oder zweiten Faktors wird die Drehzahl mit der Belastung sinken oder steigen. Bei Nebenschlußmotoren mit Feldschwächung kann bei hoher Drehzahl, also bei kleiner Sättigung, der feldschwächende Einfluß der Ankerwicklung überwiegen und deshalb die Drehzahl mit zunehmender Belastung ansteigen.

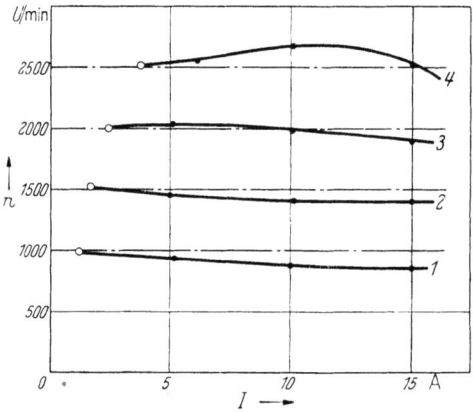

Abb. 157. Drehzahl n eines Nebenschlußmotors (6 kW) in Abhängigkeit vom Läuferstrom I bei Nennspannung. 1 — 4 Kurven für stufenweise reduzierte Erregung

Die Kurven der Abb. 157 zeigen die Drehzahl eines Nebenschlußmotors von 6 kW Nennleistung in Abhängigkeit vom Belastungsstrom, bei verschieden starker Erregung der Nebenschlußwicklung. Man ersieht daraus, daß mit der Schwächung des Feldes der Drehzahlabfall durch die Ankerrückwirkung zunimmt, weil der Einfluß zwischen Leerlauf und Vollast immer geringer wird.

Viele Antriebsarten bedingen mit dem Steigen der Drehzahl auch größere Drehmomente. Dieser Bedingung können Motoren mit steigender Drehzahlcharakteristik nicht immer genügen; ein stabiler Betrieb ist kaum möglich. Um die Stabilität eines Antriebs zu erreichen, muß mit zunehmender Belastung die Drehzahl sinken, damit ein sicherer Schnitt der Kurve des Belastungsdrehmomentes mit der Kurve des entwickelten Drehmomentes möglich ist (Abb. 158).

Bei Nebenschlußmotoren mit Wendepolen kann die Drehzahl im Verhältnis von 1:3 bis 1:5 durch Feldschwächung reguliert werden. Die obere Grenze ist meist auch durch Kommutierungs-Schwierigkeiten bedingt. Soll die Regulierung in noch weiteren Grenzen erfolgen, so muß die Klemmenspannung des Motors durch Vorschaltwiderstände oder durch Tiefregulieren der speisenden Spannung herabgesetzt werden. Dabei ist die Nebenschlußerregung mittels Fremdspannung konstant zu halten. Letzteres wird bei der WARD-LEONARD-Schaltung oder der Zu- und Gegenschaltung angewendet. Oft wird ein genügender Drehzahlabfall nur nach dem Einbau einer feldverstärkenden Hilfskompoundwicklung erreicht. Mit dieser ist auch bei starker Feldschwächung ein stabiler Betrieb sichergestellt. Müssen solche kompoundierte Motoren in beiden Drehrichtungen arbeiten, so ist es nötig, beim Wechseln der Drehrichtung nicht nur die Anschlüsse der Magnetwicklung, sondern auch die Zuleitungen zur Kompoundwicklung oder die Hauptanschlüsse zum Anker zu vertauschen.

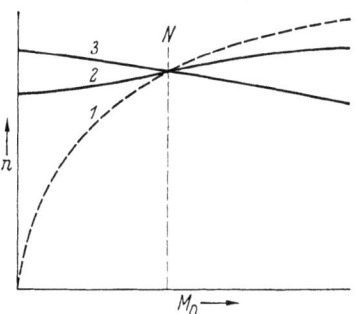

Abb. 158. Drehzahl-Drehmoment-Verlauf eines Ventilators bei Antrieb durch Motoren ungleicher Charakteristik. *1* Ventilator, *2* Motor mit steigender Kennlinie, *3* Motor mit fallender Kennlinie, *N* Betriebspunkt mit Nenn-Drehmoment

Arbeitet ein Nebenschlußmotor unstabil, indem seine Drehzahl mit zunehmender Belastung ansteigt, so wird die Einstellung einer gewünschten Drehzahl unmöglich. In diesem Fall kann evtl. durch Vorschub der Bürsten aus der neutralen Zone eine Besserung erreicht werden.

Reihenschluß- oder Hauptstrommotoren, welche vom Belastungsstrom erregt sind, zeichnen sich durch hohe Anzugsmomente aus. Während sich die Drehzahl der Nebenschlußmotoren mit zunehmender Belastung nur wenig ändert, sinkt sie bei Reihenschlußmotoren stark. Abb. 159 zeigt die Drehzahl und Drehmomentkurven eines Reihenschlußmotors von 13 kW Leistung in Abhängigkeit vom Belastungsstrom. Wird ein solcher Motor fast ganz entlastet, so erfolgt ein gefährlicher Drehzahlanstieg. Die Drehzahl solcher Motoren wird deshalb durch Vorwiderstände im Hauptstromkreis geregelt oder auch durch Widerstände parallel zur Magnetwicklung. Das Hauptanwendungsgebiet dieser Motorenart sind Krane und Fahrzeuge mit Zahnradantrieb, bei denen ein Durchbrennen weniger vorkommen kann.

Der Doppelschluß- oder Kompoundmotor nähert sich, je nach dem Überwiegen der Reihenschluß- oder der Nebenschlußwicklung, der Charakteristik der einen oder andern Motorenart.

Ein Kompoundmotor wird durch den Einfluß der Nebenschlußwicklung am Durchbrennen bei völliger Entlastung gehindert. Bei verkehrtem Anschluß der Kompoundwicklung — die Kompoundwicklung sollte feldverstärkend wirken — steigen Drehzahl und Strom des Motors mit zunehmender Belastung stark an und ein stabiler Betrieb ist nicht möglich. Die richtige Schaltung der Kompoundwicklung s. S. 165.

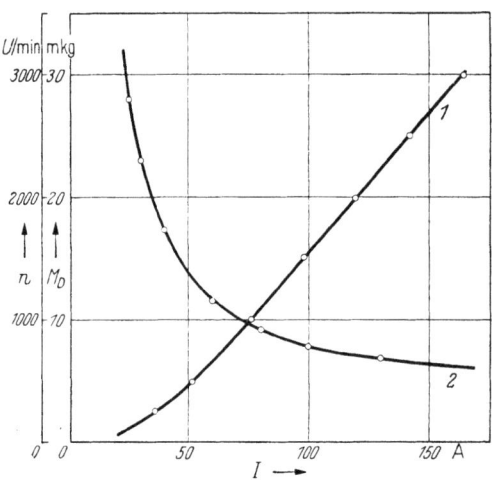

Abb. 159. Drehmoment M_D und Drehzahl n eines Reihenschlußmotors 13 kW in Abhängigkeit vom Belastungsstrom I; 1 Drehmoment, 2 Drehzahl

b) Drehzahlregulierung ist ungenügend

Die Drehzahlregelung von Nebenschluß- und Kompoundmotoren geschieht in den meisten Fällen durch Änderung des Erregerstromes in der Nebenschlußwicklung. Die Verminderung des Erregerstromes hat einen Anstieg der Drehzahl zur Folge und umgekehrt.

Störungen in der Regelung äußern sich auf verschiedene Arten:

Entweder stellt sich die gewünschte höhere Drehzahl nicht mehr ein, oder die Drehzahl bleibt dauernd zu hoch und läßt sich nicht reduzieren; es treten zudem auf bestimmten Stufen starke Stromstöße auf, die den Überstromschutz zum Ansprechen bringen.

Kann die Drehzahl nicht genügend gesteigert werden, so ist anzunehmen, daß der Magnetregulator ganz oder teilweise überbrückt ist, weil einzelne Windungen der Widerstandswicklung oder ihre Endableitungen sich berühren. Der Motor kann die Nenndrehzahl auch bei Überlastung oder zu niederer Spannung nicht erreichen.

Wenn die Drehzahl vom Feldregler nicht beeinflußt wird, so liegt die Ursache darin, daß die Verbindungen vom Magnetregulator zu den Feldspulen irrtümlicherweise an den Klemmen *1* und *3* der Widerstandswicklung angeschlossen sind, nach Abb. 122. Eine Verstellung des Kontaktarmes hat deshalb keinen Einfluß auf den Erregerstrom.

Starke Stromstöße auf bestimmten Stufen des Magnetregulators deuten auf Unterbrüche hin; entweder sind die Kontakte dieser Stufen abgebrannt und sie berühren die Kontaktbürste nicht mehr, oder die Anschlüsse zu diesen Stufen sind locker geworden. Um ernsthafte Störungen durch Unterbrüche im Erregerkreis eines Motors zu vermeiden, müssen die Magnetregulatoren sorgfältig überwacht werden. Ein Unterbruch im Erregerkreis kommt einem netzseitigen Kurzschluß des Motors gleich und kann sein Durchbrennen zur Folge haben.

Windungs- und Lagenschlüsse einzelner Pole, Kurzschluß oder verkehrter Anschluß einer ganzen Polspule haben ebenfalls eine Störung in der Regulierung zur Folge.

Bei Störungen an einem Reihenschlußmotor kann die Ursache im Hauptstrom-Regelwiderstand liegen. Ebenso kann bei WARD-LEONARD-Schaltung oder bei Zu- und Gegenschaltung der Generatoren die Störungsursache auch im Regulierkreis der Generatoren selbst liegen. Im Regulierwiderstand können Unterbrüche durch angebrannte Kontakte entstanden sein, so daß der Motor beim Erreichen der fehlerhaften Reglerstellung in der Drehzahl absinkt. Bei Kurzschlüssen im Widerstand ist die Regulierung auf einigen Stufen unwirksam.

c) Stromschwankungen

Unregelmäßige Schwankungen des Stromes und damit meist auch der Drehzahl können verursacht sein durch stoßweise Veränderungen des Lastdrehmomentes, zeitweises Gleiten der Übertragungsorgane wie Riemen, Seile, Reibungskupplungen. Außer diesen mechanischen Ursachen können Fehler im elektrischen Teil vorliegen: schlechte Kontakte im Erreger- oder Hauptstromkreis des Motors oder Fehler an der Bürstenbrücke. Nicht selten sind angebrannte Kontakte an Magnetregulatoren und ungenügend festgezogene Klemmen an Verbindungen der Magnetpole die Störungsursache. Bei solchen Fehlern können die Stromschwankungen so heftig werden, daß der Überstromschutz auslöst. Wenn eine Gleichstrommaschine schlecht kommutiert, so kann mit der Zeit die Bürstenlauffläche infolge örtlicher Überbeanspruchung zerstört werden. Damit ist ein starkes Bürstenfeuer verbunden, oft sogar das Ausglühen der Bürsten; als Folge treten Schwankungen des Stromes und der Drehzahl auf. Die Bürstenlauffläche zeigt bei einer solchen Störung meistens abwechselnd rußige und blanke Streifen in Richtung der Lamellen, was als *Zonenbildung* oder Aufreißen der Patina bezeichnet wird. Durch ein Überschleifen mit Karborundumstein gelingt es dann meistens, die Schwankungen für einige Zeit zu beheben. Der verbesserte Zustand dauert jedoch nicht lange an, das Anfressen der Bürsten wiederholt sich. Bei einer Störung, welche auf die oben angegebenen Ursachen zurückgeführt werden konnte, wurden z. B. Stromschwankungen von $\pm 20\%$ des Nennwertes beobachtet. Zur endgültigen Abhilfe muß bei einer solchen Maschine die Kommutation verbessert werden.

Beim Antrieb von Papiermaschinen wurde die Beobachtung gemacht, daß Papierstaub unter die Bürsten gerissen und die Stromaufnahme vorübergehend gestört wurde; es traten ähnliche Erscheinungen auf, wie sie oben beschrieben sind. Auch chemische Einflüsse auf die Kollektoroberfläche können die Stromführung stören.

d) Lastverteilung im Parallelbetrieb ist ungleich

Bei gewissen Antrieben, beispielsweise für Druckerpressen, Färbereimaschinen müssen mitunter zwei und mehrere Motoren elektrisch und mechanisch parallel arbeiten. Dabei besteht die Bedingung, daß die einzelnen Motoren einen ihrer Nennleistung entsprechenden Anteil der Belastung aufzunehmen haben. Damit dies erreicht wird, muß die Leerlaufdrehzahl und die Drehzahländerung zwischen Leerlauf und Vollast der Motoren die gleiche sein. Gleiche Drehzahlen im Leerlauf lassen sich entweder durch geeignete Vorwiderstände zur Magnetwicklung oder durch Anpassen der Luftspalte einstellen. Um gleiche Drehzahl und Lastverteilung einzustellen, können Nebenschlußmotoren auch noch mit Hauptstromregelung versehen werden; dabei sind die einzelnen Stufen der Regelwiderstände einander anzupassen.

e) Pendelungen

Bei der Belastung von Gleichstromgeneratoren durch Nebenschlußmotoren mit Wendepolen treten bisweilen Pendelungen des Stromes und der Drehzahl auf, die mit geringen Schwankungen beginnen und innerhalb kurzer Zeit so stark werden, daß die Schalter auslösen oder die Gefahr des Durchgehens der Motoren besteht. Die Störung tritt dann auf, wenn die Motoren unstabil sind, d. h. wenn mit zunehmendem Drehmoment auch ihre Drehzahl steigt. Dies kann besonders bei Motoren eintreten, welche zur Drehzahlregelung mit starker Feldschwächung arbeiten, wie bereits früher angegeben wurde. Auch zurückverschobene Bürsten können diese Störung begünstigen. Zur Abhilfe verschiebt man die Bürsten im Drehsinn, und zwar solange, bis eine genügende Stabilität erreicht ist. Dies wird meistens der Fall sein, wenn der Drehzahlabfall zwischen Leerlauf und Vollast $2 \cdots 5\%$ beträgt. Kann man die Bürsten aus Rücksicht auf die Kommutation nicht so weit verschieben, so läßt sich am besten durch eine zusätzliche feldverstärkende Hauptstromwicklung abhelfen; meist genügen $1 \cdots 3$ Windungen pro Pol. Behelfsmäßig kann man eine solche Wicklung aus einem leicht zu beschaffenden isolierten Leiter herstellen und hat dafür zu sorgen, daß die aufeinanderfolgenden Pole abwechselnd links- und rechtsgängig bewickelt werden. Die richtige Schaltung der Kompoundwicklung s. S. 165.

2. Asynchron- und Synchronmotoren

a) Stromschwankungen an Asynchronmotoren

Neben den Stromschwankungen, die im Zusammenhang mit der Belastung stehen, können bei Asynchronmotoren Schwankungen des Ständerstromes auftreten, die vom Läufer des Motors verursacht sind. Als Störungsursachen kommen in Frage: Phasenwicklungsunterbruch, losgelötete Spulenköpfe an gewickelten Läufern, gelöste Verbindungen zwischen Kurzschlußringen und Stäben an Kurzschlußläufern, schlechte Kontakte in der Kurzschlußvorrichtung, ungenügender Kontakt der Bürsten auf Schleifringen bei Motoren mit dauernd aufliegenden Bürsten. In Verbindung mit den Stromschwankungen treten meistens periodische Vibrationen und brummende Geräusche auf, deren Frequenzen mit zunehmender Belastung und wachsendem Schlupf größer werden; bei Leerlauf sind die Schwankungen geringer und sehr langsam. Unter dem Einfluß der genannten Vibrationen werden nicht selten Lager ausgeschlagen.

Bei Kurzschlußläufern mit gegossenen oder hartgelöteten Kurzschlußringen können Stromschwankungen auftreten, ohne daß schlechte Kontaktstellen an der Lauffläche sichtbar sind. Erst beim Entfernen der Ringe kann man feststellen, daß die Kontaktstellen im Ring stark oxydiert sind. Wenn diese nicht einwandfrei instand gestellt werden können, ist die Kurzschlußwicklung zu ersetzen.

Fehlerhafte Kontakte an Kurzschlußvorrichtungen entstehen besonders häufig in staubigen Betrieben, z. B. in Zement- und Papierfabriken. Die Motoren laufen in diesen Werken oft unter ungünstigen Bedingungen, so daß sich selbst an den Kontaktstellen der Kurzschlußvorrichtungen Staubschichten ablagern. Sind diese gefettet, können sich auf ihnen isolierende Schichten bilden. Dadurch erwärmen sich die Kontakte bis zum Ausglühen. Bei Stromschwankungen an Motoren mit Schleifringläufern wird man daher den Kontaktzustand öfters prüfen, allfällig verschmorte Kontakte reinigen und nötigenfalls ersetzen. Solche Kontakte müssen mit Sorgfalt eingepaßt werden.

An dauernd aufliegenden Schleifringen können schlechte Stromübergangsstellen entstehen durch das Festklemmen der Bürsten im Halter oder durch die Abnützung der Bürsten.

b) Lastverteilung von parallelen Asynchronmotoren ist ungleich

Bei Antrieben mit parallel arbeitenden Asynchronmotoren mit kurzgeschlossenen Läufern kann sich die Belastung ungleich verteilen, wenn der Treibriemen eines Motors gleitet oder wenn die Übersetzungsverhältnisse der Antriebsorgane nicht übereinstimmen. Eine bei allen Belastungen gleichmäßige Lastverteilung läßt sich nur mit solchen Motoren erreichen, welche bis zum Nennbetrieb gleiche Schlupfwerte besitzen. Sind diese stark voneinander abweichend, so kann eine gleichmäßige Lastverteilung erreicht werden, indem die Übersetzung der Antriebe, z. B. der Riemenscheiben oder Zahnräder, entsprechend gewählt wird.

Bei zusammenarbeitenden Asynchronmotoren mit Drehzahlregulierung durch Widerstände im Läuferkreis, bei denen die Lastverteilung ungleichmäßig ist, muß entweder eine fehlerhafte Abstufung der Widerstände oder eine Störung an den beiden Widerständen vorliegen: z. B. Kurzschluß zwischen benachbarten Widerstandsstufen oder abgebrannten Kontakten des Regulierschalters. Ist eine fehlerhafte Abstufung vorhanden, so bestimmt man am einfachsten die richtige Abstufung durch Messung oder mit behelfsmäßig eingebauten Widerständen und bemißt hernach die Widerstände richtig an Hand der Versuchsergebnisse.

c) Pendelungen und Außertrittfallen von Synchronmotoren

Wird ein Synchronmotor plötzlich entlastet, so wird das Polrad im Drehsinn vorverschoben. Wegen der Wirkung der Schwungmasse kann sich das Polrad nicht sofort in die neue Lage einstellen; es führt noch einige Pendelungen aus, welche an den Instrumenten (Strom- und Leistungsmessern) zu beobachten sind. Die in den massiven Polschuhen und der Dämpferwicklung entstehenden Verluste dämpfen jedoch die Pendelungen rasch.

Bei Motorgeneratoren können Pendelungen außerdem bei rascher Änderung der Motorbelastung im Falle von Kurzschlüssen in einem der beiden Netze auftreten. Bei leerlaufenden, als Phasenschieber arbeitenden Synchronmotoren sind Pendelungen ebenfalls möglich, jedoch meist nur dann, wenn die Gegenerregung so weit getrieben wird, daß der Kipppunkt nahezu erreicht wird.

Außer diesen Eigenschwingungen können auch erzwungene Schwingungen durch die angetriebene Maschine erzeugt werden z. B. beim Antrieb von Kolbenmaschinen.

Bei starken Spannungs- und Frequenzschwankungen, wie sie bei Kurzschlüssen im Netz auftreten, und auch bei mechanischer Überlastung oder bei unrichtiger Erregung können Synchronmotoren außer Tritt fallen. Maschinen mit ausgeprägten Polen zeigen sich, sofern sie richtig erregt sind, bei rasch verlaufenden Spannungsänderungen weniger empfindlich, so daß sie meistens im Tritt bleiben. Das *Kippen* tritt vorwiegend dann ein, wenn gleichzeitig mit dem Schwanken der Spannung noch eine Frequenzerniedrigung von einer raschen Frequenzsteigerung abgelöst wird. Von großem Einfluß auf das Verhalten des Motors sind die zu beschleunigende Schwungmasse und das Lastdrehmoment. Leerlaufende Synchronmotoren mit ausgeprägten Polen, die als Phasenschieber arbeiten, können selbst in stark untererregtem Zustand noch Frequenz- und Spannungsänderungen von 10% ertragen, ohne daß sie kippen. Während ein belasteter Synchronmotor bei solchen Schwankungen meist ganz außer Tritt fällt, schlüpfen leerlaufende Synchronmotoren oft nur um eine Polteilung.

d) Erregung und Belastbarkeit von Synchronmotoren

Je stärker ein Synchronmotor erregt ist, um so höher kann er überlastet werden. Verringert man die Erregung bei unveränderter Leistungsabgabe, so fällt er bei einer bestimmten Untererregung außer Tritt. Je weniger der Motor mechanisch belastet ist, um so mehr kann er untererregt werden, bis das Kippen eintritt. Abb. 160 zeigt als sog. *V*-Kurven eines Synchronmotors von 830 kW Nennleistung mit ausgeprägten Polen die Ständerströme in Abhängigkeit von der Erregung bei verschiedener, konstanter Belastung. Bei den vier Belastungskurven sind die Werte der Erregung eingezeichnet, bei welchen das *Kippen* eintritt. Bei einer Erregung, die für Nennlast und $\cos \varphi = 1$ nötig ist, kann der Motor demnach z. B. mit ungefähr 150% der Nennleistung belastet werden, bis er außer Tritt fällt. Abb. 161 zeigt die gleichen Kurven und Kippunkte

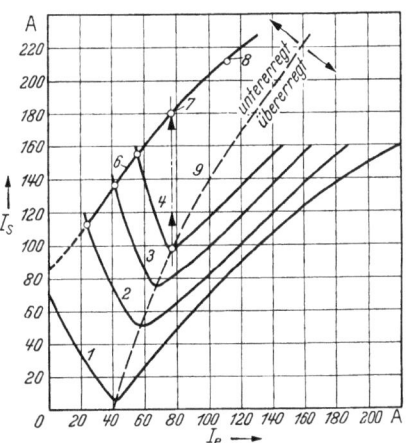

Abb. 160. *V*-Kurven eines Synchronmotors mit ausgeprägten Polen 830 kW Nennleistung bei Nennspannung. *1* bei Leerlauf, *2* bei $^2/_4$ Nennlast, *3* bei $^3/_4$ Nennlast, *4* bei $^4/_4$ Nennlast. *6* Kippgrenze, *7* Kippunkt bei $^6/_4$ Nennlast, *8* Kippunkt bei $^7/_4$ Nennlast, *9* Erregung für $\cos \varphi = 1$, I_s Ständerstrom, I_e Erregerstrom

eines synchronisierten Asynchronmotors von 1070 kW Nennleistung.

Die Kurven *6* der Abb. 160 und 161 verbinden die Punkte mit niedrigster Erregung, bei welchen die Motoren bei verschiedenen Belastungen außer Tritt fallen.

Synchronisierte Asynchronmotoren mit Volltrommelläufern ertragen bei konstanter Leistungsabgabe nicht so starke Überlastungen wie Synchronmotoren mit ausgeprägten Polen. Sie haben jedoch die Eigenschaft, nach dem Außertrittfallen nahezu mit synchroner Drehzahl weiter zu laufen und sich nach dem Verschwinden der Überlast wieder selbst zu synchronisieren.

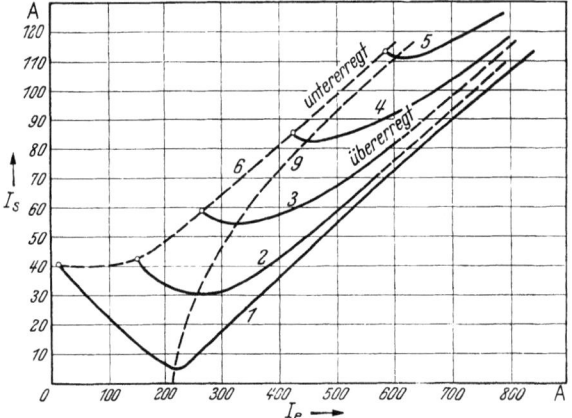

Abb. 161. V-Kurven eines synchronisierten Asynchronmotors 1070 kW Nennleistung bei Nennspannung. *1* bei Leerlauf, *2* bei $^1/_4$ Nennlast, *3* bei $^2/_4$ Nennlast, *4* bei $^3/_4$ Nennlast *5* bei $^4/_4$ Nennlast, *6* Kippgrenzkurve, *9* Erregung für cos $\varphi = 1$, I_S Ständerstrom I_e Erregerstrom

Sind bei Antrieben mit Synchronmotoren starke Belastungsstöße zu erwarten, so empfiehlt es sich, die Motoren im übererregten Zustand zu halten. Die zulässige Übererregung ist naturgemäß durch die Erwärmung des Erregerkreises begrenzt. Bei solchen Motoren ist auch die Anwendung von Schnellreglern für die Erregung zu empfehlen.

Die Übererregung von Synchronmotoren wird außerdem auch benützt zur Verbesserung des Leistungsfaktors elektrischer Netze.

e) Lastverteilung bei mechanischem und elektrischem Parallellauf von Synchronmotoren

Wenn zwei Synchronmotoren am gleichen Netz liegen und auch auf gemeinsame Belastung arbeiten, dann müssen die Polräder genau gleiche Lage haben. Man muß also schon beim Aufkeilen der Polräder oder der Kupplungen diese Forderung beachten und bei einer möglichen Demontage der Läufer die gegenseitige Lage der Kupplungshälften bezeichnen. Die Aufteilung der Blindleistung ist allein durch die Erregung möglich. Die gleichen Verhältnisse sind auch bei parallelen Umformergruppen vorhanden, die aus Synchronmotoren und Generatoren bestehen und auf der Motor- und Generatorseite parallel laufen müssen. Wenn die beliebige Verteilung der Wirkleistung zwischen solchen Gruppen gefordert ist, muß der Ständer einer der beiden Maschinen in jeder Gruppe drehbar angeordnet werden.

M. Brandschutz und Brandlöschung

Trotz dauernder Verbesserung der Konstruktion elektrischer Maschinen können auch heute noch Wicklungsbrände auftreten infolge von Kurzschlüssen, statischen Entladungen, intermittierenden Erdschlüssen und andern Ursachen. Um die Entstehung von umfangreichen Wicklungsbränden möglichst zu verhüten, sind sicher wirkende Schutzapparate nötig, welche die gefährdete Maschine schon beim Entstehen des Brandes vom Netz abtrennen und sofort entregen. Durch einen Lichtbogen an den Wicklungen können sich Isoliermaterialien entzünden, so daß sich das Feuer auch nach dem Erlöschen des Lichtbogens unter dem Einfluß der Ventilation noch weiter ausbreitet.

Um dies zu verhindern, muß eine Brandschutzeinrichtung nachstehende Bedingungen erfüllen:

a) Der Sauerstoffgehalt der umlaufenden Luftmenge muß möglichst rasch soweit verringert werden, daß keine selbständige Verbrennung der Baustoffe nach dem Erlöschen des Lichtbogens mehr möglich ist.

b) Die Brandstelle muß möglichst rasch so stark abgekühlt werden, daß keine brennbaren Gase aus den organischen Isolierstoffen mehr entweichen können. Die Selbstentzündungstemperatur muß möglichst rasch unterschritten werden.

c) Der Sauerstoffgehalt muß so lange niedrig gehalten und die Brandstelle so gekühlt werden, daß der Brand nicht durch Nachglimmen wieder aufleben kann.

d) Das Löschmittel darf die Baustoffe der Maschine nicht schädigen oder zerstören.

Die Erfahrung hat gezeigt, daß der Löscheffekt von CO_2 (sog. Kohlensäure) bei zweckmäßiger Gestaltung der Apparate demjenigen anderer Brandlöschmittel, wie Tetrachlorkohlenstoff, Stickstoff und andern Gasen, überlegen ist. Der früher angewendete Stickstoff bildet bei feuchter Luft oder feuchten Wicklungen unter Einwirkung des Lichtbogens Salpetersäure, währenddem die Kohlensäure völlige Immunität gegenüber den im Wicklungsbau verwendeten Isoliermaterialien zeigt: der Kohlensäureinhalt einer Flasche bleibt zudem jahrelang unverändert.

Je nach Disposition der Anlage kann ein Brand einige Sekunden nach Betätigung der Schutzvorrichtung gelöscht werden. Durch Einbau von zuverlässigen Temperaturrelais, welche auf beliebige Temperaturen eingestellt werden können, wird das Bedienungspersonal alarmiert und im

Falle eines weiteren Temperaturanstieges die Brandschutzanlage automatisch in Funktion treten. Bei der heute besonders bei Großmaschinen üblichen Umluftkühlung ist die Frischluftzufuhr im Brandfalle rasch durch elektromagnetisches Schließen der Klappen zu unterbinden. Gleichzeitig hat das Öffnen der Gasflaschen zu erfolgen, welche das Löschmittel unter hohem Druck in den abgeschlossenen Kühlluftraum einer Maschine einströmen lassen. Die Einführung des CO_2 soll so erfolgen, daß es durch die Ventilatoren rasch über die Wicklung verteilt wird.

Der minimale Anteil an CO_2, welcher zur Löschung eines Brandes nötig ist, beträgt 13% des gesamten Luftvolumens. In der Praxis wird dem Luftvolumen sicherheitshalber mindestens 50% an Kohlensäure zugesetzt.

Bei Maschinen ohne diese Vorrichtung müssen Handfeuerlöscher verwendet werden, welche das Löschmittel pulverförmig, flüssig oder als Schaum und Schnee in den Brandherd werfen. Sie bezwecken die Bildung einer Sauerstoff abhaltenden Gashülle um das Brandobjekt. Von diesen Löschmitteln sind folgende Eigenschaften zu fordern:

a) Nichtleitend, auch bei geringen Strahllängen, um die löschende Person durch die spannungsführenden Maschinen und Anlageteile nicht zu gefährden.

b) Nicht korrodierend.

c) Frei von leitenden oder zersetzenden Stoffen, welche die Isolation durchtränken.

d) Keine Bildung giftiger Gase oder Dämpfe, welche die Löschenden gefährden.

Bei den früher verwendeten Flüssigkeitslöschern mit Tetrachlorkohlenstoff war der Strahl schlechtleitend; hingegen war die Bildung von giftigem Phosgengas möglich, das in geschlossenen Räumen den Löschenden sehr gefährlich werden kann. Jetzt kommen nur noch Kohlensäure- oder Luftschaum-Löschapparate zur Anwendung, wobei zu beachten ist, daß Luftschaum leitend ist. An Maschinen, die noch unter Spannung stehen, darf nur Kohlensäure verwendet werden; Luftschaum ist nur an stromlosen Objekten zulässig. Infolge der Kältewirkung ist Kohlensäure nicht auf Isolatoren zu spritzen.

Auch mit Wasser ist eine wirksame Brandbekämpfung möglich; die Gefahr für den Löschenden ist dabei jedoch zu groß, wenn unter Spannung stehende Anlageteile vom Wasserstrahl getroffen werden. Sauberes Wasser ist für die Isolation von Wicklungen nicht schädlich, wenn sie sofort gründlich mit warmer Luft getrocknet werden. Eisenteile können durch die Einwirkung von Wasser rosten, so daß sie zu reinigen und evtl. mit Isolierlack zu spritzen sind. Bei Ölbränden kommen vor allem Schaum- und Schneelöschverfahren zur Anwendung. Wasser-

darf nicht direkt auf die brennende Ölschicht gespritzt werden, da es sich zersetzt und Knallgas bildet. Dabei können große Stichflammen entstehen und Ölbehälter zum Überfließen gebracht werden, wodurch sich Brände weiter ausbreiten. Wasser kann nur nützlich verwendet werden, um die Temperatur der den Brandherd umgebenden Eisenteile tief zu halten und um die weitere Wärmezuleitung an das Öl von außen her abzusperren.

N. Wartung und Reinigung der Maschinen

Unter normalen Betriebsverhältnissen und bei sorgfältiger Wartung kann für größere elektrische Maschinen mit einer Lebensdauer von etwa $20 \cdots 30$ Jahren gerechnet werden.

Die Häufigkeit der periodischen Teil- oder Ganzrevisionen von Maschinen und Apparaten richtet sich nach den Betriebsverhältnissen und nach der vorhandenen Kühlluft.

Bei offenen Maschinen, bei denen Luft aus der Umgebung angesaugt wird, sind die Reinigungsperioden von der Sauberkeit der Kühlluft abhängig. Sind Kohlen-, Zement- oder Blütenstaub, Mücken und Fasern in der Kühlluft vorhanden, so ist naturgemäß eine öftere Reinigung als sonst erforderlich, weil diese Verschmutzungen die Ventilationsschlitze verstopfen und höhere Erwärmung zur Folge haben.

Bei geschlossenen Maschinen mit Umluftkühlung ist diese Gefahr weniger groß, so daß die Reinigung in größeren Zeitabständen, d. h. etwa alle $5 \cdots 7$ Jahre erfolgen kann.

Öl oder Öl- und Wasserdämpfe sollen von Wicklungen ferngehalten werden, da durch sie der abgelagerte Staub verkrustet und nur sehr schwer entfernt werden kann.

Die Erfahrung zeigt, daß neue Maschinen nach $1 \cdots 2$ jährigem Betrieb genau kontrolliert werden sollen, und zwar sowohl der elektrische wie der mechanische Teil. Während der ersten Betriebsjahre können die meisten Veränderungen an Maschinen auftreten, wie Lockerung von Wicklungen, Bandagen, Abstützungen, Nutenkeilen u. a.; ebenfalls kann die Pressung des Ständereisenkörpers nachlassen.

Diese Veränderungen sind nicht auf die Verwendung ungeeigneter Materialien, sondern auf das Zusammenwirken von Wärme und betriebsbedingte Vibrationen zurückzuführen. Da diese Änderungen nach einiger Zeit beendet sind, genügt eine rechtzeitige Nachpressung für eine anschließende, längere Betriebsdauer.

Vor der Beurteilung des Zustandes von Wicklungen, die schon längere Zeit im Betrieb standen, ist eine gründliche Reinigung notwendig. Bei Ständerwicklungen von Hochspannungsmaschinen sollte eine Eingangsspule ausgebaut und aufgeschnitten werden, um den Zustand der

Spulen- und Teilleiter-Isolation festzustellen (evtl. Nitrierungsspuren). Nutleiter- und Spulenkopf-Isolationen sind auch hinsichtlich ihrer Sprödigkeit zu untersuchen. Lockere Wicklungsabstützungen und Isolierstücke sind neu zu befestigen, ihre Schnurbandagen sind nachzuziehen oder zu ersetzen. Besonderes Augenmerk ist auf die Verkeilung der Spulen innerhalb der Nuten zu richten. Keile aus Holz sowie Preßspanunterlagen schwinden durch Austrocknung; lose Keile müssen unterlegt oder ersetzt werden. Bei älteren Wicklungen darf nicht mehr so satt verkeilt werden, wie im Neuzustand, da die Leiterisolationen spröder geworden sind.

Lötstellen und Wicklungsverbindungen, sowie Anschlüsse sind zu kontrollieren. Angesengte Isolierstoffe, die an diesen Stellen beobachtet werden, deuten auf einen schlechten Zustand der Verbindungen hin.

Viele Wicklungsdefekte rühren von losgelösten Preßfingern, schwingenden Statorblechen und gelockerten Luftschlitz-Distanzierungen her. An den betreffenden Stellen ist oft roter Reibrost sichtbar. Das Nachpressen der betreffenden Teile kann mit Profilkeilen aus Eisen oder Isoliermaterial erfolgen. Erstere sind durch Anschweißen gegen ein Weggleiten zu sichern: Keile aus Isoliermaterial sind anzukleben und durch die Nutenkeile zu sichern.

Wenn Generatoren im Betrieb brummen, kann die Ursache an schlecht gepreßten Trennstellen zwischen Statorhälften oder -Vierteln liegen. Sie sollen mit Preßspaneinlagen so ausgeglichen werden, daß eine einwandfreie Pressung auf der ganzen Trennstelle vorhanden ist. Die Kontrolle wird mit einer dünnen „Luftlehre" vorgenommen.

An Polspulen ist festzustellen, ob die Windungsisolation spröde ist und ob Windungsschlüsse bestehen. In Zweifelsfällen ist die Windungsprobe durchzuführen, s. S. 37.

Alle Polspulenverbindungen sind auf einwandfreie Kontaktstellen und gute Isolation zu prüfen. Lockere Spulenabstützungen sind nachzuziehen und zu sichern. Dämpferwicklungen sind auf axiale Verschiebungen der Dämpferstäbe und auf ihren Kontakt mit den Kurzschlußringen und deren Verbindungen zu kontrollieren.

Die Lagerstellen sind auf vollkommen richtiges Tragen zu kontrollieren; sie sollen zudem gute Öldichtheit und einwandfreie Lagerabschlüsse besitzen, welche den Austritt von Öl und Öldämpfen verhindern. Im weitern ist bei größeren Maschinen die Kontrolle der Lagerisolationen angezeigt, welche das Auftreten von Lagerströmen zu verhindern haben.

Sind Ständerwicklungen mit trockenem oder öligem Schmutz bedeckt, so ist dieser mit Spachteln aus Holz — nicht Metall — und mit Putzlappen zu entfernen. Auch sind die Luftschlitze mittels Bürsten mit Haar- oder Textilborsten — keine Drahtborsten — sorgfältig zu reinigen. Anschließend sind Eisenkörper und Wicklungen mit Druckluft sauber zu blasen. Erst wenn die Wicklung soweit gereinigt ist, kann, wenn nötig, mit Schwerbenzin nachgewaschen werden, unter Benützung von Pinsel und Lappen. Wird Benzin benützt, solange die Wicklung noch stark verschmutzt ist, so wird diese mit einer dicken, schmierigen Schicht überzogen, die sich überall verteilt und später nur noch schwer zu entfernen ist. An Stelle von Schwerbenzin kann auch Whitespirit oder Toluol verwendet werden. Letzteres löst Isolierlacke etwas mehr auf als die beiden erstgenannten Mittel. Läuferwicklungen mit schwer zugänglichen Stellen können auch, während sie gedreht werden, in einem Bad gereinigt werden, welches die genannten Lösungsmittel enthält. Es ist klar, daß die Verwendung von Benzin feuergefährlich ist; mit Benzin getränkte Lappen sind deshalb sofort zu entfernen und die nötigen Vorkehren zur Bekämpfung eines möglichen Brandes sind unerläßlich.

Nach gründlicher Reinigung und Trocknung sollen die Wicklungen, sofern sich dies als notwendig zeigt, noch lackiert werden, allerdings nur unter der Voraussetzung, daß die Wicklungen einwandfrei von Schmutz und Staub befreit sind. Es ist vollständig verfehlt, verschmutzte Wicklungen lackieren zu wollen, weil unter der neuen Lackschicht liegender Schmutz für die Wicklung eine größere Gefahr darstellt als wenn die Lackschicht fehlt.

Es sollen gut lufttrocknende Isolierlacke verwendet werden, namentlich Schwarz- oder Graulacke auf Benzinbasis, die rasch trocknen. Werden sie auf trockenen Wicklungen aufgebracht, so sind sie unter normalen Temperaturen — etwa 20 °C — innerhalb etwa 24 Stunden griffest. Bei Raumtemperaturen von etwa 10 °C dauert die Trocknung mindestens 2 Tage. Bei mehrmaligem Lackieren soll die zuerst aufgetragene Schicht wieder griffest sein, bevor die nächste Schicht aufgebracht wird. Bei Hochspannungswicklungen, deren Spulenköpfe einen Glimmschutzanstrich besitzen, sind Ausbesserungen nach den Anweisungen der Lieferfirma durchzuführen. Rostige Stellen an Blechkörpern, Abstützringen und Polen sind blank zu bürsten und nachher ebenfalls mit Isolierlack zu überspritzen oder zu überstreichen.

Soll nach der Revision oder Neulackierung eine Spannungsprobe vorgenommen werden, so müssen die Wicklungen vorher gut getrocknet werden. Nach Ablauf der Garantiefrist darf die Prüfspannung höchstens 70% der Prüfspannung des Neuzustandes betragen.

Die Wiederinbetriebnahme überholter Maschinen hat mit großer Vorsicht zu geschehen, wobei auch die Schutzvorrichtungen gegen Überspannung, Überlast und Wicklungsschäden mitkontrolliert werden sollen. Je nach den Betriebsverhältnissen, insbesondere in Anlagen ohne Bedienung, empfiehlt sich eine periodische Prüfung aller Schutzapparate in Abständen von 6···12 Monaten.

13 Spieser, Krankheiten elektr. Maschinen, 2. Aufl.

II. Krankheiten der Transformatoren

A. Allgemeine elektrische Störungen

Erstes Erfordernis zur Erzielung eines störungsfreien Betriebes des Transformators ist seine richtige Bemessung. Vor allem sind die Spannungsverhältnisse, insbesondere die Höhe der Netzspannung und ihre auch nur kurzdauernden Schwankungen zu berücksichtigen. Eine Erhöhung der Netzspannung über den Nennwert kann bei unrichtiger Bemessung des Transformators den Magnetisierungsstrom stark erhöhen und damit die Wicklung gefährden. Selbst bei normaler Belastung des Transformators kann dies zur unbeabsichtigten Abschaltung desselben führen. Im allgemeinen dürfte die Berücksichtigung einer Spannungserhöhung von 5% über den Nennwert genügen.

Eine zu hohe Netzspannung kann auch den Einschaltstrom des Transformators, selbst ohne sekundäre Belastung, unzulässig stark erhöhen. Je nach dem Einschaltmoment, im ungünstigsten Falle beim Schalten im Spannungsnulldurchgang, treten asymmetrische Stromspitzen bis zum 50fachen des Leerlaufwertes auf. Solche Stromstöße können zur Abschaltung des Transformators führen, und zwar bei kleinen Transformatoren durch Schmelzen der Schutzsicherungen oder bei großen Einheiten durch Betätigen des Überstromschutzes.

Im Einzelbetrieb wie bei Parallelschaltung mit andern Transformatoren sind Übersetzungen, Kurzschlußspannung und Schaltungsart der Wicklungen maßgebende Faktoren. Die Schaltungsart ist insbesondere bei unsymmetrischer Belastung, z. B. bei Transformatoren für Lichtnetze von Wichtigkeit, weil starke Ungleichheiten der Phasenwicklungsspannungen Zusatzverluste zur Folge haben und damit zur Übererwärmung der betroffenen Teile oder des ganzen Transformators führen. Bei Zick-Zack-Schaltung auf der Sekundärseite oder Dreieckschaltung auf der Primärseite werden diese Folgen vermieden.

Unsymmetrische Spannungen an einzelnen Phasenwicklungen können durch Verwechseln der zur Spannungsregelung angebrachten Anzapfungen an den Wicklungen entstehen. Auch als Folge von Unterbrüchen einzelner Anschlüsse und von schlecht sitzenden oder oxydierten Kontakten der Anzapfungsschalter können Spannungsunterschiede auftreten.

Wird eine Dreiphasengruppe aus drei Einphasen-Transformatoren gebildet, so muß entweder eine Seite in Dreieck geschaltet sein oder eine dritte Wicklung in Dreieckschaltung zusätzlich vorgesehen werden, da sonst die Kurvenform der Phasenspannungen stark verzerrt wird. Bei primärer Sternschaltung ohne Nulleiter muß die Summe der Augenblickswerte der drei Magnetisierungsströme nach der KIRCHHOFFschen

Knotenpunktsregel stets Null sein. Bei einem sinusförmigen Spannungs- und Flußverlauf erfüllen die normalen Magnetisierungsströme diese Bedingung jedoch nicht. In Abb. 162 sind die Magnetisierungsströme i_0', i_0'' und i_0''' für eine verhältnismäßig kleine Induktion eingezeichnet. Beim Strommaximum i_0' sind in den beiden anderen Phasen nur die beiden kleinen Augenblickswerte i_0'' und i_0''' vorhanden. Die Summe von i_0'' und i_0''' ist viel kleiner als i_0'. In den drei Einphasenkernen müssen sich daher die Flüsse unabhängig voneinander so ausbilden, daß die erwähnte Regel für ihre Magnetisierungsströme erfüllt wird. Dadurch wird die Kurvenform der sekundären Phasenwicklungsspannungen verändert.

Die gleiche Erscheinung tritt auch bei dreiphasigen Manteltransformatoren und bei fünfschenkligen Kerntransformatoren auf, bei denen die Kernflüsse ebenfalls voneinander unabhängig sind. Die sehr starke Verzerrung der erwähnten Spannungskurven ist unerwünscht und kann auch zu Störungen Anlaß geben. Die Dreieckschaltung der Primär- oder Sekundärwicklung muß deshalb den innern Ausgleich der Magnetisierungsströme herstellen. Ist es

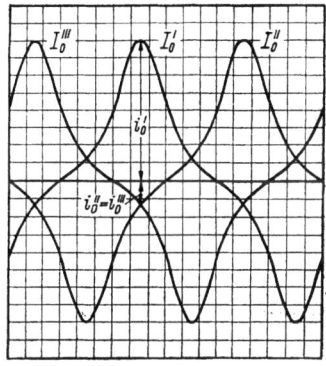

Abb. 162. Magnetisierungsströme der drei Phasenwicklungen bei sinusförmigem Spannungsverlauf

nicht möglich, eine der beiden Wicklungen in Dreieck zu schalten, so muß eine dritte, in Dreieck geschaltete Ausgleichswicklung vorhanden sein.

Der Spannungsabfall ist durch die Bemessung des Transformators bestimmt. Der Wunsch, ihn möglichst klein zu halten, führte in einer Anfangsperiode des Transformatorenbaues zu Konstruktionen mit sehr kleinen Kurzschlußspannungen. Das Wachsen der Kraftwerkleistungen hatte dann zur Folge, daß die Kurzschlußströme sehr groß wurden und zu Zerstörungen von schwachen Anlageteilen führten. Seither hat bei der Wahl der Kurzschlußspannungen der Wunsch nach kleinen Spannungsänderungen zwischen Leerlauf und Vollast mit der Forderung nach einer starken Begrenzung des Kurzschlußstromes einen Kompromiß zu schließen. Die Kurzschlußspannung liegt heute ziemlich allgemein zwischen $4 \cdots 5\%$ bei kleinen Leistungen und sie steigt bis etwa 12% bei großen Leistungen. In Anlagen mit alten Transformatoren mit zu kleiner Kurzschlußspannung wurden zur Begrenzung der Kurzschlußströme Drosselspulen ohne Eisenkerne eingebaut, weil Drosselspulen mit Eisenkern bei der üblichen Dimensionierung bei weniger als doppeltem Normalstrom schon gesättigt sind und deshalb beim weiteren Anwachsen des Stromes keinen größeren Spannungsanteil übernehmen könnten. Sie würden deshalb den Kurzschlußstrom nur unbeträchtlich beschränken.

Für einen richtigen Parallelbetrieb mehrerer Transformatoren müssen deren Übersetzung, Schaltungsart und Kurzschlußspannung genau übereinstimmen. Abweichungen zwischen der größten und kleinsten Kurzschlußspannung bis zu ungefähr einem Drittel können durch eine entsprechende Änderung im Übersetzungsverhältnis noch so ausgeglichen werden, daß bei Vollast und für einen bestimmten $\cos \varphi$ die Belastungsverteilung richtig ist. Zu kleine Kurzschlußspannungen lassen sich durch das Vorschalten von Drosselspulen mit Eisenkern auf jeden gewünschten Wert erhöhen.

Zur Messung des Übersetzungsverhältnisses wird der Transformator entweder oberspannungsseitig oder unterspannungsseitig gespeist. Mittels zweier Voltmeter, die direkt oder bei höheren Spannungen über Meßtransformatoren angeschlossen sind, erfolgt die gleichzeitige Bestimmung der Ober- und Unterspannung. Bei Transformatoren mit sehr hoher Spannung kann beim Fehlen geeigneter Spannungswandler auch mit Teilspannungen von beispielsweise $1/5 \cdots 1/10$ des Nennwertes gemessen werden. Wenn keine regulierbare Spannungsquelle vorhanden ist, läßt sich die Messung in manchen Fällen so ausführen, daß der Transformator mit seiner Hochspannungsseite an die Niederspannungssammelschiene angeschlossen wird. Bei Mehrphasentransformatoren müssen jeweils die Spannungen beiderseits zwischen je zwei entsprechenden Klemmen oder zwischen der gleichen Phasenklemme und dem Nullpunkt gemessen werden. Bei Stern-Zickzack-Schaltung ist je eine Phasenspannung der Zickzackseite (d. h. die Spannung zwischen Klemme und Nullpunkt) mit einer verketteten Spannung der Sternseite zu vergleichen, wobei die verglichene Primär- und Sekundärspannung aus Teilspannungen zweier gleicher Säulen zusammengesetzt sein soll.

Für die Polaritätsbestimmung an einem Transformator muß die Wicklung mit geringer Spannung gespeist werden. Eine Klemme dieser Wicklung wird vorher mit einer Klemme der zweiten Wicklung verbunden. Zwischen abwechselnd gewählten Klemmen der beiden Wicklungen werden die Potentialdifferenzen gemessen und mit den Sollwerten verglichen, die an Hand eines maßstäblich gezeichneten Spannungsdiagrammes ermittelt wurden. Vorteilhafter werden Übersetzung und Polarität mit der heute meist verwendeten Übersetzungsbrücke gemessen, die eine exaktere und damit zuverlässigere Messung gestattet. Vor dem Parallelschalten von Transformatoren ist folgende Kontrolle vorzunehmen (Abb. 163):

Die parallel zu schaltenden Transformatoren werden auf der Primärseite genau gleich angeschlossen, d. h. gleichbezeichnete Klemmen werden mit den entsprechenden Sammelschienen verbunden. Auf der Sekundärseite werden zwei gleichbezeichnete Klemmen, z. B. $v-v$ miteinander metallisch verbunden und die Spannung zwischen den übrigen gleichbezeichneten Klemmen gemessen. Der Meßbereich des Voltmeters muß für die doppelte Sekundärspannung bemessen sein. Nur wenn zwischen den gleichbezeichneten Klemmen die Spannung Null gemessen wird, darf parallel geschaltet werden.

Wird die zwischen zwei gleichbezeichneten Klemmen gemessene Differenzspannung nach der vorerwähnten Messung mit einem Voltmeter von kleinem Meßbereich bestimmt und beträgt sie noch mehr als 1% der Spannung eines Transformators, dann ist das Übersetzungsverhältnis unrichtig. Sind die

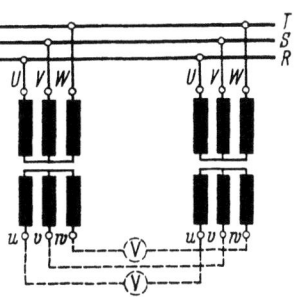

Abb. 163. Spannungskontrolle vor dem Parallelschalten von Transformatoren

Transformatoren mit Anzapfungen ausgerüstet, so ist die Möglichkeit vorhanden, daß einer derselben an die unrichtige Anzapfung angeschlossen wurde.

Wenn dagegen die Spannung zwischen zwei gleichbezeichneten Klemmen gleich oder größer ist als die Nennspannung, so sind entweder unrichtige Anschlüsse der Klemmen oder Verschaltungen im Innern des Transformators die Ursache. Die oben angeführte Polaritätsbestimmung gibt auch über die Art der Verschaltung Aufschluß.

B. Erwärmung

1. Zulässige Erwärmung des gesunden Transformators

Unter Erwärmung wird der Temperaturunterschied zwischen einem Transformatorteil und dem umgebenden oder hinzutretenden Kühlmittel verstanden. Die Betriebstemperaturen sind abhängig von der Belastung des Transformators und von der Temperatur und Menge des Kühlmittels. Diese Temperatur muß für den Nennbetrieb bekannt sein, damit ein Störungsfall aus den dabei auftretenden Übertemperaturen erkannt werden kann.

a) Öltransformatoren

Hier beschränken sich die Betrachtungen auf die Ölerwärmung, weil alle Mehrverluste bedingt durch einen Fehler durch das Öl allein abgeleitet werden. Großtransformatoren besitzen meistens Einrichtungen, die die Erwärmung wichtiger Konstruktionsteile zu messen gestatten.

Die Ölerwärmung im Transformator darf nach den CEI-Vorschriften 50 °C nicht überschreiten. Dabei soll die Eintrittstemperatur des Kühlmittels bei Luftkühlung höchstens 40°, bei Wasserkühlung höchstens 25 °C betragen. Nach den VDE-Vorschriften ist bei Luftkühlung eine Ölerwärmung von 60 °C zulässig, bei einer maximalen Temperatur der Frischluft von 35 °C. Oft muß jedoch die Ölerwärmung niedriger gehalten werden, z. B. bei erhöhtem Temperaturgefälle zwischen Wicklung und Öl, bei erhöhter Kühlmitteltemperatur, oder bei höheren Anforderungen in bezug auf die Belastbarkeit.

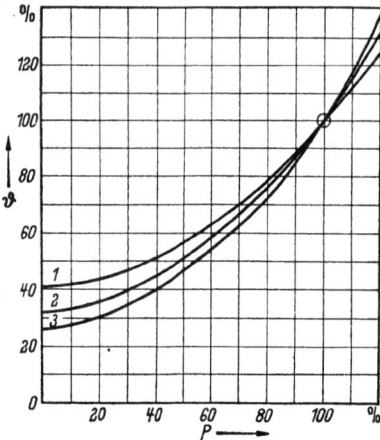

Abb. 164. Ölerwärmung ϑ (in % der Vollast-Erwärmung) in Abhängigkeit von der Belastung P (in % der Nennlast) bei veränderlichem Verhältnis der Eisen- zu den Kupfer-Verlusten: (1) $\triangleq$ 1 : 2 (2) $\triangleq$ 1 : 3 (3) $\triangleq$ 1 : 4

Da der Transformator nicht immer voll belastet ist, soll auch für andere Belastungszustände die Ölerwärmung ungefähr bekannt sein. In vielen Betrieben wird der tägliche Verlauf der Belastungen und damit der Erwärmung nach einer periodischen Kurve vor sich gehen. Es ist deshalb vorteilhaft, bald nach der Inbetriebsetzung die Erwärmung festzustellen und die gemessenen Öl- und Kühlmitteltemperaturen aufzuzeichnen. Solche Kurven ermöglichen eine einfache Kontrolle des Zustandes des Transformators.

Als weiterer Anhaltspunkt für die Erwärmung bei konstanter Belastung dient die graphische Darstellung der Ölerwärmung in Abhängigkeit von der Dauerbelastung nach Abb. 164. Zu berücksichtigen ist jedoch bei ihrer Benützung, daß bei einer Änderung der Belastung die Öltemperatur nur langsam folgt. Es wird bei den meisten Transformatoren mit natürlicher Kühlung 8···10 Stunden, bei Transformatoren mit Wasserkühlung 5···7 Stunden dauern, bis Belastung und Erwärmung nach einer Belastungsänderung wieder nach den Kurven direkt vergleichbar sind.

b) Trockentransformatoren

Hier darf nach den meisten Landesvorschriften die Erwärmung von Wicklungen mit imprägnierter Papier- und Baumwollisolation 50 °C nicht überschreiten (nach VDE 60 °C). Neuerdings werden in vermehrtem Maße Trockentransformatoren mit Asbestglasfaser (Micanit oder ähnliche Isolationen), oft in Verbindung mit Silikonimprägnierung, angewendet, welche eine höhere Erwärmung erlauben.

Sofern die Wicklungserwärmung nicht durch im Kasten eingebaute Meßeinrichtungen direkt ermittelt werden kann, was selten und nur bei Großtransformatoren der Fall sein wird, verbleibt die Kontrolle der Erwärmung der Kühlluft. Bei natürlicher Luftkühlung kann die Luftmenge durch Wind, offene oder geschlossene Türen und Fenster u. a. stark geändert werden. Umgekehrt proportional zur Luftmenge stellt sich aber die Lufterwärmung ein. Die Kontrolle des Transformators durch eine Messung der Lufterwärmung kann deshalb nur in gleichmäßig belüfteten Transformatorenräumen bei genauer Beobachtung der Verhältnisse im ganzen Luftweg zuverlässig ausfallen.

2. Übererwärmung des gesunden Transformators

Wird eine anormale Erwärmung festgestellt, so kann die Ursache außerhalb des Transformators liegen. Es besteht die Möglichkeit, daß die Kühlmittelmenge ungenügend ist, z. B. weil infolge unachtsamen Schließens oder teilweisen Verdeckens von Ein- oder Austrittsöffnungen die Luftströmung gehindert wurde. Bei natürlicher Kühlung sollte normalerweise pro 1 kW Verluste eine Frischluftmenge von etwa 4 bis 5 m³/min zuströmen. Bei dieser Luftmenge beträgt die Lufterwärmung etwa 15 °C. Bei kleinerer Luftmenge wird die Erwärmung größer; damit steigt die mittlere Kühllufttemperatur. Infolge der kleineren Strömungsgeschwindigkeit erhöht sich dann auch das Temperaturgefälle an der Oberfläche des Transformators.

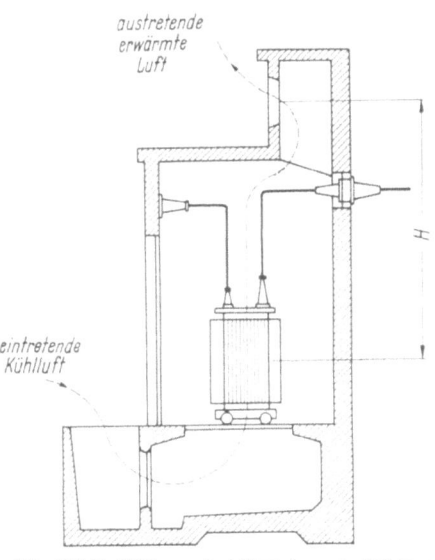

Abb. 165. Luftführung bei Transformatorkabinen

Eine rasche Übersicht, ob die Kühlluftmenge genügend ist, kann durch Kontrolle der Luftstromquerschnitte A gewonnen werden. Es ist angenähert:
$$A = 0{,}17 \frac{P}{\sqrt{H}}.$$

$A \triangleq$ Querschnitt des Luftkanals in m²,
$P \triangleq$ Verlustleistung des Transformators in kW,
$H \triangleq$ Wirksame Warmluftsäule in m.

Sollte die Luftführung ungünstiger sein als in Abb. 165 dargestellt ist, so müßte der Kanalquerschnitt um $10\cdots30\%$ vergrößert werden.

Bei forcierter Luftkühlung mit Ventilatoren wird meist ebenfalls eine Luftmenge von etwa $4\cdots5$ m³/min pro 1 kW Verluste benötigt. Der Luftstromquerschnitt wird dabei längs des Transformators künstlich eingeengt, so daß die Strömungsgeschwindigkeit an der Oberfläche der zu kühlenden Transformatorteile möglichst groß wird. Die Erwärmung des Transformators ist deshalb ganz von der Luftmenge abhängig. Bei einer Übererwärmung ist vorerst die Drehzahl des Ventilators zu kontrollieren und nachzusehen, ob sich auf dem Luftwege irgendein Hindernis gebildet hat; auch ist die Luftmenge mit dem Windflügel (Anemometer) zu überprüfen. Die Messung erfolgt am besten nach der Eintrittsöffnung des Saugstutzens vor dem Ventilator, und zwar an verschiedenen Stellen des Querschnittes, damit für die Luftgeschwindigkeit ein richtiger Durchschnittswert erhalten wird.

Bei Transformatoren mit Wasserkühlung mit und ohne künstlichem Ölumlauf beträgt die übliche Kühlwassermenge 1 l/min pro 1 kW Verluste. Das Wasser erwärmt sich dabei um etwa 15 °C. Würde die Wassermenge z. B. nur die Hälfte betragen, so müßte sich das Wasser um 30 °C erwärmen. Die mittlere Temperatur im Kühler läge dann 15° über der Eintrittstemperatur, verglichen mit 7,5 °C bei normaler Wassermenge. Auch die Ölerwärmung im Transformator wird sich um diesen Temperaturunterschied von 7,5 °C — zusätzlich einem kleinen Betrag für den verschlechterten Wärmeübergang vom Kühlrohr ans Wasser wegen der geringeren Strömungsgeschwindigkeit — erhöhen. Eine kleine Abnahme der Wassermenge, etwa um $10\cdots20\%$, hat also noch keine beträchtliche Erhöhung der Öltemperatur zur Folge. Aus dem gleichen Grunde — und entgegen der Ansicht vieler Betriebsleute — erlaubt anderseits eine Erhöhung der Kühlwassermenge keine erhebliche Überlastung des Transformators. Bei 15 °C normaler Kühlwassererwärmung könnte selbst bei extrem großer Kühlwassermenge die Ölerwärmung nur um 7,5 °C gesenkt werden. Die Signalvorrichtung am Wasserströmungsanzeiger soll deshalb so eingestellt werden, daß die oben genannten Schwankungen nicht zum Auslösen führen. Hat bei einer stärkeren Übererwärmung der Wasserströmungsanzeiger nicht angesprochen, so wird man nicht eine zu geringe Kühlwassermenge als Ursache suchen. Es sind dann vorerst andere Mängel, nämlich am Transformator selbst, naheliegender.

Um das Eindringen von Kühlwasser in den Transformator zu vermeiden, ist man mehr und mehr zum forcierten Ölumlauf und zu separaten Ölkühlern übergegangen. Es werden dabei etwa 5 Liter Öl pro Minute und pro kW Verluste durch Pumpen in Umlauf gebracht, wobei sich zwischen Öleintritt und Ölaustritt am Kühler ein Temperaturgefälle von 6,5 °C ergibt. Falls dieser Wert erheblich überschritten wird, zirkuliert zu wenig Öl. Es ist dann zu kontrollieren, ob die Schieberhähne oben und unten am Transformator ganz geöffnet sind und die Ölpumpe mit richtiger Drehzahl und im richtigen Drehsinn läuft. Wenn allzu wenig Öl zirkuliert, sollte dies durch den Ölströmungsmesser automatisch signalisiert werden.

Vorausgesetzt war bisher, daß die wirkliche Belastung des einzelnen Transformators genau feststellbar ist. Besitzt hingegen nicht jeder Transformator ein eigenes Amperemeter, so muß auch an die Möglichkeit einer unrichtigen Verteilung der Belastung auf die einzelnen Einheiten gedacht werden. Es kann bei einem parallel arbeitenden Transformator der Anschluß unachtsamerweise an einer anderen Anzapfstufe erfolgt sein als bei den übrigen Transformatoren und dadurch eine Überlastung verursacht werden. Dies kann besonders leicht vorkommen, wenn Anzapfungsschalter ein bequemes Wechseln der Anschlüsse gestatten. Abgesehen wird hier von denjenigen Fällen, bei denen der Parallelbetrieb durch falsche Bemessung des Transformators oder der Verbindungsleitungen schon von Anfang an zu schlecht war.

Eine stark verzerrte Kurvenform der Spannung oder des Stromes, deren Ursache außerhalb des Transformators liegt, kann ebenfalls Übererwärmung hervorrufen. Besonders eine starke dritte Harmonische in der Spannungskurve wird bei einem Transformator ohne eine in Dreieck geschaltete Wicklung leicht zu einer Streuflußbelastung einzelner Stellen des Ölkastens führen. Auffallend ist in einem solchen Fall eine starke Ungleichmäßigkeit in der Erwärmung der Kastenoberfläche.

Ebenfalls kann zu hohe Betriebsspannung und damit zu hohe Induktion im Eisenkern eine übermäßige Erwärmung desselben zur Folge haben, was sich in einer verstärkten Ölerwärmung anzeigen muß.

3. Übererwärmung des kranken Transformators

Tritt eine anormale Erwärmung auf, ohne daß eine der oben besprochenen, außerhalb des Transformators liegenden Ursachen festgestellt werden kann, so muß am Transformator selbst oder an seinem Kühler etwas nicht in Ordnung sein. Der Transformator muß aus dem Betrieb genommen werden. Geschieht dies frühzeitig, so wird sich die Krankheit noch auf einen Einzelteil beschränken.

C. Krankheiten am Eisenkern
1. Aktives Eisen

Eine Eisenkrankheit ist gekennzeichnet durch die Ausbildung von elektrischen Kurzschlußkreisen um Teile des magnetischen Flusses herum. Erreicht dabei das Verhältnis der induzierten Umlaufspannung zum Leitungswiderstand des kurzgeschlossenen Kreises einen genügend

202 Krankheiten der Transformatoren

hohen Wert, so kann der Kurzschlußstrom an der engsten Stelle Erhitzungen bis zum Schmelzen des Eisens verursachen. Daraufhin wird sich meistens die Leitfähigkeit an der betroffenen Stelle erhöhen und die Wärmeentwicklung geringer werden, so daß der Zerstörungsprozeß allmählich aufhört. Der dabei aber noch größer gewordene Kurzschlußstrom kann sein Zerstörungswerk an einer anderen Stelle, die nicht notwendigerweise benachbart zu sein braucht, fortsetzen. Die außerordent-

Abb. 166. Eisenkrankheit am Joch eines Großtransformators

lich starke Erwärmung an den Zerstörungsstellen hat zur Folge, daß Isolierstoffe in ihrer Nähe verkohlen, worauf sich wieder andere lokale Kurzschlußkreise bilden. Eine solche Eisenkrankheit kann wie ein Geschwür wuchern (Abb. 166).

Die Erfahrung zeigt, daß dieser Prozeß mitunter sehr lange Zeit dauern kann, da die Kurzschlußschleife oft herausgebrannt wird. In einem kranken Eisenkern werden bisweilen Löcher bis zu Faustgröße gefunden. Das an diesen Stellen verschwundene Eisen kann zum Teil Isolationszwischenräume ausfüllen, zum Teil auch aus dem Eisenkern herausgefallen sein und als Eisenschmelzperlen auf den horizontalen Flächen im untern Teil des Transformators liegen.

Ist der Defekt noch nicht stark entwickelt, so wird an dem im Betrieb stehenden Transformator vielleicht von außen her eine Verstärkung des Brummens wahrgenommen. Bei Vorhandensein des BUCHHOLZ-Schutzes wird schon ein geringer Defekt durch eine Gasentwicklung wahrgenommen. Ist die Zerstörung weiter fortgeschritten und die Krankheit in das kritische Stadium eingetreten, so zeigt sich eine starke, ungewöhnliche Ölerwärmung oder sogar Öldampf- und Rauchentwicklung.

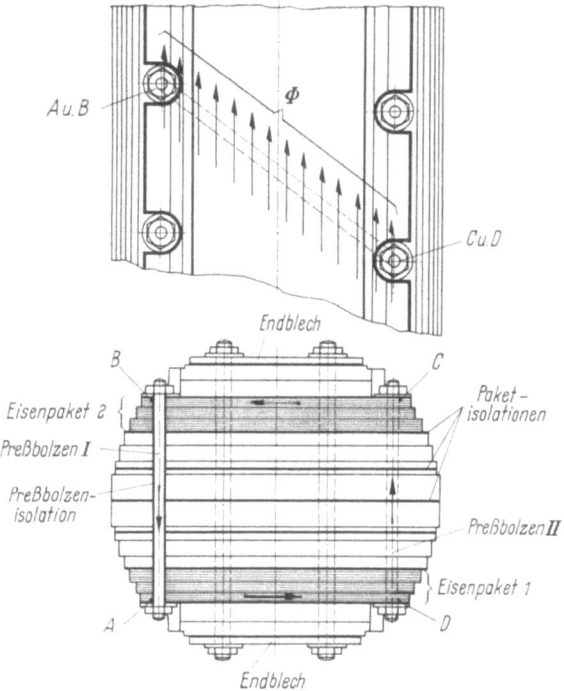

Abb. 167. Kurzschlußwindungen hervorgerufen durch Preßschrauben

Hat sich die Störung zu einem ausgedehnten Kurzschlußkreis im Eisenkern entwickelt, so kann der Differential- und Überstromschutz ansprechen.

Eine Kontrolle der Isolation zwischen den einzelnen Preßschrauben und den Blechen, ferner zwischen den einzelnen Blechpaketen ermöglicht ein Urteil über den Zustand des Eisenkernes. Sie erfolgt mit einer Hilfsspannung von 110···220 Volt mit vorgeschalteter Prüflampe oder mit dem Isolationsprüfer. Es ist zu beachten, daß bei der Feststellung eines oder mehrerer Schlüsse pro Säule oder Joch nicht unbedingt auf eine Eisenkrankheit geschlossen werden muß. Eine einseitige Verbindung einer Preßschraube mit einem Eisenpaket reicht ja zur Bildung einer Kurzschlußwindung noch nicht aus. Eine Preßschraube (Abb. 167) muß wenigstens an zwei Stellen (A, B) mit mindestens zwei Blechpaketen Schluß haben, bis eine Kurzschlußwindung entstehen kann; ferner muß noch an anderer Stelle (C, D) ein Rückschluß zwischen den Blechpaketen bestehen. Das Vorliegen einer Eisenkrankheit kann mit Sicherheit nur dann angenommen werden, wenn Eisenschmelzperlen oder Löcher festgestellt werden.

Eisenkrankheiten sind erfahrungsgemäß nur bei großen Transformatoren, d. h. bei einem Kerndurchmesser von mehr als etwa 50 cm zu erwarten. Bei dünneren Eisenkernen genügen die kleinen Umlaufspannungen kaum zur Überwindung der Isolationswiderstände, welche

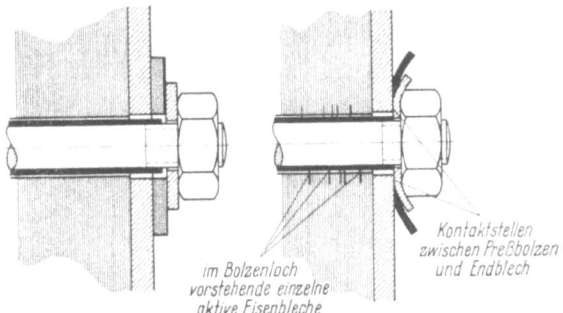

Abb. 168. Eisenschluß von Preßbolzen durch vorstehende Bleche oder infolge beschädigter Isolation unter der Preßscheibe

auch bei schlechten Ausführungen und beschädigten Isolationen immer noch vorhanden sind. Die Eisenkrankheit tritt trotz der stets größer werdenden Transformatorleistungen immer seltener auf.

Die Ursache der Eisenkrankheit ist in den meisten Fällen eine schlechte Kühlung von einzelnen Teilen des Eisenkernes. Sie kann schon von Anfang an ungenügend sein oder bei Öltransformatoren durch starke Schlammbildung in den Kühlkanälen des Kerns und bei Trockentransformatoren durch Verschmutzung verschlechtert werden. Durch starke örtliche Erwärmung werden dann Isolierstoffe verkohlt und dadurch Strombahnen geschaffen. Seltener ist Feuchtigkeit am Versagen der Isolation im Eisenkern schuld. Es müßte sich dann um Feuchtigkeit handeln, die sich von Anfang an wegen ungenügender Trocknung im Kern befand. Die während des Betriebes möglicherweise ins Öl gelangende Feuchtigkeit wird wohl vorher an der höher beanspruchten Wicklungsisolation Schaden stiften.

Ungesicherte Muttern an den Preßschrauben, die entweder beim Transport oder auch durch Vibrationen im Betrieb locker werden, können lose Bleche und von diesen durchscheuerte Bolzenisolationen zur Folge haben. Aber auch übermäßiges Anziehen der Preßbolzenmuttern und dadurch Wegdrängen der Isolierscheiben (Abb. 168) kann zu Schlüssen führen. Bei schlecht sitzenden Stoßflächen zwischen Säulen und Jochen ist unter Umständen ein Durchscheuern der Stoßfugenisolation möglich. Bei starker und länger dauernder Spannungsüberlastung wird die zulässige magnetische Sättigung überschritten. Dann suchen große Teile des magnetischen Flusses ihren Weg durch die Preßschrauben und verursachen in den massiven Schraubenbolzen Wirbelströme, welche unter Umständen zur Verbrennung der Bolzenisolation führen können. Alle diese Fälle können Eisenkrankheiten verursachen.

Zur Behebung leichter Schäden von Eisenkrankheiten genügt es, die Isolation der Preßschrauben zu erneuern und die an der Oberfläche der Kernbleche befindlichen Brandstellen zu entfernen. Schwache Schlüsse zwischen den Blechpaketen lassen sich oft mit einem kleinen Transformator wegbrennen; dabei sind Ströme von etwa $100 \cdots 200$ Amp. bei $2 \cdots 3$ Volt nötig. Bei stärker entwickelten Schäden muß der Eisenkern in der Werkstätte des Erstellers zerlegt werden; schadhafte Bleche, Schrauben und Isolationen müssen ersetzt werden.

Zur Verhütung von Eisenkrankheiten werden die Kerne in eine größere Anzahl nicht zu großer Blechpakete unterteilt. Richtige Bemes-

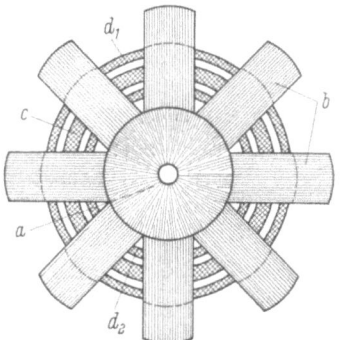

Abb. 169. Kernquerschnitte mit Radialblechung. a Radialkern, b Joche, c, d_1, d_2 Wicklungen

sung der Paketisolationen und sorgfältige Fabrikation sind Grundbedingungen zur Verhütung von Eisenkrankheiten.

Bei radialgeblechten Kernen (Abb. 169) kommen Eisenkrankheiten praktisch nicht mehr vor, besonders weil hier Bolzen zur Pressung der Bleche nicht mehr verwendet werden.

Auch die Aufteilung des Joches in mehrere Teilquerschnitte mit kleinerer Umlaufspannung (Abb. 169) erhöht die Sicherheit gegen Eisenkrankheiten beträchtlich.

Es kommt vor, daß nach der Inbetriebsetzung, insbesondere bei höheren Spannungen, außer dem normalen Brummen noch ein hartes Knistern zu vernehmen ist. Dies rührt her von Entladungen an Metallteilen, die nicht geerdet werden können. Die Energie der Entladefunken ist so gering, daß daraus kein Schaden entsteht. Meistens wird nach einiger Zeit durch die Funken die Isolation örtlich leicht verkohlt und dadurch eine genügende Erdung geschaffen, worauf das Geräusch verschwindet. Geschieht dies nicht, so muß bei nächster Gelegenheit die Erdung durch eine leitende Verbindung hergestellt werden.

2. Abstützungen

Zu der Abstützung werden hier die Endbleche am Eisenkern, die Wicklungstragrahmen und -Konsolen, die Wicklungspreßringe mit den Federn und Spannbolzen, die Jochpreßbalken und Jochpreßbolzen gezählt. Alle diese Teile müssen den größten auftretenden Kurzschlußkräften widerstehen können. Diese Kräfte lassen sich selbst für komplizierte Wicklungsanordnungen vorausberechnen und damit bei der Konstruktion des Transformators berücksichtigen. Zerstörungen der Abstützteile sind denn auch beim modernen Transformator zur großen Seltenheit geworden.

Bei großen Leistungen werden fast allgemein kreisrunde, konzentrisch angeordnete Wicklungen ausgeführt, weil bei diesen die elektrodynamischen Kräfte durch das Wicklungskupfer selbst aufgenommen werden. Bei den Scheibenwicklungen wirkt die dynamische Kraft in axialer Richtung und muß deshalb von der Abstützung aufgenommen werden. Bei Leistungen über etwa 3000 kVA ist deshalb bei ihrer Bemessung besondere Vorsicht geboten.

Geben Teile der Abstützung zu Defekten Anlaß, so handelt es sich eher um elektrische als um mechanische Vorgänge. Sowohl die Wicklungspreßringe als auch die Jochpreßbalken sind von den Jochen durch Isolationsdistanzstücke oder Hartpapierzwischenlagen getrennt. Zwischen Jochpreßbalken und Joch sind gewöhnlich isolierte Prisonstifte eingesetzt. Es kann vorkommen, daß bei einer umfangreichen Beschädigung dieser Isolationen, oder bei ihrer Überbrückung durch leitende Fremdkörper, wie z. B. Blechzunder, sich eine Kurzschlußwindung um Teile des Jochflusses bildet. Ferner kann der Transformator Wicklungspreßringe aufweisen, die nur an einer Stelle geschlitzt und mit isolierten Verbindungsschrauben versehen sind. In diesem Falle braucht nur noch die Trennfugenisolation an einer Stelle überbrückt zu werden, um eine Kurzschlußwindung um eine Säule entstehen zu lassen. Die weiteren Vorgänge entwickeln sich dann in ähnlicher Weise wie bei der im vorigen Abschnitt geschilderten Eisenkrankheit.

Eine weitere Ursache der Bildung von Kurzschlußwindungen ist das Durchscheuern der Isolationen als Folge von Bewegungen bei langandauernden Transporten, wenn aktive Teile im Ölkasten nicht genügend versperrt sind. Solche Störungen werden gewöhnlich bei der Inbetriebnahme durch anormal starkes Brummen des Eisenkernes frühzeitig wahrgenommen, also bevor ein ernsterer Schaden entstanden ist. Die Behebung kann dann auf einfache Weise durch den Ersatz der beschädigten Isolation erfolgen.

Kapazitive Aufladungen mit Entladefunken können auch an Teilen der Abstützung auftreten. Um dies zu vermeiden, werden die gefährdeten Teile geerdet, bei größeren Transformatoren vorzugsweise über Widerstände von einigen 100 Ω. Dadurch wird verhindert, daß bei Isolationsdefekten an anderen Stellen ein gefährlicher Kurzschlußstrom entsteht. Die Widerstände müssen so bemessen sein, daß sie den durch die Windungsspannung gegebenen Strom dauernd aushalten können. Für die Ableitung der kapazitiven Ladungsströme allein würde ein dünner Widerstandsdraht genügen.

3. Geräusche

Man ist heute bestrebt, den Lärm von Transformatoren durch konstruktive Maßnahmen auf ein Minimum zu reduzieren. Das Brummen der Transformatoren entsteht vornehmlich durch magnetische Dehnungskräfte im aktiven Eisenkern. Obwohl die Amplituden der Schwingungen der Magnetkerne sehr klein sind, kann das Brummen von merklicher Lautstärke sein, bis zu 100 Phon bei sehr großen Transformatoren. Eine erhebliche Herabsetzung des Störgeräusches, etwa durch Verkleinerung der Induktion im Eisen, ist aus wirtschaftlichen Gründen nicht möglich. Deshalb sind die Werke bestrebt, zum Teil mit kostspieligen Maßnahmen, durch schallisolierende Zellenwände genügende Dämpfung der Geräusche zu erreichen.

Schwingungen der Wicklungen und auch Resonanzschwingungen von Kesselteilen, Hilfsapparaten und Leitungsschienen können zu weiteren Geräuschen Anlaß geben. Man muß also solche fremde Geräusche vom Brummen unterscheiden. Ist das zu starke Brummen unabhängig von der Größe der Belastung, so ist der Fehler am Magnetgestell zu suchen, etwa in ungenügender Pressung der Joche bei zerriebener Stoßfugenisolation oder bei gelockerten Preßbolzen. Ist aber eine deutliche Abhängigkeit des Geräusches von der Last zu beobachten, dann deutet dies auf zu schwache Wicklungspressung hin, sei es infolge des Schwindens der Wicklungsisolation oder der Endisolation gegen Eisen. Übermäßiges Brummen erfordert eine baldige Revision, da sonst mit größerer Störung gerechnet werden muß.

Bei mehrschenkligen Transformatoren dürfen stumpf aufgesetzte Joche nicht schaukeln. Aus diesen Gründen werden die Isolationszwischenlagen zwischen den Säulen und dem oberen Joch bei den äußeren Säulen etwas dicker gewählt als bei den inneren. Diese Maßnahme berücksichtigt die etwas stärkere Erwärmung und damit größere Längenausdehnung der inneren Säulen.

Die Bauart mit radialgeblechtem Kern und die Aufteilung des Magnetfeldes auf mehrere Rückschlußjoche trägt zur Verminderung des Brummens bei.

D. Krankheiten von Einzelteilen des elektrischen Systems

1. Innere Wicklungsisolation

Defekte an der inneren Wicklungsisolation werden meist verursacht durch innere oder äußere Überspannungen. Schaltüberspannungen und Stoßwellen steiler Front, verursacht durch atmosphärische Entladungen,

Abb. 170. Ausgedehnte Zerstörung einer Transformatorenwicklung durch Windungsschlüsse

können so hohe Potentialdifferenzen über kurze Wicklungslängen erzeugen, daß die Isolation durchschlagen wird. Auch Erdschlüsse im Netz können dieselben Folgen haben.

Wicklungsdefekte treten aber auch im Normalbetrieb auf, z. B. wenn die Wicklungen infolge mangelhafter Pressung durch dynamische Kräfte in Schwingungen versetzt werden oder bei heftigen Stromstößen zum Hüpfen kommen.

Auch das Eindringen von Wasser in den Transformator kann zu Wicklungsschäden führen, insbesondere bei Hochspannungs-Transformatoren.

Wenn die Draht- und Spulenisolation zerstört wird — was sehr oft der Fall ist —, so kann eine kleinere oder größere Anzahl Windungen kurzgeschlossen werden. In solchen Fällen kann der Defekt möglicherweise schon vor dem Ansprechen des Überstromschutzes, durch eine Rauchentwicklung oder durch Geräusche aus dem Innern des Transformators, festgestellt werden.

Beispiele von defekten Wicklungen zeigen die Abb. 170···174. Bei solchen Schäden sind Ölbrände nicht zu befürchten, da der Lichtbogen oder die erwärmte Stelle sich unter Luftabschluß befinden.

Abb. 171. Windungsschluß an einer Ofentransformatorenwicklung. „Nest" aus verbranntem Öl

Abb. 170 läßt erkennen, wie weit die Zerstörung einer Wicklung fortschreiten kann wenn der Schutz ungenügend ist. Bei diesem Transformator mußte mit Rücksicht auf einen sehr ungleichmäßigen Betrieb der Auslösestrom sehr hoch eingestellt werden. Ein ursprünglich eng begrenzter Störungsherd ist längs der ganzen Wicklung einer Säule fortgeschritten. Beim Zünden und Abreißen von Lichtbögen entstanden Überspannungen, welche weitere Durchschläge an Draht- und Spulenisolationen verursachten; durch übermäßige Erwärmung und herumgespritzte Kupferperlen waren diese Stellen geschwächt worden.

Eine andere Auswirkung von Kurzschlüssen wurde an blanken Wicklungsteilen eines Transformators beobachtet. An einer Berührungsstelle zweier benachbarter Windungen entwickelte sich aus verkohltem Öl ein Nest, zur Hauptsache bestehend aus Kohlenstoff (Abb. 171). Äußerlich wurden, als einzige Folge, aus dem Kasten entweichende Öldämpfe festgestellt.

Abb. 172. Zerstörung an den Kupferleitern unter dem „Nest" der Abb. 171

Solche Ölkoksnester sind, wie Abb. 173 zeigt, auch an Hochspannungswicklungen möglich. In vorliegendem Fall wurde unbeachtet eines Unterbruches und Windungsschlusses in einem parallelgeschalteten Wicklungszweig der Transformator im Betrieb belassen. Erst nach mehreren Monaten wurde man auf die erhöhte Ölerwärmung aufmerksam. Defekte, wie in Abb. 170, 171, 172 und 173 gezeigt, könnten leicht vermieden werden, wenn der Transformator mit einem BUCHHOLZ-Schutz ausgerüstet würde.

Die Feststellung, in welcher Phasenwicklung sich ein Defekt befindet, ist oft schon vor dem Ausziehen des Transformators durch Messung des Übersetzungsverhältnisses und des Widerstandes der einzelnen Wicklungen möglich.

Die Ursachen von Wicklungsdefekten können nicht immer eindeutig bestimmt werden. In vielen Fällen wird eine Beschädigung der Draht-

Abb. 173. Windungsschluß an einer Hochspannungswicklung

isolation durch Übererwärmung bei Überlastung oder durch zu spät abgeschaltete Kurzschlüsse verursacht. Eine Übererwärmung ist aber auch ohne Überlastung bei gestörter Ölzirkulation, infolge starker Ölschlammbildung, möglich. Ferner kann säurehaltiges Öl die Draht-

Abb. 174. Isolationsbeschädigung durch einen Eisenspan

isolation so angreifen, daß daraus Defekte entstehen. Weiterhin kann Feuchtigkeit in der Wicklung und im Öl schädliche Folgen haben. Eine Untersuchung des Öles gibt oft Aufschluß über die Ursache (s. S. 218 u. f.).

Auch Fremdkörper, z. B. Drahtstücke, Schraubenmuttern, Unterlagscheiben oder Lötzinntropfen, die etwa bei der Montage oder bei Revisionen durch Unachtsamkeit in die Wicklung hineinfallen, können

Anlaß zu Defekten geben. Im weiteren können kleinste Fremdkörper als Folge magnetischer Einwirkung zu Wicklungsbeschädigungen führen. Wie gefährlich z. B. Eisenspäne, auch wenn sie sehr klein sind, den Wicklungen werden können, geht aus Abb. 174 hervor. Durch das magnetische Wechselfeld werden die Späne fortwährend in Bewegung gehalten; dadurch wird die Isolation kraterartig ausgehöhlt, bis schließlich ein Windungsschluß entsteht.

Abb. 175. Isolationsbeschädigung nach häufiger Kurzschlußbeanspruchung

Die Wicklung kann auch durch Reibung durchgescheuert werden, insbesondere bei Vibrationen, verursacht durch schlechten Sitz des Joches auf den Säulen. Eine ungenügend gepreßte Wicklung wird bei jedem Kurzschluß zusammengedrückt und federt nachher von selbst wieder zurück. Oft aufeinanderfolgende Kurzschlüsse können dann die Distanzstücke zwischen den Spulen verschieben, wodurch starke Deformationen entstehen. Ein typisches Beispiel eines Transformators, der in unruhigem Betrieb zahlreichen, direkten Kurzschlüssen ausgesetzt war, zeigt Abb. 175.

Auch besonders große Überspannungen atmosphärischen Ursprungs gefährden eine Wicklung. Etwaige Defekte treten in der Hauptsache am Eingang der Phasenwicklungen auf (s. Abb. 176). Dagegen sollten Überspannungen, als Folge von Erdschlüssen auf Leitungen, und Schaltüberspannungen von einer guten Wicklung ertragen werden, abgesehen von jenen Ausnahmefällen, bei welchen ausgeprägte Spannungsresonanzen die Beanspruchung im Transformator erhöhen.

Der Schutz von Transformatoren (s. S. 332 u. f.) gegen Überspannungen ist heute praktisch gelöst. Gegen die Einflüsse atmosphärischer Störungen werden Schutzfunkenstrecken und Überspannungsableiter eingesetzt; gegen die Folgen von Erdschlüssen wird die Löschspule angewendet. Es soll nicht unerwähnt bleiben, daß richtig gelöschte Netze einwandfrei geschützt sind, schlecht gelöschte Netze jedoch zu gefährlichen Überspannungen Anlaß geben können.

Bei Trockentransformatoren kommt noch die Gefahr der Verschmutzung durch unreine Kühlluft hinzu. In den nicht immer vermeidbaren toten Winkeln, d. h. an Stellen ohne durchgehenden Luftzug, können unter Umständen Staubansammlungen und als Folge davon örtliche Übererwärmungen entstehen. Unreine Kühlluft muß deshalb gefiltert werden. Die Behebung der Wicklungsdefekte soll im allgemeinen nur durch die Erstellerfirmen oder erfahrene Reparaturwerkstätten erfolgen.

Zur Verhütung der Wicklungsdefekte sollte in Abständen von einem Jahr das Öl auf Feuchtigkeitsgehalt, Verfärbung und Schlammgehalt kontrolliert werden. Ist eine Ölprüfanlage vorhanden, so wird zweckmäßigerweise auch die Durchschlagfestigkeit kontrolliert (s. S. 218).

Transformatorenöl, das zwischen den normierten Elektroden (nach SEV) bei 5 mm Abstand 60···70 kV Durchschlagsspannung aufweist, ist im allgemeinen noch genügend gut. Bei geringerer Festigkeit ist das Öl zu reinigen oder zu erneuern.

Abb. 176. Windungsschluß an einer Transformatorenspule verursacht durch eine Stoßspannung

Es ist zu empfehlen, Transformatoren, die durch den Betrieb dynamisch stark beansprucht werden, z. B. durch öftere Kurzschlüsse, etwa alle 5 Jahre zur Kontrolle aus dem Kasten zu heben. Ist die Wicklung ungenügend gepreßt, so muß die Preßvorrichtung nachgezogen werden. Bei dieser Gelegenheit ist der Sitz der Joche auf den Säulen durch die Blattlehre zu kontrollieren und nachzusehen, ob sich Spulenverbindungen gelockert haben.

Bei solchen Revisionen, wie auch bei Umänderungen am Transformator, ist streng darauf zu achten, daß keine leitenden Fremdkörper auf Teile des Transformators abgelegt werden, da sie durch Unachtsamkeit leicht in die Wicklung hineinfallen können. Es empfiehlt sich, bei Revisionen die Werkzeuge durch Festbinden mit einer Schnur zusichern.

2. Äußere Wicklungsisolation

Unter äußerer Wicklungsisolation werden hier jene Teile verstanden, welche eine Wicklung gegen die andere oder gegen die übrigen Teile des Transformators isolieren. Es handelt sich also um Trennschichten aus Hartpapier und Öl, oder um Papier und Öl, welche die Wicklungsräume ausfüllen, und um die Enddistanzstücke. Ein Durchschlag durch die Isolation zwischen den Wicklungen führt zum Kurzschluß, ein Überschlag über die Enddistanzen zum Erdschluß der betreffenden Wicklung. Meistens folgt auf einen Erdschluß unmittelbar ein innerer Wicklungsdefekt, sei es durch die örtliche Wirkung des Lichtbogens oder durch die beim Isolationsdurchschlag entstandene Überspannung mit steiler Stirn. Die äußeren Erscheinungen sind dann dieselben, wie sie im vorhergehenden Abschnitt beschrieben sind. Der BUCHHOLZ-Schutz wird schon durch die Wirkungen eines Erdschlusses in Tätigkeit gesetzt, während der Differentialschutz oder der gewöhnliche Überstromschutz meistens erst auf den Wicklungsdefekt anspricht. Eine Kontrolle des Isolationswiderstandes mit dem Isolationsprüfer zeigt, besonders bei Isolationen für hohe Spannungen, nicht immer den erfolgten Durchschlag an. Der Isolationswiderstand bleibt meist praktisch unendlich groß. Da die Isolation der Öl- oder Luftstrecken sich immer wieder erneuern kann, gibt es Fälle, bei denen ein Erdschluß nicht die sofortige Außerbetriebsetzung des Transformators bewirkt. Er arbeitet dann weiter, die Durchschläge wiederholen sich aber bei nachfolgenden kleinen Überspannungen. Geht der Durchschlag nach innen, so wird gewöhnlich ein kurzes, gedämpftes Knacken hörbar. Bei Durchschlägen nach dem Kastenmantel ertönt ein heller, scharfer Schlag. Früher oder später kann daraus ein Wicklungsdefekt entstehen.

Die Ursache dieser äußerst seltenen Defekte können Feuchtigkeit, schlechtes Öl, Verschmutzung oder Fremdkörper sein. Ganz kurzzeitige Überspannungen werden im allgemeinen von der äußeren Wicklungsisolation bis zur Höhe der Klemmenüberschlagsspannung sicher ausgehalten. Die Durchschlagsverzögerung von festen Isoliermaterialien und Öl wirkt sich hierbei günstig aus.

Die Behebung von Defekten der äußeren Wicklungsisolation kann an Transformatoren kleinerer Spannung durch sachkundiges Personal oft an Ort und Stelle erfolgen.

Isolationsteile in der Nähe des Durchschlagweges weisen oft Spuren von Kriechströmen auf, wie sie Abb. 177 zeigt. Diese Spuren beschädigen manchmal am Isolierkörper nur eine ganz dünne Oberflächenschicht, und es genügt dann, diese Schicht wegzuschaben. Die Isolation an den Ausgangsstellen des Durchschlages muß sorgfältig erneuert werden. Besondere Aufmerksamkeit muß dann der Reinigung und Trocknung geschenkt werden. Bei Transformatoren höherer Spannung soll die Reparatur der Konstruktionsfirma überlassen werden, und immer auch dann, wenn die Defektursache nicht einwandfrei geklärt ist.

Für die Verhütung der besprochenen Isolationsdefekte gelten dieselben Vorschläge, die im vorigen Abschnitt zur Verhütung der Wicklungsdefekte empfohlen sind.

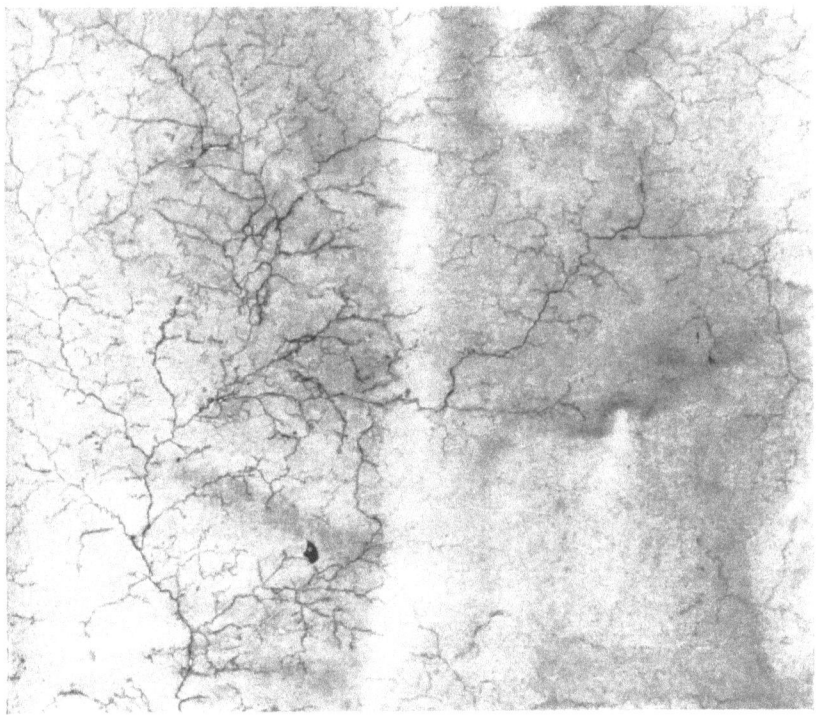

Abb. 177. Spuren von Kriechströmen an der Oberfläche eines Isolierzylinders

3. Ableitungen

Ableitungsdefekte können in der Form eines Erdschlusses, nämlich als Durchschlag gegen den Kasten oder gegen das Eisengestell oder andere geerdete Teile auftreten. Die Erscheinungen sind dabei dieselben wie bei einem Wicklungserdschluß. Ist der Erdschlußstrom so klein, daß der Überstromschutz nicht anspricht, so kann ein Erdschlußlichtbogen längere Zeit bestehen, bis irgendwo ein Windungsschluß oder Spulenkurzschluß eintritt oder vielleicht ein Loch durch den Kastenmantel gebrannt wird und das Öl ausläuft, was jedoch sehr selten vorkommt.

Die andere Form der Ableitungsdefekte: Durchschlag zwischen zwei benachbarten Ableitungen, oder zwischen Ableitung und Wicklung, äußert sich natürlich als Wicklungskurzschluß. Als Ursache dieser Ableitungsdefekte kommen wiederum Feuchtigkeit, schlechtes Öl, Verschmutzung oder Fremdkörper in Frage. Ferner können infolge eines zu niedrigen Ölstandes Teile der Ableitungen über den Ölspiegel hinausragen und zu Überschlägen in Luft führen, entweder gegeneinander oder gegen geerdete Teile. Bei Transformatoren mit ungenügend abgestützten Ableitungen kommt es auch vor, daß durch Kurzschlußkräfte die Leiter verbogen und gegeneinander oder gegen andere Konstruktionsteile gedrückt werden. Besonders bei Öltransformatoren mit blanken Niederspannungsableitungen besteht diese Gefahr, wenn die Ableitungsschienen nicht in kurzen Abständen durch Zwischenstücke getrennt sind.

Schlecht abgestützte Ableitungen können durch die Erschütterungen bei längeren Transporten auf der Bahn oder auf Lastwagen unter Umständen brechen. Lokomotiv-Transformatoren erhalten besonders gut abgestützte Ableitungen. Bei unsorgfältigem Ausziehen oder Einsetzen des aktiven Teiles kann die Ableitungsisolation am Kastenrand oder an Schweißnähten streifen und dabei verletzt werden.

Die Behebung von Ableitungsdefekten kann durch sachkundiges Personal meistens an Ort und Stelle erfolgen. Für das Isolieren der Leiter bei Öltransformatoren mag für die Wahl der Isolationsabmessungen folgende Tabelle als Richtlinie gelten:

Tabelle 6. Isolierabmessungen in Öltransformatoren

Betriebsspannung Kilovolt	Ungefähre Stärke der Leiterisolation mm	Ungefährer Abstand unter Öl mm
6	1,5	10
10	2	15
20	3	25
35	5	40
50	7	50
70	10	70

Bemerkung: Die angegebenen Stärken der Leiterisolation gelten für Preßspan, Hartpapierhülsen und für Isolierpapier, das von Hand um den Leiter gewickelt wird.

Bei Höchstspannungen und bei Trockentransformatoren sind die Abstände stark von der Formgebung der Einzelteile abhängig. Deshalb sollte die Erstellerfirma befragt werden.

Die gleichen Maßnahmen, die zur Verhütung von Wicklungsdefekten notwendig sind, schützen auch den Transformator vor Ableitungsdefekten. Es ist besonders zu beachten, daß die Abstützung der Ableitungen gegen Lageveränderungen mit größter Vorsicht erfolgen muß und daß alle Befestigungsschrauben zuverlässig gesichert sein müssen.

4. Durchführungen

Bei Durchführungen muß zwischen Überschlag und Durchschlag unterschieden werden. Ein kurzdauernder Überschlag wird meistens die Durchführung gar nicht oder nicht stark beschädigen. Bei Durchführungen mit keramischen Isolierkörpern, insbesondere solchen mit Wulst, sind Kriechspuren auf der Glasur, hie und da auch Schmelzspuren am Flansch gewöhnlich die einzigen Folgen. An der Isolationsoberfläche von Hartpapierdurchführungen entstehen leicht stellenweise Anbrennungen, die jedoch meist nicht tief eindringen. Die Isolationsfestigkeit wird dabei so wenig herabgesetzt, daß die normalen, betriebsmäßigen Spannungen noch gut gehalten werden und erst weitere Überspannungen zu neuen Überschlägen führen. Solche Beschädigungen der Durchführungen können leicht vermieden werden, wenn sie mit Funkenstrecken versehen werden, wobei deren Hörner genügend Abstand von der Isolatoroberfläche aufweisen müssen. Die Folgen eines Stoßspannungsüberschlages an einer ungeschützten Porzellandurchführung zeigt Abb. 178.

Überschläge zwischen zwei benachbarten Durchführungen lassen, je nach der Kurzschlußleistung, größere oder kleinere Brandspuren an den Metallteilen zurück. Direkte Durchschläge kommen bei Durchführungen praktisch nicht

Abb. 178. Zerstörung einer Durchführung ohne Funkenhornschutz

mehr vor, ausgenommen an Ausführungen, bei denen die Ränder der Kondensatoreinlagen durch Glimmen angefressen werden oder bei denen die dielektrische Verlustwärme nicht abgeführt werden kann. Im letzteren Fall können sie explosionsartig aufgerissen werden; doch sind diese Fälle zur Seltenheit geworden.

Bei Porzellandurchführungen wird ein Durchschlag erst auftreten, wenn sich durch einen mechanischen Stoß oder durch zu starke thermische Einflüsse Risse im Isolatorkörper bilden oder wenn Lunker vorhanden sind.

Außerdem ist noch die Zerstörung älterer Isolatoren durch das Treiben des Kittes im Flansch zu erwähnen. Gekittete Isolatoren sind heute durch die geklemmten Typen ersetzt.

Bei ölgefüllten Durchführungen ist eine Ölverschlechterung kaum in dem Maße möglich, daß daraus ein Durchschlag entstehen könnte. Auch wenn das Öl durch Undichtwerden des unteren Abschlusses herausfließen sollte, wird ein Durchführungsisolator noch genügend Isolierfestigkeit besitzen, um der normalen Betriebsspannung einige Zeit standhalten zu können.

Ursachen für Überschläge können, neben Überspannungen, auch Fremdkörper sein, die zu nahe an den Isolieroberteil gelangen.

Zu empfindlichen Störungen, ja sogar zu Entzündung des Öles, kann ein zu tiefer Ölspiegel führen. Das Unterteil der Durchführung ist ja meistens infolge seiner kürzeren Überschlaglänge nicht für Luftisolation bemessen. Auch an Anzapfungsschaltern, die meist unter dem Kastendeckel angeordnet sind, können durch zu tiefe Ölspiegel Überschläge gegen Erde oder zwischen den Phasen eingeleitet werden und so zu ernsthaften Störungen Anlaß geben, z. B. zu explosionsartiger Ölentzündung.

Bei Mehrleiterdurchführungen mit ungenügender Leiterisolation können Durchschläge zwischen den einzelnen Leitern auftreten. Sitzen die Leiter locker in einem Durchführungsrohr, so kann der Defekt als Folge einer Durchscheuerung der Leiterisolation an den Rohrkanten entstanden sein.

Defekte Durchführungen müssen in der Regel ausgewechselt werden.

Mechanische Durchführungsdefekte lassen sich durch eine sorgfältige Montage verhüten. Bei ölgefüllten Typen muß der Ölstand hin und wieder kontrolliert werden. Bei Hochspannungs-Durchführungen ermöglichen Glasexpansionsgefäße oder Schaugläser eine dauernde Beobachtung. Installationen und Gerüste sollen von den Durchführungen keinen kleineren Abstand aufweisen als die Fadenlänge des Isolatoroberteiles beträgt.

Gut konstruierte Durchführungen werden durch einen Überspannungsschutz gegen Überschläge und Durchschläge geschützt.

5. Isolieröle

In Transformatoren werden heute hauptsächlich Mineralöle verwendet. Es sind dies Gemische von Kohlenwasserstoffen, die je nach ihrer Herkunft verschieden aufgebaut sein können und damit auch verschiedene Eigenschaften aufweisen. Durch geeignete Destillation und Raffination gehen aus den Rohölen die hochqualifizierten Isolieröle hervor. Diese müssen sehr sorgfältig hergestellt werden, damit sie den Anforderungen des Betriebes vollauf gewachsen sind und nicht zur Ursache von Betriebsstörungen werden. Alle diese Mineralöle haben nur eine beschränkte Beständigkeit gegen höhere Temperaturen und gegen Oxydationswirkungen, damit auch gegen den Luftsauerstoff.

Im Transformatorenbetrieb sind die Isolieröle aber gerade den letzten beiden Einflüssen dauernd ausgesetzt. Es muß daher durch sachgemäße Prüfung dafür gesorgt werden, daß nur Öle mit relativ guter Beständigkeit zur Verwendung kommen. Unter dem Einflusse des Luftsauerstoffes und der erhöhten Temperatur bilden sich in den Isolierölen verschiedene Oxydationsprodukte. Am meisten auffallend ist wohl die Bildung schwarzgefärbter, schlammartiger Ausscheidungen, die man kurz als *Schlamm* bezeichnet. Diese Schlammbildung ist aber nicht der Anfang der Zerstörung, sondern bereits das Ende. Es bilden sich bei der Oxydation zuerst öllösliche Säuren, die gewöhnlich durch die Säurezahl bestimmt werden (Anzahl mg KOH pro Gramm Öl, notwendig zur Neutralisation). Es wird oft die Auffassung vertreten, daß diese Säuren besonders schädlich seien und vor allem die Isolation der Wicklungen angreifen können. Darum wird verschiedentlich die Vorschrift gemacht, daß die Säurezahl einen bestimmten Wert nicht überschreiten darf, wenn der Transformator nicht gefährdet werden soll. Demgegenüber muß darauf aufmerksam gemacht werden, daß die Säurezahl nur die Menge der vorhandenen Säuren angibt, nicht aber die Art derselben. Bei der Zersetzung der Isolieröle können sich aber, je nach der Natur des Öles, verschiedene Säuren bilden, die auch für die Isolation selbst eine ganz verschiedene Gefährlichkeit besitzen. Mit der Säurezahl ist also in dieser Hinsicht gar nichts gesagt. Es muß ausdrücklich davor gewarnt werden, auf Grund der Säurezahl die Öle zu erneuern. Aus diesen sauren Reaktionsprodukten entstehen dann beim weiteren Fortschreiten der Zersetzung Polymerisationsprodukte, die bei höheren Temperaturen im Öl noch löslich sind, bei gewöhnlichen Temperaturen dagegen als Schlamm bereits ausflocken. Auch in diesen Bestandteilen sind noch Säuren, jedoch anderer chemischer Zusammensetzung, enthalten. Solange der Transformator bei höherer Temperatur arbeitet, sind diese Bestandteile nicht gefährlich. Bei niederen Temperaturen kann sich aber der Schlammanteil ausscheiden und die Zersetzungsprodukte können sich auf den Wicklungen, Traversen und anderen Stellen absetzen, wie z. B. aus Abb. 179 zu ersehen ist. Infolge der schlechten Wärmeleitfähigkeit des Schlammes werden die Wicklungen stellenweise übermäßig erhitzt und die Zersetzung des Öles schreitet immer rascher vor sich. Kommt noch Feuchtigkeit hinzu — etwa durch

220   Krankheiten der Transformatoren

Kondenswasserbildung infolge Behinderung der Lüftung —, so wird der Zerstörungsvorgang am Transformator beschleunigt.

Als Lösungsmittel für diese Ablagerungen kommen die gleichen Stoffe in Betracht wie für die Ölkühler (s. S. 239). Dabei muß allerdings ausdrücklich bemerkt werden, daß nach der Entfernung des Schlammes mit solchen Lösungsmitteln (Benzol, Chloroform) für gute Entfernung

Abb. 179. Verschlammter Transformator. Asphaltartige Zersetzungsprodukte auf Wicklungen, Ableitungen und horizontalen Flächen nach einigen Jahren Betriebes mit ungeeignetem Öl. Feuchtigkeitseinfluß hat die Zerstörung durch Rostbildung am Deckel (Loch in demselben) noch beschleunigt

derselben aus den Wicklungen heraus vor Wiederinbetriebnahme gesorgt werden muß. Es kann nun durch die erhöhte Temperatur oder durch ungenügende Abfuhr der Verlustwärme sogar die Baumwolle zerstört werden. Es ist dies aber nicht so sehr eine direkte Wirkung des Transformatorenöles, als vielmehr eine Wärmezerstörung infolge der Ausscheidungen aus dem Öl.

Neben den erwähnten Zersetzungsprodukten bilden sich im Öl noch Stoffe, die nicht beständig sind und gewöhnlich kurz nach ihrer Bildung wieder zerfallen, zum Teil unter Abgabe von Sauerstoff, der sehr aggressiv sein kann und bei den gegebenen Betriebsbedingungen die Baumwolle und andere Isolierstoffe zerstört. Es gibt gewisse Öle, die eine große Neigung zur Bildung solcher Zwischenoxydationsprodukte zeigen und diese sind viel gefährlicher als Öle, die eine höhere Säurezahl aufweisen ohne diese gefährlichen Reaktionsprodukte. Bei dieser Reaktion bilden sich keine oder nur geringe Mengen von Säuren, so daß die Säurezahl gerade bei diesem gefährlichen Prozeß keine entsprechende Erhöhung erfährt und somit keinen Anhaltspunkt über den Gefährlichkeitsgrad solcher Öle liefert. Bei diesem Vorgang bilden sich in der Regel nur verhältnismäßig geringe Schlammengen, bei ganz gefährlichen Ölen überhaupt keine Spur von Schlamm; ebenso ist die Verfärbung sehr gering.

Die verschiedenartige Zersetzung der einzelnen Mineralöle ist in hohem Maße bedingt durch den Raffinationsgrad, d. i. die Art und Weise der Behandlung der Öle in der Raffinerie zur Entfernung gewisser verharzender Substanzen. Es ist also nicht nur die Herkunft des Öles selbst, als vielmehr sein Verarbeitungsverfahren, das ausschlaggebend ist für das Verhalten im Betrieb.

Um gewisse Reaktionsprodukte zu erfassen, ist neuerdings auch noch die Verseifungszahl eingeführt worden; diese gibt an, wieviel verseifbare Stoffe in 1 g Öl enthalten sind. Es muß hier bemerkt werden, daß auch die Verseifungszahl nichts aussagt über die Art der Reaktionsprodukte, sondern nur über die Menge derselben. Wie wir gesehen haben, gibt es nun Zersetzungsprodukte, die sehr gefährlich werden können, aber durch eine gewöhnliche analytische Methode nicht erfaßbar sind. Dasselbe gilt auch in bezug auf die Verseifungszahl. Es werden mit deren Hilfe wohl bestimmte öllösliche Reaktionsprodukte erfaßt, die jedoch in verhältnismäßig großer Menge vorhanden sein können, ohne den geringsten Schaden anzurichten. Daneben kann es aber Öle geben, die eine geringe Verseifungszahl aufweisen, aber in dem erwähnten Sinne schädlich sind. So wenig es möglich ist, mit Hilfe der Säurezahl zu entscheiden, ob ein Transformatorenöl ausgewechselt werden muß oder nicht, ebensowenig ist es möglich, diese Entscheidung auf Grund der Verseifungszahl zu treffen. Es muß im Interesse eines rationellen Ölhaushaltes immer wieder davor gewarnt werden, das Lebensalter und die weitere Betriebsfähigkeit eines Transformatorenöles auf Grund von solchen analytischen Zahlen festzulegen, da diese nur quantitative Aufschlüsse zu geben vermögen, dagegen aber nichts aussagen über die Art und das Wesen und damit die Gefährlichkeit der Oxydationsprodukte.

Es wird gelegentlich behauptet, daß die Isolierstoffe, die mit dem Transformator ins Öl kommen, einen schädlichen Einfluß auf das Transformatorenöl haben können. Dazu ist zu erwähnen, daß z. B. ungeeignete

Hölzer tatsächlich schädigend wirken können; es ist nicht gleichgültig, welche Holzarten beim Aufbau des Transformators verwendet werden. Vor allem ist darauf zu achten, daß das Holz durch geeignete Vorbehandlung möglichst harzfrei gemacht wird, da das Harz die Zersetzung fördern kann. Aber auch verhältnismäßig gut entharzte Hölzer können durch ihren chemischen Aufbau nachteilige Einflüsse auf das Mineralöl ausüben, vor allem bei Vorhandensein bestimmter Mineralsalze.

Weiter muß darauf geachtet werden, daß die einzelnen Holzteile mit geeigneten Leimen oder Kitten verbunden werden. So kann es vorkommen, daß z. B. Kaltleime verwendet werden, die sehr viel Alkali enthalten, um die Bindekraft zu erhöhen. Dieser Zusatz kann in Isolierhölzern sehr schädlich sein, da er hygroskopisch ist und längs den Leimfugen Kriechwege bilden kann, wodurch dann wiederum das Öl an diesen Stellen stark zersetzt wird, sodaß es als Keim für die Weiterzersetzung der ganzen Ölmasse wirkt.

Von den Faserstoffen, die im Transformator enthalten sind, sollen noch die Preßspäne und preßspanähnlichen Produkte erwähnt werden, die gelegentlich, ebenfalls durch ungeeignete Zusammensetzung, Einflüsse auf das Öl ausüben können, die jedoch meistens gering sind. Auch in diesem Falle muß das Hauptaugenmerk auf geeignete Leimstoffe gelegt werden.

Zur Imprägnierung der Wicklungen werden häufig Isolierlacke verwendet, die teils aus Harzen, teils aus Asphalten, mit trocknenden Ölen zusammengekocht, bestehen. Wenn die Zusammensetzung nicht richtig gewählt oder der Trocknungsprozeß nicht genügend weit getrieben wird, sind diese Lacke mehr oder weniger löslich in heißem Mineralöl. Die Imprägnierung wird durch diese Auflösung des Lackes illusorisch; die im warmen Öl umherschwimmenden Lackbestandteile können bei gegebener Zusammensetzung auch nachteilig auf das Transformatorenöl einwirken. Wenn hingegen ein richtiger Speziallack bei sachgemäßer Imprägnierung und Trocknung verwendet wird, dann sind beide beschriebenen Erscheinungen nicht möglich. In diesem Falle findet auch keine zusätzliche Zerstörung des Transformatorenöles statt.

Glimmerscheinungen, ähnlich wie in Luft, können auch im Öl bei ungenügender Entgasung beobachtet werden und führen zu chemischen Einflüssen auf das davon betroffene Öl. Sie dürfen deshalb im Normalbetrieb nicht vorkommen.

Welches sind nun die Anforderungen, denen ein gutes Mineralöl genügen muß, damit der Transformatorenbetrieb auch bei evtl. Überlasten nicht gefährdet wird?

Es kann hier natürlich nicht auf die Diskussion der verschiedenen Ölprüfmethoden eingegangen werden. Dagegen sollen kurz einige wichtige Punkte und deren Bedeutung für die Technik erörtert werden.

Das spezifische Gewicht der Transformatorenöle ist gewöhnlich in Vorschriften aufgeführt, zur Kontrolle der Gleichmäßigkeit der Lieferung. Es darf aber keinesfalls zur Gütebeurteilung herangezogen werden.

Der Flammpunkt sollte heute nur im offenen Tiegel bestimmt werden. Es ist ihm lediglich eine orientierende Bedeutung zuzuschreiben, keinesfalls aber ist er eine Qualifikation für die technische Verwendbarkeit eines Öles. Im Betriebe geht der Flammpunkt zurück, er erniedrigt sich infolge der Zersetzung des Öles.

Mehr Bedeutung hat die Zähigkeit oder die Viskosität der Transformatorenöle. Damit die entwickelte Verlustwärme möglichst gut abgeführt wird, muß das Öl eine gewisse Dünnflüssigkeit aufweisen. Da die Betriebstemperatur meist einen Betrag erreicht, der die Viskosität wesentlich herabsetzt, so ist diese Forderung gewöhnlich erfüllt. Viel wichtiger ist es aber zu wissen, wie sich das Öl bei tiefen Temperaturen verhält, da bei der Freiluftaufstellung der Transformatoren in den Kühlsystemen unter Umständen bereits starke Verdickungen bei zu großer Zähigkeit des Öles auftreten können, vor allem bei paraffinbasischen Ölen.

Neben den besprochenen Eigenschaften sind aber bei Transformatorenölen auch noch einige andere Gesichtspunkte zu berücksichtigen. So sind alle üblichen Mineralöle mehr oder weniger hygroskopisch. Es sollen deshalb nicht Öle ausgesucht werden, die gerade in dieser Beziehung eine besonders ungünstige Zusammensetzung aufweisen. Auch dürfen natürlich in solchen Ölen keine Verunreinigungen enthalten sein, welche die hygroskopischen Eigenschaften noch unterstützen, wie etwa Fasern oder Staub u. a. m. Bei der Zersetzung der Mineralöle bildet sich unter Umständen auch Wasser als Reaktionsprodukt. Wenn nun solche hygroskopischen Stoffe im Öl enthalten sind, dann kann sich dieses gebildete Wasser sehr schädlich auswirken. Es ist vor allem die elektrische Festigkeit, die bei solchen Verunreinigungen sehr stark zurückgeht.

Das Zustandekommen des Durchschlags im sog. *technischen*, d. h. durch den Betrieb verunreinigten Öl wird von den verschiedenen Forschern auf sehr abweichende Weise zu erklären versucht. Während man einerseits die eingeschlossene Feuchtigkeit vorwiegend als Ursache des Durchschlags erklärt, wird andererseits die *Brückenbildung* durch feste Verunreinigungen (Fasern usw.) als Anlaß zum elektrischen Durchschlag im Öl angesehen. In Wirklichkeit sind beide Fremdeinschlüsse im Isolieröl gleichzeitig vorhanden. Aus beiden Anschauungen geht aber hervor, daß man den Fremdeinflüssen die größte Bedeutung für die dielektrische Ölfestigkeit beimißt. Tatsächlich beobachtet man an chemisch reinen Ölen, die völlig frei von Wasser und Fremdstoffen sind, effektive Durchschlagfeldstärken von über 400 kV/cm. Werden an technischen Ölen in den normierten Ölprüfgeräten noch Effektivwerte von 65 kV (bei 5 mm Schlagweite) erhalten, so gelten sie als *hinreichend gut*. Diese Werte besitzen nur orientierende Bedeutung. Sie können nicht allein, sondern nur in Verbindung mit den übrigen Bewertungszahlen zu einer Beurteilung des Öles benützt werden.

Um das Öl möglichst in einwandfreiem Zustande dem Betrieb zu übergeben, muß es durch geeignete Verfahren getrocknet und gereinigt werden. Gewöhnlich werden auch beide Vorgänge miteinander verbunden.

Das Trocknen wird im allgemeinen so durchgeführt, daß man das Öl unter Vakuum auf eine bestimmte Temperatur erhitzt. Es muß dafür gesorgt werden, daß am Anfang des Prozesses die Temperatur möglichst langsam gesteigert wird, damit die im Öl enthaltene Luft nicht sofort als Oxydationsmittel wirkt und nicht die oben erwähnten Zersetzungen schon einleitet. Bei der Trocknung muß dafür gesorgt werden, daß nicht nur die Feuchtigkeit entfernt wird, sondern daß auch der gelöste Luftsauerstoff aus dem Öl ausgetrieben wird.

Für die Reinigung von Isolierölen sind verschiedene Verfahren im Gebrauch. Das älteste und meist verbreitete ist die Reinigung mit der Filterpresse. Damit wird erreicht, daß alle Verunreinigungen, Schlammanteile u. a. vom Filterpapier zurückgehalten werden.

Seit einiger Zeit werden zur Reinigung auch Zentrifugen verschiedenster Konstruktion verwendet. Es ist mit diesen Apparaten wohl möglich, grobe Verunreinigungen aus den Ölen zu entfernen; dagegen ist es damit unmöglich, feinverteiltes Wasser auszuscheiden. Im Gegenteil tritt sehr oft die Erscheinung auf, daß das Wasser durch das Schleudern fein emulgiert wird. Wenn das Öl sofort nach dem Zentrifugieren geprüft wird, dann sind wohl die Werte der dielektrischen Festigkeit gut, nach einiger Zeit des Stehens scheiden sich aber die feinen Wasserteilchen wieder aus und dementsprechend verschlechtert sich die elektrische Festigkeit. Im weitern ist als Nachteil zu erwähnen, daß gewöhnlich bei höherer Temperatur zentrifugiert werden muß; dabei geht der ganze lösliche Schlamm in Lösung und scheidet sich erst im kalten Zustande wieder aus. Wenn frisches Öl auf diese Weise gereinigt wird, dann besteht bei gewissen Systemen die Gefahr, daß sich dasselbe bei der feinen Zerstäubung mit Luft sättigt und infolge der erhöhten Temperatur beim Auskochen schon ziemlich stark oxydiert wird. Es ist nicht sehr empfehlenswert, nach diesem Verfahren zu arbeiten.

Wenn über die Mischbarkeit verschiedener Öle entschieden werden soll, dann müssen genaue Angaben vorliegen, ob es sich um paraffinbasische oder um naphthenbasische Öle handelt. Wenn die Art des Öles genau bekannt ist, dann kann die Frage dahin entschieden werden, daß chemisch gleichartige Öle, nämlich Öle gleicher Basis, die durch entsprechende Raffination auf die gleichen Werte der Lieferungsbedingungen gebracht worden sind, ohne Bedenken gemischt werden können. Dabei muß noch ergänzt werden, daß das Raffinationsverfahren selbst für die Mischbarkeit in dieser Hinsicht keine Rolle spielt. Solche Mischungen sind sowohl in ihren Eigenschaften wie auch in ihrem chemischen Verhalten gleichwertig wie die einzelnen Mischungskomponenten.

Seit einiger Zeit werden auch gebrauchte Öle durch sog. Regeneration wieder verbessert. Die vollständige Regeneration ist nichts anderes als eine nochmalige Raffination. Durch diese Behandlung werden gewisse Stoffe, wie Säuren, Schlammprodukte u. a., aus dem gebrauchten Öl entfernt. Daneben bilden sich im Betrieb aber noch Zersetzungsprodukte, die öllöslich sind und durch die heute üblichen analytischen Untersuchungsmethoden nicht erfaßt werden. Diese werden bei der Regeneration nicht entfernt. Regenerate sind also vor allem in dielektrischer Beziehung bei weitem nicht gleichwertig wie neue Öle, obschon die analytischen Werte nach dieser Behandlung fast gleich lauten können wie im Ausgangszustand.

Im Zusammenhang mit der Reinigung steht die Frage der Erneuerung der Öle. Als dafür ausschlaggebende Kriterien werden heute vor allem die Säurezahl und die Verseifungszahl benützt. Wie aber schon weiter oben bemerkt wurde, ist es mit diesen Angaben keinesfalls möglich, über die weitere Verwendbarkeit zu entscheiden. Erst eingehende Untersuchungen über das dielektrische Verhalten werden uns die Möglichkeit geben, eine einwandfreie Entscheidung treffen zu können. Leider sind gerade diese Untersuchungen bis heute sehr vernachlässigt worden. Die Frage der Erneuerung von Isolierölen kann also nicht generell gelöst werden dadurch, daß man zulässige Werte für die Säurezahl oder die Verseifungszahl festlegt, sondern es muß von Fall zu Fall, vor allem unter Berücksichtigung der Angriffsfähigkeit des Öles auf Isolierstoffe, entschieden werden.

Es wurde schon erwähnt, daß die Feuchtigkeit im Öl vor allem das dielektrische Verhalten stark beeinflußt. Es soll deshalb als Ergänzung noch angeführt werden, daß das Vorhandensein von Feuchtigkeit wohl am einfachsten durch die sog. *Spratzprobe* festgestellt werden kann. Sie besteht darin, daß man eine kleine Ölprobe im Reagenzgläschen über der Bunsenflamme erhitzt und dann feststellt, ob im Öl enthaltenes Wasser aus dem Öl austritt, wobei ein ganz schwach knallendes Geräusch festgestellt werden kann. Wenn diese Probe positiv ausfällt, muß das Öl einer vorsichtigen Trocknung unterzogen werden. Empfindlicher als diese Prüfart ist aber die Bestimmung der Durchschlagfestigkeit, die bei geringsten Spuren von Wasser schon eine deutliche Veränderung zeigt. Um insbesondere bei der elektrischen Prüfung Fehlschlüsse auszuschließen, muß folgendes beobachtet werden:

Das Prüföl soll an der tiefsten Stelle des Kastens entnommen werden. Zuerst sollen 2 l abgelassen werden, bevor das eigentliche Prüföl aufgefangen wird, damit vorhandene Unreinigkeiten im Ablaßstutzen wegfallen. Dann zeigt es sich als vorteilhaft, weitere 2 l abzuzapfen, damit mehrere Proben durchgeführt werden können, um die Größe der Streuung der Durchschlagfestigkeit feststellen zu können.

Vor der Entnahme ist das Gefäß mit dem gleichen Transformatorenöl zu spülen. Bei der Entnahme des Prüföls muß der Ölstrahl der Gefäßwand entlang fließen, um Luftaufnahme durch Wirbelung möglichst zu vermeiden. Selbstverständlich soll das Prüföl nicht berührt werden.

Zum Versand des Öles an eine Prüfstelle eignen sich feuerverzinkte Blechgefäße mit aufschraubbarem Verschlußdeckel und Korkdichtung am besten.

Vor der elektrischen Prüfung soll das Öl im Prüfgefäß zwei Stunden ruhen.

6. Unbrennbare Isolierflüssigkeiten

Nicht brennbare *Isolieröle*, die nach ihrer amerikanischen Herkunft mit dem Sammelnamen *Askarele* bezeichnet werden, sind im Handel unter folgenden Einzelmarken bekannt:

in Deutschland als *Clophen*, Hersteller Bayer;
in England als *Pyroclor*, Hersteller Monsanto Chemical Ltd.;
in Frankreich als *Pyralène*, Hersteller Prodelec;
in Amerika als Pyranol — Aroclors — Inerteen.

Einige ihrer Hauptmerkmale sind die folgenden:

a) Chemische und physikalische Natur

Die Gefahr eines Brandes oder einer Explosion nach der Zersetzung eines üblichen Isolieröles ist durch das Vorhandensein von Wasserstoff in den Zersetzungsprodukten bedingt. Die Askarele bestehen in der Hauptsache aus Diphenyl ($C_{12}H_{10}$) als Ausgangsprodukt, in dem mindestens die Hälfte der H-Atome durch Cl-Atome ersetzt ist. Zur Verbesserung ihrer physikalischen Eigenschaften mischt man diese Komponente in der Regel noch mit ähnlichen Verbindungen wie z. B. Trichlorbenzol.

Wenn diese Stoffe durch eine elektrische Einwirkung (z. B. Lichtbogen) zersetzt werden, verbinden sich die freigewordenen Wasserstoff- und Chloratome unverzüglich zu Chlorwasserstoff-Säure, die gasförmig entweicht.

Die gelösten HCl-Spuren können ihrerseits wieder durch ein Neutralisationsmittel rasch absorbiert werden, so daß sie unwirksam werden.

Die entwichenen Chlorwasserstoffgase sind für die menschlichen Atmungsorgane ungefährlich aber unangenehm. Da sie meist wegen ihres auffallenden Geruches sofort wahrgenommen werden, können sie durch Lüftung der Transformatorräume rasch und leicht abgeführt werden. Moderne Askarele zeigen keinesfalls giftige Gase.

b) Kennwerte von Askarelen für Transformatoren

Kennwert	Mass	Pyralène 1467	Clophen T 64
Dichte	g/cm³	1,56	1,56
Viskosität bei 50 °C	°Engler	1,3	1,8 (bei 38°)
Stockpunkt	°C	-30	-30
Spezifische Wärme	cal/g °C	0,26	0,26
Elektrische Festigkeit nach VDE	kV/cm	~ 200	~ 200
Dielektrizitätskonstante		$4 \cdots 4{,}3$	$3{,}9 \cdots 4{,}5$
Ausdehnungskoeffizient	pro °C	$0{,}7 \cdot 10^{-3}$	$0{,}7 \cdot 10^{-3}$

Aus diesen Werten geht hervor, daß die Askarele, verglichen mit den üblichen Transformatorenölen, mindestens gleichwertige Eigenschaften besitzen. Die elektrische Festigkeit und Viskosität entsprechen den Werten der Transformatorenöle. Die erhöhte Dielektrizitätskonstante begünstigt den elektrischen Feldstärkeverlauf zwischen den festen Trennwänden und den Umlaufwegen des Kühlmittels.

In der Kondensatorenfabrikation haben die Askarele ebenfalls wegen der erhöhten Dielektrizitätskonstanten eine bedeutende Anwendung gefunden.

c) Auswirkungen auf die Transformatoren-Konstruktion

Die Askarele sind ohne Einfluß auf die im Transformatorenbau üblicherweise vorkommenden Metalle: Aluminium, Kupfer, Bronze, Eisen, Stahl usw. Anderseits vermögen sie einige der festen Isolierstoffe und Lacke zu lösen, weshalb eine besondere Auswahl dieser Stoffe in Verbindung mit Askarelen unerläßlich ist.

Vom Auflösungsvermögen betroffene Isolierstoffe sind insbesondere: zahlreiche natürliche und künstliche Harze, gewisse Lacke, Korklinoleum und natürlicher Kautschuk. Hingegen sind die Askarele ohne Einwirkung auf Papier, Baumwolle, Zellstoffe, bestimmte polymerisierte Harze, Preßspane und einige synthetische Kautschuke.

Isolierstoffe auf Phenolharz-Basis (Bakelite) führten zu Störungen, sofern sie Rückstände von unvollkommener Polymerisation in Form von Phenol enthielten. Diese Stoffe beeinflussen die elektrischen Eigenschaften der Askarele ungünstig, falls sie sich darin lösen.

Größte Aufmerksamkeit ist der Wahl der Dichtungsmaterialien zu schenken, weil die Konstrukteure in diesem Zusammenhang zahlreiche Störungen feststellten.

Bei Verwendung von Dichtungsstoffen auf Silikonbasis, die im Handel überall greifbar sind, können Dichtungsschäden mit Sicherheit vermieden werden. Ihre mechanischen Eigenschaften sind einwandfrei und sie scheiden keine in Askarel löslichen Stoffe aus.

Jedenfalls ist dem Konstrukteur zu empfehlen, bei jeder Konstruktion, in welcher Askarele zur Verwendung gelangen sollen, mit deren Lieferanten Fühlung zu nehmen, um die geeignetsten Isolierstoffe auszuwählen. Bestehen über ihre Eignung Zweifel, so kommt folgendes Prüfverfahren in Betracht:

Der mit Askarel in Berührung kommende Isolierstoff wird während zwei Wochen bei 90 °C im Askarel belassen. Hernach muß sich zeigen, daß

1. die elektrischen Eigenschaften des Askarels, insbesondere die elektrische Festigkeit, der spezifische Widerstand und der dielektrische Verlustfaktor nicht merklich verändert sind;

2. die andern physikalischen und mechanischen Kennwerte des festen Isolierstoffes nicht gelitten haben.

d) Ersatz eines Isolieröles durch Askarel

Von der Füllung eines Transformators, der für gewöhnliches Isolieröl konstruiert und damit betrieben wurde, mit einer Askarelsorte ist aus folgenden Gründen abzuraten:

1. Der in Frage stehende Transformator ist wahrscheinlich nicht durchwegs aus den Materialien konstruiert, die bei Verwendung eines Askarels erforderlich wären.

2. Die im Holz, Preßspan und Papier des aktiven Teils des Transformators verbliebenen Reste von Isolieröl vermischen sich mit dem Askarel und beeinträchtigen seine dielektrischen Eigenschaften mitunter ganz erheblich.

e) Bau und Unterhalt der Transformatoren

Die Verhältnisse im Bau und Unterhalt von Transformatoren mit Askarel-Isolation unterscheiden sich nicht erheblich von denjenigen bei Öltransformatoren. Einige Firmen empfehlen den hermetischen Abschluß des Transformators, was zu einem erhöhten Kesselvolumen führt, sofern man der höheren, thermischen Expansion der Askarele Rechnung tragen und einen unzulässigen Überdruck im Kesselinnern vermeiden will. Anderseits sind auch mit Transformatoren, die mit gewöhnlichen Expansionseinrichtungen oder mit Silicagel-Trocknern ausgerüstet wurden, sehr gute Betriebserfahrungen gemacht worden.

Hinsichtlich der Wahl und Ausrüstung der Transformatorenräume sind keine besonderen Vorkehren zu treffen; der leicht pharmazeutische

Geruch der Askareldünste wird durch die natürliche Ventilation der Transformatorzellen beseitigt. Im allgemeinen wird für Transformatoren mit Askarelen die gleiche Erwärmung zugelassen wie für Öltransformatoren. Unter dieser Voraussetzung sind die Betriebserfahrungen mit askarelgefüllten Transformatoren vollauf befriedigend; es können auch nach längerer Betriebszeit keine Alterungseinflüsse auf die Askarele festgestellt werden.

f) Füllung und Behandlung

Die Füllung eines Transformators mit Askarel erfolgt, gleich wie bei Öltransformatoren, nach Vortrocknung des Transformators im Ofen und unter Vakuum. Die letztere Bedingung garantiert die einwandfreie Durchtränkung der saugfähigen Isolierstoffe.

Empfehlenswert ist die periodische Kontrolle der Isolierflüssigkeit in Abständen von etwa 2 Jahren. In der Regel genügt eine Kontrolle auf Durchsichtigkeit (Klarheit) der Flüssigkeit und auf dielektrische Festigkeit. Die Proben werden vorzugsweise in Glasflaschen mit eingeschliffenen Glasstöpseln entnommen, in gleicher Weise wie beim Öltransformator.

Eine Nachbehandlung der Askarele empfiehlt sich in folgenden Fällen:
1. bei beträchtlich gesunkener elektrischer Festigkeit,
2. nach einem Lichtbogenüberschlag im Transformator,
3. bei Feststellung von Verunreinigungen im Askarel.

Die Behandlung erfolgt in einem Reinigungsaggregat bestehend aus Filterpresse und Vakuumpumpe. Die Apparatur ist vor der Verwendung für Askarele vollständig von Mineralölspuren zu befreien. Es empfiehlt sich, die Askarelbehandlung vom Lieferanten selbst durchführen zu lassen. Diese Behandlungen sind für Askarele in gut konstruierten Transformatoren weit seltener notwendig als für Isolieröle, dank ihrer Unabhängigkeit von der Betriebsdauer. Praktisch verbleiben die Reinigungsarbeiten auf Fälle mit inneren Entladungen beschränkt (s. oben).

g) Physiologische Effekte

Im Warmzustand treten aus den Askarelen Gase aus, die die Schleimhäute der Augen und Nase reizen; obwohl diese Gase keinesfalls giftiger Natur sind, ist eine gute Ventilation der Transformatorenräume unerläßlich. Der charakteristische Askarelgeruch warnt in der Regel das Bedienungspersonal, bevor eine störende Ansammlung solcher Gase eingetreten ist.

Personen mit empfindlicher Haut werden bei direkter Berührung mit Askarel gereizt; die betroffenen Stellen können mit Glyzerin behandelt werden, das die Askareleinwirkung beseitigt.

h) Anwendungsgebiet für Transformatoren mit Askarelfüllung

Als solche kommen alle Betriebe mit erhöhter äußerer Brandgefahr von dritter Seite in Betracht und solche Betriebe, in denen jede Brandursache von der Transformatorenseite her ausgeschaltet sein muß. Als Beispiele sind anzuführen:

1. Hilfstransformatoren in elektrischen Zentralen und Unterwerken, die sich in unmittelbarer Nähe von Kommandotafeln befinden.
2. Transformatoren in Bühnen- und Filmtheatern und in großen Kaufhäusern.
3. Transformatoren in Kellergeschossen von Wohngebäuden, wobei eine Versicherungs-Prämienerhöhung für das Gesamtgebäude vermieden werden kann.
4. Transformatoren in Gruben, in Werkstätten und auf Schiffen, in denen keine besondern Brandschutzvorkehrungen getroffen sind.

Die Kosten der askarelgefüllten Transformatoren liegen um 20 bis 30% über denjenigen der Öltransformatoren. In verschiedenen Anwendungsfällen ist es möglich, diese Mehrkosten durch Einsparungen an den Anlagekosten auszugleichen, z. B. dort, wo durch Näherlegen der Transformatoren an die Verbrauchsstellen längere Niederspannungs-Zuleitungskabel von einer entfernteren Transformatorstation her vermieden werden können. Diese Vorteile erklären die vermehrte Anwendung dieses Transformatortyps in den letzten Jahren.

E. Krankheiten des Kühlsystems

1. Ölkasten

Der Ölkasten kann in seinen beiden Funktionen — als Gefäß und als Wärmeableiter — im Betrieb zu Störungen Anlaß geben.

Zu einer schweren Störung des Betriebes kann ein plötzliches Leckwerden führen. Wenn das Auslaufen des Öles nicht frühzeitig bemerkt wird und die Wicklung aus dem Öl auszutauchen beginnt, entsteht meistens ein Wicklungsdefekt, welcher die Schutzeinrichtung des Transformators betätigt. Geschieht die Abschaltung rasch, so wird ein Ölbrand vermieden. Das Auftreten eines Lecks im Betrieb ist sehr selten; es entsteht z. B. im Falle eines Lichtbogens zwischen Wicklung oder Ableitung und dem Ölkasten und nur nach längerer Brenndauer.

Bei größeren Transformatoren mit Expansionsgefäß und BUCHHOLZ-Apparat schützt dieser gegen die Folgen des Auslaufens von Öl. Sobald nämlich das Expansionsgefäß leer geworden ist, gelangt Luft in den Schutzapparat, worauf der Alarm betätigt wird. Wenn auch der BUCHHOLZ-Apparat kein Öl mehr enthält, so wird der Transformator abgeschaltet.

Gelegentlich werden Schweißnähte undicht. Zur Behebung genügt in manchen Fällen, insbesondere bei dickwandigen Blechkästen, das Verstemmen. Besteht eine Undichtheit nur an einer einzelnen Stelle, so wird knapp daneben ins gesunde Material ein Körner geschlagen. Risse werden mit dem Meißel verstemmt oder mit Zinn zugelötet. Ausgedehntere Risse müssen zugeschweißt werden. In dringenden Fällen, sofern nicht zu viel Öl ausfließt, kann an ölgefüllten Transformatoren elektrisch geschweißt werden. Bei autogener Schweißung muß der Kasten stets entleert sein. Während des Schweißens muß der Kessel gut gelüftet werden, damit sich im Innern weder Öldämpfe noch Gase ansammeln können, die zu Explosionen Anlaß geben könnten.

An Stelle von Ölablaßhähnen, welche zum Tropfen neigen, werden besser Blindflansche oder Ölablaßschrauben verwendet, die zuverlässig dichten und beim Transport nicht abgeschlagen werden können.

Der Kastendeckel muß bei Transformatoren mit Ölausdehnungsgefäß völlig dicht mit dem Kastenmantel verschraubt sein. Als Dichtungseinlage ist Korklinoleum oder besser noch ölfester Gummi geeignet. Neue Korkdichtungen sind beidseitig mit Vaselin einzufetten, damit sie bei einem späteren Öffnen des Transformators nicht an den Preßflächen kleben.

Bei Freilufttransformatoren besteht die Möglichkeit, daß die Kittung der Durchführungen nicht wetterbeständig ist und sich zersetzt, so daß Wasser in den Transformator eindringen kann. Gegen Öl sind die Kittstellen weniger widerstandsfähig als gegen Feuchtigkeit. Bei Transformatoren mit Ölausdehnungsgefäß wird deshalb oft zwischen Flansch und Porzellan noch eine zusätzliche Dichtung eingelegt. Transformatoren neuerer Konstruktion weisen in der Regel keine Kittstellen mehr auf. Der Flansch der Porzellandurchführung wird unter Zwischenschalten eines Dichtungsringes mit Klauen auf den Deckel gepreßt.

Bei Transformatoren ohne Ölausdehnungsgefäß für Aufstellung in geschützten Räumen und ebenso für Aufstellung im Freien muß ein genügender Luftwechsel stattfinden, damit sich kein Kondenswasser unter dem kalten Deckel bildet. Beim erstgenannten Typ wird oft zwischen dem Deckel und dem Kastenrand ringsum ein Spalt offen gelassen. Beim Freilufttyp sind zwei möglichst verschieden hoch gelegene Atmungsöffnungen erforderlich, so daß infolge der Lufterwärmung eine dauernde Luftzirkulation entsteht. Zur weiteren Sicherheit wird die Unterseite des Deckels noch mit einem wärmeisolierenden Belag versehen. Die Atmungsöffnungen müssen vor dem Eindringen von Regenwasser und auch vor dem Eindringen von Schneestaub geschützt werden, indem die Luft auf einem Umweg zur Eintrittsöffnung geführt wird. Bei Freilufttransformatoren mit Ölausdehnungsgefäßen wird die von dem sinkenden Ölspiegel nachgezogene Luft meistens durch einen

Luftentfeuchter gesaugt. Die Luft wird in diesem durch ein die Feuchtigkeit absorbierendes Mittel geleitet. Das früher verwendete Chlorkalzium wurde durch Silicagel fast vollständig verdrängt. Letzteres läßt sich durch Erhitzen auf etwa 120° in sehr einfacher Weise regenerieren. Mit Kobaltchlorid behandeltes Silicagel, das sog. Blaugel, weist in trockenem Zustand eine enzianblaue Farbe auf; durch Aufnahme von Feuchtigkeit wird es rötlich gefärbt. Dies erleichtert die Kontrolle. Das Blaugel soll durch Trocknen regeneriert werden, wenn es etwa zur Hälfte rot verfärbt ist.

Die Wärmeableitung des Ölkastens kann durch Ölschlamm stark beeinträchtigt werden (s. S. 218), wodurch die Erwärmung des Transformators steigt. Dieselbe Wirkung haben zusätzliche Verluste, insbesondere wenn sich die primären und sekundären Ampèrewindungen nicht vollständig aufheben, z. B. im Anzapfungsbereich einer Transformatorwicklung.

Bei Transformatoren für Industriefrequenzen mit Stromstärken von mehr als 600···1000 A entsteht im Deckel, weil er eisengeschlossene Wege um die einzelnen Durchführungen bildet, auch eine Erwärmung durch Wirbelströme. Ihre Ausbildung, als Folge eines starken magnetischen Feldes in der Nähe der Stromdurchführung, muß durch einen Luftschlitz im Deckel von wenigen Millimetern Länge vermieden werden. Die Schlitze dürfen durch ein antimagnetisches Material (Kupfer, Messing, Bronze) zugedeckt werden. Bei sehr großen Strömen werden die Ableitungen der Phasenwicklungen mit Vorteil eng nebeneinander durch den Deckel geführt, wodurch sich die elektromagnetischen Felder weitgehend kompensieren.

Der Ölkasten muß immer geerdet sein, da er sich sonst unter dem Einfluß des Potentials der Hochspannungswicklung kapazitiv aufladen und dadurch Personen gefährden könnte.

2. Ölkühler

a) Allgemeines

Öltransformatoren mit Luftkühlung erhalten, sofern die einfache Oberfläche des Kastens nicht ausreicht, noch zusätzliche Kühlkörper. Diese werden als Radiatoren entweder direkt am Ölkasten angebaut oder als Batterie neben dem Transformator aufgestellt. Im letzteren Falle wird gewöhnlich das Öl mit einer Pumpe umgewälzt. Fast die gleichen Kühlkörper werden auch bei künstlicher Luftkühlung verwendet. Ein solcher Kühlkörper, der eingeschweißte Röhren oder Wellblechmäntel besitzt, kann unter mechanischer Einwirkung undicht werden. In diesem Fall ist wie im Abschn. *Ölkasten* (S. 230) vorzugehen.

Wenn am Transformator angebaute Radiatoren im Betrieb vibrieren, sind meistens die Befestigungsschrauben ein wenig lose geworden infolge Nachgebens der Dichtungseinlagen. Dies läßt sich durch das Nachziehen der Schrauben beheben, worauf diese wieder gut gesichert werden müssen. Genügt das Nachziehen an den Dichtungsflanschen nicht, so müssen die Radiatoren durch angeschweißte Verbindungsstücke aus Flacheisen gegenseitig verspannt werden. Die Radiatoren werden vielfach über einen Absperrschieber angeschlossen, um sie einzeln demontieren und wieder anbauen zu können, ohne daß der Transformator entleert werden muß.

Bei Rückkühlung des Öles mit Wasser soll der Öldruck höher sein als der Druck des Wassers. Der Regulierhahn des Kühlers soll am Eintritt des Kühlwassers angebracht sein, damit der Durchfluß unter normalem Druck erfolgt.

Wichtig ist, daß die Rohrsysteme vor dem Einbau mit einem Überdruck von etwa 5 atü abgepreßt werden, damit undichte Stellen zum Vorschein kommen und verbessert werden können. Das Abpressen soll, wenn möglich, wasser- und ölseitig durchgeführt werden. Empfehlenswert ist die Reinigung der Ölkühler nach etwa 5jähriger Betriebsdauer. Die Flanschverbindungen lassen sich mit in Leinöl gekochtem Karton abdichten. Bei guten Kühlerkonstruktionen sind die Wasserrohre vertikal gestellt und münden unten in eine Kammer, in der sich die Unreinigkeiten des Kühlwassers absetzen. Diese Kammer soll leicht abgenommen und gereinigt werden können. Wenn zwei Kühler für einen Transformator vorhanden sind, kann die Reinigung ohne Betriebsunterbruch geschehen. Ist das Kühlwasser sehr unrein, so ist eine Filtrieranlage notwendig.

Bei Ölrückkühlern, die im Winter außer Betrieb genommen werden, muß das Wasser wegen der Gefahr des Einfrierens und Zerspringens des Rohrsystems entleert werden. Sicherheitshalber wird der Kühler so gebaut, daß das Wasser selbsttätig aus dem Kühler fließt, sobald die Zufuhr unterbleibt.

Die Kühlrohre werden aus blankem oder verzinktem Eisen, Kupfer, Messing- oder Bronzelegierungen hergestellt. Das Verhalten gegen die Korrosion dieser Materialien und die Kesselsteinbildung werden auf S. 235 und 238 behandelt.

b) Spannungsrisse an Kühlerrohren

Beim Ziehen von Rohren werden die äußeren Schichten der Rohrwandung stärker verformt als die inneren. Es sind deshalb in der Wandung noch Reckspannungen vorhanden, sofern das Material vor seinem Einbau nicht eine entsprechende thermische Behandlung durchgemacht hat. In Abb. 180 ist rechts ein Kühlerrohr gezeigt, bei dem die Reckspannungen durch Loslösen einer Zunge sichtbar gemacht werden konnten. Das links abgebildete Rohr ist demselben Rohrstück wie die Probe rechts entnommen, ist aber vor der Loslösung der Zunge einer thermischen Behandlung unterworfen worden. Wie zu ersehen ist, sind dadurch die Spannungen vollständig verschwunden. Die im Material zurückbleibenden Spannungen können oft bis hart an die Grenze des Zulässigen heranreichen. Es können dann beim längeren Lagern oder durch geringfügige äußere Anlässe, wie z. B. Benetzen mit einer korrosiven Flüssigkeit, durch Anreißen u. a. plötzlich Längsrisse in den Rohren entstehen. Auch im Betriebe von Kühlern treten solche Risse gelegentlich spontan auf, da die in den Öl- und Luftkühlern vorkommenden Temperaturdifferenzen bereits genügen, um die Spannungen auszulösen. In Abb. 181 soll an einem weiteren Beispiel gezeigt werden, wie groß solche Spannungen sein können. Die blank gereinigten Rohrstücke wurden in eine wässerige Quecksilbersalzlösung gelegt, wobei sie mehr oder weniger rasch in der abgebildeten Form aufsprangen. Um solche Spannungen nachzuweisen, hat sich gerade diese letzte Prüfart sehr gut bewährt. Auch mehr oder weniger lokale Spannungsstellen, die sternförmige Anrisse ergeben, können gelegentlich durch diese Prüfung mit Quecksilber erfaßt werden.

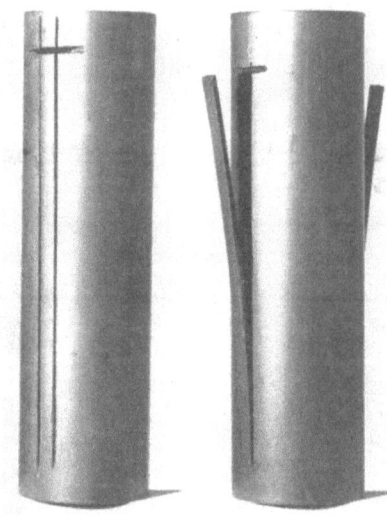

Abb. 180. Kühlerrohr mit Reckspannungen

Abb. 181. Auslösung von Reckspannungen in Kühlerrohren durch Behandlung mit Quecksilbersalzlösung

Im Zusammenhang mit der Quecksilberprüfung an hart gezogenen Messingrohren muß eine Erscheinung erwähnt werden, die unter dem Namen Lotsprödigkeit oder Lotbruch bekannt ist und oft großen Schaden verursachen kann. Es hat sich ganz allgemein gezeigt, daß ein Metall oder eine Legierung mit inneren mechanischen Spannungen brüchig wird und auseinanderfällt, wenn es mit einem flüssigen Metall in Berührung kommt. Diese Erscheinung tritt bei der Quecksilberprüfung auf, wobei

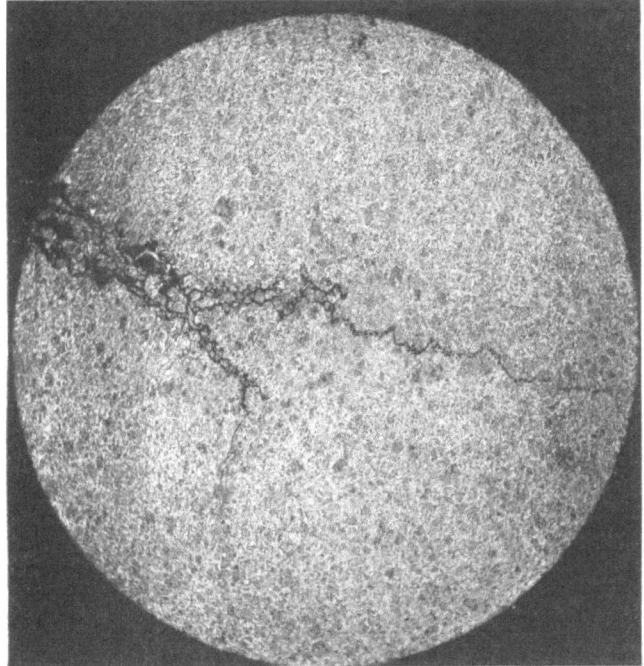

Abb. 182. Lotsprödigkeit: Eindringen von flüssigem Lot in festes Metall. Das Eindringen erfolgt hier von der linken Seite her

das Quecksilber die Rolle des flüssigen Metalls spielt. Wenn das Material in Berührung mit flüssigem Lot gebogen wird, so tritt die gleiche Erscheinung als Lotsprödigkeit auf. Das flüssige Metall dringt in die kleinsten Poren des festen Metalles ein und führt so schließlich den Bruch herbei. Aus Abb. 182 ist deutlich zu erkennen, wie das Lot durch den von links kommenden Riß eingedrungen ist und das Material zerstört hat.

c) Kühlerrohr-Korrosionen

Die in den Öl- und Luftkühlern von Transformatoren verwendeten Rohre bestehen mehrheitlich aus Messing. In der Regel werden dazu zwei Legierungen verwendet, die folgendermaßen zusammengesetzt sind: 70% Kupfer, 29% Zink, 1% Zinn, oder 63% Kupfer und 37% Zink. Es kann nun vorkommen, daß aus verschiedenen Gründen die Rohre in verhältnismäßig kurzer Zeit durch Korrosionen zerstört werden.

Die Korrosionen der Messingröhren hängen zusammen mit dem kristallinen Gefügeaufbau, mit der thermischen Behandlung beim Herstellungsprozeß und mit gewissen Betriebsbedingungen. Es ist oft die Behauptung aufgestellt worden, die erstgenannte Legierung sei korrosionsfrei. Es muß aber ausdrücklich darauf hingewiesen werden, daß die Behauptung den Tatsachen nicht vollauf entspricht. Das Gefüge solcher Rohre besteht aus α-Mischkristallen, wie aus Abb. 183 zu ersehen ist. Wenn nun an irgendeiner Stelle des Rohres durch ungenügende thermische Nachbehandlung gewisse Mischkristalle nur unvollständig rekristallisiert sind und dementsprechend noch gewisse Reckspannungen aufweisen, dann ist an dieser Stelle bereits eine Potentialdifferenz vorhanden, die beim Zutritt einer entsprechenden Elektrolytflüssigkeit auf elektrochemischem Weg zur Zerstörung führt. (Selbstverständlich können solche Lokalelemente auch durch andere Umstände bedingt sein.) Wenn die richtigen Bedingungen vorhanden sind, dann können Kupfer- und Zinkionen des unedleren Gefügebestandteiles in Lösung gehen, wobei das Kupfer aber sofort wieder ausgefällt wird. Dadurch entstehen die sog. Kupferpfropfen, wie sie aus Abb. 184 auf der rechten Seite zu ersehen sind. Der Kupferpfropfen ist infolge seiner Bildungsweise sehr porös und haftet schlecht auf der Unterlage. Mit der Zeit lockert er sich und kann durch die strömende Flüssigkeit weggeschwemmt werden. Dabei entstehen starke örtliche Anfressungen, wie sie Abb. 185 zeigt, und schließlich bilden sich durchgehende Löcher. Diese Erscheinung, die an bestimmten Stellen im Rohr gebunden ist, wird als die sog. selektive Korrosion bezeichnet. Es ist oft sehr schwierig, die Ursachen dieser Art von Zerstörungen zu ermitteln.

Abb. 183. Gefügebild aus einem Kühlerrohr. Legierung: 70% Kupfer, 29% Zink und 1% Zinn (reines α-Gefüge)

Die zweitgenannte Legierung, die aus 63% Kupfer und 37% Zink besteht, befindet sich bereits in demjenigen Teil des Kupfer-Zinkdiagrammes, in dem bei unrichtiger thermischer Behandlung $\alpha + \beta$-Mischkristalle nebeneinander auftreten können.

In Unkenntnis des wirklichen Sachverhaltes wird immer wieder behauptet, daß die Legierung 63% Kupfer, 37% Zink ungenügende Beständigkeit besitze, da sie durchgehender partieller Entzinkung aus-

Abb. 184. Selektiv korrodiertes Kühlerrohr (reines α-Gefüge), Kupferpfropfen auf der rechten Seite der Abbildung

gesetzt sei. Es ist hier darauf hinzuweisen, daß dies nicht den Tatsachen entspricht; denn bei richtiger thermischer Behandlung ist es ohne weiteres möglich, auch bei dieser Legierung ein durchaus einwandfreies α-Gefüge zu erhalten, das die geschilderten Eigenschaften nicht aufweist und sich auf Grund des Gefügeaufbaues praktisch gleich verhalten

Abb. 185. Anfressungen an einem Kühlerrohr. Auf der linken Seite sind infolge des Ausbruches des Kupferpfropfens zum Teil fast durchgehende Anfressungen vorhanden

wird, wie die zinnhaltige Legierung. Solche Rohre sollten daher vor ihrem Einbau durch einen Sachverständigen untersucht werden. Das Eintreten der selektiven Korrosion, die durch rein örtliche, elektrochemische Elementbildung unter verschiedenen Umständen eingeleitet werden kann, ist allerdings auch durch diese Vorsichtsmaßnahme nicht vorauszusagen. Daß das Kühlwasser, je nach seiner Zusammensetzung, die Korrosion fördern kann, soll hier nur erwähnt werden. Es kann aber auch möglich sein, daß bei der Reaktion zwischen gewissen Wasserbestandteilen und dem Metall sekundäre Reaktionsprodukte entstehen, die eine Schutzwirkung auf der Oberfläche der Rohre ausüben. Gelegentlich sind es aber gerade diese Produkte, die auch weiterhin die Korrosion fördern. Daraus geht hervor, daß es immer schwierig sein wird, Korrosionserscheinungen, deren Bildungsbedingungen nicht ganz einwandfrei bekannt sind, zu erklären. Wenn etwa durch Ablagerungen im Rohre gewisse ungleichmäßige Wasserströmungen erzeugt werden, dann können noch zusätzliche Erosionswirkungen auftreten, die das Bild der Korrosion verwischen.

d) Kesselsteinbildung

In allen Kühlsystemen, in denen Leitungswasser als Kühlmittel verwendet wird, können Ausscheidungen mehr oder weniger löslicher Salze vorkommen, die Ablagerungen bilden, wie sie allgemein unter dem Namen *Kesselstein* bekannt sind. Sie vermindern den Wärmeübergang und können unter Umständen sehr gefährlich werden. Es ist immer noch die irrige Auffassung verbreitet, daß der Kesselstein nur aus ausgeschiedenem Kalziumkarbonat (Kalk) bestehe. Eingehendere neue Untersuchungen haben aber gezeigt, daß Kesselstein kein einheitliches Produkt ist, sondern verschiedene Salze enthalten kann, welche im Wasser gelöst waren. Zudem ist auch der Gipsgehalt des Wassers von Bedeutung. Als Hauptbestandteile dieser steinartigen Ausscheidungen können wohl Gips und Kalk angenommen werden. Daneben vermögen aber auch Kieselsäure, Magnesia, Tonerde, Eisensalze, Chloride und Sulfate die Ablagerungen stark zu beeinflussen. In gewissen Wässern werden auch noch beträchtliche Mengen organischer Stoffe mitgeschwemmt, die ebenfalls auf die Ablagerungen von Einfluß sein können. Die kristallisierten mitgerissenen Anteile des Kühlwassers lagern sich oft in einzelnen Schichten zwischen den andern Ausscheidungen ab. Aus allem ergibt sich, daß es sehr zweifelhaft sein dürfte, aus der Wasseranalyse auf die Zusammensetzung des daraus sich bildenden Kesselsteines zu schließen.

Wenn solche Ablagerungen in den Kühlsystemen vorkommen, dann müssen sie in angemessenen Zeitabständen mit Salzsäure davon befreit werden. Diese darf aber nicht zu lange in den Rohren verbleiben, damit sie nicht angegriffen werden. Nach Entfernung der Reinigungssäure ist empfehlenswert, mit Hilfe von Alkali (Soda) den zurückgebliebenen Rest zu neutralisieren. Bei vorsichtigem Arbeiten genügt aber auch schon ein gutes Nachspülen mit Wasser.

Die Kühlerrohre können aber auch von mitgeschwemmten Bestandteilen zusammen mit den Ablagerungen verstopft werden. Solange die so entstandenen Krusten nicht zusammenhängend festsitzen, ist es gewöhnlich möglich, die Röhren durch sog. *Gegenwasser* zu reinigen.

e) Schlammbildung

In Ölkühlern kommt es gelegentlich vor, daß sich der aus dem Öl ausgeschiedene Schlamm (s. S. 218) auf den Kühlrohren ansetzt. Je nach der Art dieser außenseitigen Ablagerungen kann dann eine starke Verschlechterung der Wärmeabführung festgestellt werden. Eine Schlammschicht von nur einem Fünftel der Dicke einer schlecht wärmeleitenden Kesselsteinschicht ist bezüglich der Wärmeübertragung gleich schädlich.

Wie auf S. 218 erwähnt ist, erfolgt die Ausscheidung der Polymerisationsprodukte als Schlamm bei niederen Temperaturen. Bei Ölkühlern ist das Temperaturgefälle so groß, daß der bei der Eintrittstemperatur noch gelöste Schlammanteil ausgeschieden wird und sich auf den Kühlerrohren absetzen kann. Wegen der schlechten Wärmeleitung und der dadurch bedingten erhöhten Öltemperatur entstehen nun weitere schlammartige Ausscheidungen, die selbst im warmen Transformatorenöl nicht mehr löslich sind, sondern sich als asphaltartige Ausscheidungen auf den Wicklungen absetzen. Dieser Vorgang spielt sich auch im Ölkühler ab, da der auf den Kühlerrohren sitzende, ursprünglich noch lösliche Schlamm durch die dauernde Erwärmung in das unlösliche asphaltartige Produkt übergeführt wird. Infolge dieses Vorganges kann der Kühler vollständig verkrusten und alsdann seine Funktionen einstellen. Wenn dies nicht rechtzeitig bemerkt wird, können daraus sehr unangenehme Folgen entstehen. Sind die Ausscheidungen auf den Kühlerrohren noch nicht zu alt, also noch nicht zu lange unter dem Einflusse der Temperatur des warmen Öles gestanden, dann ist es noch möglich, die Kühlsysteme mit Benzol zu reinigen, da die anfänglichen Ausscheidungen in diesem Lösungsmittel aufgelöst werden. Wenn aber die Bildung des asphaltartigen Schlammes schon eingesetzt hat und derselbe längere Zeit der höheren Temperatur ausgesetzt war, dann werden diese Krusten gewöhnlich so hart, daß sie auf dem bereits besprochenen Wege nicht mehr zu entfernen sind. In diesem Falle muß an Stelle von Benzol Chloroform als Lösungsmittel verwendet werden. Es kann aber auch möglich sein, daß selbst damit eine Reinigung nicht mehr gelingt; dann bleibt allein die mechanische Entfernung der Ausscheidungen im Ölkühler übrig.

F. Krankheiten an Drosselspulen

1. Drosselspulen mit Eisen

Neben den Krankheiten, die für die verschiedenen Teile von Transformatoren beschrieben wurden, sind bei den Drosselspulen mit Eisenkern noch Störungen möglich, die vom Luftspalt verursacht werden. Damit die Reaktanz der Drosselspule bis zur Höchstbelastung möglichst stromunabhängig bleibt, muß der größte Teil der vorhandenen Amperewindungen (Durchflutung) vom Luftspalt aufgenommen werden, während auf den Eisenweg nur ein kleiner Rest entfällt. Bekanntlich versucht das Feld, sich an den Luftspalten nach Abb. 186 auszubreiten mit dem Bestreben, die Sättigung zu verkleinern, um einen kleineren Widerstand zu finden. Die Ausbreitung des Luftspaltflusses reicht bis in die benachbarten Wicklungsteile hinein. Sie ist um so ausgedehnter, je größer die magnetische Spannung des Luftspaltes und je größer der Abstand zwischen Eisenkern und Wicklung ist. Sind nun diese Verhältnisse sehr ungünstig, so werden die senkrecht zur Blechebene aus dem Eisenkern hervortretenden Flüsse die äußersten Bleche in so starkem Maße durchqueren, daß diese durch die entstehenden Wirbelströme eine zu hohe Erwärmung erfahren. Es entsteht daraus eine Verbrennung der Blechisolationen mit den Erscheinungen der Eisenkrankheit. Außerdem können die Endbleche und Preßbolzen in der Nähe der Luftspalte durch Wirbelströme so stark erwärmt werden, daß Isolationen und Ölfüllung Schaden nehmen. Besteht die Wicklung aus breiten Kupferbändern, so entstehen auch in diesen zusätzliche Verluste.

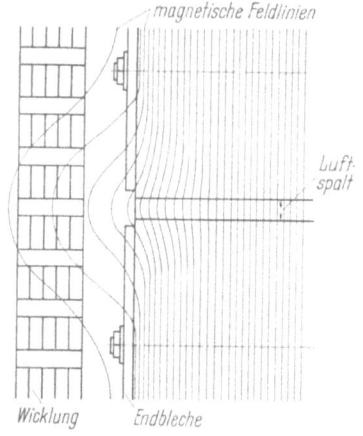

Abb. 186. Ausbreitung des magnetischen Feldes am Luftspalt einer Drosselspule

Die Behebung dieses Fehlers kann nur durch einen Umbau geschehen, der die Verhältnisse gründlich verbessert.

Die weitgehende Unterdrückung der vorgenannten Mängel wird bei einer zweckmäßigen Konstruktion durch Unterteilen der Luftspalte erreicht, d. h. an Stelle von wenigen großen werden besser mehrere kleinere Spalte vorgesehen. Kerne mit Radialblechung haben noch den Vorteil, daß der Austritt der Kraftlinien in die Luftzone überall an der Schmalseite der Bleche erfolgt.

2. Drosselspulen ohne Eisen

Für die Begrenzung der Kurzschlußströme in Schaltanlagen werden auch Drosselspulen ohne Eisenkern verwendet. Diese weisen auch bei höchsten Strömen eine unveränderliche Reaktanz auf, weil keine Sättigung auftritt. In Anlagen mit großer Kurzschlußleistung sind solche Spulen, sowohl elektrisch wie mechanisch und thermisch, sehr stark beansprucht.

Die elektrische Beanspruchung rührt daher, daß beim Kurzschlußbeginn an der Spule kurzzeitige Überspannungen auftreten, die den doppelten Wert der Betriebsspannung erreichen können.

Mechanisch unterliegen sie der Kräftewirkung des hohen Anfangskurzschlußstromes, dessen Scheitelwert den $2^1/_2$fachen Wert des Dauerkurzschlußstromes erreichen kann.

Thermisch entstehen sehr starke Belastungen, wenn die Spule im Anschluß an Überlastungen, die bei der kleinen Zeitkonstanten der Wicklung eine rasche Temperatursteigerung bewirken, auch noch den Kurzschlußstrom führen muß.

Bei ungenügend isolierten Spulen, und besonders solchen mit blanken Leitern, besteht beim Vorhandensein von Feuchtigkeit oder Staub die Gefahr, daß bei den starken Überspannungen zu Beginn eines Kurzschlusses auch Überschläge zwischen den Teilspulen oder Windungen auftreten können. Die überbrückten Windungen bilden dann einen Kurzschlußkreis, in welchem die transformatorische Wirkung der übrigen Windungen einen sehr starken Strom erregt, der meist zur mechanischen Zerstörung der kurzgeschlossenen Wicklungsteile führt. Drosselspulen mit Isolierkörpern aus Beton oder Asbestzement erhalten zum Schutz gegen Feuchtigkeit und Staub einen sehr starken Lacküberzug. Bei höheren Spannungen schützt am wirksamsten eine gut imprägnierte, geschlossene Leiterisolation.

An verseilten Leitern entstehen bei sehr raschem Stromanstieg durch die Stromverdrängung nach der Oberfläche der Leiter Anschmorungen der Kupferdrähte.

Durch das sog. *Hämmern* können die Windungen zu schwach gepreßter Wicklungen sich lockern und die ganze Wicklung sich setzen. Bei einer folgenden starken Beanspruchung schlagen unter Umständen benachbarte Windungen zusammen. Die mechanische Ausführung soll so beschaffen sein, daß die Wicklung leicht nachgepreßt werden kann. Die Schraubenmuttern sind zu sichern.

Auch bei Verwendung von unbrennbarem Isoliermaterial ist die thermische Belastbarkeit begrenzt, da das Kupfer bei höheren Temperaturen erweicht. Das zulässige Maximum der Kupfertemperatur dürfte wohl bei 250 °C liegen.

Lötstellen mit Weichlot bilden eine Gefahr für die Spule, da bei starker Erwärmung der Übergangsstellen das Lot leicht schmelzen und die Isolationen beeinträchtigen kann.

Die Spulen einer Dreiphasengruppe werden zur Platzersparnis oft übereinander angeordnet. Es ist dann für eine gute Abstützung gegen die Wände und die Decke zu sorgen. Drosselspulen, die nebeneinander aufgestellt sind, müssen gegenseitig abgestützt werden. Es ist ferner zu beachten, daß eiserne Gegenstände in der Nähe von Drosselspulen durch Wirbelströme erwärmt und bei Kurzschlüssen gegen diese gezogen werden können. Am besten werden die Spulen in geschlossenen Zellen untergebracht. Bei geringem Abstand der Zellenwände darf in diesen kein Eisen vorhanden sein, auch nicht an den Türen.

Die Reaktanz der Strombegrenzungs-Drosselspulen sollte im allgemeinen so gewählt werden, daß die Spule mindestens 5% der Betriebsspannung des zu schützenden Netzteiles aufnimmt, da sonst das Verhältnis des Kurzschlußstromes zum Normalstrom zu groß wird. Ist mit Rücksicht auf die Spannungshaltung im Betriebe nur eine kleinere Reaktanz zulässig, so kann eine Drosselspule mit entsprechend höherem Nennstrom und gleichem prozentualem Spannungsabfall gewählt werden. Der wirkliche Spannungsabfall ist dann, dem Betriebsstrom entsprechend, kleiner.

III. Krankheiten elektrischer Apparate

A. Allgemeines

Die Folgen zu hoher Temperaturen elektrischer Leiter sind bei Apparaten dieselben wie bei Maschinen und Transformatoren. Als einziger Unterschied ist hervorzuheben, daß bei Apparaten dauernde mechanische Beanspruchungen, welche die Folgen von Übererwärmungen noch vergrößern, selten vorhanden sind. Übermäßige Erwärmungen treten meistens an Magnetspulen und Kontakten auf.

Als Erwärmung ist der Temperaturunterschied zwischen dem Objekt (Spulen und Kontakte) und der Eintrittstemperatur des Kühlmittels zu verstehen. Zu einer zuverlässigen Beurteilung der Erwärmung müssen beide Werte möglichst genau gemessen werden.

1. Übermäßige Erwärmung von Magnetspulen

Bei Magnetspulen ist es wichtig, zahlenmäßige Anhaltspunkte für ihre zulässige Belastung zu besitzen, um vor Fehlgriffen bei der Auswechslung solcher Spulen geschützt zu sein.

Allgemeines

Die Kenntnis der Belastbarkeit schützt vor allem vor der Verwechslung von Gleich- mit Wechselstromspulen. Bei Spulen für Gleichstrom genügt die Kenntnis des OHMschen Widerstandes allein, um ihren Betriebsstrom bei Nennspannung und damit ihre Leistungsaufnahme einfach berechnen und die thermische Belastung kontrollieren zu können. Hingegen ist der Strom einer Wechselstromspule vorwiegend durch den induktiven Widerstand bestimmt, der den OHMschen Widerstand in der Regel stark überwiegt. Meistens werden auch der erstere Wert, sowie die Eisenverluste im magnetischen Kreis gar nicht bekannt sein, so daß weder Strom noch Leistungsaufnahme berechnet werden können. Einzig aus dem OHMschen Widerstand, und unter der Annahme des Anschlusses einer vorliegenden Spule an Gleichspannung, würde man sofort erkennen, daß ihr Strom und damit ihre Belastung, viel zu groß würde und daß es sich folglich bestimmt um eine Wechselstromspule handeln muß.

Damit Magnetspulen bei beiden Stromarten keine übermäßige Erwärmung zu erleiden haben, darf der auf 1 cm² ihrer Oberfläche entfallende Verlust nicht mehr als $0{,}06 \cdots 0{,}10$ Watt betragen.

Ein häufiger Grund für gefährliche Übererwärmung von Wechselstromspulen ist das Festsitzen des Magnetankers in seiner offen-Stellung. Die Magnetspule nimmt dabei einen viel größeren Strom auf als bei angezogenem Anker, wodurch sie in kurzer Zeit überhitzt wird oder sogar verbrennt. Magnete mit sog. Sparschaltung können sich zu stark erwärmen, wenn — mittels eines Hilfskontaktes — der Sparwiderstand, welcher in der Einschaltstellung des Magneten die Stromaufnahme der Spule reduzieren muß, nicht oder mit zu geringem Widerstandswert vorgeschaltet wird.

Ferner kommt es bei unrichtiger Anordnung von eisernen Konstruktionsteilen im magnetischen Stromkreis vor, daß sich dort Wirbelströme ausbilden können und daß von diesen Stellen aus die Wicklung zusätzlich erwärmt wird.

Ursache von Windungsschlüssen können schlecht gewickelte Spulen sein, vor allem wenn die an den Flanschen der Spulenkörper liegenden Windungen in tiefer liegende Lagen rutschen, wodurch relativ große Spannungsdifferenzen auftreten, die die Windungsisolation beschädigen. Auch bei gut gewickelten und richtig dimensionierten Spulen können Windungsschlüsse auftreten, wenn sie durch Feuchtigkeit leiden oder dauernd starken mechanischen Erschütterungen ausgesetzt sind, wie z. B. bei Traktionsbetrieben, Hebezeugen und in Schiffen.

Gut gewickelte und korrekt isolierte, imprägnierte Spulen und neuerdings mit Kunstharz ausgegossene Spulen sind diesbezüglich weniger störanfällig. Zudem ist deren Strombelastbarkeit in der Regel größer, da die Lufteinschlüsse in den Wicklungen vermieden werden, wodurch die Wärmeleitung günstiger ist.

Windungsschlüsse treten hauptsächlich bei Wechselstromspulen auf, weil die Windungsspannung größer ist als bei Gleichstromspulen. Zudem sind sie vermehrt Erschütterungen, herrührend von vibrierenden Eisenkörpern, ausgesetzt, besonders bei niederen Netzfrequenzen.

Eisenschlüsse können entstehen, wenn die ganze Spule locker auf dem Eisenkern sitzt; dadurch ergeben sich Vibrationen, welche den Spulenkörper und die Spulen-Ableitungsisolationen durchscheuern und damit den blanken Leiter mit dem in der Regel geerdeten Eisenkörper in Kontakt bringen. Man achte daher auch streng darauf, daß die Magnetspulen auf dem Eisenkern einwandfrei festsitzen; u. U. sollten sie auf dem Kern verkeilt werden. Gebrochene Spulenhalter müssen unbedingt ersetzt werden, bevor größerer Schaden entsteht. Ableitungsbrüche kommen vor, wenn die Ableitungen zu kurz, zu starr oder ungeeignet geformt sind. Flexible, als leichte Schlaufe ausgebildete Ableitungen brechen weniger leicht.

2. Übermäßige Erwärmung an Kontakten

Die Erwärmung eines Kontaktes ist durch folgende Faktoren bestimmt: Strombelastung, Kontaktdruck, Kontaktabmessungen, Güte der Anschlußstellen, Oberflächenbeschaffenheit, Oxydation der Kontaktflächen und mechanische Kontaktfehler. Zudem spielen auch die Größe der Oberfläche und ihre Abkühlungsverhältnisse eine wichtige Rolle.

Worin besteht die Gefahr einer zu großen Kontakterwärmung? Zunächst beginnt beim Überschreiten einer bestimmten Temperatur die Oxydation der Kontaktstellen. Dabei erhöht sich der Übergangswiderstand, der ganze Kontakt glüht aus und schließlich kann eine Verschweißung eintreten. Daneben verursacht eine hohe örtliche Kontakterwärmung, je nach der Wärmeleitfähigkeit der Umgebung, auch starke Temperaturanstiege anderer benachbarter Teile. Die Zerstörung von Isoliermaterial kann alsdann die weitere Folge sein.

Wie beurteilt man die Sicherheit eines Kontaktes hinsichtlich Übererwärmung? Die Bemessung der Oberfläche war ja ursprünglich dem Konstrukteur übertragen; es dürfte also vorerst angenommen werden, daß diese richtig erfolgt ist und daß auch der Apparat von Anfang an schon für die vorgesehene geschlossene oder offene Aufstellung richtig entworfen war. Die zulässige Übertemperatur (Erwärmung) für Dauerbetrieb hängt einerseits von der Kontaktart — Klotz-, Finger- oder Bürstenkontakt — und anderseits vom Kontaktmaterial, wie Kupfer, Silber, Sintermetalle oder deren Kombination ab.

Kupferkontakte ertragen in Luft oder Öl eine Dauererwärmung (Übertemperatur, bezogen auf Raumlufttemperatur) von etwa 35 °C, Silberkontakte in Luft eine solche von 65···70 °C. Dabei ist voraus-

Allgemeines 245

gesetzt, daß die Umgebungslufttemperatur bei Luft- und Ölapparaten den Wert von $+35$ °C nicht überschreitet, ansonst auch eine relativ geringe Erhöhung der Kontakterwärmung, z. B. für Kupferkontakte von 35 auf $40\cdots50$ °C für den Zustand der Kontakte bereits gefährlich werden kann, indem seine Temperatur dadurch $75\cdots85$ °C annimmt (*Klettern* der Kontakterwärmung), wobei Oxydationsgefahr eintritt. Ferner ist zu prüfen, ob die Isoliermaterialien in unmittelbarer Nähe der Kontakte deren Dauertemperatur ebenfalls ertragen. Wird eine höhere Erwärmung gemessen, so prüfe man, ob die Aufstellung des Apparates wärmetechnisch in Ordnung ist — genügend Raum und Luft für die Wärmeabgabe — oder ob evtl. kein Luftwechsel stattfinden kann, wie z. B. bei Aufstellung in niedrigem, abgeschlossenem Raum ohne Fenster. Die Lufttemperatur wird in der Regel in 1 m Abstand vom Apparat und auf mittlerer Höhe desselben gemessen. An Blechgehäusen von Apparaten mit Kontakten in Luft sollte die Oberflächentemperatur die Grenze von etwa 55 °C nicht überschreiten. Bei Kontakten unter Öl sind Gehäusetemperaturen, mit Rücksicht auf die Oxydationsgefahr des Öls, nur bis zu etwa 70 °C zulässig.

Beim Überschreiten der genannten Oberflächentemperaturen sind die Kühlverhältnisse des Apparates, sodann die Belastung (Leistungsschild) zu prüfen und nötigenfalls der Zustand der Kontakte (Abbrand, Druck) nachzukontrollieren.

Für eine genaue Beurteilung der Kontakterwärmung müssen die maßgebenden Temperaturen (Raumluft und Gehäusewand) möglichst zuverlässig gemessen werden.

Bei Kontakten in Luft ist deren Erwärmung leicht zu erfassen; liegen sie in Öl, so muß die Meßstelle auf der Höhe der Kontaktlage außen am Gehäuse gemessen werden, wobei ein Temperaturgefälle an letzterem von $2\cdots3$ °C in Rechnung zu setzen ist. Sodann sind Kontaktdruck, Durchhang und Abbrand zu prüfen.

Für die Beurteilung des Kontaktdruckes können die folgenden Richtwerte nützlich sein:

Für Bürstenkontakte in Luft und in Öl: etwa $25\cdots30$ g/A
Für Klotzkontakte bis etwa 300 A: etwa $15\cdots25$ g/A

Für Klotzkontakte mit höheren Stromstärken ist mit Rücksicht auf andere Vorgänge (Feuern beim Einschalten und anderes) meist ein bedeutend größerer Druck notwendig. Die Werte gelten allgemein sowohl für blanke Kupferkontakte als auch für solche mit Silberbelägen, sei es durch Versilberung oder durch Aufplattierung.

Unabhängig von der wärmeableitenden Oberfläche dürfen an einem Kontakt die oben angegebenen Druckwerte nicht unterschritten werden, weil die an der Stromübergangsstelle entstehende Erwärmung vorwiegend durch den Druck bestimmt wird. Hauptsächlich für Klotz- und Wälzkontakte ist diese Tatsache sehr wichtig. Für sehr kleine Ströme werden, um mit eindeutigen, unveränderlichen Kontaktübergangswerten rechnen zu können, praktisch nur noch Edelmetalle, besonders Silber, verwendet. Die hierbei angewendeten Kontaktdrucke bewegen sich, je nach Konstruktionsart, unabhängig von der Stromstärke, zwischen 20 und 80 g. Hilfsschleifkontakte und Walzenkontakte aus Kupfer sollen Kontaktdrucke von 100···200 g aufweisen.

Ein weiterer Grund einer zu hohen Kontakterwärmung kann im Zustand des Kontaktes liegen. Die Kontakte können bei ungünstiger Löschung des Lichtbogens oxydieren. Es bildet sich dann an der Berührungsfläche eine schlecht leitende Schicht, und in der Folge entsteht eine Verschweißung. Außerdem kann bei der Verwendung von gewissen oxydierbaren Fetten auf den Kontakten eine Verschlackung entstehen.

Gleit- und Walzenkontakte in Luft bei Innenraumapparaten sollen nur leicht geschmiert werden. Am besten geeignet sind säurefreie Vaseline, hauchdünn aufgetragen, oder ein entsprechendes, nicht harzendes Öl, z. B. Transformatorenöl (evtl. mit kolloidalem, d. h. flockenartigem Graphitzusatz).

Hier gilt die Regel: Besser gar kein Fett, als zu viel oder schlechtes Fett.

Wenn für Freiluftapparate konsistente Fette zum Schmieren von Schalterkontakten verwendet werden, dürfen diese keine Kalkseife enthalten, da sonst bei Kälte sofort Ausscheidungen erfolgen, welche zu Klemmungen und ähnlichen Störungen führen können.

Ein weiterer Grund zur Schlackenbildung liegt im Verzinnen der Kontaktflächen. An den Lichtbogenansatzstellen entsteht Zinnoxyd, welches sehr schlecht leitet und darum ebenfalls zu Kontakterwärmung führen kann. Man vermeide deshalb die Verzinnung von Kontakten.

Bei Kupferkontakten unter Öl wird im Dauerbetrieb oft beobachtet, daß ihre Übertemperatur dauernd langsam ansteigt, *klettert*, so daß schließlich, z. B. bei Ölschaltern, eine zu hohe Temperatur der Schalterkessel festgestellt wird. Die Ursache dieser Erscheinung ist eine an den Kontaktflächen entstehende schlecht leitende Schicht, hervorgerufen durch Oxydation und Kupfersalzbildung. Eine chemische Untersuchung des Öles solcher Schalter zeigt gewöhnlich eine stark erhöhte Säurezahl und hohen Schlammgehalt. Da die Oxydation erst über einer bestimmten Temperatur einsetzt, tritt diese Gefahr ganz besonders da auf, wo das Öl durch andere Ursachen dauernd erwärmt wird, wie z. B. in Anlassern mit großer Schalthäufigkeit sowie bei lang andauernden hohen Raumtemperaturen, bedingt durch ungenügend oder gar nicht gelüftete Schalträume. Wo also in Apparaturen eine verhältnismäßig hohe Grundtemperatur des Öles vorhanden ist, darf der Kontakt nicht mehr normal, sondern nur entsprechend vermindert belastet werden. Der Gefahr einer zu starken Oxydation kann aber sehr wirksam begegnet werden, wenn man vermeidet, einen stromführenden Kontakt dauernd — z. B. während einiger Monate — ununterbrochen eingeschaltet zu halten. Es genügt, dann und wann *leer* zu schalten, um dabei die Oxydschicht abzustoßen.

Für Anlagen, welche praktisch dauernd Strom führen, bzw. eingeschaltet bleiben müssen, empfiehlt es sich daher, die Schaltapparate bezüglich ihrer Strombelastbarkeit reichlich zu wählen. Es sollen auch Reserveschalter eingebaut werden, so daß man die Schalter der Anlage jederzeit ohne Betriebsunterbruch überholen kann.

Um vor Überraschungen durch zu hohe Erwärmungen einigermaßen gesichert zu sein, empfiehlt es sich, periodische Kontrollen der Apparate im allgemeinen und der Kontakte im besonderen vorzunehmen und vor allem auch für Sauberkeit der Anlagen zu sorgen.

Eine Kontrolle, die sichern Aufschluß über den Zustand der Kontakte liefert, ist die Messung des Spannungsabfalles mit Gleichstrom an den Kontaktstellen, einerseits im Neuzustand der Kontakte (Werte des Prüffeldes) und anderseits nach längerer Betriebsperiode. Hierzu kann eine Hochstrommaschine, wie z. B. ein Schweißgenerator benützt werden.

3. Übermäßige Abnützung von Kontakten

Alle Schaltkontakte von sog. *Manövrier*-Apparaten, wie Kontrollern, Anlassern, Schützen u. a., die zur häufigen Unterbrechung und Schließung eines Stromkreises dienen, sind dem Abbrand unterworfen. Beim Öffnen eines Stromkreises wird zwischen den unterbrechenden Kontakten eine Schaltarbeit geleistet, die sich in Wärme umsetzt und eine Erhitzung der Luft und der Ansatzstellen des Lichtbogens an den beiden Kontakten bewirkt. An diesen Stellen wird eine gewisse Menge des Kontaktmaterials auf die Schmelztemperatur erhitzt und teilweise verdampft. Der Lichtbogen wird besonders bei Gleichstromschaltern und neuerdings auch bei Wechselstromschaltern mittels eines zur Lichtbogenrichtung senkrecht stehenden magnetischen Blasfeldes auf größere Länge ausgeblasen. Im Moment, da die Spannung zur Aufrechterhaltung des Lichtbogens gleich der anliegenden Betriebsspannung wird, erlöscht derselbe. Der Kontaktverschleiß ist abhängig von der Stromstärke, der Lichtbogenspannung und von der Brenndauer des Lichtbogens zwischen den Kontakten, von der Häufigkeit und Dauer der Einschaltungen, ferner von der Güte und Härte des Kontaktmaterials.

Der Materialverlust durch Abbrand ist bei Gleich- und Wechselstrom sehr verschieden und nicht direkt der unterbrochenen Leistung proportional, sondern allgemein in stärkerem Maße vom Strom abhängig. Ebenso ist der Kontaktverschleiß unter sonst gleichen Verhältnissen verschieden, wenn bei gleicher Anzahl der Schaltungen diese in kürzerer oder längerer Zwischenzeit erfolgen. Dies ist darauf zurückzuführen, daß bei sehr kleinen Schaltpausen der Kontakt keine Zeit zur Abkühlung zwischen zwei sich folgenden Unterbrechungen hat und demnach dauernd erhitzt bleibt.

Die Art des Materials ist selbstverständlich beim Abbrand der wichtigste Faktor, denn mit dem Material ändert sich der Schmelzpunkt. Bei ein und demselben Material hängt der Abbrand auch sehr vom Härtegrad ab. Man stellt dabei fest, daß der Abbrand innerhalb bestimmter Härtegrade von etwa $30 \cdots 90°$ Brinell sehr rasch abnimmt, darüber hinaus wieder weniger. Die Härtung des Kontaktmaterials lohnt sich deshalb oberhalb dieser Grenze meistens nicht mehr. Leider besteht hier ein Unterschied in der Eignung der verschiedenen Kontaktmetalle, und zwar derart, daß Materialien mit großer Brinellhärte (Sintermetalle) bezüglich Kontaktabbrand vorteilhaft wären, dafür sich jedoch wegen großer Erwärmung nur bis zu einer bestimmten spezifischen Strombelastung eignen, die in der Regel stark unterhalb derjenigen der sonst gebräuchlichen Kontaktmetalle liegt.

Sehr geringer Abbrand entsteht an Kontakten aus Edelmetallen, besonders Hartreinsilber. Silberkontakte haben zudem den großen Vorteil, daß im Lichtbogen entstandenes Silberoxyd elektrisch leitet. Festzuhalten ist jedoch, daß sich in der Regel Silber in Öl nicht eignet.

Die an den Kontaktoberflächen allgemein entstehende Verschlackung, die schon auf S. 247 erwähnt ist, bildet sich in überraschender Weise bei Schaltern für schwache Ströme leichter aus als bei solchen für starke Ströme. Diese Tatsache läßt sich aus Versuchen damit erklären, daß die Kontaktfläche nach der Abschaltung starker Ströme viel grobkörniger ist als nach der Unterbrechung kleiner Ströme. Die grobkörnigen Kontaktflächen werden beim Einschaltschlag verhältnismäßig viel mehr gequetscht als die feinkörnigen Flächen. Dieser Effekt wird bei Wälzkontakten dadurch erstrebt, daß die Kontaktflächen bei jeder Schaltung gegeneinander gerieben werden. Dabei ist aber unter sonst gleichen Verhältnissen der Materialverlust eher etwas größer als bei Hammerkontakten. Außerdem ist darauf hinzuweisen, daß Wälzkontakte eine tiefere Schweißgrenze besitzen als Druckkontakte.

In besonders krassen Fällen sind Spannungen bis zu etwa 100 Volt notwendig, um die Oxydschicht an den Kontakten zu durchschlagen. Oxydschichten können sehr unangenehme Folgen haben, besonders bei Kontakten in Erregerkreisen. Bei diesen muß ein dauernder Kleinstwiderstand sichergestellt sein. In Bremsstromkreisen im Bahnbetrieb und bei Not- und Sicherheitsschaltern muß durch spezielle Ausbildung der Kontakte eine Oxydbildung unter allen Umständen verhindert werden.

Allgemeines

Bei Leistungsschaltern für Gleich- und Wechselstrom, besonders aber bei den ersteren, ist der Abbrand der Kontakte sehr stark abhängig von der Güte der Abschaltung. Es gilt im allgemeinen die Regel: Je rascher der Lichtbogen von den anfänglichen Ansatzstellen weggetrieben wird, um so kleiner ist der Abbrand. Dies ist leicht einzusehen, denn je länger die Lichtbogenansatzstellen am gleichen Orte haften, um so mehr Kontaktmaterial wird an dieser Stelle geschmolzen und verdampft. Wenn der Lichtbogen dagegen rasch abwandert, wie es bei Schaltern mit magnetischer Blasung in Verbindung mit Ablaufhörnern der Fall ist, werden die Kontaktpartien und damit auch die benachbarten Schalterteile thermisch entlastet. Durch Befestigung von Lichtbogenablaufhörnern an den Kontakten kann der Abbrand an den Kontaktstellen oft beträchtlich vermindert werden.

Bei Wechselstromschaltern in Luft sind die Schaltverhältnisse anders. Der Lichtbogen erlischt meistens von selbst beim Durchgang des Stromes durch den Wert Null. Er besteht deshalb meistens nur während der Zeit einer oder weniger Halbwellen, und die elektrische Schalterarbeit ist, wenigstens bei induktionsfreien Stromkreisen, beträchtlich kleiner. Immerhin muß auch bei Wechselstrom oberhalb einer gewissen Leistung die magnetische Blasung angewendet werden, um zu vermeiden, daß der Lichtbogen bei einer bestimmten Öffnung der Kontakte nach dem Löschen im Nulldurchgang durch die wiederkehrende Spannung von neuem gezündet wird. Nur bei tieferen Spannungen — unter etwa 150 Volt — können die Blasung oder andere Hilfsmittel zur Lichtbogenlöschung weggelassen werden. Bei Wechselstrom-Ölschaltern ist der Kontaktabbrand — bei sonst gleichen Schaltbedingungen — eher größer als an Luftschaltern mit Lichtbogenblasung. Dies rührt offenbar daher, daß im ersteren Fall die Lichtbogenfußpunkte länger an der gleichen Stelle verbleiben.

Bei Gleichstrom-Ölschaltern ist die Schalterarbeit hier viel größer als bei Wechselstromschaltern, und durch den Lichtbogen entsteht eine derart starke Verkohlung der im Öl enthaltenen harzartigen Stoffe, daß das Öl nach verhältnismäßig wenigen Schaltungen undurchsichtig wird und die Kontakte stark verschlacken. Man muß daher das Öl sehr oft kontrollieren und nötigenfalls filtrieren. Ferner muß der Schalter wegen der äußerst starken Rußentwicklung längs der Kriechwege öfters gereinigt werden. Dieser Schaltertyp sollte deshalb für Leistungsunterbrechung nicht verwendet werden.

Die Mineralöle werden sowohl in Transformatoren wie auch in Ölschaltern als Dielektrikum verwendet. Um die Lagerhaltung zu vereinfachen, sollen für die Ölschalter die gleichen Ölsorten verwendet werden wie für die Transformatoren. Allerdings spielt die Oxydationsbeständigkeit des Öles bei den Ölschaltern keine so große Rolle wie bei den Transformatoren. Um einwandfreie Qualitäten zu erhalten, sollten aber auch hier die gleichen Anforderungen gestellt werden, wie sie auf S. 213 kurz erwähnt worden sind. Bei Freiluftaufstellung ist vor allem darauf zu achten, daß der Stockpunkt möglichst tief liegt, damit das Öl auch bei tiefer Außentemperatur eine genügende Dünnflüssigkeit beibehält. Dies ist nötig, um die Ausschaltgeschwindigkeit der beweglichen Kontakte nicht unzulässig zu behindern oder zu reduzieren, und um zu ermöglichen, daß das Öl schnell nachfließen kann, um den Lichtbogen raschestens zu löschen. Auch aus diesem Grunde sind die sog. Naphthenöle geeigneter als die Paraffinöle. Das spezifische Gewicht des Öles muß auch bei tiefen Temperaturen niedriger sein als dasjenige des Wassers oder des Eises, damit dieses nicht im Öl aufsteigt oder im Öl schweben bleibt, da sonst leicht Überschläge zwischen Schaltkontakten oder spannungsführenden Teilen und der Ölbehälterwand auftreten können. Dieser Möglichkeit wird im Betriebe oft zu wenig Aufmerksamkeit geschenkt.

Bei Schaltvorgängen, vor allem beim Abschalten von Leistung, werden Mineralöle zersetzt unter Bildung von kohleartigen Ausscheidungen und von gasförmigen Produkten, welche hauptsächlich Wasserstoff enthalten. Je nach dem Schaltvorgang bilden sich verschiedene Ausscheidungen, entweder grobflockige, voluminöse oder feinflockige, dichte. Bei der Reinigung mit einer Filterpresse können derartige Bestandteile wieder aus dem Öl entfernt werden. Mit der Zentrifuge dagegen werden die sog. Kohleteilchen gewöhnlich nur feiner verteilt im Öl und bilden dann sehr beständige Aufschlemmungen, die kaum mehr zu trennen sind.

In Ölschaltern können Harzöle nicht verwendet werden, da sie bei der Zersetzung im Lichtbogen im Gegensatz zu Mineralölen außerordentlich starke Kohleteilchen ausscheiden. Für Ölschalter dürfen deshalb Harz- und Mineralöle nicht gemischt werden, weil das Mineralöl schon durch geringe Harzölmengen unter Bildung starker Schlammprodukte oxydiert wird.

Beim Luftschalter entsteht neben dem Abbrand der Kontakte auch ein Verschleiß der Funkenkammerwände und der evtl. Einlagen, wie Kühlelemente, Wände, Bolzen, Röhrchen, Flügel u. dgl., wofür außer der Feuerbeständigkeit des Materials auch die Güte des Abschaltvorganges maßgebend ist. Wenn der Lichtbogen schön gerade geführt ist, seine Strombahn also die Funkenkammer höchstens tangiert, so entsteht praktisch keine Beanspruchung derselben. Wird der Lichtbogen hingegen an die Funkenkammerwände getrieben, so werden diese bald durchgebrannt sein, sofern hierfür nicht ein hochwertiges Material verwendet wird.

Allgemeines

Dies kommt meistens durch unzweckmäßig geformte Kontakte zustande, kann aber durch eine günstige Formgebung derselben ähnlich wie in den Abb. 187, 188 und 189 vermieden werden. Es besteht für jeden Kontakt eine sog. *kritische Breite*, bis zu welcher der Lichtbogen, auch wenn er am äußersten Rand des Kontaktes zünden sollte, immer noch in die richtige Bahn parallel zur Funkenkammer geleitet wird. Ist die Kontaktbreite jedoch zu groß, d. h. allgemein über 30 mm, so ist die seitliche Stromkomponente (Abb. 187) und deren magnetisches Eigenfeld in den Kontakten und im Lichtbogen zu groß. Der Lichtbogen brennt sich dann in die Funkenkammer ein und verbleibt in dieser Stellung, in welcher er die Zerstörungsarbeit an den Kontakten und an den Funkenkammern vollbringt. Um Lichtbogenansatzstellen und Einbrennungen zu verhindern oder mindestens stark abzuschwächen, versieht man die Funkenkammerwände an den gefährdeten Stellen mit Vorteil mit lichtbogenfesten Einlagen, wie Speckstein, Micalex oder andern ähnlichen Materialien.

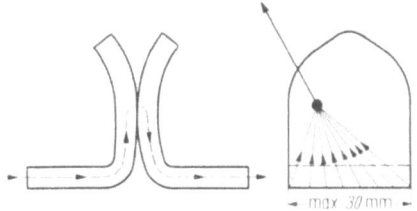

Abb. 187. Zweckmäßige Kontaktform. Bei zu großer Breite starke seitliche Stromkomponente

Der Abbrand der Kontakte und der Funkenkammern kann durch Schlitzen der Kontakte nach Abb. 188 vermindert werden. Dadurch wird die seitliche Komponente des Stromes

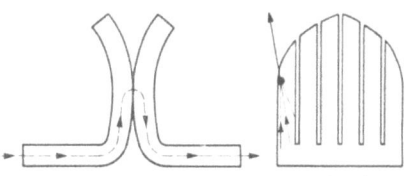

Abb. 188. Durch Schlitzung unterteilter Kontakt zur Schwächung der seitlichen Stromkomponenten

ebenfalls stark verringert. Die Schlitze müssen aber eine gewisse Mindestbreite aufweisen, da sie sonst bei Abschaltungen zugeschweißt werden.

Die zweckmäßige Form eines Hammerkontaktes ist aus Abb. 189 zu ersehen. Die Ausbildung einer starken seitlichen Stromkomponente ist durch das Abtrennen der Ecken verhindert. Die Strombahn wird hier zur Unterstützung des fremden Blasfeldes benützt.

Auch wenn Abschaltungen mit Rückzündungen verbunden sind, kann ein stark vermehrter Abbrand der Funkenkammern eintreten. Abb. 190 erläutert das Zustandekommen einer Rückzündung bei einer größeren Abschaltung mit gewöhnlichen Kontakten. Solange sich die Lichtbogenansatzstellen auf der inneren Flanke der Kontakthörner nach oben bewegen, vergrößert sich ihr Abstand fortwährend. Nach dem Kippen über die Spitzen der Hörner kann jedoch der Lichtbogen auf der Rückseite der Hörner weiterwandern, wobei seine Ansatzstellen sich wieder nähern, so daß die schon ionisierte Luftstrecke immer noch durchschlagen werden und der Lichtbogen sich seitlich in die Funkenkammern einbrennen kann. Auch gegen diese Möglichkeit sind Ablaufhörner zweckmäßig. Ihre Wirkung ist aus einem Vergleich der Abb. 191 und 192 zu ersehen. Beide Kontaktformen wurden der gleichen Schaltleistung bei gleicher Schalthäufigkeit unterworfen. Der vermehrte Abbrand der Funkenkammer, kenntlich am völligen Durchbrennen der Schutzwand bei der hornlosen Kontaktform, ist augenfällig und nur durch die entstandenen Rückzündungen zu erklären.

Beobachtete Brandstellen an Klotz-, Kugel- und anderen Kontakten unter Öl beunruhigen das Betriebsper-

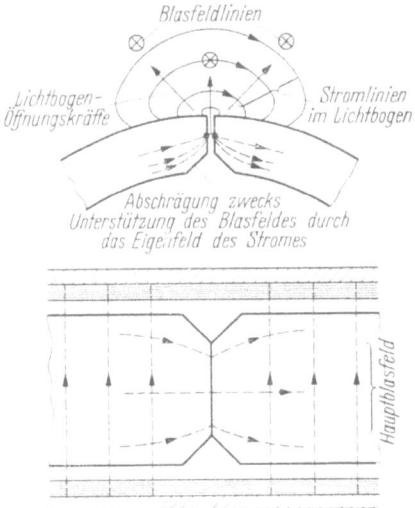
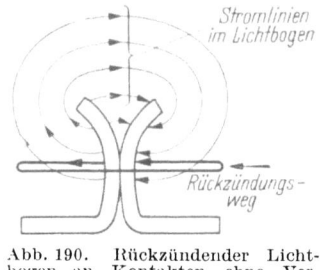

Abb. 189. Zweckmäßige Formgebung eines Hammerkontaktes

Abb. 190. Rückzündender Lichtbogen an Kontakten ohne Verlängerungshorn

sonal sehr oft ganz unbegründet. Diese Kontakte, auch wenn es sich um Klotzkontakte handelt, welche im neuen Zustande scheinbar auf einer Fläche berührten, beruhen ohnehin auf einer punktförmigen Kontaktgabe. Durch den Abbrand wird daher die Kontaktauflage gar nicht schlechter, als sie bei diesen Kontakten von Anfang an vorgesehen war. Es ist somit unnütz, angebrannte Kontaktflächen überfeilen oder polieren zu wollen. Bekanntlich wird durch den heftigen Zusammenprall der Kontakte beim Einschalten die erforderliche blanke Kontaktauflagefläche von selbst geschaffen, indem die Oxydschicht zerstört wird. Nur der entstehende Materialverlust zieht schließlich dem Abbrand eine Grenze, an der die Kontakte ersetzt werden müssen, weil der erforderliche Kontaktdurchhang nicht mehr vorhanden ist.

Das bisher Gesagte über Kontakte, welche in Öl arbeiten, gilt sinngemäß auch für die ölarmen Schalter. Bei dieser Schalterart ist das Öl wegen des kleinen Volumens durch die Abschaltlichtbogen, gleiche

Allgemeines

Schaltleistung und Schaltzahl vorausgesetzt, rascher verbraucht als beim gewöhnlichen Ölschalter. Der Ölwechsel muß also häufiger erfolgen, ebenso die Reinigung der Schaltkammern.

Da die Kontaktabnützung bei Druckluft-Schnellschaltern z. T. prinzipiell anderer Art ist, wird diese im Abschnitt *Druckluft-Schnellschalter* behandelt, s. S. 264.

Die Kontakte der Trennmesser sollen nur stromlos betätigt werden. Nun entstehen aber beim Einschalten unter Spannung, je nach deren Höhe, Einschaltfunken oder gar Einschaltlichtbogen, besonders wenn das Einlegen der Trennmesser von Hand oder mittels anderer Antriebsarten zu langsam erfolgt. Durch die Einschaltfunken oder Einschaltlichtbogen entstehen an den Trennmessern leichte Anbrennungen und Metallperlen, welche aber meistens harmlos sind. Für öfteres Zuschalten unter hoher Spannung und evtl. Abschalten kleiner Leistungen, wie z. B. die Ladeleistung der Anlage, oder Leerlaufleistungen von Wandlern und Hilfstransformatoren, versehen spezielle Funkenhörner, parallel zu den Trennmesserkontakten angebaut, gute Dienste, indem diese die letzteren blank erhalten. Trennmesserkontakte nützen sich im allgemeinen nur mechanisch ab und dies auch nur dort, wo sie schlecht unterhalten und mangelhaft geschmiert werden.

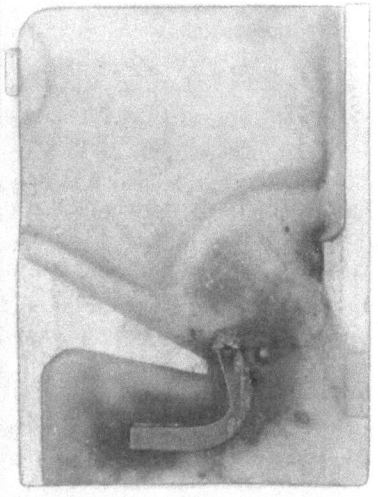

Abb. 191. Kontakt ohne Funkenhorn mit durchgebrannter Funkenkammer-Wand

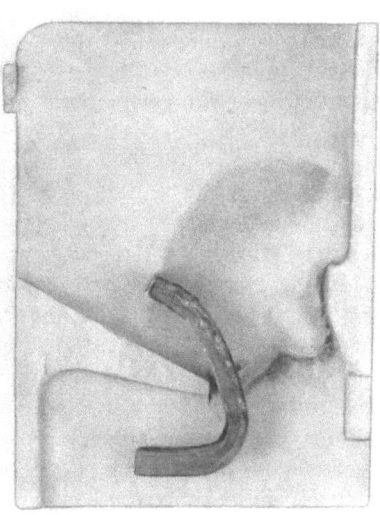

Abb. 192. Kontakt mit Funkenhorn ohne Beschädigung der Funkenkammer-Wand

4. Ungenügende Isolierung

An Apparaten, die in Luft aufgestellt sind, bilden sich die Isolationsfehler meistens als Kriechwege aus; Durchschläge der Isolation sind hingegen viel seltener. Über die Mindestgröße von Kriechwegen an Apparaten geben die Vorschriften der Fachverbände verschiedener Länder die nötigen Richtlinien. Selbstverständlich ist nicht nur die Länge, sondern vor allem auch der Zustand eines Kriechweges für die Überschlagsicherheit maßgebend. Es ist daher notwendig, die Isolationsoberflächen gegen Staub- und Schmutzansammlung zu schützen.

Im weitern muß Insekten und Kleintieren der Zutritt zu den Apparaten verwehrt werden, da sie Kriechwege überbrücken können. Zu- und Abluftöffnungen sind mit feinmaschigen Gittern zu versehen. Es muß vor allem in Freiluftanlagen dauernd darauf geachtet werden, daß die Belüftungsöffnungen stets von Laub, Schmutz und Schnee freigehalten werden, damit die Luftzirkulation nicht beeinträchtigt und dadurch die Kondenswasserbildung nicht begünstigt wird. Freiluftapparate, die starker Schmutz- und Staubablagerung ausgesetzt sind, müssen periodisch gereinigt werden, um Kriechentladungen vorzubeugen. So müssen z. B. Hochspannungsisolatoren bei abgeschalteter Anlage abgespritzt oder abgewaschen werden.

Bei Leistungsschaltern in Luft und bei Ölschaltern ist es unvermeidlich, daß Kriechwege durch die Abschaltungen verrußt werden. Diese Stellen müssen dann von Zeit zu Zeit gereinigt werden.

Die Feuchtigkeit verursacht auch bei Apparaten eine Großzahl aller Krankheiten. Apparate, welche an sehr feuchten Orten aufgestellt sind, müssen möglichst gut durchlüftet werden. Wo die Lüftung nicht ausreicht, und wo besonders große Temperaturschwankungen zwischen Tag und Nacht auftreten, muß eine zusätzliche Heizung eingerichtet werden. Sehr oft genügen hierzu, je nach Größe des Apparates, eine oder mehrere elektrische Glühlampen. Kondenswasser verhütend oder mindestens reduzierend wirken isolierende Auskleidungen von Apparatekasten. In nebelreichen Gegenden werden sog. *Nebelisolatoren* verwendet. Besondere Wartung verlangen Apparate, welche in Küstengegenden zur Aufstellung gelangen, wegen der dort vorhandenen salzhaltigen Luft. Dasselbe gilt ebenfalls für die Aufstellung und den Betrieb von Elektromaterial in Tropengegenden mit ihrem heißen und feuchten Klima. Der Apparatehersteller verwendet für solche Fälle die Ausführung mit Tropenisolation.

Bei Apparaten in Freiluftanlagen bildet die aus den angeschlossenen Kabelkanälen eintretende, Feuchtigkeit enthaltende Warmluft eine Gefahr für die Bildung von Kondenswasser, welches sich an gefährlichen Stellen niederschlagen und zu Defekten führen kann. Die Verschalungskasten von Freiluftapparaten sind deshalb gegen den Warmlufteintritt abzusperren. Am einfachsten werden die Kanäle beim Eintritt in die Kasten durch Sand möglichst dicht aufgefüllt. Starke Gipsplatten, dicht eingebaut, erfüllen den gleichen Zweck. Auch in feuchten Betrieben wie Papierfabriken, Großwäschereien, chemischen Betrieben, bei Marineanlagen, dann auch in unterirdischen Anlagen sind Apparatekasten vor Feuchtigkeitszutritt zu schützen.

Bearbeitete Konstruktionsteile aus Holz, Hartpapier, Preßspan und vor allem geschichtete Materialien werden an denjenigen Stellen, wo die natürlich schützende Schicht fehlt oder durch Bearbeitung verletzt wurde, mit einem Schutzlack versehen, der den Eintritt von Feuchtigkeit verhindert.

Bei Gleichstromapparaten, besonders an deren Magnetspulen, kann die Isolation durch elektrolytische Wirkung (Korrosion) zerstört werden, und zwar meistenfalls dann, wenn 1-polig abgeschaltete Spulen noch einseitig mit dem nicht geerdeten $+$-Pol des Netzes dauernd verbunden sind. Diese Störung wird vermieden durch Verbindung des unter Spannung stehenden Spulenanschlusses mit dem negativen Pol, was in Abb. 193 angedeutet ist. Wenn Spulen nicht nach dieser Regel angeschlossen werden können, so bietet das Tauchen in Paraffin wenigstens einen gewissen Schutz gegen Korrosionen. Bei Spulen, welche zweipolig abgetrennt werden, tritt diese Erscheinung nicht auf.

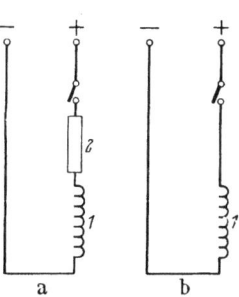

Abb. 193. Anschluß einer Gleichstrommagnetspule. a an höhere Spannung mit Vorwiderstand: Gutes Anziehen des Magneten, b an niedere Spannung direkt: Schlechtes Anziehen

Die Verwendung von unzweckmäßigen Lötmitteln, z. B. von Lötwasser, führt zur Grünspanbildung und daher ebenfalls zur Zerstörung der Isolation an Apparateteilen.

Gutes Öl, das rein und trocken ist, soll eine Durchschlagsfestigkeit im Neuzustand von $60 \cdots 70$ kV, gemessen zwischen 2 Elektroden (Kugeln oder Kalotten) von 12,5 mm Durchmesser bei 5 mm Abstand, aufweisen. Es wird hier nur auf die besonderen Ursachen von Öldurchschlägen an Apparaten hingewiesen. Die höchste Beanspruchung des Öles in Apparaten entsteht immer in der Umgebung von Metallspitzen, die unter Spannung stehen. Das Spannungsgefälle an der Spitze ist bei dieser Anordnung ein Vielfaches des aus dem Abstand Spitze—Platte berechneten mittleren Spannungsgefälles. Sobald an die Stelle der Spitze eine abgerundete, kugelige Form tritt, verbessern sich die Verhältnisse bedeutend.

Bei Hochspannungsapparaten werden zur Entlastung der Isolieroberflächen, z. B. an Betätigungsstangen von Schaltgerüsten, die sog. *Armaturen* mit speziell geformten Elektroden versehen, welche das elektrische Feld derart steuern, daß die isolierende Luftstrecke elektrisch entlastet wird. Bei Reparaturarbeiten ist daher durch das Betriebspersonal auf die richtige Wiedermontage solcher Teile genau zu achten.

Die Gefahr eines Durchschlages in festem Isoliermaterial kann erhöht sein bei der Verwendung von Isolierstoffen mit faseriger Struktur (Holz), wenn die Faserrichtung mit der Richtung des Spannungsgefälles übereinstimmt und eine spitze Elektrode zudem noch in gleicher Richtung in das Material eindringt, wie Abb. 194 als Beispiel zeigt.

Durch- und Überschläge werden oft allzu schnell als Folgen von Überspannungen angesehen, wenn die vorhandenen isolierenden Abstände nicht durch die bloße Betriebsspannung durchgeschlagen werden konnten. Diese Anschauungsart ist sprichwörtlich geworden: *Was man sich nicht erklären kann, sieht man als Überspannung an.* In vielen Fällen sind tatsächlich Überspannungen, auf deren Herkunft nicht eingetreten werden soll, die Ursache entstandener Zerstörungen. Es empfiehlt sich aber, bei ihrer Untersuchung von einer Überspannung als Ursache zuerst abzusehen und die Störung eher aus sich selbst heraus zu suchen und zu erklären. Man findet dann z. B. an Anschlußklemmen von Ölschaltern oft schlecht sitzende oder lockere Kontaktverschraubungen, welche leicht Funken bilden können. Durch das Wegspritzen von glühenden Metallteilen können verhältnismäßig große Luftabstände durchschlagen werden. Schließlich bildet sich daraus ein Stehlichtbogen gegen Erde oder gegen andere Phasen. Ein erfahrener Praktiker empfiehlt als wirksames Mittel gegen Überspannungen: Einen kräftigen Schraubenschlüssel! Eine sorgfältige Kontrolle aller Apparatekontaktstellen bei Montagen oder Überholungen wird manche vermeintliche Überspannung fernhalten. Ein zusätzlicher Besen dürfte in vielen Fällen vorteilhaft sein, da sehr oft ein verschmutzter Zustand der Anlagen (Spinngewebe) die Ursache von „Überspannungen" ist.

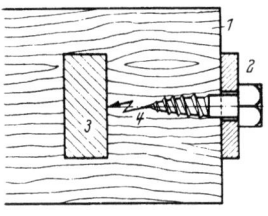

Abb. 194. Gegen Durchschlag gefährdete Stelle eines Apparates: Längsbeanspruchung von Holz zwischen Spitze und Platte. *1* Holztraverse, *2* Befestigungschraube geerdet, *3* Spannungsführender Metallteil, *4* Durchschlagstelle

Besonders während Neubau-, Umbau- und Erweiterungsperioden muß dafür gesorgt werden, daß die Apparate nicht unter anfallendem Staub, Schmutz, Feuchtigkeit oder gar Wasser und Kälte leiden. Staubsauger oder trockene Lappen, rechtzeitig benützt, verhüten oftmals unliebsame Störungen und Betriebsunterbrüche. Es empfiehlt sich auch, Apparate, welche während Bauarbeiten noch nicht in Betrieb, aber dennoch der Verunreinigung ausgesetzt sind, durch Zudecken mittels Tüchern oder Papier zu schützen, damit sie nicht schon vor der Inbetriebsetzung oder später größere Schäden erleiden.

Das Vorhandensein eines Isolationsdefektes wird auch oft befürchtet, wenn z. B. an Ölschaltern von außen her ein gewisses *Knistern* gehört wird, welches innere Entladungen vermuten läßt. Nach dem Ausziehen

Allgemeines 257

des Apparates aus dem Öl wird oft gar keine Fehlerstelle festgestellt; das Öl ist gut und man beobachtet auch keine Perlen oder Überschlagspuren. Es handelt sich hier ganz einfach um stromschwache Entladungen an Teilen, wie Schutz-, Vorschalt- oder Heizwiderständen und dergleichen, die sich kapazitiv aufladen können. Bei vielen Schalterbauarten ist z. B. die Verbindung mit den Vorkontakt- und Schutzwiderständen durch Gleitkontakte hergestellt, die bei schweren Abschaltungen oft verrußt werden, wodurch der Kontakt verschlechtert und der erwähnte Störungsfall eintreten kann. Man prüft in solchen und ähnlichen Fällen den Apparat daraufhin, ob sich die betreffenden Teile hinsichtlich ihrer Anschlüsse und Verbindungen in gutem Zustand befinden.

Oft trifft man an ölgefüllten Apparaten auch Teile, die elektrisch frei liegen und darum zu hörbaren Entladungen Anlaß geben. Meistens lassen sich diese Teile ohne weiteres entweder mit den übrigen spannungsführenden Teilen oder mit der Erde leitend verbinden, und die beunruhigende Störung ist damit behoben. Entladungen treten auch auf, wenn ein Apparat nach der Füllung mit Öl zu rasch wieder unter Spannung gesetzt wird, weil sich dann noch Lufteinschlüsse im Innern befinden. Dem kann abgeholfen werden, indem man mit Einschalten etwas zuwartet und dann die Spannung langsam erhöht.

Viele Isolationsdefekte, namentlich gesprungene Porzellanisolatoren, haben ihre Ursache in inneren mechanischen Spannungen, die entweder bei ihrer Fabrikation oder bei der Montage entstanden sind. Bei den Transportbeanspruchungen können sich solche innere Spannungen gelegentlich auswirken und den Isolator sprengen. Krankheiten an Isolatoren aus Hartpapier können durch ungünstige Verhältnisse in der Atmosphäre entstehen. Auch können nicht wetterbeständige Überzuglacke zu Krankheiten der Isolatoroberfläche führen.

Defekte an Isolationsteilen aus Ölholz sind meistens entweder auf unrichtige Behandlung oder auf unzweckmäßigen Einbau zurückzuführen. Bei richtiger Herstellung und zweckmäßiger Verwendung als Isoliermittel ist getränktes Holz als ein sicherer Isolierkörper zu betrachten. Ein auffallendes Kennzeichen für den Zustand eines Isolators aus Holz, Hartpapier oder Keramik ist die Temperatur, die er im Betrieb annimmt. Wird eine Krankheit vermutet, so muß so bald wie möglich der Isolator spannungslos gemacht und von Hand abgetastet werden. Eine merkliche Übertemperatur soll dabei nicht festgestellt werden können.

5. Mechanische Fehler

Mechanische Fehler, die allgemein vorkommen können, entstehen durch ungenügende Schmierung, durch Rostbildung, Ermüdungswirkungen bei Apparaten mit sehr häufiger Betätigung oder mit zu hohen Temperaturen. Weitere Ursachen sind: Ungenügende Widerstandsfähigkeit gegen die sehr mannigfaltigen Schlagwirkungen; ungenügende oder gar fehlende Dämpfungen, unrichtig dimensionierte und überbeanspruchte Federn, mechanische Abnützung in Lagern, an Druckstellen, Klinken, Kurven- und Rastenscheiben und an anderen Konstruktionsteilen. Schlagbeanspruchte Teile, wie z. B. Klinken, werden vorteilhaft nur einsatzgehärtet, d. h. nur mit einer harten Oberfläche versehen. Werden derartige Teile hingegen durchgehärtet, so sind sie spröde und brechen leicht.

Ungenügende Schmierung und Rostbildung treten vorwiegend bei Freiluftapparaten auf. In neuerer Zeit wird als Rostschutzmittel neben wetterharten Farbanstrichen mit Erfolg die teurere aber haltbarere Feuerverzinkung angewendet. Für bewegliche Apparateteile, deren Betätigung durch Rost keinesfalls behindert werden darf, wird mit Vorteil nichtrostendes Material verwendet. Infolge starker Temperaturschwankungen und atmosphärischer Einflüsse ist die chemische Beständigkeit der Schmiermittel oft sehr unbefriedigend.

Während wir es bei Maschinen meistens mit dem Schmierproblem dauernd in Bewegung befindlicher Schmierstellen zu tun haben, müssen die bewegten Teile von vielen Apparaten wenig bis selten betätigt werden. Mit andern Worten, das Schmiermittel ist den Temperaturänderungen hier viel mehr ausgesetzt, denn die bei Maschinen erzeugte Reibungswärme, welche das Schmiermittel dauernd erwärmt, fehlt bei Apparaten meistenteils. Für Apparate, vor allem bei Aufstellung in Freiluft, in offenen Hallen, oder in ungeheizten Räumen, müssen daher Schmiermittel mit möglichst konstanter Zähflüssigkeit (Viskosität) angewendet werden. Feinere Apparate sollen mit Öl (Transformatorenöl, evtl. mit Graphitflockenzusatz oder ähnlichem) geschmiert werden. Großapparate werden mit Fett geschmiert, wobei es ratsam ist, solches sparsam anzuwenden, denn stark aufgetragene Fettschichten sind besonders bei tiefen Temperaturen oftmals bewegungshemmend. Da bis heute keine universell anwendbaren Schmiermittel existieren, empfiehlt es sich in Zweifelsfällen den Konstrukteur zu befragen. Wichtig ist vor allem, daß man Schmierstellen womöglich periodisch reinigt und neu schmiert.

Bei Freiluftapparaten, besonders an Trennschaltern, ist die Gefahr des Versagens der Schmierung besonders groß, einerseits weil sie sehr selten betätigt werden und anderseits, weil die Messer selbst, oder benachbarte Teile, dauernd unter Spannung stehen, so daß die Schmierung nie kontrolliert werden kann. Es ist darum besonders bei Kälteeintritt sehr zu empfehlen, solche Apparate bei gegebener Gelegenheit wenigstens einige Male mechanisch zu betätigen, oder noch besser, zu reinigen und

Allgemeines

neu zu schmieren. Hinsichtlich Rostbildung gilt das im Zusammenhang mit Isolationsfestigkeit und Feuchtigkeit Gesagte.

Sehr oft treten ernste Versager an mechanischen Apparateantrieben auf, die sehr selten betätigt werden müssen. Sammelt sich an Gelenken und ähnlichen Stellen Wasser an, welches bei eintretender Kälte gefriert, so können dadurch die Apparate blockiert werden. Derartige Stellen müssen vor Wasserzutritt geschützt werden durch zweckmäßiges Anbringen von Hauben, selbst über beweglichen Teilen. Auch ist für ungehinderten Wasserablauf zu sorgen, um das Einfrieren zu vermeiden; mitunter ist beides nötig.

Auch gelegentliche Störungen an den Einschaltvorrichtungen von Ölschaltern der Freilufttype haben oft Ursachen allgemeiner Natur. Gemeint sind damit hauptsächlich jene bekannten Versager, die im Winter bei eintretendem heftigem Frost vorkommen. Schalteröl hat bei tiefen Temperaturen eine sehr ungünstige Viskosität, die nicht ohne Einfluß auf den Schalterantrieb ist. In Anlagen, die sehr tiefen Temperaturen ausgesetzt sind, werden mit gutem Erfolg Heizwiderstände in den Ölkessel eingebaut; eine Leistung in der Größenordnung von 100 Watt genügt meistens. Vor dem Eintreten der Kälte sind diese vorsichtshalber auf ihren betriebsbereiten Zustand zu prüfen.

Mechanische Störungen, hervorgerufen durch Abnützungen und Ermüdungen, treten allgemein besonders an Apparaten oder an Apparateteilen auf, welche sehr häufig arbeiten müssen. Zu dieser Gruppe von Apparaten gehören z. B. die Kraftspeicherantriebe für Öl-, Konvektor-, Stufenschalter usw. Wenn man sich Rechenschaft über die Schalthäufigkeit bei solchen Apparaten geben will, versieht man sie mit einem Zählwerk. Die Kenntnis der Schaltzahlen mahnt rechtzeitig, wann eine Revision fällig wird, und man kann abgenützte Teile rechtzeitig auswechseln, was unter Umständen einen teuren Betriebsunterbruch erspart. Bei derartigen Antrieben, die bei großer Kälte, z. B. in Freiluftanlagen, oder in offenen Hallen betätigt werden, können Versager vorkommen. Dies ist vor allem dann möglich, wenn das Fett zwischen den Spiralen von Federn und in Lagern hart und dadurch die Reibung so stark erhöht wird, daß das Antriebsdrehmoment nicht mehr ausreicht, um den Apparat zu betätigen. Auch hier kann eine Heizleistung von wenigen hundert Watt im Antriebsgehäuse leicht Abhilfe schaffen.

Nicht zu unterschätzen sind ferner Störungen, welche auf ungenügende, fehlerhafte oder gar fehlende mechanische Sicherung zurückzuführen sind. Die meisten Apparate sind bei der Betätigung mehr oder weniger starken Erschütterungen ausgesetzt. Es ist daher unerläßlich, die Verbindungselemente — Schrauben, Muttern, Splinte — zu sichern. Tut man dies nicht zuverlässig, so sind schwere Schäden möglich.

Störanfällige Elemente sind sodann vor allem auch die Klinken. Diese sind einer natürlichen Abnützung unterworfen und müssen daher gelegentlich ersetzt werden. Ihre Lebensdauer hängt stark von der Wahl des Materials und dessen Behandlung und Wartung (z. B. Oberflächenhärtung und Schmierung) ab. Was beim Maschinenbau gilt, darf auch im Apparatebau nicht vernachlässigt werden, nämlich das Anbringen von Rundungen an Übergängen von Wellendurchmessern, wodurch Ermüdungsbrüche verringert, wenn nicht gar vermieden werden.

Die auf elektrodynamische Wirkungen zurückzuführenden Schäden an mechanischen Apparateteilen werden im folgenden bei denjenigen Apparaten, an denen sie ganz besonders auftreten, näher beschrieben. Es ist allgemein bekannt, daß sich die elektrodynamische Zerstörungsarbeit hauptsächlich in den Stirnverbindungen von Wechselstromgeneratoren, begünstigt durch die außerordentlich gedrängte Anordnung der Leiter, besonders schädlich auswirkt. Auch in elektrischen Niederspannungsanlagen sind solche Störungen nicht selten, da hier gelegentlich sehr hohe Kurzschlußströme auftreten können. Im Gegensatz dazu treten in Hochspannungsschaltanlagen viel seltener extreme Stromstärken auf; die Leitungen haben zudem bei hohen Betriebsspannungen so große Abstände, daß die elektrodynamischen Kraftwirkungen nicht gefährlich werden können. Der Betriebsmann kann die Wirkung eines Kurzschlusses zwischen parallelen Leitern mit Hilfe der nachstehend angegebenen einfachen Formel berechnen und eine Gefährdung abschätzen.

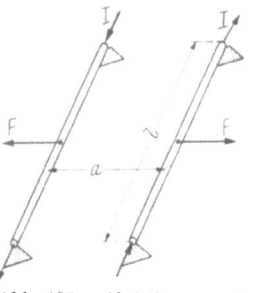

Abb. 195. Abstoßung von zwei parallelen Leitern mit ungleichgerichteten Strömen durch die elektrodynamische Kraft F

Zwei parallele, vom gleichen Strom durchflossene Leiter nach Abb. 195 (Hin- und Rückleitung) sind einer maximalen Kraft F in kg ausgesetzt, die sich berechnet aus:

$$F = 2{,}04 \cdot 10^{-8} \cdot I^2 \cdot \frac{l}{a},$$

worin

I in A $\triangleq$ Scheitelwert der Stromstärke in jedem Leiter,
l in cm $\triangleq$ Länge des parallelen Stückes,
a in cm $\triangleq$ Abstand der parallelen Leiter.

Bei gleicher Stromrichtung in beiden Leitern wirkt die Kraft anziehend, bei ungleicher abstoßend.

Zwischen Einphasenleitungen sind die Kräfte mit der Frequenz pulsierend, bei Drehstromleitungen in stationärem Zustand sind sie angenähert ausgeglichen und treten nur im Kurzschlußfall bei unsymmetrischer Stromverteilung auf.

Das Auftreten von gefährlichen Kurzschlußströmen ist besonders in Gleichstrom-Umformerwerken bei niedriger Spannung zu erwarten.

Außerordentlich hoch fallen Kurzschlußströme u. a. in Walzwerken aus, in denen sehr starke Gleichstromerzeuger vorhanden sind, welche meistens Walzmotoren speisen. Bei einem Kurzschluß arbeiten die letzteren wegen ihrer Schwungmasse alle generatorisch auf die Kurzschlußstelle. An den besonders gefährdeten Stellen ist daher eine kräftige Abstützung der Leitung notwendig.

Bei der Leitungsverlegung ist es zweckmäßig, dafür zu sorgen, daß Stützisolatoren aus Porzellan, Steatit und ähnlichem Material durch das Gewicht der schweren Kupferleiter nicht auf Zug, sondern auf Druck beansprucht werden.

B. Schaltapparate

Für Gleichstrom kommen als praktisch geeignete Leistungsschalter nur Luftschalter in Betracht, für Wechselstrom dagegen Luft- und Flüssigkeitsschalter.

1. Luftschalter

a) Gleichstromluftschalter

Magnetische Blasung. Störungen oder Versager bei Abschaltungen können auf das Ausbleiben der Blasung zurückzuführen sein. In einem solchen Fall prüft man bei stromdurchflossenem Schalter, ob der magnetische Kreis wirklich erregt ist, indem man z. B. die Polplatten mit einem isolierten Eisenstück berührt. Bei richtiger Blasung muß eine leichte — dem Normalstrom entsprechende —, aber doch ganz deutliche, magnetische Zugkraft feststellbar sein. Bei unzweckmäßigen Konstruktionen können die Zuleitungen zu den Blasspulen oder deren Windungen durch den Lichtbogen teilweise kurzgeschlossen werden. Müssen schwache, beträchtlich unter dem Nennstrom liegende Ströme bei hoher Kontaktspannung abgeschaltet werden, so kommen leicht Versager vor, wenn die Blasung zu schwach oder die Distanz der geöffneten Kontakte zu klein ist. Eine zusätzliche Luftbeblasung — erzeugt durch den beweglichen Kontakt oder einen durch die Schaltbewegung betätigten Luftkolben — hilft hier, den Lichtbogen mit Sicherheit zu löschen.

Dies gilt ebenfalls für magnetisch beblasene Wechselstromschalter. Besteht das Blasfeldsystem vorwiegend aus massivem oder stark remanentem Eisen, so kann ein Gleichstromlichtbogen sogar in den Schalter hineingetrieben werden. Dies ist besonders zu befürchten, wenn nach einem starken Strom in der einen Richtung ein schwacher Strom in der Gegenrichtung unterbrochen werden soll.

Lichtbogenlängen. Da die Luft durch den Lichtbogen ionisiert wird, ist ihre elektrische Festigkeit stark vermindert. Bei nicht einwandfreier

Anordnung der Funkenkammern treten deshalb Überschläge gegen Erde auf, oder der Lichtbogen sucht sich einen anderen, nicht vorgeschriebenen Weg. Selbstverständlich kann auch ein abzuschaltender Kurzschlußstrom die Leistungsfähigkeit eines Schalters überschreiten. Wenn die zu unterbrechende Höchstleistung (Höchststrom und Höchstspannung) eines Schalters bekannt ist, so kann seine Lichtbogenlänge beim Abschalten eines induktionsfreien Stromkreises aus dem Kurvenblatt der Abb. 196 entnommen werden, die für einfache Funkenkammerkonstruktionen gültig ist. Für moderne Funkenkammern, deren Lichtbogengradient, d. h. die Spannung pro cm Lichtbogenlänge, im allgemeinen um ein Vielfaches größer ist, gilt Abb. 196 allerdings nicht mehr.

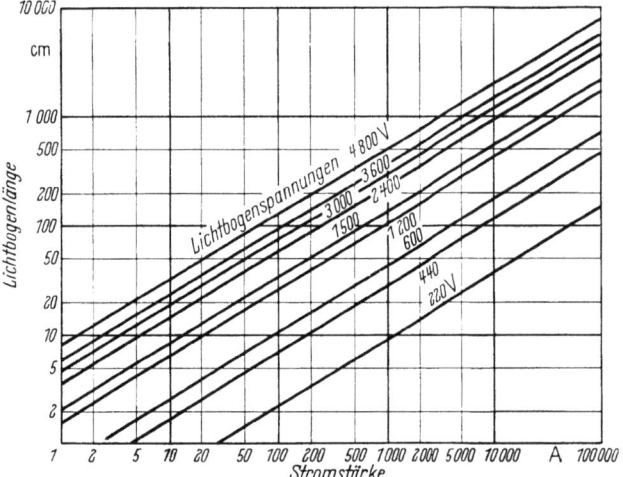

Abb. 196. Länge des Gleichstromlichtbogens in Abhängigkeit von Strom und Spannung in einem magnetischen Blasfeld mit etwa 500 Gauß Induktion, bei induktionsfreiem Stromkreis

Die Kurvenschar der Abb. 196 ermöglicht die graphische Bestimmung der ungefähren Lichtbogenlänge aus den bekannten Werten U und I. Aus dieser Lichtbogenlänge läßt sich nun feststellen, ob der Schalter einen genügenden Raum für die Ausbreitung des Lichtbogens besitzt, ohne Überschläge auf einen benachbarten Pol oder auf Erde einzuleiten. Die aus der Abbildung entnommenen Lichtbogenlängen lassen sich durch den Einbau von Kühlorganen in die Lichtbogenbahn beträchtlich verkürzen. Die Kühlung begünstigt aber die Entstehung von Abschaltüberspannungen und darf nicht zu weit getrieben werden.

Treten Störungen abschalttechnischer Natur an modernen Luftschaltern mit ihren mehr oder weniger kompliziert gebauten Funkenkammern auf, dann muß der Spezialist zugezogen werden.

Zu beachten ist in allen Fällen — und dies gilt sowohl für Gleich- als auch für Wechselstromschalter, deren Abschaltlichtbogen in einer offenen Funkenkammer verläuft und zum Teil aus dieser heraustreten kann —, daß die Abstände von der Funkenkammer zu geerdeten Teilen, wie Zellenwände und Gestelle, sowie gegenüber Leitungen, wie Sammelschienen usw., genügend groß gewählt werden. Wo knappe Platzverhältnisse vorliegen, sind Isolationen anzubringen, um Erdüberschläge zu verhüten.

Zusatzspannungen. Stark induktive Stromkreise erschweren die Abschaltung ganz beträchtlich, denn die beim Stromunterbruch zusammenbrechenden magnetischen Felder der Induktivitäten verursachen hohe Zusatzspannungen, die an den Schalterkontakten auftreten und unter Umständen ein Vielfaches der Betriebsspannung betragen können. Die Abschaltarbeit ist bei induktiven Stromkreisen viel größer, da die ganze magnetische Feldenergie in den Abschaltlichtbogen fließt. Demzufolge werden auch viel mehr Gase entwickelt als bei der Abschaltung von Stromkreisen ohne Induktivitäten.

Die Zusatzspannung wird hauptsächlich in induktiven Hilfsstromkreisen, bestehend aus Magnetspulen und ähnlichen Elementen, sehr gefährlich. Die ganz im Eisen verlaufenden magnetischen Kreise und die hohe Windungszahl dieser Spulen bedingen eine sehr große Induktivität. Werden solche Kreise durch Schalter mit magnetischer Blasung oder durch Kontakte unter Öl unterbrochen, so ist eine Überspannung von mehreren tausend Volt ohne weiteres möglich. Darin liegt die Ursache vieler Überschläge in den Hilfsstromnetzen, die oft zuerst unbegreiflich erscheinen. Beim unerklärlichen Durchgehen von Sicherungen in Gleichstromhilfskreisen versuche man der Ursache in dieser Richtung auf die Spur zu kommen.

Eine wirksame Abhilfe besteht im Anbringen eines OHMschen Widerstandes parallel zu den induktiven Spulen, durch welche die frei werdende magnetische Energie vernichtet werden kann. Der Unterbrechungslichtbogen fällt dann sehr klein aus. Wenn möglich wähle man diesen Widerstand gleich groß wie den OHMschen Widerstand des abzutrennenden Stromkreises. Seine Wirkung ist dann am günstigsten hinsichtlich der Höhe der Überspannung und des Verlaufes des Abschaltvorganges. Schalter, die zur Unterbrechung von Magnetfeldern elektrischer Maschinen bestimmt sind, besitzen von Anfang an die angegebene Schutzschaltung. Beim Abschalten wird hierbei zuerst der Widerstand parallel zur Spule geschaltet und hierauf erst der Dauerstrom unterbrochen.

Als weiterer Schutz gegen Zusatzspannungen, hauptsächlich an Hilfsspulen mit schwachen Unterbrecherkontakten, kommt das Parallelschalten von Kondensatoren in Frage, welche die freiwerdende Energie aufnehmen und die Lichtbogenlänge verkürzen.

b) Wechselstromluftschalter

Schalter mit magnetischer Blasung finden auch für Wechselstrom, ein- und mehrphasig, bis zu 20 kV und für mehrere Tausend Ampère Anwendung. Ihr Aufbau ist ähnlich demjenigen des Gleichstrom-Luftschalters mit magnetischer Blasung. Da die Unterbrechung des Lichtbogens ebenfalls in einer oder mehreren Funkenkammern zu geschehen hat, werden dieselben auch mit Lichtbogen-Kühlelementen, wie Rippen, Bolzen, Röhrchen, aus Isoliermaterial oder Metall versehen.

Beim Einschalten von Luftschaltern wird oft ein Lichtbogen beobachtet. Seine Ursache ist nicht immer eine ungeeignete Konstruktion der Kontakte. Der Lichtbogen entsteht besonders bei hohen Spannungen einfach als Überschlag zwischen sich annähernden Kontakten. Diese Erscheinung kann unterdrückt werden, wenn die Einschaltgeschwindigkeit auf den mechanisch maximal zulässigen Höchstwert gebracht wird.

Wichtig ist bei allen Luftschaltern, daß die aus den Funkenkammern austretenden ionisierten Gase in so großer Entfernung von der Umgebung gehalten werden, daß Überschläge, sei es von Kammer zu Kammer oder gegen Erde, vermieden werden. Wenn dennoch Überschläge vorkommen, so müssen geerdete Teile gegen die Funkenkammer-Austrittsöffnung isoliert werden. Auch müssen Räume, in denen solche Schalter aufgestellt sind, genügend gelüftet werden, um die Ansammlung von ionisierter Luft zu vermeiden. Letzteres gilt vor allem auch für gekapselte Schaltanlagen.

Bei mehrpoligen Schaltern müssen die Anschlußleitungen so verlegt werden, daß die aus den Funkenkammern austretenden Lichtbogen und ionisierten Gase diese Leitungen nicht berühren oder denselben entlang sich ausbreiten können, da sonst Erd- und Kurzschlüsse auftreten.

2. Wechselstrom-Druckluftschnellschalter

a) Allgemeines

Für ein gutes Arbeiten der Druckluftschnellschalter muß die Druckluft rein und trocken sein. Dies bedingt, daß bei der Aufstellung der Druckluft-Erzeugungsanlagen auf eine Reihe von Punkten geachtet wird, die aus einem allgemein gültigen Schema einer Druckluft-Erzeugungsanlage — Abb. 197 — ersichtlich sind.

Die durch Verdichtung atmosphärischer Luft erzeugte Druckluft enthält immer ein wenig Wasser, welches soweit wie möglich ausgeschieden werden muß, bevor die Druckluft zu den Verbrauchern — Schnellschalter, Antrieb von Trennschaltern, Spannungswandler — geleitet wird. Die Ausscheidung des nebelförmig verteilten Wassers geschieht am besten in großen Hochdruck-Luftbehältern, HD, wo die feinen Wasserteilchen sich langsam setzen können. Die Luftbehälter dienen in erster Linie zur Speicherung der Druckluft, um die Schnellschalter rasch nachbeliefern zu können, und in zweiter Linie, um die Luftfeuchtigkeit auszuscheiden. Die durch die Kompressoren K — (aus Sicherheitsgründen installiert man bei wichtigen und größeren Anlagen meistens zwei oder mehr Kompressoren) — verdichtete Luft ist erhitzt und muß daher vor den Armaturen, vor allem vor den Dichtungen der Rückschlagventile (Gummi) durch Endkühler E auf eine mäßige Temperatur rückgekühlt werden.

Die Entlüftungsventile EV gestatten ein Anlaufen der Kompressoren ohne Gegendruck, auch bei verhältnismäßig niedrigen Außenlufttempera-

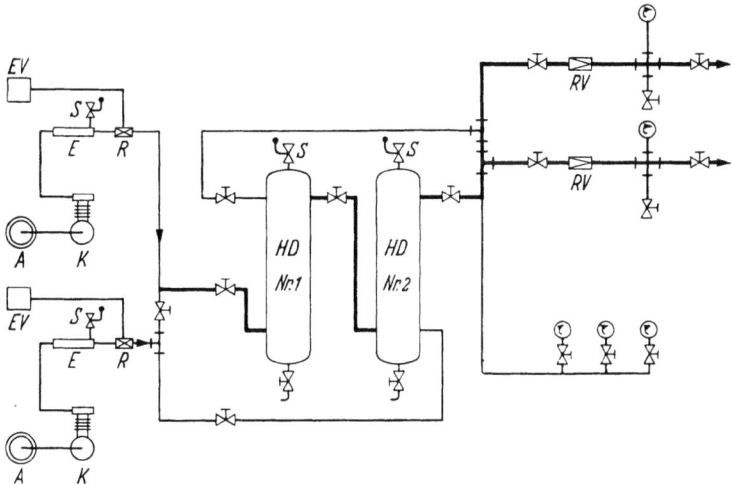

Abb. 197. Druckluft-Erzeugungsanlage: Übersichtsschema

turen. Zum Schutze der Anlage werden Sicherheitsventile S eingebaut, welche bei Störungen oder fehlerhafter Bedienung ansprechen und dadurch gefährliche Überdrücke vermeiden. Um zu verhüten, daß Feuchtigkeit oder gar Wasser, das sich am Boden der Hochdruckbehälter ansammelt, aus diesen abströmt oder mitgerissen werden kann, muß die Druckluft bei diesen Behältern unten zugeleitet und oben abgeführt werden. Eine möglichst vollständige Wasserausscheidung wird erreicht, wenn mindestens zwei Hochdruckbehälter pro Anlage in Serie geschaltet sind. Zudem müssen diese Behälter an einem kühlen Ort aufgestellt werden; dieser soll die Temperatur des Schalter-Aufstellungsortes nicht überschreiten. Bei Freiluftanlagen muß erfahrungsgemäß mindestens die halbe Anzahl der Behälter, und zwar die zuletzt von der Luft durchströmten, im Freien aufgestellt werden, wobei die letzteren vor Sonnenbestrahlung zu schützen sind. Nötigenfalls ist eine zweckmäßige Schattenwand zu errichten, um Kondenswasser im Niederdrucksystem zu verhindern. Das Kondenswasser in den Hochdruckbehältern muß periodisch abgelassen werden. Im Winter entstandenes Eis schadet nicht; es taut im Frühjahr wieder auf und kann dann abgelassen werden.

Jeder Druckluftbehälter und jede für sich absperrbare Anlagegruppe muß durch ein Sicherheitsventil S gegen schädliche Überdrücke geschützt werden. Der maximale Betriebsdruck soll etwa $1,5 \cdots 2,0$ atü niedriger eingestellt werden als der Behälternenndruck.

Aus den Hochdruckbehältern strömt die Druckluft über Reduzierventile RV entweder über einen Niederdruck-Reserveluftbehälter oder direkt zu den Verbrauchern, d. h. zu den Behältern der Druckluftschnellschalter, zu den Druckluftantrieben von Trennern und anderen Stellen. Hierbei wird die Luft durch Expansion getrocknet.

Die auf Betriebsdruck entspannte Druckluft weist eine geringe relative Luftfeuchtigkeit auf und erträgt dadurch gewisse Temperaturerniedrigungen, bis wieder Kondensation entstehen kann. Man spricht von Sicherheit gegen Temperatursturz. Sie ist sehr wichtig für die Verbraucherapparate.

Bei Druckluftschnellschaltern unterscheidet man solche mit und ohne Serietrennmesser. Bei der erstgenannten Konstruktion sind die Haupt- oder Löschkontakte schon vor dem Stromdurchgang geschlossen; der Strom wird hernach durch die Trennmesser eingeschaltet. Die Druckluft dient dabei nur zur Betätigung der Trennmesser. Beim Abschalten werden die Löschkontakte durch die Druckluft geöffnet, der Lichtbogen entionisiert und gelöscht. Anschließend werden die Trennmesser mit einem bestimmten Schaltverzug stromlos geöffnet. Am Ende des Ausschaltvorganges wird die Druckluftzufuhr unterbrochen, und dadurch werden die Löschkontakte, unter dem Druck der Kontaktfeder, wieder geschlossen.

Beim Druckluftschnellschalter ohne Serietrennmesser stehen die Löschkontakte in der Ausschaltstellung unter Druckluft. Das Einschalten geschieht durch Wegnahme der Druckluft aus den Löschkammern.

b) Fehler und Störungen

Feuchtigkeit der Druckluft. In Druckluftleitungen, die zwischen Hoch- und Niederdruckbehältern, aber auch zwischen den letzteren und den Verbrauchern, mit zu wenig Neigung oder sogar mit Gegengefälle montiert wurden, kann sich Kondenswasser ansammeln. In den Verbrauchern kann Kondenswasser ernsthafte Störungen hervorrufen. Deshalb müssen die an den tiefst gelegenen Punkten der Druckluftleitungen vorhandenen Entwässerungshähne periodisch bedient werden.

Wichtige Schalterteile, wie Zylinder, Kolben, Ventile, Drehschieber, Kontakte, wie alle beweglichen Teile können bei ungenügender Wartung rosten oder *anfressen*.

Im Winter ist bei Anwesenheit von Wasser das Einfrieren der Schalter in Freiluftanlagen möglich. Gelangt feuchte Luft oder gar Wasser in die Luft zuführenden Isolierrohre oder in die Löschkammern der Schalter, so entstehen Überschläge, sei es gegen Erde oder über die Löschstrecken, welche Zerstörungen dieser Teile hervorrufen.

Um die isolierenden Druckrohr- und Löschkammerisolatoren gegen Feuchtigkeit im Innern zu schützen, verwendet man Belüftungspatronen, welche dauernd eine dosierte Luftmenge durch diese Isolatoren strömen lassen. Die Luftmenge dieser Patronen muß bei Revisionen überprüft werden; stimmt sie nicht mit dem Sollwert überein, so ist Ersatz angezeigt. Feuchtigkeit kann ferner Korrosion und Deformation an Haupt- und Servoventildichtungen und damit Undichtigkeiten hervorrufen. Merkmal solcher Störungen sind dauernde Abblasgeräusche.

Unreinigkeiten und Fremdkörper. Sand, Lötzinn, Putzwollenreste, Metallspäne sind Feinde des Druckluftschnellschalters. Bei Montagen, Um- und Erweiterungsbauten von Druckluftanlagen ist auf größte Sauberkeit zu achten. Vor allem müssen saubere Lappen durch die Rohrleitungen gezogen werden, damit diese völlig gereinigt sind. Abklopfen oder Ausblasen genügt nicht, da sich Sandkörner, Lötperlen oder Hammerschlag dabei nicht oder erst später im Betrieb ablösen.

Fremdkörper der soeben erwähnten Art können Undichtigkeiten an Steuer- und Hauptventilen verursachen, weil die Ventilsitze und Teller aufgerauht werden. Wenn Sandkörner und Schmutzteilchen auf Ventilsitzen hängen bleiben, schließen die Ventile unter Umständen nicht mehr vollständig, was die Funktion beeinträchtigen kann. Feiner Sand führt zu Anfressungen von Ventilführungen, Kolben, Schiebern und Kontakten und hindert ihre richtigen Bewegungen.

Wenn sich infolge zu großer Reibung (Sand, Schmutz, Korrosion, ungenügende Schmierung) die Löschkontakte langsam öffnen, so brennt der Lichtbogen zu lange oder löscht überhaupt nicht (Stehlichtbogen), wodurch Defekte an den Löschkammern entstehen. Als Folge von undichten Stellen in den Druckluftzuleitungen zu den Löschkammern kann der Luftdruck so stark abfallen, daß er das richtige Arbeiten der Löschkammern in Frage stellt. Die Löschkontakte öffnen auch in diesem Falle langsam, wodurch der Lichtbogen nicht wie normal innerhalb 1 bis maximal $^2/_{100}$ Sekunden gelöscht wird. Die Folgen sind die vorgenannten.

Übermäßiger Kontaktabbrand. Wenn der Lichtbogen normal gelöscht wird, weisen die Haupt- oder Löschkontakte einigermaßen symmetrische und innerhalb der Kontaktzone liegende Lichtbogen-Abbrandspuren auf. Abb. 198 zeigt z. B. Kontakte dieser Art, wobei die ziemlich starken Lichtbogenspuren von einer Anzahl starker Kurzschlußabschaltungen herrühren. Solange jedoch der Molybdäneinsatz im Zentrum des Kontaktes bei der vorliegenden Konstruktion noch relativ unversehrt ist, können solche Kontakte noch weiter verwendet werden.

Abb. 198. Abbrandspuren an Löschkontakten

Sind die Lichtbogenspuren sehr unsymmetrisch und liegen sie zudem außerhalb der vorgesehenen Kontaktzone, so ist die Luftströmung um die Kontakte nicht in Ordnung, oder es wurde die Grenze des Abschaltvermögens überschritten.

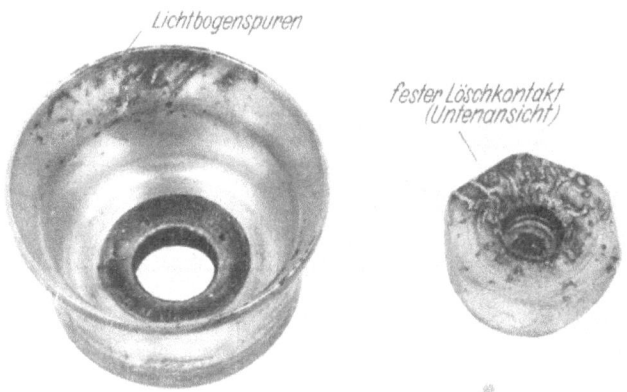

Abb. 199. Schlechte Abbrandspuren an Löschkontakten; fester Löschkontakt saß locker im Tragbolzen

Ein Beispiel einer anormal verlaufenen Abschaltung zeigt Abb. 199. Die Störung trat auf, weil bei der Montage der feste Kontakt nicht genügend angeschraubt worden war. Auffallend sind die weit außerhalb der normalen Kontaktzone liegenden Lichtbogenansatzstellen.

Niederschläge von verdampftem Kontaktmaterial sind im allgemeinen ohne Bedeutung und lassen nicht auf schlechtes Funktionieren der Kontakte schließen.

Bei der Beurteilung des Zustandes der Hauptkontakte von Druckluftschnellschaltern muß folgendem besondern Umstand Rechnung getragen werden: Während verschiedene Leistungsschalter anderer Prinzipien mit Vor- und Hauptkontakten ausgerüstet sind, vereinigen viele Druckluftschnellschalter die beiden Kontaktarten in einem Hauptkontakt, auch Löschkontakt genannt. Auf deren Kontaktflächen sich ergebende Abbrandspuren und Unebenheiten sind ohne weiteres zulässig und stören den normalen Stromdurchgang nicht. Die Oxydschicht wird nämlich beim Aufeinanderprallen der Kontakte beim Einschaltvorgang so stark durchschlagen, daß die erforderliche Kontaktfläche für den Stromdurchgang sichergestellt wird. Daraus folgt, daß die Erwärmung durch den Strom bei angebrannten Kontakten im Vergleich zu neuen Kontakten gleich oder unbedeutend ($2 \cdots 3$ °C) höher ist.

Bei Druckluftschnellschaltern mit Trennmessern sind die starren und federnden Kontakte periodisch von Staub und Schmutz zu reinigen und neu zu schmieren. Dies gilt besonders für Schalter, welche längere Zeit ausgeschaltet waren.

Trockene Kontakte werden bei öfterem Schalten, je nach verwendetem Kontaktmaterial, nach 50 bis einigen 100 Schaltungen anfressen, so daß der Schalter unter Umständen nicht mehr richtig arbeitet. Sobald solche Anfreßspuren beobachtet werden, müssen die Kontakte entweder egalisiert oder ersetzt werden. Ebenso sind Trennmesser-Kontaktstücke, deren Silberbelag aufgerauht oder abgenützt ist, zu erneuern.

Übererwärmungen. Sie treten an Druckluftschnellschaltern meistens an den Kontakten auf, in der Regel als Folge ungenügenden Kontaktdruckes. Dies kann von zu großer Reibung beweglicher Kontakte sowie von lahmen oder gebrochenen Kontaktfedern herrühren. Möglicherweise sind auch fehlender oder defekter Kontaktbelag oder zu starker Abbrand der Löschkontakte die Ursache einer zu hohen Erwärmung. Es empfiehlt sich daher, nach einer Reihe schwerer Kurzschlußabschaltungen die Kontakte nachzusehen und wenn nötig zu ersetzen.

Mechanische Fehler und Störungen. Dazu zählen in erster Linie Defekte, welche durch ungenügende Dämpfung bewegter Teile auftreten. Bei mechanischen Dämpfungen — wie Feder-, Gummi-, Lamellen-, Reibungsdämpfungen —, treten gelegentlich Abnützungen und Ermüdungen auf, die ihrerseits Defekte an zu dämpfenden Schalterteilen verursachen. Mechanische Dämpfungselemente sollen daher unter guter Kontrolle stehen und bei beginnenden Veränderungen sowie Abnützungen rechtzeitig ersetzt werden.

Luftdämpfungen arbeiten meistens störungsfrei, da das dämpfende Element, die Luft, praktisch temperaturunabhängig ist, im Gegensatz zu alternden, sich abnützenden Belägen von Reibungsdämpfungen oder zu stark viskositätsabhängigen Öldämpfungen.

Zu den möglichen Fehlern und Mängeln der Druckluft-Anlagen zählen z. B. defekte Dichtungen, gebrochene Ventilfedern und Ventilmembranen, verstopfte Filter, falsch zeigende Manometer, Druckwächter usw. Letztere soll man periodisch nacheichen. Ferner sollen Kontroll- und Signaleinrichtungen laufend überwacht und nachgeprüft werden. Vor allem ist das zuverlässige Arbeiten der Wasser- und Öldurchflußanzeiger sowie der Kontroll-, Signal- und Alarmapparaturen periodisch zu prüfen. Die Sicherheitsventile müssen regelmäßig kontrolliert werden.

Druckluftleitungen müssen „unverspannt" verlegt werden, da sonst, durch die inneren Spannungen, Undichtheiten an Rohr-Verbindungs- oder -Anschlußstellen entstehen können; auch sind Rohrrisse möglich, besonders an Rohren mit gebördelten Stoßstellen. Leckstellen sind durch „Abseifen" leicht zu finden. Kurze Verbindungsstücke, Teilstücke mit großen Temperaturschwankungen und lange Rohrleitungen in heißen Räumen sind zweckmäßig mit Ausgleichbögen (in U-Form) oder mit Ausgleichschlaufen (in Ringform) zu versehen, um den Folgen zu starker Längsdehnung zu begegnen.

Andere Störungsursachen. Ungeeignete Oberflächenschutzmittel, die sich zersetzen, können ebenfalls Störursachen sein. Rostende Magnetanker von Tauchmagneten verklemmen sich und hindern das Ein- oder Ausschalten des Schalters. Elektropneumatische Steuerventile versagen, wenn der Magnetanker festklebt, als Folge einer überschüssigen Imprägnierung der Spulen.

Bei Ein- und Ausschaltstörungen muß man sich zuerst überzeugen, ob die Steuermagnete in Ordnung sind. Wackelkontakte an Steuerleitungsklemmen, Leitungsunterbrüche, besonders an Spulenableitungen, Windungs- und Erdschlüsse in der Anlage und an den Apparaten können Ursache derartiger Störungen sein. Oft verursachen Ratten, Mäuse oder auch Insekten Schäden an den genannten Apparateteilen und Leitungen (Kabel). Insekten bauen Nester in Schalt-, Steuer- und Sicherungskasten, so daß Hilfskontakte durch eingeklemmte Tiere von der Steuerwalze isoliert werden können, wodurch Stromunterbrüche entstehen. Termiten verbauen wichtige Belüftungs- und Entlüftungskanäle oder Öffnungen derart, daß hohe Erwärmungen auftreten. Diesen Einwirkungen kann man begegnen durch Schutzgitter und Siebe.

Die Witterungseinflüsse wie Hitze, Kälte, Regen, Schnee, Eis, Sturmwinde, Flugsand sind von großer Bedeutung für die elektrischen Anlagen, besonders für Freiluftapparate. Viele weitere Störungen und Schäden, hervorgerufen durch die erwähnten Ursachen, können bei richtiger und frühzeitiger Beobachtung ihrer Einwirkung vermieden werden. Auf Übererwärmungen wegen verstopfter Kanäle und Belüftungsöffnungen ist besonders zu achten. Durchnäßte Apparateteile, gelockerte Verbindungen, verbogene und verschobene Anlageteile sind sofort instand zu stellen, beschädigte Isolatoren sind zu ersetzen.

3. Ölschalter

a) Allgemeines

Unter Ölschaltern versteht man Schalter, bei denen sowohl die beweglichen, wie auch die feststehenden Schaltkontakte in einem Ölbad gelagert sind; statt in Luft wird der Abschaltlichtbogen in Öl gelöscht. Dabei können alle drei Pole eines Drehstromsystems in einem gemeinsamen Ölbehälter vereinigt sein (Einkessel-Ölschalter) oder jeder Pol hat einen eigenen Ölkessel (Mehrkessel-Ölschalter). Beim Einkessel-Ölschalter ist eine einwandfreie Isolation zwischen den Polen eine wichtige Bedingung. Sind solche Isolationen angebrannt, so können sie zu ernsthaften Störungen, wie Kurz- und Erdschlüssen führen. Bei Mehrkessel-Ölschaltern ist eine gute Trennung der Pole zum vornherein gewährleistet. Hingegen ist mehr Platz für die Aufstellung notwendig.

Eine zeitliche Übergangslösung zwischen Ölschalter und ölarmen Schaltern stellt der Ölschalter mit eingebauten Konvektorkammern dar. Diese Ausführung gestattet die Leistungsfähigkeit des Ölschalters bei ungefähr gleichen äußern Abmessungen zu erhöhen, indem die Vorteile eines eingeschlossenen und zwangsläufig geführten Lichtbogens in der Konvektorkammer ausgenützt werden. Gleichzeitig ergibt sich eine gute Isolation zwischen den Phasenpolen auf engem Raum. Der Unterhalt dieser Schalterart ist gleich wie bei ölarmen Schaltern.

Die Vorgänge beim Abschalten eines Wechselstromes unter Öl sind komplizierter Natur; es kann hier nicht näher auf sie eingegangen werden. Jedoch sollen die wichtigsten Störungen kurz besprochen werden.

b) Fehler und Störungen

Druckexplosionen. Der Lichtbogen unter Öl erzeugt Gase durch Zersetzung des Öles. Diese verdrängen das Öl, welches nur nach oben weichen kann, worauf sich ein aufsteigender Ölkolben ausbildet. Gelangt dieser an den Schalterdeckel und wird während des Weiterbrennens des Lichtbogens fortgesetzt Gas entwickelt, so entsteht ein Überdruck im Innern des Schalters. Der so entstehende Druck kann die Festigkeit des Schalters übersteigen; es entsteht eine Explosion. Bei Schaltern älterer Konstruktion waren es namentlich die Ölkessel, welche den auftretenden innern Druckstößen nicht immer standhielten. Heute werden für größere Beanspruchungen meistens nur noch runde Schalterbehälter gebaut.

Gasexplosionen. Beim Abschalten kann die gebildete Gaskugel aus dem aufsteigenden Ölspiegel hervortreten, bevor dieser den Deckel berührt hat. Dies kommt namentlich bei Schaltern vor, bei denen die Kontakte zu wenig tief unter dem Ölspiegel liegen, weil dieser z. B. wegen Ölverlusten absank. Unter diesen Umständen kann ein Brand über dem Ölspiegel entstehen. Bei einem gewissen Mengenverhältnis zwischen Gas und Luft kann die Mischung explosiv sein. Wenn dann gleichzeitig ein Funke entsteht, z. B. ein Entladefunken an den Durchführungsflanschen der Isolatoren, so explodiert der Schalter. Bei richtig konstruierten Ölschaltern tauchen die Durchführungsflanschen der Isolatoren bei normaler Höhe des Ölspiegels in diesen ein, um die Entstehung von Entladefunken zu vermeiden.

Die Zündung eines von vorausgegangenen Abschaltungen herrührenden Gasgemisches ist unter Umständen auch durch die bei einer schweren Abschaltung sehr rasch aufsteigenden heißen Gase möglich, vor allem dort, wo die Auspufföffnungen zu klein oder falsch angeordnet sind.

Explosionen der beschriebenen Art sollen von modernen Schaltern ohne Schaden ertragen werden und das Betriebspersonal nicht gefährden.

Die heftigste Beanspruchung erfährt ein Ölschalter bei Auftreten eines Stehlichtbogens unter Öl, was meistens infolge von Isolationsdefekten vorkommt oder auch dann, wenn der Schalter zufolge mechanischer Störungen, wie Klemmungen oder zu großer Reibung, die Ausschaltstellung nicht erreicht, wobei der normale Kontaktabstand nicht vorhanden ist. In diesen Fällen wird der Schalter übermäßig beansprucht und daher sicher zerstört.

Ölschalter werden, wenn sie als Anlaßschalter oder zum Schalten von Transformatoren Verwendung finden, zur Reduktion der Einschaltstromstöße mit Schaltwiderständen versehen. Werden solche Widerstände nicht ordnungsgemäß geschaltet, so überhitzen sie sich und das sie umgebende Öl. Unterbrüche an derartigen Widerständen oder ihre Berührung mit geerdeten Teilen verursachen Lichtbögen. Solche Defekte haben schon Schalterexplosionen zur Folge gehabt. Eine regelmäßige, genaue Kontrolle solcher Schutzwiderstände, ihrer Ableitungen und Kontaktstellen ist deshalb unerläßlich. Mechanische Mängel von Schalterantrieben s. S. 257.

Nachexplosionen. Nach schweren Abschaltungen ist an Ölschaltern größte Vorsicht am Platze. Wenn zu rasch mit einer Kontrolle begonnen wird, besteht die Gefahr der sog. Nachexplosion. Diese kann auf folgende Weise zustande kommen: Die über dem Ölspiegel immer noch vorhandenen Schaltergase bilden beim Hinzutritt der Außenluft ein explosives Gemisch, das durch irgendeine Ursache entzündet werden kann,

z. B. durch einen Funken beim Arbeiten mit Schlüsseln oder andern metallenen Werkzeugen. Dabei sind schwere Verbrennungen des Wartepersonals möglich. Man warte daher so lange mit dem Öffnen des Schalters, bis angenommen werden kann, daß die Gase abgekühlt und in genügendem Maße entwichen sind. Gegen diese Gefahr bieten ferngesteuerte Ölkessel-Senkvorrichtungen einen wirksamen Schutz.

Besonders groß ist die Gefahr der Nachexplosion bei Schaltkasten mit sog. Relaiskammern; das sind geschlossene Räume zum Einbau von Instrumenten, Auslöseorganen u. a. Sie sind durch kleine Öffnungen mit dem Ölkessel verbunden und enthalten unter Umständen auch Kontakte für Hilfsstromkreise. Wenn solche Schalter häufig betätigt werden, sammeln sich in diesen Kammern Schaltgase, die sich mit der Luft des Relaisraumes mischen und durch die Kontaktfunken zur Explosion gebracht werden können.

Es gibt auch Ölschalter-Konstruktionen, bei denen in der Ausschaltstellung die auf einer gemeinsamen Traverse sitzenden Unterbrecherkontakte der drei Pole aus dem Öl ausgetaucht sind. Wenn sie dabei noch unter Spannung stehen, kann über die verrußten Kriechwege der Traverse nach schweren Abschaltungen ein direkter Kurzschluß mit Stehlichtbogen entstehen.

Ölauswurf. An Ölschaltern älterer Konstruktion entstehen ernste Defekte durch unzweckmäßig angeordnete, bisweilen zu große Öffnungen im Deckel, wenn auch der Schalter selbst der Abschaltleistung gewachsen wäre. Bei stärkeren Abschaltungen wird durch solche Öffnungen verrußtes Öl ausgeworfen, welches sich an den Klemmen oder zwischen denselben niederschlägt und Klemmenkurzschlüsse einleitet.

Bei Schaltern neuerer Konstruktion sind die Öffnungen so angeordnet, daß das Gas nicht gegen die Klemmen, sondern nach unten austritt.

Die Auspufföffnungen schützen den Schalter gegen zu starken Druckanstieg und dürfen darum nicht verschlossen werden. Bei den Schalterkonstruktionen mit höherer Druckfestigkeit können jedoch die Öffnungen so klein gehalten werden, daß auch bei schweren Abschaltungen der Ölverlust auf wenige Liter beschränkt bleibt.

Bei am Boden befestigten Ölschaltern ist Rücksicht zu nehmen auf die beim Abschalten auftretenden Schläge, die das Bestreben haben, den Schalter vom Boden abzuheben. Der Schlag entsteht durch das gegen den Deckel geschleuderte Öl. Die Schlagkraft kann bei heftigen Abschaltungen das Gewicht des Schalters samt Öl um ein Vielfaches übersteigen. An Hochleistungsschaltern mit Abschaltleistungen über 1000 MVA wurden Abhubkräfte an den Fundamentbolzen von über 10 t festgestellt.

18 Spieser, Krankheiten elektr. Maschinen, 2. Aufl.

274   Krankheiten elektrischer Apparate

Kontaktabhebung. Beim Einschalten auf Kurzschluß und auch bei Kurzschluß im geschlossenen Zustand des Schalters besteht bekanntlich die Gefahr der sog. Kontaktabhebung durch elektrodynamische Kräfte. Sie kann Brandstellen und sogar Verschweißung der Kontakte erzeugen. Die Abhebung kommt hauptsächlich in folgenden zwei Fällen zustande:

1. Die Stromschleife, gebildet von der Kontakttraverse und den Durchführungen, hat das Bestreben, sich auszuweiten und stößt dabei die nachgiebige Traverse nach unten fort, s. Abb. 200.

2. An den Einschaltkontakten tritt der Strom vorerst nur an einem Punkt über und fließt dabei in den durch Abb. 201 angedeuteten Bahnen, wodurch ebenfalls eine Abhebung der Kontakte entsteht.

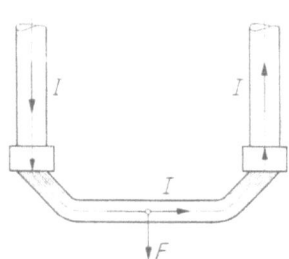   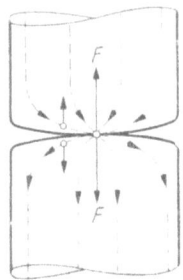

Abb. 200. Öffnungskraft F auf eine Schaltertraverse durch elektrodynamische Wirkung, sog. ,,Schleifenwirkung"

Abb. 201. Öffnungskraft F auf einen Schalterkontakt durch elektrodynamische Wirkung der parallelen Strombahnen

Bei neuen Schaltern wird die Gefahr vermieden durch die Verwendung von Finger-, Tulpen- und Solenoidkontakten und ähnlichen Kontaktformen. Bei Schaltern älterer Konstruktion ist oft Abhilfe möglich durch Unterteilung der Klotzkontakte in mehrere Fingerkontakte und durch gleichzeitige Erhöhung des Kontaktdruckes.

Übermäßige Schalterbeanspruchung. Viele Ölschalterdefekte entstehen durch unrichtige Wahl des Typs, d. h. durch die ungenügende Leistungsfähigkeit desselben, oder durch eine unrichtige Einstellung der Schutzrelais. Die Schalterleistung soll nicht zu knapp gewählt werden besonders für Anlagen, in denen mit einer Erhöhung der Netz- und damit auch der Kurzschlußleistung zu rechnen ist.

Für die Beanspruchung eines Motorschalters ist nicht die Nennleistung des Motors oder des speisenden Netzteiles maßgebend, sondern es ist die mögliche Kurzschlußleistung aller parallelen Generatoren und Transformatoren auf eine hinter dem Schalter liegende Kurzschlußstelle in Betracht zu ziehen. Ganz besonders gefährdet sind Ölschalter oder Schaltkästen mit Kurzschluß-Momentauslösung, weil dabei die momentane Anfangs-Kurzschlußleistung (Stoß-Kurzschlußleistung) und nicht die sich nachher einstellende, beträchtlich kleinere Dauer-Kurzschlußleistung, abgeschaltet werden muß.

Die Motorschutzschalter sind in der Regel mit Wärmepaketauslösern für die höchstmögliche Überlast der zu schützenden Motoren ausgerüstet. Als Kurzschlußschutz des Motors samt seiner Zuleitung kommt zu dem noch ein entsprechend leistungsfähiger Schalter in Serie mit dem Motorschutzschalter in Betracht. Der erstere Schalter muß mit einem raschansprechenden Auslöseorgan versehen sein, damit dieser selbst und nicht der Motorschutzschalter den Kurzschluß abtrennt. Diese Schutzschaltung geht aus Abb. 202 hervor.

Abb. 202. Motor- und Leitungs-Schutzschaltung. *1* Speisender Anlageteil, *2* Leistungsschalter, Kurzschluß-Schutz, *3* Zuleitung zum Motor, *4* Motorschutzschalter, thermischer Überlastschutz, *5* Motor

Die Folgen von Ölschalter-Explosionen werden durch besondere bauliche Maßnahmen zu mildern versucht, z. B. durch den Einbau der Ölschalter in Zellen mit Explosionsklappen, durch Ölsammler in Form von Kiesbetten, durch Ablaufkanäle, Versenken der Ölschalter unter den Schaltboden und automatische Löscheinrichtungen.

4. Ölarme Schalter

a) Allgemeines

Beim ölarmen Schalter befinden sich die Kontakte nicht in einem großen Ölkessel, der auf Erdpotential steht, sondern in einer säulenförmigen, isolierten Löschkammer. Das Ölvolumen ist sehr klein — bei Mittelspannungen meist nur einige Liter; deshalb ist die Brandgefahr gegenüber Ölschaltern stark vermindert. Die Löschkammer ist so ausgebildet, daß der Lichtbogen durch eine selbsterzeugte Ölströmung gelöscht wird. Die bei der Löschung entstehenden Gase von anfänglich 20···50 at Druck entspannen sich durch Kühlung im Öl und entweichen dann über eine Ausdehnungs- und Ölabscheidungskammer ins Freie. Das Schaltkammersystem wird durch Stützisolatoren getragen.

Die Abmessungen des Apparates sind durch die äußeren Überschlagsdistanzen bestimmt. Dadurch ergeben sich isolationsmäßig günstige Bedingungen, indem hohe Material- oder Ölbeanspruchungen vermieden werden. Infolge der kleinen elektrischen Beanspruchung des Öles kann ein wesentlich höherer Verschmutzungsgrad im Betriebe zugelassen werden; erst unterhalb einer Durchschlagspannung von 25 kV (nach SEV) ist ein Ölwechsel notwendig. Bei neuen Schaltern beträgt der Grenzwert 50 kV (12,5-mm-Kugeln in 5 mm Abstand).

Das Kontaktsystem des ölarmen Schalters besteht aus einem festen Kontakt, meist Tulpenkontakt, einem längs seiner Achse beweglichen Schaltstift und einem Gleitkontakt. Ein Kontaktabbrand tritt am festen Kontakt und am Schaltstiftende auf. Die Revision des Schalters beschränkt sich auf eine Kontrolle des Ölzustandes und des festen Kontaktes; ist letzterer in Ordnung, so kann mit Bestimmtheit damit gerechnet werden, daß auch der Schaltstiftabbrand gering ist.

Die Ausschaltbewegung des Schaltstiftes wird mit Federn erzielt; sie darf, um ein richtiges Schalten zu gewährleisten, vom vorgeschriebenen Wert um $\pm 10\%$ abweichen. Eine Kontrolle der Ein- und Ausschaltzeit kann mittels eines elektrischen Zeitmessers erfolgen. Die Zuverlässigkeit des Schalterantriebes, der das Einschalten und Spannen der Ausschaltfedern besorgt, bestimmt in hohem Maße die Betriebstüchtigkeit des Schalters. Eine Kontrolle der Einschaltzeit ergibt eine zuverlässige Angabe über das Funktionieren der Antriebe. Bevor Revisionsarbeiten an diesen unternommen werden, müssen sie vollständig entspannt und von Einspeisungen abgetrennt werden. Eine Kontrolle des Antriebes umfaßt, neben einer allgemeinen Inspektion des Oberflächenzustandes und der Fettung, das Nachmessen der Anzugskräfte der Auslösespulen oder -hebel bei Handantrieben und ein Nachprüfen der minimalen Auslösespannung. Besonderes Augenmerk ist auf alle Puffer und Dämpfungsorgane zu richten und ebenso auf die Signalkontakte.

Beim ölarmen Freiluftschalter ist — wie auch bei andern Schaltern — eine richtige Fettung unerläßlich für das Funktionieren bei großer Kälte; im allgemeinen bestehen hierüber Vorschriften der Apparatehersteller. Sind solche nicht vorhanden, so soll ein kältebeständiges Flugzeugfett verwendet werden (Aero-Shell 4). Zudem darf nur ein einziges Fett zur Anwendung gelangen, da Vermischung zur Erhärtung führen kann. Um die Betriebssicherheit der Antriebe bei Kälte voll zu gewährleisten, sind diese meist mit einer Heizung versehen, die in Kälteperioden eingeschaltet wird.

b) Fehler und Störungen

Druckexplosionen. Diese können entstehen, wenn der Schalter über sein Abschaltvermögen hinaus beansprucht wird oder wenn der normale Ausschalt- oder Einschaltverlauf durch eine mechanische Störung beeinträchtigt wird. Die Explosion erfolgt als Folge der Druckentwicklung des stehenden Lichtbogens. Bei gewissen Konstruktionen werden Sicherheitsmembranen angebracht, die das Öl-Gasgemisch austreten lassen.

Gas- und Nachexplosionen. Solche sind beim ölarmen Schalter wegen der kurzen Lichtbogendauer und dem kleinen Öl- und Luftvolumen nicht zu erwarten.

Ölauswurf. Zur Verhinderung des Ölauswurfes sind die meisten Schalter mit Ölabscheidern versehen. Der bei maximaler Abschaltleistung auftretende Ölauswurf hängt von der Wirksamkeit des Abscheiders ab und ist kein Maß für die Güte des Schalters. Wird jedoch bei kleiner Schaltleistung Öl ausgeworfen, so ist der Schalter nicht in Ordnung und muß deshalb untersucht werden (Kontakte, Löschkammer).

Reaktion auf die Befestigung. Bei ungenügender Festigkeit der Fundamente, Traversen und Befestigungsbolzen kann sich der Schalter losreißen infolge der Schläge, die durch die Ölbewegung bei der Abschaltung entstehen. Als Faustregel kann angenommen werden, daß diese Kräfte in kg pro Pol die Hälfte der Abschaltleistung in MVA betragen.

Kontaktstörungen. Mit Rücksicht auf den Abbrand der Kontakte sind im allgemeinen $30 \cdots 100$ Schaltungen mit Nennabschaltleistung zulässig. Im praktischen Betrieb können etwa $6 \cdots 10$ Kurzschlüsse abgeschaltet werden, ohne daß Kontakte ersetzt werden müssen, eine Zahl, die meist nur nach vielen Jahren erreicht wird.

Wird ein Schalter monatelang nicht betätigt, dabei aber mit übermäßiger Stromstärke betrieben, so bildet sich ein Film zwischen den Kontakten, der vermehrte Wärme erzeugt. Der Schalter kann dann *ausgekocht* werden. Es ist zu empfehlen, Schalter periodisch zu betätigen. Bei Schaltern neuerer Konstruktion werden die Kontaktdrucke im allgemeinen hoch gewählt, so daß eine solche Überhitzung nicht auftritt.

Wie bei Ölschaltern und Luftschaltern können auch bei ölarmen Schaltern die Kontakte verschweißen.

Überschläge. Offene Schalter sind Reflexionsstellen für netzseitige Stoßspannungen. Bei Blitzeinschlägen können deshalb Überschläge mit nachfolgendem Kurzschluß entstehen. Am ölarmen Schalter entstehen im allgemeinen nur Außenüberschläge und Anbrennungen, während die inneren Schalterteile nicht leiden. Um andere Anlageteile zu schützen, sollen auch die zum Schalter gehörenden Trenner geöffnet werden.

5. Expansionsschalter

a) Allgemeines

Im folgenden sollen nur Innenraum-Expansionsschalter besprochen werden, die mit „Expansin" — einer Mischung von destilliertem Wasser und Glykol — gefüllt sind. Expansionsschalter für Freiluftanlagen mit Ölfüllung entsprechen im wesentlichen den ölarmen Schaltern und sind damit auf S. 275 u. f. bereits behandelt.

Zur Vermeidung von Beschädigungen der Isolierteile durch Quellen wird ein Hartgewebe verwendet, welches praktisch kein Wasser aufnimmt. Die in der Kammer befindlichen Metallteile, wie Schaltstücke und Kammertopf sind in ihrer Kontaktspannung so abgestimmt, daß Schäden durch Korrosion nicht auftreten.

In neuem Zustand hat das Expansin die sehr geringe Leitfähigkeit von etwa 10 μS · cm^{-1}. Diese kann aber im Laufe des Betriebes Werte annehmen, die für einen einwandfreien Zustand nicht mehr zulässig sind. Die drei verwendeten Expansinsorten dürfen die folgenden Leitfähigkeitswerte nicht überschreiten:

Expansin B: 500 μS · cm^{-1}
Expansin C: 250 μS · cm^{-1}
Expansin D: 100 μS · cm^{-1}

Die Messung der Leitfähigkeit erfolgt mit den bekannten Flüssigkeitsmeßbrücken bei einer Temperatur der Schaltflüssigkeit von 20 °C.

Expansin B wird im allgemeinen bei Schaltern der Reihe 10, Expansin C für Schalter der Reihe 20···30 und Expansin D für Schalter der Reihe 30 und 60 eingefüllt. Das für den Schalter vorgeschriebene Expansin ist auf einem Schild angegeben.

Durch häufige Schaltungen verschmutztes Expansin kann nicht regeneriert werden. Expansin von zu hoher Leitfähigkeit ist wegzuschütten. Vor dem Neueinfüllen sind die Kammern mit destilliertem Wasser zu reinigen.

Der Grad der Schalterüberwachung im Betrieb ist von verschiedenen Faktoren abhängig, z. B. von Aufstellungsort, Raumtemperatur, Schalthäufigkeit und Größe der abgeschalteten Betriebsströme. In normalen Betrieben mit geringer Schaltzahl, z. B. Umspannwerken, ist im allgemeinen nur die Höhe des Flüssigkeitsstandes zu kontrollieren. Bei Schaltern, die in sehr warmen Räumen stehen, muß in kürzeren Abständen Expansin nachgefüllt werden. Das Nachfüllen wird meist mit einem an einer Isolierstange befindliches Füllgefäß vorgenommen, wobei der Schalter weder abgeschaltet noch vom Netz getrennt werden muß.

Bei Schaltern mit hoher Schalthäufigkeit, wie sie in Industriebetrieben vorkommen, muß der Abbrand der Schaltstücke berücksichtigt werden. Wenn auch durch den Abbrand die Leitfähigkeit des Expansins kaum zunimmt, so tritt doch im Laufe der Zeit eine gewisse Schwärzung oder Trübung der Flüssigkeit auf, und zwar durch den Abbrand des Kupfers, das sich in kolloidaler Form der Flüssigkeit mitteilt. Außerdem entsteht durch die häufig auftretenden Lichtbögen ein Verbrauch des Expansins und eine Abscheidung von Kohlenstoff, der in amorpher Form in die Flüssigkeit übergeht.

Es ist deshalb erforderlich, bei Schaltern mit hoher Schalthäufigkeit in Abhängigkeit von der Schaltzahl Kontrollen des Schalters und der Schaltflüssigkeit vorzunehmen.

In warmen Betriebsräumen oder beim Aufstellen der Schalter in trockenem, heißem Klima wird die Schaltflüssigkeit schneller verdunsten. Um ein häufiges Nachfüllen zu vermeiden, verwendet man eine Deckölschicht, bestehend aus einem Öl, welches schwer emulgierbar ist und sich in sehr kurzer Zeit an der Oberfläche lagert. Dadurch wird eine Nachfüllung erst nach einigen Monaten notwendig.

Die Wartung der Expansionsschalter ist einfach, da die Getriebeteile und Strombahnen nicht unter einer Flüssigkeit liegen, sondern sich in den leicht zugänglichen Getriebeköpfen befinden. Da die Getriebeteile aber dauernd mit der Luft in Berührung stehen, trocknet folglich im Laufe der Zeit das Schmiermittel ein. Bei den normalen für Bolzen, Lager und Kurvenscheiben verwendeten Schmiermitteln handelt es sich um Schmierfette. Diese auf Kalium- oder Natriumseifen aufgebauten Fette sind mit einem Füllstoff durchsetzt und mit Mineralöl gemischt. Im Laufe der Zeit zieht das Mineralöl aus dem Seifengerüst heraus, und dieses selbst beginnt auf den Schmierflächen einzutrocknen. Die Schalter sind daher alle zwei, spätestens alle drei Jahre neu zu fetten. Bei geschlossenen Lagern wird mit einer *Lub*-Schmierpresse neues Fett nachgepreßt und mit diesem das im Lager befindliche Fett herausgedrückt. Es ist aber besonders darauf hinzuweisen, daß in geschlossenen Lagerstellen das Fett länger brauchbar bleibt als bei offen an der Luft liegenden Schmierstellen.

Strombahnen sind nicht mit Schmierfett zu behandeln. Besitzen die Schalter Gleit- oder Rollenschaltstücke, so wird besonders an den Stellen, an denen sich die Strombahnen in der Einschaltstellung befinden, durch Auftrocknen des Schmiermittels eine Erhöhung des Übergangswiderstandes auftreten. Um Mängel dieser Art zu vermeiden, sind die entsprechenden Strombahnen nur mit einem harzfreien Mineralöl zu behandeln.

Expansionsschalter werden meist von Hand oder mit Druckluft angetrieben. Der Druckluftantrieb besteht im wesentlichen nur aus einem Zylinder und einem Kolben, ist also sehr einfach und betriebssicher, so daß Störungen kaum zu erwarten sind. Nach einigen Jahren muß aber der Zylinder mit einem Öl ausgerieben werden. Das Fetten der Kolben und Zylinder ist nicht zulässig.

Die für den Antrieb erforderlichen Einschaltventile arbeiten über Gummimembranen und Gummisitze. Da die Membranen der Ventile ebenso wie die Gummisitze unter Lichtabschluß liegen, ist mit einer Alterung nicht zu rechnen. Wegen des Walkens der Gummiteile empfiehlt es sich jedoch, nach etwa fünf Jahren die Membranen zu ersetzen. Die Zuleitungen vom Ventil zum Druckluftantrieb des Schalters stehen betriebsmäßig nicht unter Druck; die Dichtigkeitsfrage der Zuleitung und des Zylinders ist deshalb von untergeordneter Bedeutung.

Die Wartung hat sich auch auf die Auslöser zu erstrecken; die Gelenke sind zu ölen und der Luftspalt zwischen Anker und Joch sowie die Einklinksicherheit des Ankers mit dem Schlagbolzen zu kontrollieren. Jede Wartung erfordert, daß mit einem Prüfgerät die Ansprechspannung des Spannungsauslösers und des Ventils gemessen wird.

Auch die Drucklufterzeugeranlage für die Versorgung mit der nötigen Antriebsluft ist periodisch nachzuprüfen. Insbesondere ist der Ölstand im Kurbelgehäuse des Kompressors zu kontrollieren und die Pumpzeit nachzumessen. Gelegentlich sind auch Dichtigkeitsprüfungen durchzuführen.

b) Fehler und Störungen

Gemischexplosionen. Im Gegensatz zu den Ölschaltern, bei denen durch Bildung von Methangas und Ähnlichem gelegentlich Explosionen auftreten, ist diese Erscheinung bei den Expansionsschaltern nicht zu befürchten. Der beim Abschalten eines Expansionsschalters an den Schaltstücken in geringer Menge gebildete Wasserstoff vereinigt sich mit dem ebenfalls entstehenden Sauerstoff in stiller Verbrennung zum größten Teil wieder zu H_2O. Zum Abzug der beim Abschalten entstehenden Gase und Dämpfe sind die Schalter überdies mit Entlüftungsvorrichtungen ausgerüstet, so daß Nachzündungen nicht auftreten.

Isolationsfestigkeit. Im allgemeinen sind die Expansionsschalter gegen Erde mit Stützern aus Keramik isoliert. Die Isolation ist also sehr einfach und übersichtlich, so daß bei normaler Reinigung Schäden nicht auftreten.

Das in den Kammern befindliche Material ist — wie bereits S. 277 angegeben — ein Spezialhartgewebe, das vom Lichtbogen praktisch nicht angegriffen wird, da an der Oberfläche eine Benetzungshaut vorhanden ist, die bei Lichtbogeneinwirkung einen wirksamen Dampfschleier bildet, der den Angriff des Kammermaterials verhindert.

Im ausgeschalteten Zustand wird bei jedem Expansionsschalter eine Trennstrecke eingefügt, die den Schalter einseitig vom Netz trennt. Diese Maßnahme hat den großen Vorteil, daß die Kammer nicht von beiden Seiten unter Spannung steht, sich also Kriechwege keinesfalls ausbilden können. Die Lufttrennstrecke entspricht hinsichtlich der Überschlagsbedingungen den normalen Trennschaltern.

6. Trenner

a) Allgemeines

Unter Trennern versteht man Schaltgeräte für Innenraum wie für Freiluftaufstellung, welche unter Spannung, aber nur stromlos ein- und ausgeschaltet werden dürfen. Sie dienen zum sichtbaren Trennen von Anlageteilen. Durchgangskurzschlußströme müssen die Trenner sicher aushalten können, d. h. sie dürfen durch die elektrodynamischen Kräfte dieser Ströme weder deformiert noch geöffnet werden. Ausnahmsweise werden die Trenner zum Zu- oder Abschalten sehr kleiner Leistungen, wie z. B. leerlaufender Transformatoren oder kurzer Leitungen benützt. Die Trenner werden vielfach mit Erdungsvorrichtungen versehen, womit die abgeschalteten Anlageteile zusätzlich auf einfachste Art allpolig an Erde gelegt werden.

b) Fehler und Störungen

Falsche Betätigung. Da Trenner prinzipiell nur für stromlose Betätigung gebaut werden, sollten sie gegen unbeabsichtigtes Öffnen stets verriegelt sein.

Durch das Ziehen der Trenner unter Strom entstehen häufig ernsthafte Beschädigungen in Schaltanlagen, als Folge des auftretenden Dauerlichtbogens. Ein solcher ist weder mechanisch noch elektromagnetisch geführt. Er bildet sich deshalb in willkürlicher Form aus, greift auf benachbarte Leiter oder auf Erde über und leitet dabei Kurzschlüsse oder Erdschlüsse oder auch beides ein.

Oft wird dann fälschlich beim Auftreten des Lichtbogens der Trenner in der Offen-Stellung stehen gelassen und versucht, den Lichtbogen mit Löschmitteln zu unterdrücken.

Jeder Schaltwärter sollte sich vor dem Ziehen eines Trenners auf die Möglichkeit einer Leistungsunterbrechung gefaßt machen und beim Erblicken eines Lichtbogens den Trenner sofort wieder einlegen. Bei diesem Vorgehen entstünde meistens gar kein beträchtlicher Schaden.

Auswerfen. Trenner können sich aus folgendem Grund auch von selbst öffnen: Bei unzweckmäßiger Anordnung der Zuleitungen zu den Trennern entstehen bei Kurzschlüssen durch elektrodynamische Wirkungen in Stromschleifen bedeutende Kräfte in der Ausschaltrichtung der Trennmesser. Diese werden dabei herausgeworfen, wie Abb. 204b zeigt. Ein Auswerfen kann weitgehend vermieden werden durch Verlegen des Trenners in den geraden Leitungszug. Das Selbstöffnen eines Trenners ist im Ergebnis durch Abb. 204a—c illustriert, die Vorgänge wurden versuchsmäßig eingeleitet. Die Abb. 204c läßt deutlich die elektrodynamische Wirkung auf die Stromschienen erkennen, die unter rechtem Winkel geführt und zu wenig stark abgestützt waren.

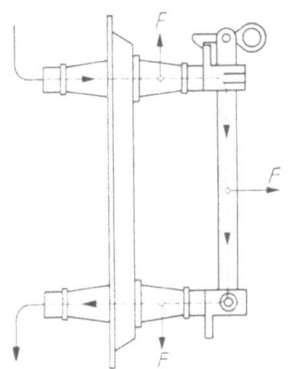

Abb. 203. Elektrodynamische Kräfte F auf Schaltmesser und Durchführungen eines Trenners

Dadurch wurde ein Stützisolator des Trenners bei etwa 50 000 A (Effektivwert) weggerissen und die Schiene verbogen.

Außer der Öffnungskraft treten auch Kräfte auf, welche je nach der Trennerkonstruktion den Kontaktdruck vermindern können. Besonders

bei Trennmessern, die gegen das selbsttätige Öffnen verriegelt sind, kann an der Kontaktstelle eine seitliche Kontaktabhebung eintreten, nach Abb. 205, wobei sich Funken bilden und der Apparat zerstört wird, wenn der Trenner nicht auch noch gegen seitlichen Kontaktabhub besonders geschützt ist. Dies ist beim Trenner der Abb. 206 bei etwa 90 000 A aufgetreten, der mit einer Schraubverriegelung gegen das Selbstöffnen versehen war. Versuche ergaben, daß gewöhnliche Trenner bei Kurzschlußstromstößen von 30 000 A meistens herausgeworfen wurden. Trenner mit einer Schutz-

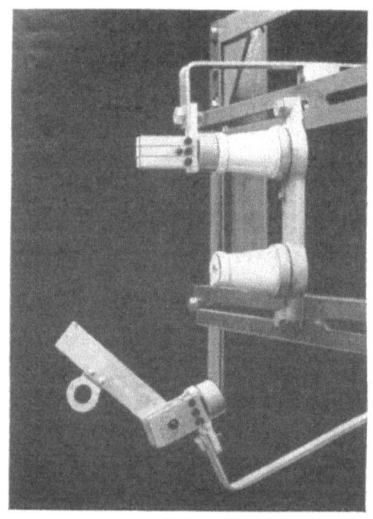

Abb. 204 a-c. Selbstöffnen eines Trenners bei verschieden starken Kurzschlußströmen (bis 50 000 A)

einrichtung gegen das Auswerfen und gegen Kontaktabhebung ertragen effektive Kurzschlußströme von rund 100 000 ··· 150 000 A.

Moderne Trenner, sog. Zwillingstrenner (Abb. 207), sind mit doppelten Messern ausgeführt. Die in ihnen fließenden parallelen Ströme be-

Schaltapparate 283

wirken ein Anziehen der Messer und damit eine Erhöhung des Kontaktdruckes im Kurzschlußfall.

Abb. 205. Verriegelter Trenner mit seitlichem Kontaktabhub

Abb. 206. Trenner, allseitig verriegelt, bei 90000 A Kurzschlußstrom

Schwierigkeiten beim Trennen unbelasteter Transformatoren. Mit modernen Trennern können Transformatoren bis zu bestimmten Leistungen im Leerlauf mit Sicherheit abgetrennt werden. Der zulässige

Abb. 207. Zwillingstrenner

Abb. 208. Trenner mit Funkenhorn beim Abschalten kleiner Last

Abschaltstrom hängt vor allem von der Betriebsspannung ab. Anbrennungen des Lichtbogens an den Kontaktstellen setzen diesem Strom bald eine Grenze. Durch Anbringen eines Funkenhornes an der Trennmesser-Kontaktstelle kann man den Lichtbogen von dieser ablenken und den Abbrand erträglich gestalten. Abb. 208 stellt einen solchen Trenner beim Abschalten von 3,2 A, $\cos \varphi = 0,1$, 50 Hz bei 8000 V Betriebsspannung dar.

Abb. 209. Freilufttrenner beim Abschalten eines leerlaufenden Transformators von 1500 kVA 50 KV, 50 Hz

Leerlaufende Transformatoren mit Betriebsspannungen über etwa 50 kV werden wegen zu großen Lichtbogenlängen jedoch selten abgetrennt. Bei Freilufttrennern ist bei Abschaltungen unter hohen Spannungen besonders auf die herrschende Windrichtung zu achten, weil in krassen Fällen Phasenüberschläge fast unvermeidlich sind. Beim Abtrennen von leerlaufenden Freileitungen treten ungefähr die gleichen Lichtbogenlängen auf, wie beim Abtrennen leerlaufender Transformatoren von gleicher Leerlaufbelastung. Zudem ist beim Öffnen von Leitungstrennern besonders Vorsicht geboten wegen der auftretenden Überspannung. Die Abb. 209 und 210 zeigen die beim Abtrennen leerlaufender Transformatoren von angegebener Leistung und Spannung entstandenen Lichtbogen. Es ist vorteilhaft, die Trenner so zu bedienen, daß die Kontakte mit möglichst großer Geschwindigkeit öffnen. Dadurch wird die Lichtbogenlänge etwas gekürzt. Bei langsamem Schal-

Abb. 210. Freilufttrenner beim Abschalten eines leerlaufenden Transformators von 2000 kVA
8 kV, 50 Hz

ten können auch, wenn offene Freileitungen abgetrennt werden, Überspannungen auftreten durch Rückzündungen des Abschaltlichtbogens. Solche Überspannungen sind bei Verwendung von Leistungsschaltern weniger zu erwarten.

Kontaktstörungen. Trennerkontakte können, wenn sie wenig oder nicht gewartet werden, anfressen und dabei im ungünstigsten Fall entweder nicht mehr ganz eingeschaltet oder nicht mehr geöffnet werden. Im ersten Fall kann Übererwärmung und gänzliche Zerstörung der Kontakte des ganzen Trenners auftreten. Der zweite Fall hat u. U. schwerwiegende Betriebsstörungen zur Folge. Durch periodisches Reinigen und Schmieren der Trennerkontakte können solche Störungen weitgehend vermieden werden. Insbesondere staubige Anlagen erfordern eine zuverlässige Wartung.

Störungen an Antrieben. Neben den gebräuchlichen, festmontierten Handantrieben und den Schaltstangen sind auch ferngesteuerte Druckluftantriebe in Gebrauch. Wenn diese undicht sind oder Klemmungen aufweisen (z. B. verharzte Kolben, gealterte Dichtungen, abgenützte Kolbenringe, Vereisung), ist die Betätigung der Trenner in Frage gestellt. Undichte Stellen am Antrieb, an dessen Zuleitungen oder an den Steuerventilen, müssen aufgesucht und behoben werden. Dies geschieht am einfachsten durch *Abseifen* der betreffenden Apparate- oder Leitungsteile. Festsitzende Kolben müssen gründlich gereinigt und neu geschmiert werden. Vereisung von Druckluftantrieben tritt nur bei feuchter Betätigungsdruckluft auf (s. S. 264).

7. Leistungstrenner

a) Allgemeines

Diese Apparate, die nur für Innenaufstellung gebaut werden, können eine begrenzte Leistung nach Schildangabe bei seltener Betätigung ein- bzw. ausschalten, im Gegensatz zu den stromlos zu betätigenden Trennern. Es werden zwei Löschsysteme angewandt: das eine mit magnetischer Blasung für das Löschen des Abschaltlichtbogens; das andere arbeitet mit eigenerzeugter Blasluft. Leistungstrenner werden für Nennspannungen von etwa $10 \cdots 30$ kV und für Nennströme bis zu etwa 600 A Wechselstrom gebaut.

b) Fehler und Störungen

Die Leistungstrenner sind wie gesagt befähigt, eine nach Schildangabe festgelegte begrenzte Schaltleistung zu bewältigen. Wird dieselbe überschritten, so löscht der Abschaltlichtbogen nicht und der Apparat wird bestimmt mindestens teilweise zerstört, wenn nicht gar eine ernsthafte Havarie in der Anlage auftritt. Dasselbe kann auftreten, wenn die Ausschaltbewegung der Trennmesser wegen irgendwelchen mechanischen Klemmungen, Reibungen im Antrieb usw. zu langsam erfolgt, oder wenn die Blasluft infolge von Luftverlusten wegen defekten Dichtungen nicht den genügenden Druck bzw. ausreichende Luftmenge aufweist, um den Lichtbogen zu löschen. Ebenso können zu stark abgebrannte Kontakte und Schaltdüsen derartige Störungen bewirken.

C. Meßinstrumente und Meßwandler

1. Allgemeines

Die Störungsanfälligkeit variiert zwischen den verschiedenen Systemen und Genauigkeitsklassen; die Betrachtungen beschränken sich hier auf die wichtigsten Störungen an sog. Betriebsinstrumenten.

Störungen aus inneren Ursachen treten meist als Folge von Überlastungen auf und zeigen sich als Nullpunktsfehler, verbogene Zeiger oder Hängenbleiben des beweglichen Systems. Neue Instrumente können falsch anzeigen infolge von Balancefehlern. Derartige Störungen sind meistens nur durch den Hersteller oder durch die Eichstätte zu beheben.

Störungen durch äußere Ursachen sind:

1. Anzeigefehler als Folge der Aufstellung in anderer Lage als bei der Eichung: Die richtige Aufstellungsart ist meist am Instrument vermerkt.

2. Anzeigefehler bei Verwendung für andere Frequenzen oder Stromarten als solche, für die das Instrument bestimmt ist.

3. Falsche Anzeige durch unrichtigen Anschluß, besonders bei Watt- und Phasenmetern. Das mitgelieferte Schaltbild ist deshalb genau zu beachten. Ein möglicherweise verkehrtes Drehfeld des Netzes wäre sinngemäß zu berücksichtigen.

4. Einflüsse von Fremdfeldern: Die Empfindlichkeit hierfür ist bei den einzelnen Systemen verschieden und wird bei der Betrachtung der Haupttypen noch erwähnt (s. S. 288 u. f.). Zur Vermeidung dieser Einflüsse sind Instrumente möglichst weit von Leitern mit hohen Strömen anzubringen, und ihre Zuleitungen sind nahe beisammen, nötigenfalls verdrillt, zu verlegen. Auch benachbarte Instrumente und naheliegende Eisenteile können Fremdfeldstörungen verursachen. Besteht Verdacht auf solche Einflüsse, so ist das Instrument auszubauen, mit *fliegenden* Anschlüssen an genügend weit entfernter Stelle bei sonst gleichen Bedingungen zu prüfen und seine Anzeige mit derjenigen am ersten Standort zu vergleichen.

5. Anzeigefehler durch aufgeladene Glasscheiben der Instrumente: Die elektrische Aufladung entsteht beim Reiben des Deckglases mit einem trockenen Tuch. Sie läßt sich durch Anhauchen des Glases leicht beseitigen.

Die zulässigen Anzeigefehler werden durch amtliche Vorschriften umschrieben:

Die Regeln des VDE 0410 § 4 unterscheiden z. B. die Klassen: 0,2/0,5/1/1,5/2,5 und 5, wobei die Zahl jeweils der größte zulässige Fehler in Prozenten des Skalenendwertes bedeutet; er gilt für jede Stelle der Skala. Es empfiehlt sich daher, den Meßbereich so zu wählen, daß bei den Messungen der Betriebswerte ein möglichst großer Ausschlag erhalten wird. Bei Instrumenten ohne mechanischen Nullpunkt (cos φ-Meter, Frequenzmeter) bedeutet die Zahl der Klassenbezeichnung den größten zulässigen Fehler in Prozenten der Skalenlänge. Für Schalttafelinstrumente ist allgemein die Klasse 1,5 üblich.

2. Einzelne Instrumente

a) Drehspulinstrumente (Abb. 211)

Ihre Merkmale sind: Geringer Leistungsverbrauch und hohe Genauigkeit bei linearer Skala. Der von den Polen ausgehende Streufluß kann sehr nahe gelegene Instrumente anderen Typs stören. Die Dauermagnete können durch schlagartige Erschütterung, besonders aber durch Fremdfelder, teilweise entmagnetisiert werden und ergeben dann Anzeigefehler. Die Überlastungsfähigkeit der Drehspulinstrumente, namentlich für stoßweise Belastung, ist groß.

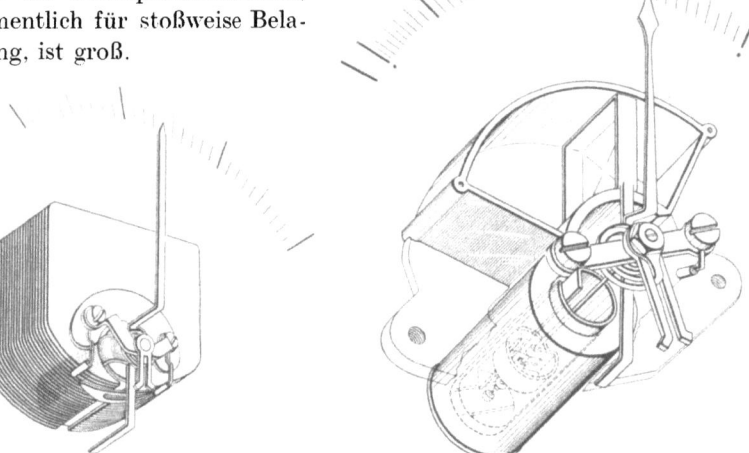

Abb. 211. Drehspulinstrument (nach GOSSEN)   Abb. 212. Dreh- oder Weicheiseninstrument (nach GOSSEN)

b) Dreh- oder Weicheiseninstrumente (Abb. 212)

Diese Instrumente sind robust und stark überlastbar, aber etwas empfindlich auf Frequenzabweichung und Oberwellengehalt der Meßgröße. Der Leistungsverbauch ist etwas größer als bei Drehspulinstrumenten. Beeinflussung durch Fremdfelder kann durch Gehäuse aus Eisen vermieden werden.

c) Hitzdrahtinstrumente

Ihre Überlastempfindlichkeit ist gering, die Anzeige stark gedämpft; kurze Stromstöße werden kaum wiedergegeben. Der Leistungsverbrauch ist relativ hoch. Eine Abart ist der Thermoumformer: Ein Heizband in Verbindung mit einem Thermoelement und einem hochempfindlichen Drehspulinstrument ergeben eine gute Meßeinrichtung für hochfrequente Ströme.

d) Elektrodynamische Instrumente

Das Drehmoment eisenloser Instrumente ist relativ schwach und die Empfindlichkeit auf Fremdfelder groß; der Frequenzfehler ist gering. Bei Wattmetern ist der innere Phasenfehler unter Umständen nicht zu vernachlässigen und der Leistungsverbrauch beträchtlich. Elektrodynamische Wattmeter sind so anzuschließen, daß keine großen Spannungsdifferenzen zwischen Fest- und Drehspule entstehen, um innere Überschläge zu vermeiden (s. Abb. 212).

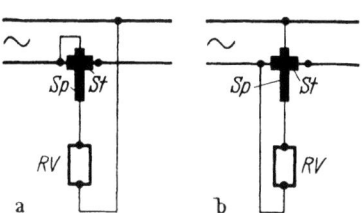

Abb. 213. Wattmeter-Schaltung, a richtig, b falsch. 1-phasig. a Richtig: Kleine Spannung zwischen Strom- und Spannungsspule; b Falsch: Netzspannung zwischen Strom- und Spannungsspule. Sp: Spannungsspule (drehend), St: Stromspule (fest), RV Vorwiderstand zur Spannungsspule

Eisengeschlossene Instrumente findet man meist als Gleichstromwattmeter, wobei das Feld sehr kräftig ist, da es größtenteils im Eisen verläuft. Der Einfluß von Fremdfeldern ist hier deshalb ohne Bedeutung.

e) Ferraris- (Drehfeld-) Instrumente

Diese Instrumente werden meistens als Wattmeter und registrierende Instrumente ausgeführt. Das Drehmoment ist sehr groß, der Frequenzfehler beträchtlich. Anwärme- und Temperaturfehler sind groß, aber meistens kompensiert. Fremdfelder haben auf FERRARIS-Instrumente praktisch keinen Einfluß.

f) Kreuzspulinstrumente

Sie dienen für Widerstands- und Leistungsfaktormessungen. Ein mechanisches Drehmoment ist nicht vorhanden; deshalb kann der Zeiger dieser Instrumente im stromlosen Zustand eine beliebige Lage einnehmen. Leistungsfaktormesser zeigen unter 20% Nennstrom nicht mehr genau, da die Richtkraft zu gering ist. Die Bändchen der Stromzuführung zu den Drehspulen sind sehr dünn und brennen bei falschem Anschluß leicht durch. Auch können sie sich auf dem Transport verwickeln.

3. Spannungswandler

a) Allgemeines

Spannungswandler liegen mit ihrer feindrahtigen und mechanisch empfindlichen Oberspannungswicklung direkt am Netz und werden deshalb vom Betriebspersonal oft mit Recht als leicht verwundbare Stelle der Hochspannungsanlage betrachtet. Tatsächlich verlangt die Herstellung von Spannungswandlern isolationstechnisch äußerste Sorgfalt. Ihre Primärwicklung muß, ebenso wie die Wicklung von Leistungstransformatoren, widerstandsfähig gegen steile Überspannungswellen und deshalb *stoßfest* isoliert sein.

Vorgängig der Betrachtung der häufigsten Krankheiten sei auf die wichtige Vorschrift hingewiesen, daß ein Spannungswandler, im Gegensatz zum Stromwandler, niemals kurzgeschlossen werden darf, da er dabei verbrennen würde. Dagegen kann er mit offenen Sekundärklemmen belassen werden, im Gegensatz zum Stromwandler. Die größte, dauernd zulässige Belastung ist die sog. Grenzleistung; diese beträgt meist ein Mehrfaches der angeschriebenen Nennleistung für die einzelnen Genauigkeitsklassen. Das sekundäre Parallelschalten von Spannungswandlern ist zu vermeiden, denn es muß dabei mit Ausgleichströmen gerechnet werden, die zusätzliche Verluste ergeben. Schwerwiegender noch ist die Gefahr, daß ein ausgeschalteter Netzteil durch einen Spannungswandler, der an der Sekundärseite parallel mit einem in Betrieb stehenden Wandler geschaltet ist, unter Hochspannung gerät.

b) Fehler und Störungen

Überschlag an der Wicklung. Die Ursache ist meistens eine ungenügende Stoßfestigkeit, so daß z. B. ein naher Blitzeinschlag zu Überschlägen nach Erde oder nach andern Spulenteilen führen kann. Große Bedeutung für die Überschlagsfestigkeit hat die Ölqualität; sie ist periodisch zu kontrollieren.

Verbrennen der Wandler. Abgesehen von Überlastungen des Wandlers durch eine Belastung, die seine Grenzleistung übersteigt, findet sich als Ursache oft ein Erdschluß in den Sekundärleitungen. Nach den amtlichen Vorschriften ist ein Punkt der Sekundärwicklung zu erden; eine zweite Erdverbindung (Erdschluß) kann deshalb einen Kurzschluß der Wandlerwicklung hervorrufen.

Knisternde oder glimmende Klemmen. Hier ist ein Unterbruch in der betreffenden Phasenleitung, z. B. durch eine geschmolzene, primärseitige Sicherung zu vermuten. Überspannung an einer offenen Wicklungsklemme tritt dann ein, wenn der induktive Magnetisierungsstrom dieser Wicklung die gleiche Größenordnung (einige mA) hat wie der durch die Eigenkapazität der Wicklung gegen Erde fließende kapazitive Strom. Der resultierende Strom kann sich z. B. über die Netzkapazität schließen, die in diesem Fall einen bedeutend höheren Wert haben muß als die Eigenkapazität der Wicklung (Abb. 214). Bei einer so entstandenen Serieresonanz sind die Teilspannungen an den induktiven und kapazitiven Reaktanzen zufolge ihrer entgegengesetzten Phase bedeutend größer als die am Wandler liegende Gesamtspannung.

Überspannungen durch Nullpunktsverlagerung. Außer einer Erhöhung von Sternspannung auf verkettete Spannung, die bei Erdschluß eines Polleiters in einem Netz mit isoliertem Nullpunkt an den zwei übrigen Phasenleitern eintritt, gibt es auch Überspannungen durch Nullpunktsverlagerungen, die nicht durch Erdschluß bedingt sind. In isolierten Netzen mit relativ kleiner Kapazität können gegen Erde geschaltete Einphasen- oder Fünfschenkel-Spannungswandler zu Nullpunktsverlagerungen und gefährlichen Überspannungen Anlaß geben. Solche

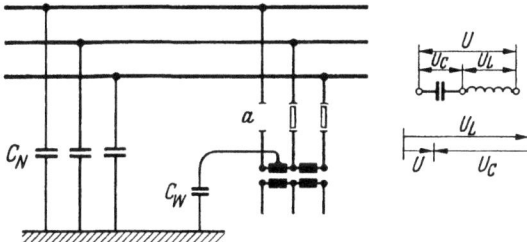

Abb. 214. Überspannung an einer offenen Spannungswandlerklemme a. C_N Netzkapazität, C_W Wicklungskapazität gegen Erde, U Wirksame Spannung über die in Serie geschaltete Kapazität und Wicklungsinduktivität, U_C Spannung an der Kapazität, U_L Spannung an der Wicklungsinduktivität

Erscheinungen beruhen auf der sog. *Ferroresonanz* und bedürfen eines äußeren Anstoßes in Form eines unsymmetrischen Vorganges im Netz. Als solcher ist besonders das phasenweise Unterspannungsetzen des Netzes oder der Spannungswandler selber zu nennen, wenn z. B. nacheinander einphasige Trenner oder Sicherungen eingesetzt werden. Die Lage des Punktes mit Erdpotential oder Potentialnullpunkt im Spannungsdreieck des Netzes, der normalerweise mit dem Schwerpunkt zusammenfällt, verschiebt sich bei solchen Vorgängen. Dementsprechend werden die Ströme der einzelnen Phasenleiter über die Induktivitäten der Wandler und über die Kapazitäten des Netzes nach Erde verschieden groß. Es kann nun mehrere Lagen des Potentialnullpunktes geben, für die die Summe dieser Ströme Null wird, die Ströme also ausgeglichen sind. Dies trifft in Abb. 215 für Punkt O_1 zu. Denkt man sich den Potentialnullpunkt vom Sternpunkt O gegen T wandernd, so stellt die Linie c den geometrischen Ort der Spitzen des kapazitiven Summenstromes aller Phasenleiter nach Erde dar, die gekrümmte Linie l jenen der resultierenden induktiven Ströme. Im Punkt O_1 sind beide Summenströme gleich; ihre Summe ist Null, die Lage somit stabil, und die Nullpunktsverlagerung ist dargestellt durch die Strecke $O_1 - O$. Die Grundfrequenz dieser Verlagerungsspannung kann verschiedene Werte annehmen, deren Auftreten durch die gekrümmte Kennlinie der Induktivitäten begünstigt ist. Wenn sie in einem passenden Verhältnis zur Netzfrequenz stehen, z. B. $\frac{1}{2}, \frac{2}{1}, \frac{3}{1}$, so können sie periodische Anregungen aus der Netzspannung empfangen und sich damit aufrechterhalten. Tritt die Ferroresonanz in der dritten Harmonischen auf, so kommt der Punkt mit Erdpotential relativ weit außerhalb des Spannungsdreiecks zu liegen, und es entstehen gefährliche Überspannungen an allen drei Phasenwicklungen. Bei Sternschaltung genügt das Ein-

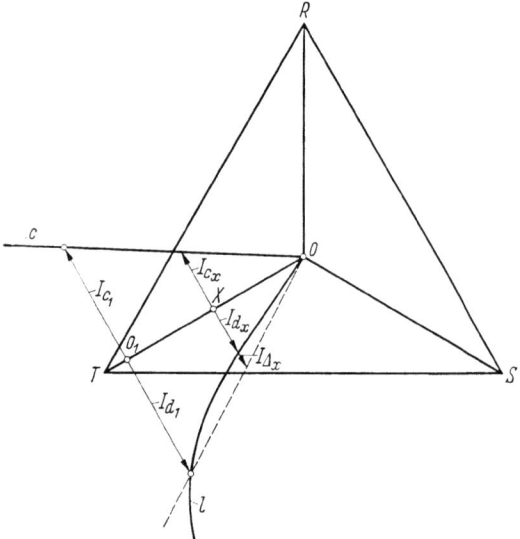

Abb. 215. Nullpunktsverlagerung bei Ferroresonanz, Spannungs-Diagramm

schalten von OHMschen Widerständen parallel zu den Phasenwicklungen; bei offener Dreieckschaltung wird ein Widerstand in Reihe geschaltet, um diese Resonanz durch Dämpfung zu unterdrücken.

Durchschmelzen oberspannungsseitiger Sicherungen. Diese sind mit 1 oder 2 Ampère zu schwach bemessen; es empfiehlt sich, auf etwa 4 A zu gehen. Sofern sie als Hochleistungssicherung gebaut sind, können sie bis zu hohen Netzkurzschlußleistungen verwendet werden, da sie den Überstrom im frühen Anstieg unterbrechen, so daß dieser gar keine hohen Werte erreicht. Sekundär werden die Wandler möglichst hoch abgesichert, um den Spannungsabfall an den Sicherungen mit Rücksicht auf die Meßgenauigkeit klein zu halten. Wenn Relais und Regler über Wandler gespeist werden, so sind sekundäre Sicherungen zu vermeiden; ihr Durchgehen würde die Relais zu falschem Arbeiten und die Spannungsregler zum Auslaufen in die Endlage für maximale Erregung veranlassen. Statt Schmelzsicherungen sind automatische Überstromschalter zu empfehlen, die mit Hilfskontakten ausgerüstet sind und beim Herausfallen schädliche Auswirkungen vermeiden, indem sie Apparate blockieren, die sonst falsch arbeiten würden. Nebenbei können sie mit zusätzlichen thermischen Elementen einen Überlastschutz gewähren. Es finden sich auch entsprechend arbeitende Automaten für die Hochspannungsseite auf dem Markt.

4. Stromwandler

a) Allgemeines

Stromwandler liegen mit ihrer Primärwicklung im Hauptzug der Leitungen und sind somit allen Kurzschlußströmen ausgesetzt; Kurzschlußfestigkeit ist deshalb erstes Erfordernis für Betriebssicherheit. Als wichtigste Schaltregel ist zu beachten: Die Sekundärwicklung muß, im Gegensatz zu derjenigen des Spannungswandlers, stets geschlossen sein, entweder über die angeschlossenen Apparate, die sog. Bürde, oder durch Kurzschlußverbindung der Klemmen. Sonst entstehen hohe Überspannungen in der Sekundärwicklung, die für das Personal gefährlich sind und Windungsschlüsse verursachen können. Stromwandler-Sekundärleitungen sind an Klemmen zu führen, die eine Kurzschließvorrichtung besitzen, damit die Möglichkeit besteht, Apparate im Sekundärkreis während des Betriebes gefahrlos auszubauen oder einzusetzen.

b) Fehler und Störungen

Ungenügende thermische oder dynamische Kurzschlußfestigkeit. *Thermische Kurzschlußfestigkeit.* Sie ist durch den Querschnitt des Primärleiters gegeben und wird durch den während einer Sekunde zulässigen Strom, den sog. *thermischen Einsekundenstrom* I_1 bezeichnet. Seine Dichte beträgt überschlägig für Kupferwicklungen 180 A/mm². Für andere Kurzschlußzeiten, von t Sekunden, ist der zulässige Wert

$$I_t = \frac{I_1}{\sqrt{t}}.$$

Man hat somit den maximalen Kurzschlußstrom am Einbauort des Stromwandlers und die von den vorhandenen Schutzeinrichtungen abhängige größte Kurzschlußdauer festzustellen und daraus den Querschnitt des Stromwandler-Primärleiters zu bestimmen, der zu ausreichender, thermischer Festigkeit nötig ist. Schwierigkeiten zeigen sich vor allem dort, wo ein Stromwandler für kleinen Nennstrom in einem Leitungsabgang geringer Leistung, aber an einem starken Netz liegt. Der dem Stromwandler-Nennstrom angepaßte Leiterquerschnitt der Primärwicklung ist dann oft ungenügend. Dient der Wandler einzig zur

Speisung von Schutzrelais, so kann er ohne weiteres für einen wesentlich höheren Nennstrom gewählt werden, da das Arbeitsgebiet der Relais in der Größenordnung der Kurzschlußströme liegt (vgl. S. 309); dagegen sollten zur Speisung von Meßinstrumenten und Thermorelais in Fällen kleiner Abzweigleistung die Stromwandler auf die Sekundärseite der Transformatoren verlegt werden; wo das nicht geht, ist der Primärleiter des Stromwandlers entsprechend übernormal zu bemessen.

Dynamische Kurzschlußfestigkeit. Man bezeichnet damit die Widerstandsfähigkeit des Stromwandlers gegen elektrodynamische Kurzschlußkräfte. Solche treten bei Stabstromwandlern nicht auf, weil deren Primärwicklung aus einem einzigen geraden Leiter (Stab oder Schiene) besteht. Jedoch können am festmontierten Wandler gewisse Umbruchkräfte entstehen, wenn die Leitungszuführung ungünstig ist, wenn z. B. Leiter im rechten Winkel zum Wandler führen und in gleicher Richtung rechtwinklig abgehen.

Dagegen treten bei gewickelten Primärspulen große Kräfte auf. Kreisrunde Spulen werden radial, also auf Zug im Leiter beansprucht; deshalb haben eckige oder ovale Spulen das Bestreben, sich zum Kreis zu verformen. Am gefährlichsten sind die Kräfte, welche unsymmetrisch liegende Wicklungen aufeinander ausüben; sie suchen diese auseinander zu treiben und die Unsymmetrie zu vergrößern, s. Abb. 216.

Abb. 216. Stromwandler mit unsymmetrisch gelagerten Kreisspulen nach einem Kurzschluß

Um dies zu verhindern, sind kräftige Spulenabstützungen nötig. Sehr günstig in bezug auf dynamische Kurzschlußfestigkeit sind die neueren Wandlerausführungen für Nieder- und Mittelspannung mit Wicklungen, die in verhärtetem, nicht brennbarem Gießharz gebettet sind.

Da Wandler bis auf relativ kleine Nennströme und für hohe Meßgenauigkeit als Stabwandler gebaut werden können, hält es heute im allgemeinen nicht schwer, für alle Fälle Stromwandler mit ausreichender dynamischer Festigkeit zu finden.

Primärseitige Überschläge an Stromwandlern. Zum Schutze der Wicklung gegen Hochspannungswellen müssen zwei Bedingungen erfüllt sein:

1. Richtig eingestellte Funkenhörner für negativen und positiven Stoß, entsprechend den neuen Regeln für Koordination des Isolationsniveaus;

2. in Zustand und Befestigung einwandfreie, den Spulenwicklungen parallel geschaltete, spannungsabhängige Widerstände.

Überschläge an den Primärklemmen entstehen auch bei primär umschaltbaren Wandlern dann, wenn die Umschaltlaschen unrichtig eingesetzt sind, so daß der Stromkreis unterbrochen ist.

Sekundärseitige Überschläge. Gegen Erde treten Überschläge auf, wenn kein Punkt des Sekundärkreises geerdet ist; die Sekundärwicklung kann dann durch statische Wirkung eine hohe Spannung annehmen. Überschläge im Innern der Wicklung sind möglich bei Unterbrüchen im Sekundärkreis (s. auch S. 318).

Mangelhafte Meßgenauigkeit. Besteht Verdacht, daß ein Stromwandler fehlerhaft übersetzt, so können folgende Ursachen vorliegen.

1. *Zu große Bürde.* Bei hohen Primärströmen bleibt der Sekundärstrom hinter dem der Nennübersetzung entsprechenden Wert zurück. Die auf dem Leistungsschild angegebene Belastung wird dann durch die wirkliche Bürde überschritten. Möglicherweise ist daran eine lange Sekundärleitung ungenügenden Querschnitts schuld. Abb. 217 zeigt generell den Verlauf des Übersetzungsfehlers bei steigender Bürde. Von besonderer Bedeutung sind diese Zusammenhänge bei der Speisung von Schutzrelais, die eine bis zu den größten Kurzschlußströmen genaue Stromübersetzung verlangen. Man muß sich deshalb beim Anschluß solcher Relais vergewissern, ob der

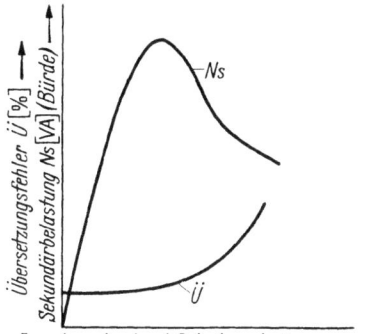

Abb. 217. Allgemeine Stromwandlercharakteristiken bei konstantem Primärstrom

Stromwandlerkern eine für die totale angeschlossene Last genügend hohe Überstromziffer aufweist (vgl. S. 375).

Wandlerkerne für hohe Meßgenauigkeit werden oft aus hochpermeablen Blechen hergestellt, deren Sättigung jedoch bei relativ niedriger Induktion liegt, so daß die konstante Übersetzung schon bei geringen Stromvielfachen versagt. Solche Kerne sind demnach für die vorher genannten Zwecke ungeeignet. Die Gefahr zu großer sekundärer Belastung besteht auch besonders bei Wandlern mit sekundären Anzapfungen, da sich die Belastungsfähigkeit ungefähr quadratisch mit der Windungszahl ändert. Bei Anschluß z. B. an eine Anzapfung in der Mitte der Sekundärwicklung, also für die Übersetzung des halben Primärnennstromes auf den sekundären Nennstrom, steht nur etwa $^1/_4$ der Leistung zur Verfügung, die bei Übersetzung des vollen Nennstromes, also bei Anschluß über die ganze Sekundärwicklung zulässig ist. Ist dagegen ein Wandler primärseitig auf verschiedene Nennströme umschaltbar, so wird in der Regel die Nennampèrewindungszahl nicht verändert, und die Leistung des Wandlers bleibt dann für alle Übersetzungen gleich.

2. *Strom- und Winkelfehler infolge Windungsschlusses.* Wie schon erwähnt, tritt Windungsschluß besonders häufig auf, wenn der Sekundärstromkreis im Betrieb geöffnet wird. Die Auswirkung eines Windungsschlusses als Übersetzungsfehler kann verschieden groß sein. Das Vorhandensein eines solchen Schlusses kann sich aus der Messung des Magnetisierungsstromes ergeben. Hierzu ist der Wandler sekundär an eine der Nennbürde (bei Nennstrom) entsprechende Spannung zu legen, wobei die Primärwicklung offen bleibt. Der aufgenommene Strom soll dabei in der Größenordnung von 1% des sekundären Nennstromes sein. Beträgt er ein Mehrfaches davon, so ist auf einen Defekt der Wicklung zu schließen. Nützlich ist der Vergleich mit einem gesunden Wandler gleichen Typs. Allerdings läßt sich auf diese Weise ein Windungsschluß nicht immer erkennen, weil er möglicherweise unter den Bedingungen, unter denen gemessen wird, nicht auftritt.

3. *Nicht-Erfüllen der amtlichen Meßgenauigkeit.* Bei asymmetrischen, hohen Kurzschlußströmen kann eine einseitige Magnetisierung des Stromwandlerkernes eintreten, die sich nur langsam und vielleicht unvollkommen zurückbildet. Der Wandler ist dann zu entmagnetisieren, indem man ihn primärseitig mit Nennstrom speist, sekundär kurzschließt und den Primärstrom langsam auf Null zurückreguliert. Vor einer amtlichen Eichung ist dieses Verfahren in jedem Fall durchzuführen.

Das Fehlen eines zur Primärwicklung gehörenden, spannungsabhängigen Überbrückungswiderstandes kann ebenfalls Meßdifferenzen in der betrachteten Größenordnung ergeben.

D. Anlaß-, Regel- und Steuerapparate
1. Widerstände in Luft oder Öl

Bei Anlaßwiderständen in Luft treten Defekte auf bei zu hoher Temperatur, bei Oxydation und namentlich bei ungeeignetem Material, wie z. B. Widerständen aus Eisen. Andere Materialien, wie z. B. Messing, können Defekte durch Kurzschlüsse zwischen verschiedenen Widerstandsgruppen ergeben, weil das Widerstandsmaterial sich stark ausdehnen und andere Teile berühren kann. Auf gute Distanzierung der Widerstände ist überall besonders achtzugeben.

Durch unsorgfältige Fabrikation können, besonders an Biegungsstellen, unsichtbare Materialbeschädigungen, wie z. B. Risse entstanden sein, die im Betriebe zu unerklärlichen Defekten führen können. Besonders tritt dies an Widerständen auf, die dauernden Erschütterungen ausgesetzt sind, die z. B. in Bahn- oder Hebezeugbetrieben immer vorhanden sind. Widerstände aus verschiedenen Gußeisensorten sind in dieser Hinsicht besonders empfindlich und verlangen zuverlässige Abstützvorrichtungen.

Oft ist das Betriebspersonal bei fehlender Instruktion durch die scheinbar zu hohen Temperaturen der Widerstände beunruhigt. An Widerständen aus Guß, Konstantan, Nickel und anderen Widerstandsmaterialien darf die Temperatur der austretenden Luft in einem Abstande von $2 \cdots 3$ cm über der perforierten Verschalung etwa 150 bis 200 °C ohne Bedenken erreichen, was einer Übertemperatur am Widerstandsmaterial selbst von angenähert 300 °C entspricht. Dieser Wert hängt noch von der Temperatur der Kühlluft und ihrer Durchzugmöglichkeit im Apparat ab.

Um die Kühlungsverhältnisse wenn nötig zu verbessern, stellt man die Anlaß- oder Regelwiderstände in einen Schacht oder umgibt sie mit einer kaminartigen Verschalung, wodurch ein verstärkter, natürlicher Luftzug entsteht, der die Verlustwärme wirksam abführt. Unter Umständen ist aber auch der Einbau eines Kleinventilators von Vorteil.

Staub und Schmutz verursachen auch bei diesen Apparaten viele Schäden. In Ausnahmefällen, wenn dauernde Reparaturen notwendig werden, kann sich oft eine Umkonstruktion des Apparates oder der Ersatz durch eine in Öl stehende Ausführung lohnen. Bei der Verwendung einer Ausführung in Öl sind die Schwierigkeiten der Schmierung von mechanischen Konstruktionsteilen und Kontakten gänzlich behoben; außerdem wird die Isolation verbessert.

Anlaßwiderstände von Motoren verbrennen meistens beim Stehenlassen in der Anfangs- oder in einer Zwischenstellung. Hilfs- oder Schutzkontakte an den Anlasser-Endstellungen können falsche Regelmanöver melden und damit Störungen und Schäden verhüten. Beim Anlassen von Drehstrommotoren treten oft Erschütterungen am Motor auf, welche ihre Ursache in einem schlechten Kontakt im Widerstand des Läuferanlassers haben, so daß der Widerstandswert in den Phasenleitern sehr verschieden ist.

2. Flüssigkeitswiderstände

Bei Flüssigkeitsanlassern wird als Widerstandsmaterial Leitungs- oder destilliertes Wasser mit einem Zusatz und als Elektrodenmaterial meist verzinktes Eisen oder Bronze verwendet. Sie eignen sich nur für Betriebe mit Wechselstrom; verschiedene elektrolytische Vorgänge, insbesondere die Gefahr der Knallgasbildung sind ihrer Anwendung für Gleichstrom hinderlich. Diese Anlasser werden meist zum Anlassen großer Drehstrommotoren verwendet. In diesem Fall werden die Läuferwiderstände in der Endstellung durch einen meist direkt angebauten Schalter kurzgeschlossen. Außerdem eignen sich Wasserwiderstände besonders für Motoren, bei denen dauernd eine gewisse Energie im Läuferanlasser vernichtet und der Widerstand stetig verstellbar sein muß, z. B. zur Schlupfregulierung von Motoren, zum Antrieb von Fördermaschinen, Walzenstraßen u. a. Der Anlasser dient in diesen Betrieben nicht nur dazu, den Motor in Gang zu setzen und zu regulieren, sondern in Verbindung mit einem auf der Motorwelle sitzenden Schwungrad auch dazu, die Aufnahme von großen Spitzenleistungen aus dem Drehstromnetz zu vermeiden. Diese Anlasser sind gewöhnlich mit einer Kühleinrichtung für den Elektrolyten versehen. Die Kühler sind entweder direkt in den Kessel des Wasserwiderstandes eingebaut oder außerhalb aufgestellt.

Der Widerstandswert eines Wasseranlassers in jeder Stellung ist durch Eintauchtiefe, Fläche und Distanz der Elektroden und den Elektrolytwiderstand gegeben. Die Anpassung des Widerstandes an einen zugehörigen Motor erfolgt je nach Konstruktion durch Einstellen des Wasserstandes und durch Veränderung des Elektrolytwiderstandes (Sodazugabe). Die Änderung des Widerstandes mit wachsendem Sodazusatz ist aus

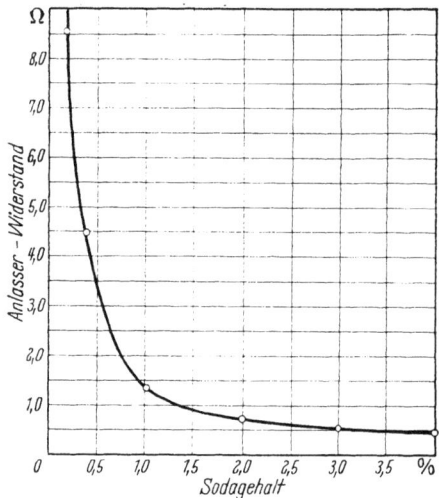

Abb. 218. Änderung des Widerstandes eines Wasseranlassers bei verschiedenem Sodagehalt des Elektrolyten (Sodagehalt in Gewichtsprozenten)

Abb. 218 ersichtlich. Zur Verminderung des Widerstandes genügt ein viel geringerer Zusatz als oft allgemein angenommen wird; durch übermäßige Zusätze entstehen sehr leicht Störungen. Ein Sodazusatz von etwa 0,1% des Wassergewichtes verringert den ursprünglichen Widerstand des Wassers um etwa 50%.

Bei Läuferanlassern mit variablem Wasserspiegel wird die wirksame Elektrodenfläche durch Veränderung der Eintauchtiefe geregelt. Wenn diese anfänglich zu klein ist, besteht Überschlagsgefahr wegen der hohen Läuferspannung. Zudem erzeugt die hohe Leistungskonzentration an den zu wenig eingetauchten Elektroden Feuererscheinungen, begleitet von heftigem Knattern. Die Elektroden erhitzen sich dabei so stark, daß sie stückweise abschmelzen.

Der Widerstand muß so eingestellt sein, daß in der Anfangsstellung der Einschaltstromstoß nicht zu groß wird. In der Endstellung, beim Kleinstwert des Widerstandes, muß hingegen die Motordrehzahl genügend hoch sein, um einen zu hohen Stromstoß beim Kurzschließen des Widerstandes zu vermeiden. Der Anfangswert bestimmt den Einschaltstromstoß und der Endwert bestimmt den Schlupf des Motors vor dem Kurzschließen des Anlassers, und den nachherigen Stromstoß.

Als Zugabe verwende man möglichst chemisch reine Soda, löse sie vorerst in einer kleinen Menge heißen Wassers auf und mische die konzentrierte Lösung hernach gründlich mit dem Elektrolyten, bevor wieder eingeschaltet wird. Es ist zu berücksichtigen, daß die Leitfähigkeit des Elektrolyten durch die Temperaturerhöhung zunimmt, und zwar um etwa $2^1/_2\%$ je 1 °C, bei mittlerem Sodagehalt. Der Verlauf der

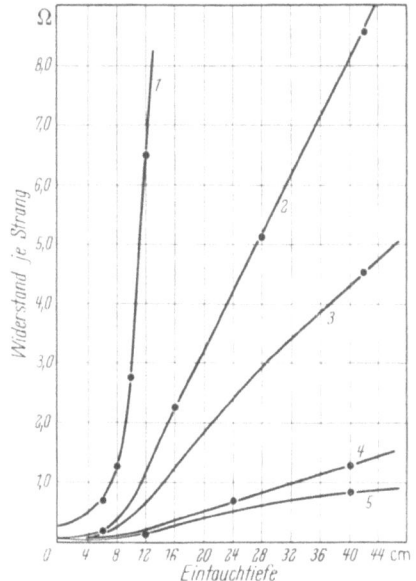

Abb. 219. Widerstand eines Wasseranlassers in Abhängigkeit der Eintauchtiefe bei verschiedenem Sodagehalt des Elektrolyten.

1 reines Leitungswasser
2 ,,   ,,   +0,1% Soda ⎫
3 ,,   ,,   +0,2%   ,, ⎬ Temp. 20 °C
4 ,,   ,,   +0,4%   ,, ⎭
5 ,,   ,,   +1,0%   ,,   Temp. 60 °C

Widerstandsänderung mit der Eintauchtiefe ist durch die Form der Elektroden bedingt; günstige Verhältnisse ergeben Ausführungen mit getrennten Widerständen der einzelnen Phasen, die beispielsweise in Tonröhren eingebaut sein können. Abb. 219 zeigt die Widerstandskurven eines solchen Anlassers bei Verwendung verschiedener Sodazusätze und bei verschiedenen Temperaturen. Beschädigungen an den Innenwänden des Wasserkessels sind meistens auf Korrosion zurückzuführen. In solchen Fällen ist der Behälter durch Abklopfen der Ansätze zu reinigen und die Innenwände mit Mennige und Gilsonitlösung anzustreichen.

Besonders schädlich kann sich ein Chlorgehalt des Wassers oder der verwendeten Soda auswirken, indem die Elektroden und unter Umständen auch Teile des Wasserkessels angegriffen werden. Haben die Elektroden durch Zerfressungen beträchtlich an Fläche eingebüßt oder haben sich darauf starke Niederschläge von Kalk gebildet, so wird der Endwiderstand des Anlassers zu groß und der Stromstoß beim Kurzschließen des Anlassers unzulässig hoch.

Die Kühler von Wasserwiderständen können aus folgenden Gründen an Wirkung einbüßen: Wenn bei einem horizontal gelagerten Kühler die Zu- und Abflußleitungen auf der Unterseite angeschlossen sind, so füllt sich der obere Teil des Kühlers mit Luft, welche aus dem erwärmten Kühlwasser ausgetrieben wird. Ordnet man dagegen die Kühlwasser-

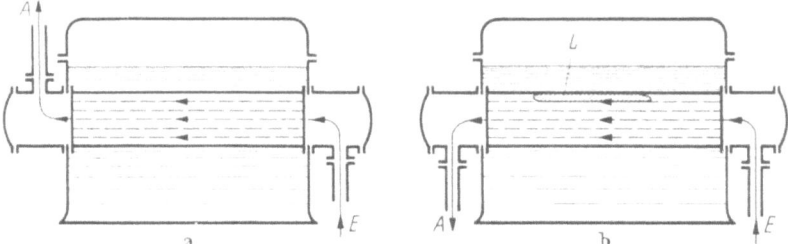

Abb. 220 a, b. Flüssigkeitsanlasser mit Wasserdurchflußkühlung. a Richtiger Anschluß der Kühlleitung, b falscher Anschluß der Kühlleitung, E Eintrittsstelle des Kühlwassers, A Austrittsstelle des Kühlwassers, L Luftsack

zuleitung unten und die Ableitung oben an, so arbeitet der Kühler richtig. Die Abb. 220 a u. b erläutern diese Verhältnisse.

Bei Kesselsteinansatz in den Röhren des Kühlers führt das Wasser keine oder nur ungenügende Wärme ab (s. auch S. 238).

Ein periodisches Reinigen mittels etwa 3proz. Salzsäurelösung ist zu empfehlen. Dabei muß für freien Abzug der entstehenden Gase gesorgt werden, und die Kühlrohre sind nachher mit reinem Wasser sorgfältig zu spülen. Salz- und säurehaltiges oder stark kalkhaltiges Wasser, oder auch Wasser mit organischen Verunreinigungen, ist als Kühlwasser nicht verwendbar.

Starke kurzzeitige Überlastungen werden von den Wasseranlassern ohne besonders nachhaltigen Schaden ertragen. Ein Überschreiten ihrer Leistungsfähigkeit macht sich sogleich deutlich bemerkbar, indem das stark erhitzte Wasser von dem innerhalb entwickelten Dampf gegen den Deckel gedrückt wird und ausläuft. Wenn oben am Kessel Austrittsöffnungen vorhanden sind, so ist keine Explosion zu befürchten. Nach einer derartigen Überlastung prüfe man den Wasserstand; mit einer Nachfüllung wird der Anlasser wieder betriebsbereit gemacht.

An Wasseranlassern sind Korrosionen von besonderer Natur möglich. Es handelt sich hier gewöhnlich um Rosten von Stahlteilen bei ungenügendem Rostschutz. Da in der Widerstandsflüssigkeit gewöhnlich Soda verwendet wird, so müssen für diese Stahlteile alkalibeständige Anstriche oder Überzüge verwendet werden, wenn ein guter Schutz erreicht werden soll.

Durch Anbringen von Korrosionsschutz-Elektroden können Schäden an Kühlrohren vermieden oder mindestens stark vermindert werden.

3. Kontroller

An Kontrollern treten Störungen besonders bei Schaltvorgängen auf, meistens bei Reversierungen (Änderungen des Drehsinns der Motoren) und bei Änderungen der Gruppierung der Motoren, z. B. Serie—Parallelschaltung und umgekehrt. An Drehstromkontrollern besteht bei diesen Manövern die Gefahr von Kurzschlüssen zwischen den Phasenleitern, bei Gleichstrom zwischen den beiden Polen und bei Bahnkontrollern besonders gegen Erde. Abb. 221 erläutert allgemein die Entstehung des Kurzschlusses durch den Öffnungslichtbogen. Die Ursache ist in den meisten Fällen dieselbe: Beim Umschalten muß zuerst ein Stromkreis unterbrochen und sofort nachher mit vertauschter Polarität wieder geschlossen werden. In mechanischer Hinsicht verläuft die Schaltung meist einwandfrei; durch mechanische Verriegelung ist dafür gesorgt, daß die Umschaltung in richtiger Weise vor sich geht.

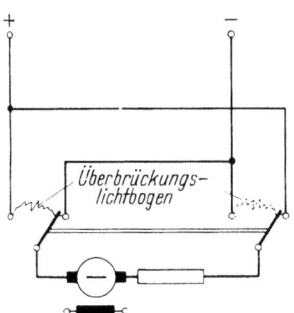

Abb. 221. Ausbildung eines Kurzschlusses bei Reversierschaltvorgängen

Weil aber der Unterbrechungslichtbogen je nach den magnetischen Verhältnissen des Stromkreises kürzere oder längere Löschzeit benötigt, besteht die Gefahr, daß er an der Unterbrecherstelle noch brennt, wenn der Stromkreis schon wieder geschlossen wird. Bei auftretenden Störungen im Moment der Reversierung und der Umgruppierung ergibt eine Prüfung auf diese Möglichkeit meistens sofort Aufschluß.

Kontroller sind in gewissen Betrieben, besonders auf Kranen, bei Walzenstraßenantrieben u. a. sehr stark beansprucht, indem sie einer enormen Schalthäufigkeit ausgesetzt sind. Zugleich müssen sie gegen Staub und Schmutz möglichst gut geschützt sein, was zur Folge hat, daß sie eine ungenügende Ventilation aufweisen. Die bei den fortwährenden Schaltungen erzeugten Abbrandprodukte (Schaltgase, Metalldämpfe, Metallteilchen) können deshalb nicht entweichen und schlagen sich auf Isolierflächen nieder, wo sie Überschläge einleiten können (s. S. 247). Wichtig ist ein leichter Gang der Kontroller, besonders der Bahnkontroller. Wenn dies nicht der Fall ist, so kann der Apparat und folglich das Fahrzeug vom Führer nicht genügend beherrscht werden. Beim Übergang in eine gewünschte Fahrstellung ist ein zu großer Kraftaufwand notwendig, so daß dabei leicht einige Stellungen ungewollt durchlaufen werden. Wenn der Schaltmechanismus zu stark gehemmt ist, besteht ferner die Gefahr, daß sich die Kontakte nicht richtig schließen, da sie zu wenig Druck erhalten. Daraus ergeben sich die auf S. 245 erwähnten Störungen.

Kontroller müssen sich so leicht betätigen lassen, daß sie aus einer Stellung zwischen zwei Stufen von selbst entweder in die alte Stufe zurückfallen oder in die nächstfolgende springen. Auf alle Fälle dürfen sie nie in einer Zwischenstellung stehen bleiben. Bei Kontrollern mit vielen Schaltelementen kann eine einstellbare Nullstellungs-Rastenscheibe mithelfen, diese Forderung zu erfüllen.

4. Bremslüfter und elektrohydraulische Drücker

Beide Apparatetypen, die zur Bremsung von Hebezeugen dienen, arbeiten mit Fallgewichten, die bei gelüfteter Bremse angehoben sind. Bei Bremslüft-Magneten treten beim Anheben und Abfallen starke Erschütterungen auf, welche Windungs- und Erdschlüsse an den Magnetspulen zur Folge haben können. Die Spulen sind daher gut zu befestigen und gegen den Eisenkern sowie das Joch des Magnetgestells gut zu isolieren. Für die Spulenzuleitungen gelten die Hinweise des folgenden Abschnitts.

Elektrohydraulische Drücker arbeiten stoßfrei, das Einfallen der Bremse läßt sich durch die Einstellung des Öldrucks und der Öldurchflußmenge den Betriebsverhältnissen leicht anpassen. Diese Möglichkeit reduziert die Störungsfälle auf ein Minimum; bei Fehlern muß auf Ölverluste kontrolliert werden. Als Ursachen kommen in Frage: Gealterte oder defekte Dichtungen, verschlammtes Öl. Starke Verstaubung oder Verschmutzung kann die Bewegung der Kolben beeinträchtigen. Wird eine anormale Erwärmung des Drückergehäuses festgestellt — über 50 °C — so läßt dies auf eine Störung des Ölumlaufs schließen, als Folge von Unreinigkeiten, Fremdkörpern, Ölverschlammung. Im Winter kann diese Störung durch zu hohe Viskosität des Öls — ,,Dickwerden" — entstehen. Apparate für Betrieb im Freien oder in ungeheizten Räumen benötigen deshalb eine im Drücker eingebaute Heizung, die im Sommer nicht eingeschaltet bleiben darf, um die Dünnflüssigkeit nicht übermäßig zu steigern und damit die Arbeitsweise von der Gegenseite her nicht zu benachteiligen.

5. Schützen und Relais
a) Störungen am Magnetsystem

Typische Fehler sind: Unzuverlässiges Ein- und Ausschalten — das sog. Klebenbleiben — und das Brummen des Magneten. Unsicheres

Einschalten rührt meistens von mechanischem Klemmen infolge Verrostung oder Verharzung und ähnlichen Hemmungen her. Bei Gleichstromrelais, die verhältnismäßig viele Kontakte zu betätigen haben, wird oft die sog. Sparschaltung angewandt: Die Magnetspule erhält für den Anzug eine höhere Spannung, als nachher für das dauernde Halten der Kontakte notwendig ist. Zu diesem Zweck ist der Magnetspule ein Widerstand vorgeschaltet, welcher im spannungslosen Zustand und während des Anzuges durch einen am Relais selbst angebrachten Kontakt überbrückt ist. Am Schluß der Einschaltbewegung wird der Vorwiderstand durch den nämlichen Kontakt eingeschaltet. Erfolgt diese Einschaltung zu früh, so ist die magnetische Zugkraft der Spule zu schwach, um den in der letzten Phase der Schaltbewegung am Kontaktsystem auftretenden mechanischen Widerstand zu überwinden. Der Magnet fällt dann zurück und zieht wieder an, was als *Pumpen* bezeichnet wird.

Relais und Schützen verschiedener Schalteinrichtungen müssen oft (z. B. bei automatischen Parallelschaltvorrichtungen) bei einer nur ganz kurzzeitigen Kontaktgabe doch sicher in die Einschaltstellung gehen und sich dann selbst durch eine Haltespule festhalten, wie Abb. 222 an einem Schaltbild zeigt. Bei unzweckmäßigen Konstruktionen treten beim Einschalten oft Versager auf, namentlich dann, wenn die vom Relais zu beschleunigenden Massen zu groß sind und deshalb eine Kontaktgabe von bestimmter Zeitdauer benötigen, die aber nicht gegeben wird. Außerdem kann die Haltewicklung zu schwach sein, namentlich dann, wenn der Stromanstieg im Stromkreis zufolge hoher Induktivität langsam ist. Auch kann die Polarität der Stromspule gegenüber derjenigen der Spannungsspule verkehrt sein. Die beiden Spulen schwächen sich alsdann in ihrer magnetisierenden Wirkung, statt sich zu unterstützen.

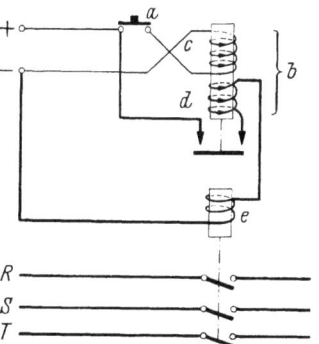

Abb. 222. Schaltbild eines Einschaltrelais mit Haltespule. *a* Kommandokontakt, *b* Einschaltrelais, *c* Einschaltspannungsspule, *d* Haltestromspule, *e* Hauptschalterantrieb

Beim Anschluß eines bestimmten Gleichstrommagneten an verschiedene Netzspannungen nach Abb. 193 macht man die zunächst unerklärliche Feststellung, daß der Magnet an höherer Spannung sehr gut, an niederer Spannung hingegen nicht anzieht, obwohl mittels richtiger Vorwiderstände dafür gesorgt ist, daß beim Anschluß an höhere Spannung nach a) der Magnet im Dauerbetrieb genau die gleiche Klemmenspannung erhält wie beim direkten Anschluß an die niedrige Spannung nach b). Die Erklärung dieser Erscheinung ist einfach: In einem Gleichstromkreis mit OHMschen Widerständen und Induktivität verläuft der Stromanstieg, wie Abb. 223 erläutert. Man sieht daraus, daß der Stromanstieg anfänglich durch den OHMschen Widerstand des Kreises gar nicht beeinflußt wird. Er ist einzig durch das Verhältnis: Klemmenspannung zu Induktivität bestimmt. Bei den genannten Schaltungen ist der Wert der Induktivität in beiden Fällen gleich, jedoch die angelegte Spannung in einem Fall höher, z. B. 220 Volt, wobei die Spule kräftig anzieht. Bei nur 110 Volt Klemmenspannung und deshalb auf die Hälfte verlangsamtem Stromanstieg kann jedoch der Magnet versagen. Die

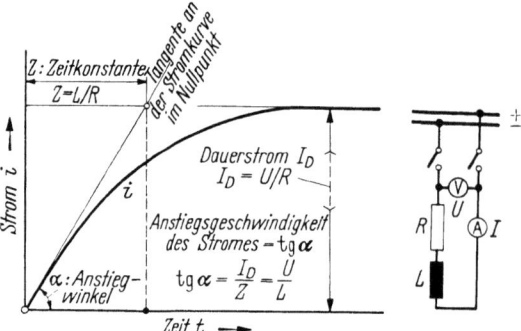

Abb. 223. Einschaltvorgang im Gleichstromkreis mit Widerstand R und Induktivität L. Abhängigkeit der Stromanstiegs-Geschwindigkeit von der Netzspannung und Induktivität

Arbeitsweise eines Gleichstrommagneten ist stark vom zeitlichen Anstieg des Spulenstromes nach dem Einschalten abhängig. Änderungen dieser Verhältnisse können zu den erläuterten Versagern der Magnete führen, z. B. bei Magneten, die ursprünglich vom Lieferwerk für Betriebe mit Vorwiderstand vorgesehen waren, nachträglich aber irrtümlich direkt mit niedriger Spannung betrieben werden.

Unsicheres Abfallen der Magnete kommt hauptsächlich bei Gleichstrommagneten unter der Wirkung der Remanenz vor. Als Sicherheit ist deswegen im magnetischen Kreis immer ein Luftspalt vorzusehen, der z. B. durch eine Zwischenlage aus Messing hergestellt wird. Relais und Schütze, die betriebsmäßig in Schräglage arbeiten sollen, müssen dafür besonders konstruiert sein. Das *Kleben* der Relais und Schütze kann auch durch ein zu reichlich oder unzweckmäßig angestrichenes Fett, Öl oder ein Rostschutzmittel an den Magnetflächen entstehen. Magnetauflageflächen müssen sauber und trocken sein; dies gilt für alle Magnetarten, gleichgültig, ob mit Gleich- oder Wechselstrom betrieben.

Um das Rosten der Magnetflächen zu verhüten, genügt es, mit einem Tropfen Transformatorenöl ein Stück Papier zu befeuchten und damit die Magnetfläche zu bestreichen.

Das unsichere Abfallen von Gleichstrommagneten entsteht besonders auch bei der vielfach angewandten Schaltart nach Abb. 224a, b. Hierbei besitzt die Magnetspule dauernd einen Vorwiderstand, und der Abfall des Magnetankers wird durch das Kurzschließen der Spule veranlaßt. Bei einem solchen Schaltvorgang sinkt jedoch der Strom in der Magnetspule nicht sofort auf den Nullwert, sondern verläuft asymptotisch nach Abb. 224 b. Diese *schleichenden* Stromrückgänge bieten geringere Sicherheit für richtiges Abfallen der Magnete. Besser ist ein plötzlicher Stromunterbruch mit sofortigem Aussetzen der magnetischen Zugkraft.

Bei Wechselstrom-Nullspannungsspulen kann bei langsamem Spannungsrückgang der Anker nur langsam abfallen und dabei Schwingungen ausführen.

Auf S. 263 wurde schon auf die sehr hohen Überspannungen beim Ausschalten von Gleichstrommagnetspulen hingewiesen. Die Spulen von Relais oder Schützen selbst halten diese Überspannungen in der Regel durchwegs aus; Störungen treten hingegen in den übrigen Anlageteilen auf, die mit dem Stromkreis der Magnetspulen elektrisch verbunden sind, selbstverständlich an der am schwächsten isolierten Stelle.

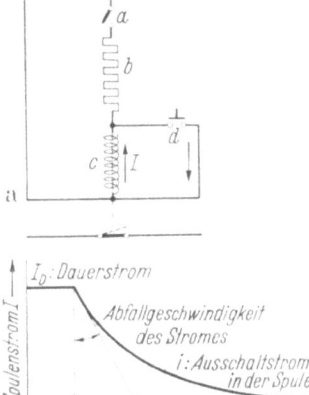

Abb. 224. Gleichstromschaltmagnet. a Schaltbild, b Stromverlauf im Kurzschlußkreis, $c \cdots d$ beim Ausschalten, a Einschaltkontakt, b Vorwiderstand, c Schaltmagnetspule, d Ausschaltkontakt

Das Brummen tritt bei Wechselstrommagneten durch das pulsierende Magnetfeld auf. Damit die magnetische Zugkraft beim Nullwert des Stromes nicht verschwindet, sind an der Auflagefläche der Magnete sog. Kurzschlußwindungen angebracht. Sie bezwecken die Erzeugung eines zeitlich verschobenen Magnetfeldes in demjenigen Teile des Polschuhes, der von dieser Windung umschlossen wird. Defekte, wie z. B. Unterbrüche an diesen Kurzschlußringen, oder schlechte Lötstellen und Brüche des Ringes an scharfen Magnetpolkanten, ferner schlechte Nietstellen und unrichtig bemessene Luftspalte können starkes Brummen hervorrufen. Sehr wichtig sind beim Wechselstrommagnet gut sitzende Auflageflächen, um das Brummen zu verhüten.

b) Feuern von Kontakten

Über Störungen an Kontakten s. S. 244. Es muß jedoch noch auf einen typischen Fehler bei Schützen aufmerksam gemacht werden: Das

Feuern der Kontakte beim Einschalten. Diese Erscheinung ist gewöhnlich auf Konstruktionsmängel zurückzuführen, indem die Werte der zu beschleunigenden Massen, ihre Einschaltgeschwindigkeit und der Kontaktdruck einander nicht richtig angepaßt sind. Durch Wahl einer Feder mit richtiger Charakteristik (Kraft-Weg-Kurve) kann der Fehler behoben werden.

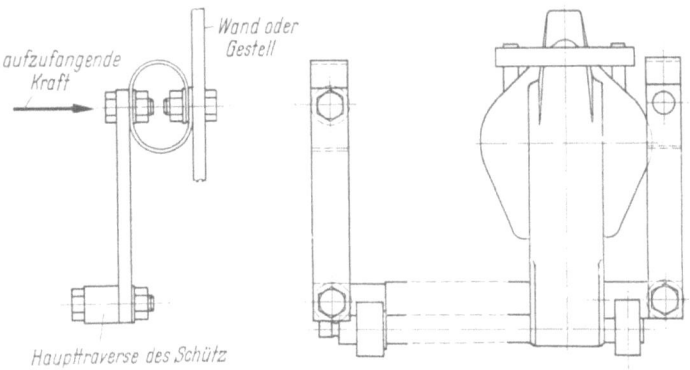

Abb. 225. Schütz mit Dämpfungselement

Ungünstige Montageart der Schütze kann auch zu harten Erschütterungen und Rückprellungen Anlaß geben. Am besten eignen sich Gestelle oder Befestigungsunterlagen, welche die Prellstöße durch ein federndes Zwischenglied dämpfen. Solche Dämpfungselemente können sein: Gummipuffer, Blattfedern oder Zwischenglieder gemäß Abb. 225. An anderer Stelle (S. 341) ist darauf hingewiesen, daß Feuererscheinungen auch auf Überschläge beim Einschalten zurückzuführen sind, indem besonders bei höheren Spannungen der Lichtbogen die Kontaktdistanz überschlägt, bevor die Kontakte geschlossen sind.

E. Schutzrelais

Die Bedeutung von Schutzrelais und Schutzeinrichtungen, die geeignet sind, Entstehung und Auswirkung von Krankheiten in elektrischen Anlagen zu beschränken, ist noch immer im Steigen begriffen; denn die Technik strebt stets intensiverer Ausnützung von Maschinen und Apparaten zu, und die dauernd zunehmende Konzentration von Energie in den Anlagen verschärft die Störungsfolgen.

Deshalb sind die Anforderungen, die an Schutzrelais gestellt werden müssen, sehr groß; ihre Arbeits- und Zeitgenauigkeit verlangt hohe Präzision. Ihre Eigenschaften dürfen sich weder durch lang dauernde Benützung noch durch hohe Beanspruchung bei Störungen verändern. Dies setzt einfache, gut durchdachte Konstruktionen voraus, die große

Wirkkräfte entwickeln im Verhältnis zur möglichen Einwirkung von hemmender Verharzung, und die praktisch frei sind von Abnützungen. Am zuverlässigsten sind kräftige, direkt oder transformatorisch von den zu messenden Strömen und Spannungen gespeiste Apparate, die auf dem elektrodynamischen, elektromagnetischen oder FERRARIS-Prinzip beruhen. Vielfach trifft man neuerdings in Schutzeinrichtungen auch Gleichrichter oder Ventile in Verbindung mit ausgesprochenen Elementen der Schwachstromtechnik, deren Lebensdauer oft unbestimmt ist und deshalb eine regelmäßige Überwachung und periodische Erneuerung erfordert. Auch bietet zukünftig die Elektronik große Möglichkeiten für den Bau von Schutzapparaten, besonders hinsichtlich ihrer Empfindlichkeit und Raschheit.

Heute wird allgemein eine Prüfmöglichkeit der Schutzanordnungen gefordert. Es sind vielerlei Apparate im Handel, mit denen die Ansprechwerte der Schutzrelais nachgeprüft werden können. Sehr zweckmäßig, besonders bei Relaiskombinationen, sind fest in die Schalttafel eingebaute Apparate, die mittels Prüfschaltern oder Tastern die gesamte Schutzausrüstung auf ihre Bereitschaft kontrollieren lassen.

Die wichtigsten Schutzrelais und ihre Anwendung werden nachstehend kurz erörtert und ihre hauptsächlichsten Krankheiten besprochen.

1. Stromunabhängige Maximalstrom-Zeitrelais
a) Allgemeines

Dies sind Relais, die nach dem Erreichen und Überschreiten eines eingestellten Stromwertes innerhalb einer von der Größe dieses Stromes unabhängigen, ebenfalls einstellbaren Zeit auslösen. Sie enthalten zudem ein zweites Ansprechelement, das bei einem einstellbaren Vielfachen des Nennstromes momentan arbeitet, die sog. Grenzstromauslösung, welche nach Bedarf auch unwirksam gemacht werden kann. Es bestehen zwei Arten dieses Relaistypes: primäre und sekundäre.

Bei den primären, auch Hauptstromzeitrelais oder Hauptstromauslöser genannt, ist die Stromspule direkt in den Leitungszug des zu überwachenden Stromes geschaltet. Ein Ende der Stromspule ist mit dem Relaiskörper metallisch verbunden; dieser steht somit dauernd unter Netzpotential. Verstellungen an diesem Relais dürfen während des Betriebes nur mittels einer isolierenden Bedienungsstange vorgenommen werden. Sie werden direkt auf die Klemmen der Leistungsschalter montiert und vollziehen eine Schlagbewegung, die den Schalter mechanisch entklinkt (Abb. 226). Da sie keine Stromwandler benötigen, sind sie in einigen Ländern Europas außerordentlich verbreitet.

Sekundäre Maximalstromzeitrelais, zum Anschluß an Stromwandler bestimmt, lassen sich in Schalttafeln montieren und ersetzen Hauptstromrelais überall da, wo die gesamten Schutzapparate in einer Schaltwarte vereinigt werden müssen.

Anwendungsgebiet der Maximalstromzeitrelais sind die unvermaschten, einseitig gespeisten Verteilnetze. Der Ansprechstrom wird höher als der maximal zu erwartende Betriebsstrom eingestellt. Die Zeiteinstellung der Relais wird vom Verbraucher aus gegen die Energiequelle hin ansteigend gestaffelt.

Abb. 227 zeigt ein allgemeines Beispiel: Eine Ringverbindung mit Spaltschalter, die mehrere Verteilstationen speist, wird im Kurzschlußfall momentan so aufgetrennt, daß einseitig gespeiste, zum Teil verzweigte Strahlenabgänge entstehen, für die dann die erwähnte Zeitstaffelung angewandt wird.

Steigende Energiekonzentration in den Netzen zwingt zu raschester Abschaltung bei Kurzschlüssen. Viele Werke können oft nur noch 1,5 s oder gar nur 1 s Maximalzeit zugestehen. Die Zeitstaffelung muß dann so knapp wie möglich gewählt werden; die Reduktion der Zeitstufen ist jedoch beschränkt durch die Arbeits- und Zeitungenauigkeit der Relais und durch die Abschaltzeit der Leistungsschalter.

Abb. 226. Hauptstrom-Zeitrelais mit Auslösegestänge und Ampèremeter

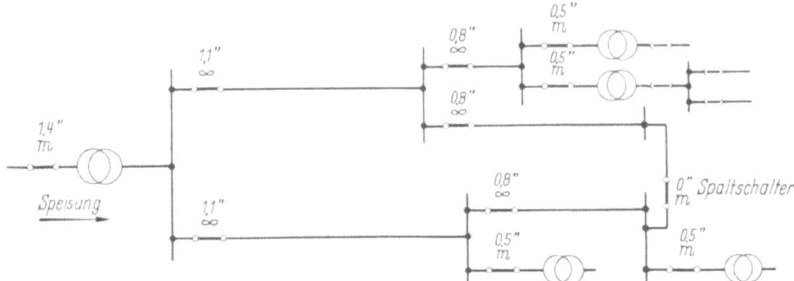

Abb. 227. Ringverbindung mit Spaltschalter. $m \triangleq$ Grenzstrom-Momentanauslösung frei, $\infty \triangleq$ Grenzstrom-Momentanauslösung gesperrt

b) Fehler bei Maximalstrom-Zeitrelais

Auslösen vorgeschalteter Relais. Dafür kann es verschiedene Ursachen geben:

1. Die Zeitstreuung der Relais und die Ausschaltzeit des Leistungsschalters sind zusammen größer als die Zeitstufe der Staffelung. Die letztere ist somit zu erhöhen.

2. Beim Verschwinden des Kurzschlußstromes vor Ablauf der eingestellten Zeit fallen die Relais nicht augenblicklich in die Ruhelage zurück; sie *überlaufen*. Auch diesem Fehler muß durch Vergrößerung der Zeitstufe begegnet werden; er ist ein Zeichen technisch überholter Konstruktionen.

3. Relais, besonders etwa Hauptstromrelais, halten unter der Wirkung großer Kurzschlußströme die eingestellte Zeit nicht ein; sie *reißen durch*. Dies ist ein Mangel, der durch den Einbau guter Fabrikate behoben werden kann.

4. Relais fallen nach einer Abschaltung an anderer Stelle nicht zurück, weil ein nachfließender, erhöhter Betriebsstrom über dem Rückfallwert der Relais liegt; sie sind auf zu tiefen Ansprechstrom eingestellt. Diesen Fall trifft man häufig außer in Netzen auch beim Schutz von Generatoren an, bei denen Maximalstromzeitrelais als letzte Schutzstufe vorgesehen sind. Nach einer Kurzschlußabschaltung kann der Generator, wegen Ausfalls anderer Energiequellen, besonders mit Blindstrom überlastet werden, wodurch die Relais, bei zu tiefer Einstellung, nicht zurückfallen.

Ungenügende Kurzschlußfestigkeit. Diese Gefahr besteht besonders bei Hauptstromrelais, bei denen im Gegensatz zu Sekundärrelais die Begrenzung des Kurzschlußstromes durch Wandler, die sich sättigen, fehlt. Der Nennstrom der Relais ist deshalb nicht einfach nach dem Betriebsstrom auszurichten, sondern so, daß die notwendige Kurzschlußfestigkeit dem höchsten Kurzschlußstrom entspricht. So ist es beispielsweise falsch, in einem Abgang von nur einigen 10 A Betriebsstrom den Relaisstrom diesem kleinen Wert anzupassen, wenn die Einbaustelle in einem starken Netz liegt, dessen Kurzschlußstrom einige Tausend Ampère betragen kann. Der Grund zu Fehlbemessungen dieser Art ist meistens die Absicht, dem Relais gleichzeitig eine Überlastschutzaufgabe zu überbinden, für die es grundsätzlich nicht geeignet ist (vgl. S. 311).

Überschläge an Hauptstromrelais durch Überspannungen. Parallel zu den Relaisspulen für kleine Nennströme muß hier ein Überspannungsbegrenzer (als spannungsabhängiger Schutzwiderstand) vorhanden sein, der die Spulen gegen hohe Überspannungswellen schützt. Bei unrichtigem Widerstandswert oder bei mangelhaftem Anschluß des Widerstandes kann dieser Schutz unwirksam werden.

Nichtentklinken durch Hauptstromrelais. Dieser Fall tritt gewöhnlich ein, wenn das Auslösegestänge oder das Schaltschloß verharzt sind, oder wenn ihre Bewegung bei tiefer Temperatur höhere Kraft erfordert. Alle Lagerstellen müssen deshalb genügend Spiel aufweisen und am besten mit Schalteröl geschmiert sein. Die Prüfung der Schalterauslösung ist sowohl bei der Inbetriebsetzung wie auch periodisch bei der Relaisüberwachung durch elektrische Betätigung der Relais vorzunehmen.

In vermaschten Netzen und in Verbindungen zwischen zwei oder mehreren Speisestellen ist es aussichtslos, mit Maximalstromzeitrelais eine selektive Schutzwirkung erzielen zu wollen. In einfach gespeisten Ringnetzen kann die Selektivität durch Hinzufügen von Richtungsrelais erreicht werden; schon bei Doppelleitungen zwischen zwei Zentralen ist man jedoch auf andere Schutzarten angewiesen, wie Schnelldistanzschutz oder Streckenschutz verschiedener Ausführung. Der hier gegebene Raum gestattet jedoch das Eingehen auf den eigentlichen Netzschutz nicht.

2. Stromabhängige Maximalstrom-Zeitrelais

Bei diesen Relais ist die Auslösezeit bei Strömen an der Ansprechgrenze hoch, nimmt mit steigendem Kurzschlußstrom hyperbelförmig ab und erreicht bei Strömen von etwa 10fachem Ansprechwert und darüber einen nahezu konstanten Kleinstwert.

Am Relais sind einstellbar:

1. Der Ansprechstromwert (I_A), bei dessen Überschreiten das Relais zu laufen beginnt;

2. die Grenzlaufzeit (t_g), d. i. die bei großem Überstrom asymptotisch erreichbare kürzeste Auslösezeit.

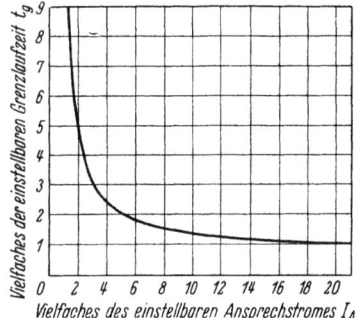

Abb. 228. Stromabhängiges Maximalstrom-Zeitrelais. Auslösezeit in Abhängigkeit des Stromes

In neuester Ausführung hat dieser Relaistyp für alle Einstellungen nur eine einzige Stromzeitkurve, so daß die Einstellung nicht mehr nach Kurvenscharen vorgenommen werden muß. In Abb. 228 gibt die Abszisse Vielfache des eingestellten Ansprechstromes an, während die Ordinate die Ansprechzeit als Mehrfaches der eingestellten Grenzlaufzeit zeigt.

Gleich den unabhängigen Maximalstromzeitrelais enthalten auch diese Relaistypen das momentan arbeitende Grenzstromauslöseglied, das auf ein Vielfaches des Ansprechstromwertes eingestellt werden kann.

Stromabhängige Relais sind in mitteleuropäischen Ländern fast völlig durch stromunabhängige Relais verdrängt worden; in angelsächsischen Ländern sind sie nach wie vor üblich. Sie ermöglichen es, die Auslösezeiten in der Nähe der Speisestellen gegenüber stromunabhängigen Relais zu verkürzen; ihre richtige Einstellung verlangt aber sehr sorgfältig aufgestellte Staffelpläne. Da auch die Auslösezeit von der Größe des Kurzschlußstromes abhängt, ist sie nicht so eindeutig bestimmt wie bei stromunabhängigen Relais.

3. Thermorelais
a) Allgemeines

Zu großer Anwendung gelangt sind Relais, die dem Erwärmungsverlauf in elektrischen Maschinen und Anlageteilen getreu folgen und bei kritischen Werten warnen oder abschalten. Hierzu wird der Erwärmungs- und Abkühlungsverlauf durch passende Wahl der thermischen Zeitkonstante der Relais und durch Einstellmittel an die Zeitkonstante des Schutzobjektes angeglichen. Die Relais sprechen an, wenn eine einstellbare, gefährliche Grenztemperatur überschritten wird. Diese dauernde thermische Überwachung ermöglicht die beste Ausnützung des geschützten Objektes. Sie läßt jederzeit diejenige maximale Belastung zu, welche durch die Erwärmung des vorangegangenen Betriebes bedingt wird und ermöglicht dadurch oft die Einsparung von Reserveeinheiten. Sie bietet also einen praktisch vollkommenen Überlastschutz. Maximalstromrelais können diese Aufgabe nicht übernehmen, denn sie sprechen lediglich auf das Überschreiten eines bestimmten Stromwertes an, um sofort oder verzögert einzugreifen. Keineswegs aber sind sie in der Lage, zu entscheiden, wie lange der ihr Ansprechen verursachende Strom im geschützten Objekt noch zulässig wäre. Maximalstromrelais sollten daher nicht für den Überlastschutz herangezogen und dadurch, wie dies oft geschieht, in ihrem optimalen Einsatz für den Kurzschlußschutz beeinträchtigt werden (vgl. S. 309).

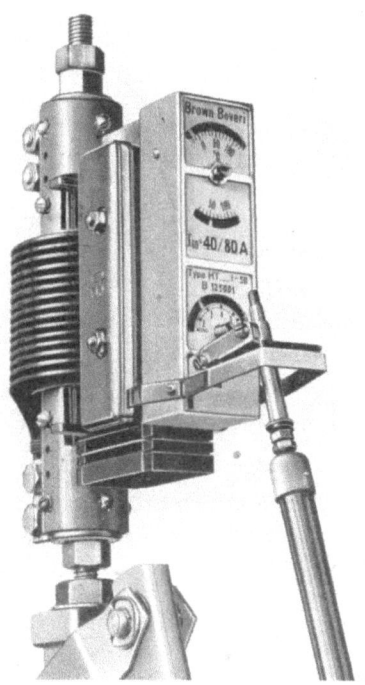

Abb. 229. Hauptstrom-Thermorelais

Thermorelais liegen in zwei Ausführungen vor:

Hauptstrom-Thermorelais. Sie werden auch *Thermoauslöser* genannt und zum direkten Einbau in den Leitungszug und zum Aufbau auf Schalterklemmen bestimmt, wie die Hauptstromauslöser (Abb. 229).

Eine Stromspule mit Eisenkern erwärmt durch Wirbelstromheizung eine Bimetallsäule, die einen Auslösehebel mit Kraftspeicher entklinkt, welcher über ein Isoliergestänge den Leistungsschalter mechanisch auslöst. Neben der Einstellskala für die Auslösetemperatur hat das Relais einen Temperaturanzeiger, ferner Organe zur Einstellung der thermischen Zeitkonstanten und der Stromwirkung am Relais, so daß seine Beharrungserwärmung mit der Dauererwärmung des Objekts bei Vollast übereinstimmt. Der Einfluß der Umgebungstemperatur ist in der Regel am Relais kompensiert, so daß z. B. die Wirkung eines geheizten Raumes auf das Relais wegfällt und dieses die eigentliche Erwärmung (Übertemperatur) anzeigt. Wie der Hauptstromauslöser enthält auch das Thermorelais ein Maximalstromglied, das bei einstellbaren Vielfachen des Nennstromes, unabhängig vom thermischen Teil, momentan auslöst und oft die Anwendung gesonderter Maximalstromrelais erspart.

Sekundäre Thermorelais. Sie werden an Stromwandler angeschlossen und enthalten ähnliche Elemente wie die Hauptstrom-Thermorelais. Die Heizung erfolgt hier über ein Heizband und wirkt auf das Meßglied, dessen Erwärmungsverlauf durch Wärmespeicher gesteuert wird. Die Umgebungstemperatur wird in der Regel kompensiert. Ebenso ist das Maximalstromglied, die momentan wirkende Grenzstromauslösung, vorhanden.

b) Fehler an thermischen Relais

Ungenügende Kurzschlußfestigkeit. Diese kann vor allem bei Hauptstromthermorelais vorliegen, die nicht von Wandlern im Sättigungszustand geschützt sind. Denn Thermorelais müssen notwendigerweise für den Betriebsstrom bemessen werden, so daß unbedingt kontrolliert werden muß, ob die Kurzschlußfestigkeit der auftretenden Beanspruchung genügt. Trifft dies für Hauptstromrelais nicht zu, so ist auf sekundäre Relais überzugehen. Diese selber ertragen kurzzeitig ein hohes, jedoch begrenztes Vielfaches des Nennstromes. Sind höhere Ströme zu erwarten, so muß dem Relais ein sättigender Wandler vorgeschaltet werden.

Unrichtige thermische Anzeige des Relais. Es können verschiedene Ursachen vorliegen: 1. Die Stromanpassung ist falsch. Der höchst zulässige Dauerstrom muß am Relais die zulässige Beharrungstemperatur, z. B. 60 °C oder 100%, entsprechend maximaler Erwärmung, ergeben. Bei Hauptstromrelais wird dies mittels einer Luftspaltänderung im magnetischen Kreis erreicht, bei sekundären Relais mit einer Stromeinstellung oder mit Hilfe von Zwischenwandlern.

2. Bei rotierenden Maschinen kann durch ungewöhnliche Verschmutzung der Luftkanäle eine höhere Erwärmung der Wicklungen eintreten, die vom Thermorelais nicht erfaßt wird. Der Luftreinigung

und möglichen Verschmutzung von Maschinen ist deshalb besondere Aufmerksamkeit zu schenken. Falls mit Störungen in der Zufuhr der Kühlluft gerechnet werden muß, für welche keine wirksame Überwachung besteht, werden die Relais direkt im Warmluftkanal angeordnet, wobei die Kompensation der Umgebungstemperatur wegzulassen ist. Auch beim Überlastschutz von Transformatoren mit künstlicher Kühlung ist aus den gleichen Gründen das Kühlsystem gesondert zu überwachen.

Thermische Verzögerung gegenüber dem Schutzobjekt. In diesem Fall ist die thermische Zeitkonstante des Relais zu groß; sie ist gleich oder etwas kleiner als die des Schutzobjektes zu wählen.

4. Differentialrelais

a) Allgemeines

Differentialrelais wirken in allen Fällen stromvergleichend; sie messen beispielsweise die Differenz der Ströme vor und nach einem zu schützenden Anlageteil. In der einfachsten Form dient hierzu das Maximalstromrelais. Weit größere Bedeutung haben die Relais, deren Ansprechwert mit der Größe der verglichenen Ströme proportional ansteigt, die Prozent-Differentialrelais.

Diese wirken als Waage, indem ein Magnetsystem, erregt durch die Summe der zu vergleichenden Ströme, das Relais zurückhält, während ein zweites System mit der Differenz der Ströme dieses zu betätigen sucht. Das Verhältnis des Ansprechstromes zum Haltestrom ist einstellbar. Zudem ist zur mechanischen Betätigung des Relais, auch bei stromloser Haltespule, ein gewisser Mindeststrom notwendig, der in %-Werten des Relais-Nennstromes eingestellt werden kann.

Größere Generatoren und Transformatoren werden heute durchweg mit Differentialrelais geschützt. Bei kleineren Generatoren findet man etwa noch Maximalstromrelais als Differentialschutz, dagegen kommen für Transformatoren nur noch Prozent-Differentialrelais zur Anwendung. In Netzen dienen Differentialrelais zum Längsschutz von Leitungsstrecken und zum Stromdifferenzschutz in parallelen Leitungen. Der Differentialschutz mit Stromvergleich vor und nach dem Schutzobjekt erfaßt ausschließlich Fehler im Gebiet zwischen den speisenden Stromwandlern und reicht nicht darüber hinaus. Er benötigt daher keine Zeitstaffelung. Dagegen ist stets für einen Reserveschutz zu sorgen, der eingreift, falls der Differentialschutz versagen sollte.

Die Besprechung von Krankheiten des Differentialschutzes und seiner Relais muß sich hier auf die Anwendung bei Generatoren und Transformatoren beschränken.

b) Fehler und Störungen

Differentialrelais zum Schutz von Generatoren (Abb. 230). Es ist mit folgenden Fehlern zu rechnen:

1. Ansprechen bei steigendem Generatorstrom.

α) Die sog. Polarität eines der speisenden Stromwandler ist falsch. Das Relais erhält nicht die Differenz, sondern die Summe der zu vergleichenden Ströme; über die Auslösespule fließt in diesem Falle der doppelte Phasenleiterstrom.

β) Die Stromwandler sind verwechselt; es fließt die Differenz der Ströme zweier verschiedener Phasenleiter über die Auslösespule. Diese führt dann einen Strom in der Größe des verketteten Stromes zweier Phasenleiter oder, falls zusätzlich noch ein Polaritätsfehler vorliegt, in der Größe des Phasenleiterstromes. Eine Messung dieser Ströme läßt auf die Art des Fehlers schließen.

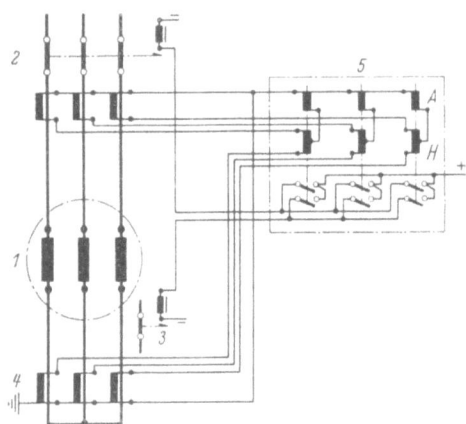

Abb. 230. Differentialschutz eines Generators mit Prozentdifferentialrelais. *1* Generator, *2* Leistungsschalter, *3* Magnetfeldschalter, *4* Stromwandler, *5* Differentialrelais, *H* Haltespule, *A* Auslösespule

2. Auslösen bei Kurzschluß außerhalb der Schutzzone. Im Normalbetrieb ist kein wesentlicher Differenzstrom feststellbar.

α) Liegen einfache Maximalstromrelais als Differentialrelais vor, so ist der Fehler in unzureichend genauen Stromwandler-Sekundärströmen zu vermuten. Diese Erscheinung kann sich leicht einstellen, wie die folgende Überlegung zeigt:

Wird das Maximalstromrelais für das Ansprechen bei einem Differenzstrom von z. B. 10% des Generatornennstromes eingestellt, so darf dieser Stromwert (in Amp.) natürlich auch beim größten äußern Kurzschlußstrom nicht auftreten. Ist der Anfangskurzschlußstrom des Generators z. B. das Zehnfache des Nennstromes, so macht der Ansprechstromwert, auf diese Größe bezogen, nur 1% aus und setzt somit sehr genau übersetzende Stromwandler voraus. Bei Generatoren sind die am Differentialschutz beteiligten Wandler in der Regel alle gleich; eine zu große Stromdifferenz entsteht möglicherweise schon bei der ungleichen Belastung der beidseitigen Wandler. Man bringt daher die Impedanzen der Leitungen beider Seiten in Übereinstimmung durch die Wahl entsprechender Querschnitte oder Zusatzwiderstände in der kürzeren Leitung. Ein weiteres Mittel gegen Fehlauslösung ist das Herabsetzen der Empfindlichkeit des Relais. Prozent-Differentialrelais sind in dieser Hinsicht vorzuziehen, da ihr Ansprechwert in festem oder sogar ansteigendem Verhältnis zum Belastungsstrom bleibt.

β) Eine ähnliche Wirkung hat eine schlechte Kontakt- oder Klemmstelle im Stromkreis. Sie bewirkt einen zusätzlichen Spannungsabfall, der bei hohen Strömen den speisenden Wandler sättigt und so zu Differenzstrom und Fehlauslösung bei beiden Relaisarten Anlaß geben kann.

γ) Die Stromwandler geraten bei den höchsten Strömen in den Sättigungszustand, was zu erheblichem Differenzstrom führt. Ursache kann eine lange Sekundärleitung sein, die die Wandler zu hoch belastet. Abhilfe kann durch den Einbau von Zwischenstromwandlern niederen Eigenverbrauchs bei den Hauptstromwandlern erfolgen. Sie haben den Sekundärstrom auf z. B. 1 A herabzusetzen und so die Leitungsverluste zu reduzieren, wobei auch die Relais für diesen Nennstrom auszuwechseln sind. Ein Irrtum hinsichtlich der Eignung von Stromwandlern für den Differentialschutz besteht oft bei Leistungsangaben nach den Klassen 1 oder 3, wenn die zugehörige Überstromziffer unbekannt ist. Diese gibt das Vielfache des Nennstromes an, bei der die Nennlast (Nennbürde) einen Stromfehler von 10% erreicht.

δ) Selbst bei gleichen Klassenangaben und bei ähnlichen, ausreichenden Überstromziffern bieten mitunter Wandler verschiedener Bauart oder unterschiedlicher Belastung nicht unbedingte Gewähr für ein gleiches Verhalten. Unter dem Einfluß der Gleichstromkomponente eines Kurzschlußstromes können kurzzeitige Unterschiede in den Sekundärströmen der Wandler entstehen, die einen ebenfalls mit starkem Gleichstromanteil behafteten Stromstoß über die Differenzstromspule ergeben. In solchen Fällen muß eine größere Auslöseverzögerung eingestellt oder besser ein Relais verwendet werden, das für solche typische Differenzströme unempfindlich ist. Näheres s. S. 316.

3. *Auslösen ohne ersichtlichen Grund.* Ursache kann eine Potentialdifferenz zwischen den Erdungsstellen der beidseitigen Stromwandlersätze sein, die betriebsmäßig gegeben ist oder bei Strombelastung des Erdungssystemes der einen Stelle auftritt. Es ist daher stets nur ein Stromwandlersatz direkt zu erden; der zweite Satz ist über den Leiter des Schutzsystems mit dieser einen Erdungsstelle zu verbinden.

Differentialrelais zum Schutz von Transformatoren (Abb. 231). Der Differentialschutz von Transformatoren stellt einige weitere Bedingungen an Relais und Schaltung. Die ober- und unterspannungsseitigen Stromwandler eines Transformators sind in Übersetzung und Bauart verschieden. Die Sekundärströme müssen deshalb oft mit Zwischenwandlern in Übereinstimmung gebracht werden, während sie sich beidseitig auf gleiche Transformatorenleistung beziehen. Ferner erfahren die Phasenleiterströme vor und nach dem Transformator bei vielen Schaltungen, insbesondere bei den verschiedenen $Y/\triangle$-Schaltungen, Phasenverschiebungen gegeneinander, die durch passende $\triangle/Y$-Schaltung der Wandlersekundärkreise wieder ausgeglichen werden müssen, d. h. die Sekundärströme sind damit, für den Vergleich, in gleiche Phasenlage zu bringen. Dabei soll die Dreieckseite der Wandler stets auf der Sternseite des Transformators liegen, vgl. S. 318. Der Magnetisierungsstrom tritt allein auf der gespeisten Seite des Transformators und somit als Differenzstrom auf. Der Normalwert des Magnetisierungsstromes liegt im Bereich von wenigen Prozent des Nennstromes; bei plötzlichen Spannungserhöhungen kann sich dieser Wert auf $20 \cdots 30\%$ vergrößern.

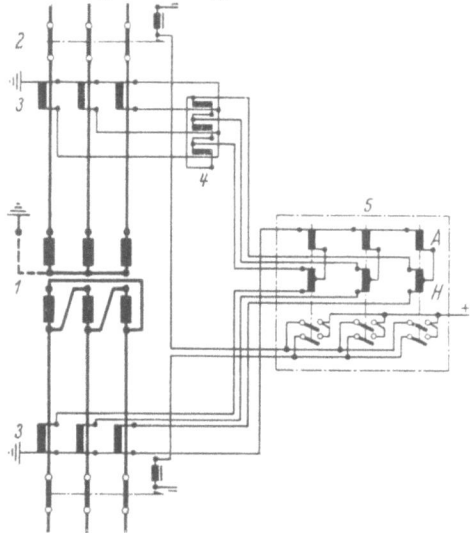

Abb. 231. Differentialschutz eines Transformators in Stern-Dreieckschaltung. *1* Transformator, *2* Leistungsschalter, *3* Stromwandler, *4* Hilfsstromwandler, *5* Prozentdifferentialrelais, *H* Haltespule, *A* Auslösespule

Die Relais müssen für einen solchen Stromwert unempfindlich eingestellt werden, was mit der auf S. 313 erwähnten Einstellbarkeit auf den Minimalansprechstrom geschieht.

Der Einschaltstromstoß eines Transformators erzeugt im Relais, abhängig vom Momentanwert der Spannung, einen langsam abklingenden Differenzstrom mit starkem Gleichstromanteil. Früher wurden deshalb die Differentialrelais beim Einschalten während einiger Sekunden unwirksam gemacht. Grundsätzlich hätte das auch bei Spannungszusammenbruch und wiederkehrender Spannung geschehen sollen. Heute wird diesem sog. Einschalt-Stoß mit verschiedenen Mitteln am Relais begegnet: durch erhöhte Unempfindlichkeit für die in Frage stehende Größenordnung von Differenzströmen, durch Ausnützen typischer Spannungsoberwellen dieses Differenzstromes zur Blockierung der Relais und durch andere Methoden. Am einfachsten und sehr wirksam ist eine Lösung mittels Relais mit mechanischer Abstimmung der Kontaktfeder-Resonanzfrequenz auf die für den Einschaltstromstoß typischen, am Relais erzeugten Drehmomentschwingungen, die bei Kurzschluß nicht wirksam sind. Zufolge der entstehenden Resonanzvibration wird dann am Relaiskontakt kein Ausschaltbefehl übertragen.

Es ist mit folgenden Fehlern zu rechnen:

1. Auslösen bei steigender Belastung. Ursache ist ein falscher Strom in der Arbeitsspule der Relais, der viele Gründe haben kann.

α) Falsche Stromwandlerpolarität (s. S. 316).

β) Verwechslung von Stromwandlern: (s. S. 314); jedoch können hier andere Stromwerte als beim Generatorschutz auftreten.

γ) Die in den sekundären Stromkreisen der Transformatorschaltung nachgebildete Stromverkettung ist falsch. Diese Fehlermöglichkeiten sind so mannigfaltig, daß hier keine Hinweise gegeben werden können. Sie sind vermeidbar, wenn das von der Lieferfirma aufgestellte Schaltschema genau eingehalten wird.

δ) Der Transformator besitzt Regulierstufen; auf extremen Stellungen lösen die Differentialrelais aus. Das Prozentverhältnis (Differenzstrom zu Vergleichstrom) muß deshalb höher eingestellt werden, so daß es größer ist als die Stromveränderung durch die extremen Stufenstellungen. Eine höhere Prozentwerteinstellung ist einer komplizierten Umschaltung an Stromwandleranzapfungen vorzuziehen. Schutztechnisch ist dies ohne weiteres tragbar, da bei einem innern Kurzschluß die Stromdifferenz stets groß wird.

2. Auslösen bei äußeren Kurzschlüssen. Dieser Fall kann eintreten, ohne daß im Normalbetrieb ein wesentlicher Differenzstrom vorliegt. Hierzu gibt es folgende Ursachen:

α) Schlechte Klemmstellen (S. 315).

β) Stromwandler gehen in den Sättigungsbereich (S. 315).

3. Auslösen nach Spannungsausfall. Der Magnetisierungsstromstoß überschreitet den als Minimalwert eingestellten Ansprechstrom des Relais: dieser ist deshalb zu erhöhen.

4. Auslösen beim Einschalten von Transformatoren. Entweder sind die Relais zu tief eingestellt oder gegen den Einschaltstromstoß des Transformators ungenügend oder gar nicht gesichert. Zur Prüfung des Sachverhaltes ist eine Anzahl Einschaltversuche vorzunehmen, da der größte Stromwert beim Schalter im Spannungsnulldurchgang eintritt. Abhilfe kann durch eine Erhöhung des Minimalansprechstromwertes erreicht werden. Bei ungenügendem Erfolg muß das Relais als ungeeignet bezeichnet werden.

5. Auslösen bei Erdschluß im Netz. Der Erdschlußstrom fließt, wie Abb. 232 zeigt, über den geerdeten Transformatorsternpunkt und verläuft über den sternseitigen Stromwandlersatz. Dreieckseitig erscheint lediglich ein dem Erdschlußstrom äquivalenter Kreisstrom im geschlossenen Dreieck, ohne den Wandlersatz dieser Seite zu berühren. Nur Wandler auf der Sternseite werden somit einen Strom auf das Differentialrelais liefern und eine Auslösung bewirken. Schaltet man jedoch die Wandler sekundär in Dreieck, so wird der Erdschlußstrom darin in gleicher Art zum Kreisstrom wie beim Transformator und gelangt nicht ans Relais. Die Dreieckschaltung kann auch an Zwischenstromwandlern statt an den Hauptwandlern erfolgen. Der $\curlyvee/\triangle$-Schaltung des Transformators ist somit immer umgekehrt die $\triangle/\curlyvee$-Schaltung der Wandler zuzuordnen. In Stern geschaltete Hauptstromwandler müssen stets einen vierten Leiter als Nullpunktsverbindung erhalten, dürfen also nicht auf eine im Dreieck geschaltete Bürde geführt werden. Denn bei Erdschluß könnte sich der Sekundärstrom nicht ausbilden, und dadurch müssen an den Wandlern Überspannungen entstehen, die zu Defekten führen (s. S. 295).

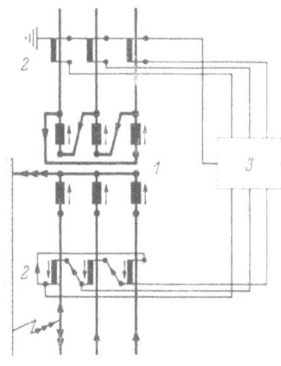

Abb. 232. Stromverlauf bei Netzerdschluß und geerdetem Transformator-Sternpunkt. Man erkennt, daß die sternseitigen Stromwandler in Dreieck geschaltet sein müssen, damit der Erdschlußstrom das Relais nicht falscherweise betätigt. *1* Stern-Dreieck-Transformator, *2* Stromwandlersätze, *3* Differentialrelais

6. Auslösen ohne ersichtlichen Grund. Mögliche Ursache kann eine Potentialdifferenz zwischen den Erdungsstellen der Stromwandlersätze sein, vgl. S. 315.

5. Richtungs- und Produktrelais

a) Allgemeines

In der Schutztechnik finden vielfach Relais Verwendung, welche Leistungen oder allgemein Produkte elektrischer Größen erfassen. Sie sind entweder nach dem Induktionsprinzip, meist als FERRARIS-Systeme, mit in Magnetfeldern rotierender Scheibe oder Trommel gebaut oder als elektrodynamisches System mit im magnetischen Feld sich bewegender Drehspule. Sie werden für Wirk- oder Blindleistung ausgeführt oder auch derart, daß sie für irgendeine andere bestimmte Phasenverschiebung zwischen den beiden, ihnen zugeführten elektrischen Größen das maximale Drehmoment entwickeln. Diese Phasendifferenz wird als *Meßlage* des Relais bezeichnet.

Das FERRARIS-System hat nur feste Spulen und kann daher besonders einfach und robust gebaut werden. Es ist etwas frequenzabhängig, was sich bei Frequenzabweichungen in leichter Veränderung der Meßlage äußern kann. Bei elektrodynamischen Relais ist dies weniger der Fall: sie sind jedoch auch weniger robust, andererseits aber besonders rasch wirkend und auch für Gleichstrom verwendbar.

Der Ansprechwert ist in der Regel einstellbar; die nötige Empfindlichkeit für verschiedene Zwecke ist sehr ungleich. Bei Richtungselementen für den Kurzschlußschutz, wobei sie die Abschaltung in Abhängigkeit von der Richtung der Kurzschlußenergie bewirken, muß sie sehr hoch sein, damit ihre Arbeitsfähigkeit bis zu möglichst weitgehendem Spannungszusammenbruch gewahrt bleibt. Daher können Richtungsrelais, die etwa zur Verhinderung des Rückflusses von Energie bestimmt sind und hierzu viel unempfindlicher sein dürfen, nicht gleichzeitig für den richtungsabhängigen Kurzschlußschutz dienen.

b) Fehler und Störungen

Falsches Arbeiten von Richtungsrelais kann mehrere Ursachen haben:

1. Die benötigte Meßlage wird nicht genau eingehalten. Dies kann beispielsweise bedeutsam sein für Richtungsrelais, die zur selektiven Anzeige von Erdschlüssen in Netzen dienen. Solche mit dem Erdschlußwirkstrom und der Nullpunkts-Verlagerungsspannung gespeiste Relais dürfen in Netzen mit Löschspulen von den Blindkomponenten des Erdschlußstromes nicht beeinflußt werden. Je nach Fehlerlage können letztere induktiv oder kapazitiv sein und beträchtliche Werte erreichen. Vielfach liegt die Ursache der Störung jedoch in Winkelfehlern, besonders herrührend von den speisenden Stromwandlern.

2. In FERRARIS-Systemen kann es vorkommen, daß kleine Drehmomente entstehen, wenn nur eine der beiden elektrischen Größen allein wirksam ist. Dies ist auf Unsymmetrie im Bau oder auf Mängel des Materials selber zurückzuführen. Als Abhilfe kommen eine Auswechslung des Drehsystems oder Kompensation durch eine geeignete Kurzschlußwindung in Frage.

3. Richtungsrelais für den Kurzschlußschutz können aus verschiedenen Gründen versagen oder unrichtig arbeiten:

α) Ihre Spannung bricht bei Kurzschluß vollständig zusammen, so daß sie nicht mehr in der Lage sind, ein Drehmoment zu entwickeln. Die Schaltung des Relais ist stets so zu wählen, daß dieser Fall möglichst vermieden wird, z. B. durch Anschluß an eine verkettete Spannung und an den Strom der dritten Phase. Dann ist wenigstens bei allen zweiphasigen Kurzschlüssen das Verbleiben einer wenig veränderten Spannung am Relais gesichert. Allein beim dreiphasigen, in unmittelbarer Nähe liegenden Kurzschluß, bei dem alle drei Spannungen an der Meßstelle praktisch zu Null werden müssen, könnte sich ein Versagen ergeben. Die Schaltungen des Kurzschlußrichtungsschutzes sind daher stets so vorzusehen, daß bei Nichtarbeiten der Richtungsglieder eine Abschaltung des Kurzschlusses eintritt, das Arbeiten derselben aber die Auslösung verhindert.

β) Richtungsrelais arbeiten falsch, weil sich durch die Verzerrung des Spannungsdreiecks die Phasenverschiebung zwischen Spannung und Kurzschlußstrom am Relais so verändert hat, daß das Drehmoment seine Richtung wechselt. Die Meßlage des Relais muß so gewählt werden, daß alle möglichen Kurzschlußfälle den richtigen Drehsinn ergeben. Dies kann in gewissen Fällen die Kopplung von drei einphasigen Relais erfordern.

γ) Relais werden durch den Betriebsstrom betätigt. Da die Richtungselemente nur die Richtung der Kurzschlußenergie festzustellen haben und unter dem Einfluß des Betriebsstromes falsch arbeiten können, dürfen sie nur im Störungsfall freigegeben werden, und zwar nur in den Phasen, in denen der Kurzschlußstrom auftritt.

6. Minimalimpedanzrelais
a) Allgemeines

Dieses Relais mißt die Impedanz der Kurzschlußschleife vom Anschlußort zur Kurzschlußstelle und zurück. Damit es als Impedanzmeter verwendet werden kann, darf die Phasenverschiebung zwischen Strom und Spannung keinen Einfluß auf die Messung haben. Es spricht nicht mehr an, wenn die Impedanz der Kurzschlußschleife größer ist als der eingestellte Impedanzwert. Eine Abschaltung kann damit rascher erfolgen, weil auf weiter entfernte Schaltstellen nicht Rücksicht genommen werden muß. Das Relais ermöglicht auch einen Kurzschlußschutz in Zeiten geringer Netzleistung, wenn bei reduziertem Maschineneinsatz Kurzschlußströme auftreten, die kleiner sind als der Nennbetriebsstrom.

Muß die Reichweite der Kurzschlußerfassung sehr klein gehalten und das Minimalimpedanzrelais somit auf einen sehr kleinen Impedanzwert einstellbar sein, so steigt zwangsläufig der minimale Strom, bei dem es noch arbeiten kann, wenn im Kurzschlußfall die Spannung völlig zusammenbricht. Dies kann, wie sich weiter unten zeigt, zu Schwierigkeiten führen.

Minimalimpedanzrelais finden vorzugsweise in Netzteilen mit Transformatoren Anwendung, die als *aufgerollte* Leitung angesehen werden können und eine leichte Begrenzung der Reichweite bieten. Sie gestatten rasche Abschaltung vor dem Transformator, da auf das Netz hinter dem Transformator nicht geachtet werden muß.

b) Fehler und Störungen

An Minimalimpedanzrelais können die folgenden Fehler und Störungen auftreten:

Ansprechen bei Spannungsausfall. Die Ursache kann eine defekte Sicherung sein. In den Sekundärkreis von Schutzeinrichtungen, die Spannungswandler speisen, sollten deshalb keine Schmelzsicherungen eingebaut werden; besser werden Überstromschutzschalter mit Signalisierung und Blockierung der Relais beim Ausfallen verwendet.

Ansprechversagen. 1. Bei schwacher Netzbelastung und entsprechend geringem Maschineneinsatz wird der minimale Ansprechstrom des Relais nicht erreicht. Dies kann eintreten, wenn das Relais für eine sehr kurze Reichweite, also kleine Impedanz, ausgelegt ist, und dadurch der Wert des minimalen Ansprechstromes höher ist als der auftretende Kurzschlußstrom.

2. Die am Relais liegende Spannung bricht nicht zusammen. Die Schaltung muß so gewählt werden, daß die Spannung zusammenbricht, wenn die Phase, welche die Stromspule des Relais speist, Kurzschlußstrom führt. Dies ist der Fall in Netzen mit isoliertem Nullpunkt, wenn eine anliegende verkettete Spannung verwendet wird; bei geerdetem Netznullpunkt muß für den Schutz gegen einphasigen Erdschluß die zugehörige Sternspannung benützt werden.

Außer den erwähnten, die volle Impedanz messenden Relais gibt es verschiedene weitere Ausführungsformen, um Impedanzkomponenten oder Kombinationen von solchen zu messen, damit beispielsweise der Einfluß des Lichtbogenwiderstandes an der Kurzschlußstelle auf das Meßergebnis verringert wird. Sie haben Bedeutung im Aufbau von Schnelldistanz-Schutzeinrichtungen für vermaschte Netze.

7. Buchholz-Relais für Transformatoren

a) Allgemeines

Das BUCHHOLZ-Relais spricht an, wenn sich im Innern des Transformatorgehäuses Isolierstoffe infolge Überhitzung oder durch einen Fehlerstrom zersetzen. Es wird in die

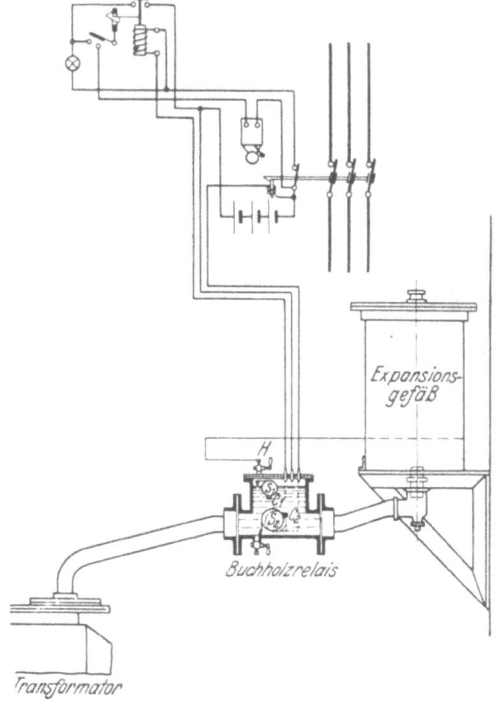

Abb. 233. Schematische Darstellung des BUCHHOLZ-Schutzes

Zuführung zum Expansionsgefäß eingebaut. Die Gasblasen sammeln sich im oberen Teil des Gehäuses (Abb. 233), bis der sinkende Schwimmer S_1 den Alarmkontakt $C\,1$ schließt. Bei großer, stoßartig auftretender Gasentwicklung wird der Schwimmer S_2 sofort zum

Kippen gebracht und damit der Kontakt $C\,2$ geschlossen, welcher den Schalter auslöst.

Durch einen Gasprüfapparat, welcher am BUCHHOLZ-Relais angeschlossen werden kann, läßt sich unterscheiden, ob es sich beim aufgefangenen Gas um Luft oder um Zersetzungsgase des Öles oder anderer Isoliermaterialien handelt.

Abb. 234. BUCHHOLZ-Apparat

b) Fehler und Störungen

Auf Grund langjähriger Erfahrungen hat der Apparat infolge seines einfachen, robusten Aufbaues weder mangelhaftes Arbeiten gezeigt, noch sind Störungen an ihm aufgetreten.

F. Schutzsysteme

Im nachfolgenden werden die relaistechnischen Maßnahmen zum Schutze von Generatoren und Transformatoren kurz behandelt. Das weite Gebiet des modernen Netzschutzes ist in der Spezialliteratur zu verfolgen.

1. Generatorenschutz

a) Erdschlußschutz

Um die vielen möglichen Störungen an Generatoren abzuwenden oder in ihren Auswirkungen zu beschränken, muß eine Reihe von Schutzeinrichtungen vorgesehen werden, die den Einzelfällen gut anzupassen sind. Störungsanfällig ist besonders die Isolation. Ihr Durchbruch gegen Masse bedeutet Erdschluß; ein Kurzschluß zwischen zwei Leitern der Maschine setzt bereits einen doppelten Isolationsdurchbruch voraus. Das Bedürfnis nach einem rasch wirksamen Erdschlußschutz steht somit im Vordergrund.

Bei direkt oder über eine niederohmige Impedanz geerdetem Netznullpunkt bedeutet der Erdschluß einen einphasigen Kurzschluß. Ein solcher wird durch Kurzschlußschutzorgane erfaßt. Ist der Generatornullpunkt dagegen von Erde isoliert, entsprechend allgemeiner Praxis auf dem europäischen Festland, so kann ein Erdschluß nur durch spezielle Einrichtungen erfaßt werden.

Bilden Generator und Transformator eine Einheit, in sog. „Block"-Schaltung, ohne Leitungsabgang in ihrer Verbindung, so hat ein Erdschluß im Netzteil zwischen dem Generator und der unmittelbar angeschlossenen Wicklung des Transformators eine Nullpunkt-Verlagerung zur Folge. Sie kann angezeigt werden durch ein Relais, das die Spannung zwischen Nullpunkt und Erde mißt. Je nach der Lage des Erdschlusses in der Wicklung steigt diese Spannung proportional an, je mehr die Erdschlußstelle gegen die Klemme hin wandert. Dort erreicht dann dieser Wert die Sternspannung. Der Schutz soll noch für möglichst nahe am Nullpunkt liegende Erdschlüsse wirksam sein. Es zeigen sich dabei aber folgende Schwierigkeiten:

1. Ein empfindliches Relais kann durch die dritte Oberwelle und deren Vielfache falsch erregt werden. Diese Oberwellen sind in allen drei Phasenwicklungen synchron und bilden über die Erdkapazität der Gruppe und über den Spannungswandler einen einphasigen Strom zum Generatornullpunkt, welcher, besonders bei Kurzschluß, das Relais zum Ansprechen bringen kann. Ein solches Relais muß deshalb mit einem Siebkreis gegen Oberwellen geschützt werden. Ein defekter Kondensator in diesem Kreis kann aber Ursache einer weiteren Störung werden. Eine andere Lösung ist die Verwendung eines durch eine verkettete Spannung polarisierten FERRARIS-Relais, da hier die erwähnten Oberwellen nicht enthalten sind und ein Drehmoment nur unter der Voraussetzung gleicher Frequenzen in beiden Spulensystemen des Relais entsteht, s. Abb. 235.

2. Ein weiteres Fehlarbeiten kann bei Erdschlüssen auf der Oberspannungsseite des Transformators eintreten. Wegen der Kopplung der Netze über die Kapazität der Transformatorwicklungen erfährt der Nullpunkt des Generatornetzes bei einem solchen Erdschluß eine gewisse Mitverlagerung im Maße seiner Nullpunktsimpedanz. Diese ist soweit zu verkleinern, daß die entstehende Verlagerung die Ansprechgrenze des Relais nicht erreicht. Das einfachste Mittel hierzu ist die Erdung des Nullpunktes über einen relativ hochohmigen Widerstand, s. Abb. 235. Ein zu hoher Wert dieses Widerstandes oder ein Unterbruch in diesem führen zu Fehlauslösungen bei Erdschlüssen im oberspannungsseitigen Netz.

Speist ein Generator über eine Sammelschiene mehrere abgehende Leitungen (sog. Gruppenschaltung), so ist die Feststellung unerläßlich, ob der Fehler im Generator oder auf einer Leitung liegt; im letzteren Fall darf die Maschine nicht abgeschaltet werden.

Im allgemeinen ist man darauf angewiesen, einen Erdschlußstrom einzuführen, um den Fehlerort an Hand des Fehlerstromverlaufes zu erkennen. Die Stromeinführung geschieht durch Erdung über einen Erdungstransformator meist an der Sammelschiene. Bei einem Fehler im Generator fließt dann ein durch einen Widerstand auf wenige Ampère begrenzter Strom nach der Fehlerstelle und über den Generatorabzweig zurück zum Erdungstransformator. Ein in Summenschaltung an drei Stromwandlern in den drei Phasenleitern im Generatorabzweig, oder in Differentialschaltung an Stromwandlersätze vor und nach dem Generator angeschlossenes Relais mißt diesen Strom und schaltet den Generator ab.

Einen wesentlichen Aufwand erfordert das Bestreben, einerseits den Schutz bis möglichst nahe an den Nullpunkt hin wirksam zu machen, anderseits den bei Erdschluß in der Nähe der Phasenklemme entstehenden großen Strom zu begrenzen, um Verbrennungen an den Blechpaketen des Stators zu vermeiden. Hierzu werden vielerlei Mittel angewendet, wie spannungsabhängige Widerstände oder automatische Widerstandsstufung, womit bei guter Ausführung in der Regel etwa 90% der Wicklungslänge geschützt werden.

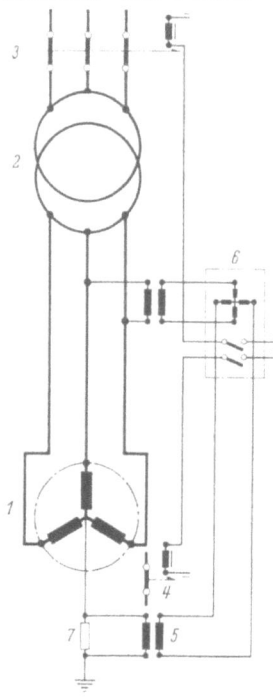

Abb. 235. Erdschlußschutz einer Generator-Transformator-Gruppe in Blockschaltung mittels eines mit verketteter Spannung polarisierten Ferrarisrelais, das gegen Oberwellen unempfindlich ist (Brown Boveri). *1* Generator, *2* Transformator, *3* Leistungsschalter, *4* Magnetfeldschalter, *5* Spannungswandler, *6* Erdschlußrelais, *7* Parallelwiderstand zur Reduktion der Generator-Nullpunkt-Impedanz

Wirksamer und einfacher ist eine Anordnung nach Abb. 236, die in vielen modernen Zentralen verwendet wird. Drei mit je einer verketteten Spannung polarisierte, an Spannung zwischen Nullpunkt und Erde geschaltete Relais stellen bei Erdschluß die fehlerbetroffene Phase fest und legen einen passenden Phasenleiter über einen Widerstand, meist transformatorisch, an Erde. Dadurch entsteht stets eine genügende Spannung im Erdschlußstromkreis; das Relais im Generatorabzweig wird deshalb selbst bei einem Erdschluß im Generatornullpunkt kräftig erregt. Die Wirksamkeit des Schutzes ist nur durch die Empfindlichkeit des dreipoligen Relais zur Feststellung des Fehlereintrittes beschränkt. Diese kann leicht für 1%, somit für eine

Schutzwirkung über 99% der Wicklungslänge gewählt werden. Bei Fehlern außerhalb des Generators erfolgt nur Signalgabe und keine Abschaltung.

Schwierigkeiten können sich bei allen solchen Einrichtungen daraus ergeben, daß der Schutz mit sehr kleinen Werten, z. B. Promillen des Betriebsstromes arbeiten muß und unter keinen Umständen fehlerhaft auslösen darf.

Die in der sog. Summenschaltung vereinigten Stromwandler zur Messung des Erdschlußstromes dürfen aus den dreiphasigen Betriebsströmen keinen so hohen Fehlerstrom ergeben, daß das Maß des sehr

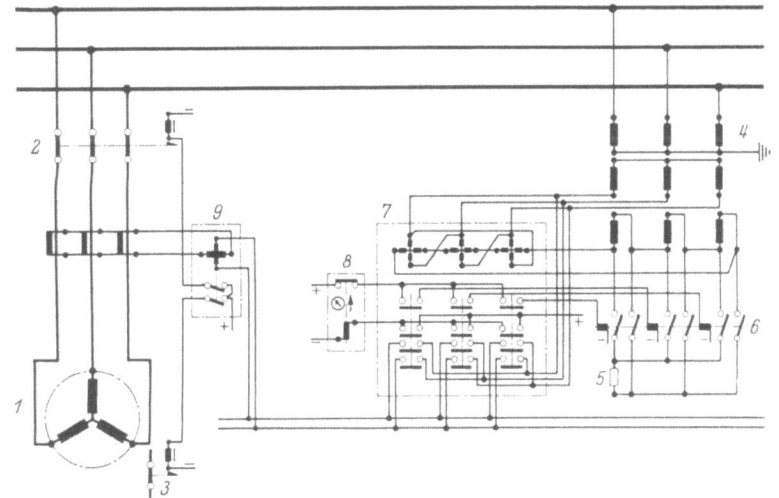

Abb. 236. Hochempfindlicher selektiver Erdschlußschutz für unmittelbar an einer Sammelschiene arbeitende Generatoren. *1* Generator, *2* Leistungsschalter, *3* Magnetfeldschalter, *4* Erdungstransformator, *5* Erdungswiderstand, *6* Erdungsschütze, *7* Relais zur Feststellung der defekten Phase, *8* Zeitrelais, *9* Erdschlußrelais des Generators

kleinen Relaisansprechstromes erreicht wird. Andernfalls sind die Wandler als unbrauchbar zu betrachten, sofern es nicht einwandfrei gelingt, den Fehlerstrom abzugleichen.

Ursache von Fehlerströmen kann auch eine lose Klemmstelle in den Stromwandlerkreisen sein. Selbstverständlich wirken sich auch Windungsschlüsse oder andere Defekte in einem Stromwandler bei dieser hochempfindlichen Komponentenmessung störend aus.

Da gute Einrichtungen mit Erdschlußströmen in der Größenordnung von wenigen Ampère auskommen, kann sich bei gewissen Schutzschaltungen der Ladestrom des geschützten Gebietes am Relais nachteilig auswirken. In einem solchen Fall ist er am Relais zu kompensieren.

b) Differentialschutz

Er wird heute bei Generatoren von mittlerer Leistung an allgemein angewendet. Er ist absolut selektiv und rasch und erfaßt Kurzschlüsse zwischen Phasenwicklungen, jedoch keine Windungsschlüsse. Nähere Angaben, auch über seine Störungsanfälligkeit s. S. 314 u. f.

c) Windungsschlußschutz

Kurzschluß in der Generatorwicklung zwischen verschiedenen Stellen der gleichen Phase ist nur dann zu erwarten, wenn eine größere Anzahl Drähte pro Nut vorhanden ist, also bei Maschinen höherer Spannung und kleinerer Leistung. Die Auswirkung eines Windungsschlusses hängt von der Spannung ab, die an den kurzgeschlossenen Stellen herrschte; sie ist sehr verschieden. Oft sind Windungsschlüsse längere Zeit gar nicht bemerkbar, bis sie sich zu einer eigentlichen Störung, meist zu einem Erdschluß, entwickelt haben.

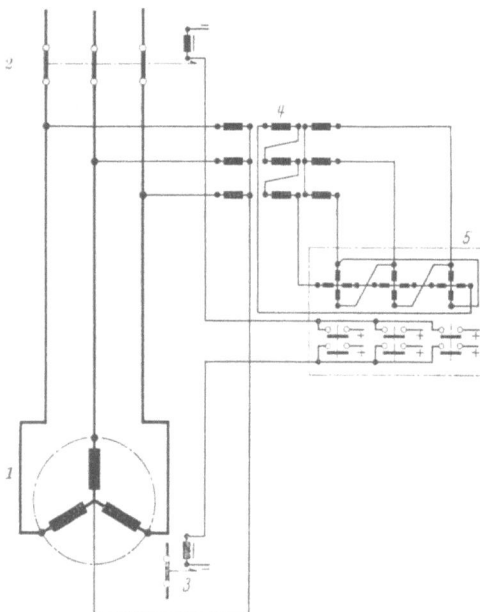

Abb. 237. Windungsschlußschutz eines Generators auf Grund der Verzerrung der Phasenspannung im defekten Generator. *1* Generator *2* Leistungsschalter, *3* Magnetfeldschalter, *4* dreiphasiger Spannungswandler mit magnetischem Rückschluß, *5* dreiphasiges Windungsschluß-Schutzrelais

Bewährte Windungsschluß-Schutzeinrichtungen sind folgende: An einen Spannungswandler mit magnetischem Rückschluß, dessen Sternpunkt mit dem Nullpunkt des Generators verbunden ist, wird an die Summe der Phasenwicklungsspannungen ein Relais angeschlossen (Abb. 237). Der Sternpunkt der Generatorwicklung erfährt bei Windungsschluß im Spannungsdreieck infolge der ungleichen Phasenspannungen eine Verschiebung. Die Spannung zwischen den beiden Punkten tritt dann an der offenen Dreieckswicklung auf, an die das Relais angeschlossen ist.

Leider treten hier Potentialdifferenzen auch im gesunden Betrieb sowohl bei Betriebsfrequenz wie bei jenen höheren Harmonischen auf,

Schutzsysteme 327

die in der Phasenspannungssumme nicht Null ergeben, also in der dritten und ihren Vielfachen. Dies verlangt Siebgeräte vor dem Relais oder noch besser die Verwendung von FERRARIS-Relais, die mit verketteten Spannungen polarisiert sind und die diese Oberwellen nicht enthalten, so daß sich daraus kein Drehmoment ergibt, vgl. S. 324. Betriebsfrequente Störspannungen sind von der Bauart des Generators abhängig; sie sind bei Turbogeneratoren gering. Dagegen können bei Schenkelpolmaschinen mit nicht sehr starker Dämpfung Differenzspannungen von mehreren Prozenten der Phasenspannung auftreten. Sie sind von der Last und vom $\cos \varphi$ abhängig und sind bei der Wahl der Ansprechempfindlichkeit des Windungsschlußschutzes zu berücksichtigen.

Sehr einfach wird der Schutz, wenn die Generatorwicklung aus Parallelzweigen besteht. In diesem Fall genügt ein Stromrelais, das an einem Stromwandler zwischen den beiden Sternpunkten angeschlossen ist, Abb. 238.

Eine Einstellung auf einige Prozent des Maschinennennstromes ist hier ausreichend, denn bei dieser Wicklungsanordnung handelt es sich meist um große Einheiten, mit wenig Windungen pro Phasenwicklung, so daß im Fehlerfall große Ausgleichströme zu erwarten sind.

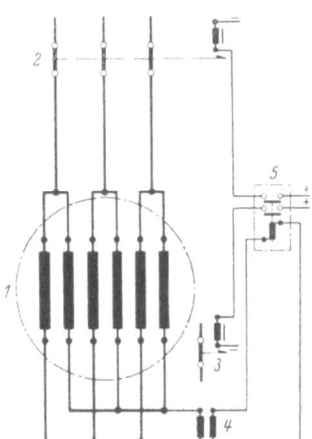

Abb. 238. Windungsschlußschutz eines Generators mit zwei parallelen Wicklungen pro Phase. *1* Generator, *2* Leistungsschalter, *3* Magnetfeldschalter, *4* Stromwandler, *5* Windungsschlußrelais

d) Überlastschutz

Thermorelais sind die gegebenen Organe, um die Überlastbarkeit eines Generators optimal auszunützen; kritische Angaben hierüber s. S. 312. In bedienten Zentralen läßt man sie auf ein Anzeigegerät, in unbedienten Anlagen auf den Schalter des Generators wirken.

e) Leistungsumkehrschutz (Rückwattschutz)

Gegen innere Defekte ist er bei Generatoren wenig wirksam und wird hierfür nicht mehr verwendet. Dagegen ist er dazu geeignet, beim Ausfall der Antriebsleistung den motorischen Lauf des Generators am Netz zu verhindern, der vor allem der Dampfturbine gefährlich wird. In der Turbine verbliebener Dampf und angesaugte Luft werden hierbei komprimiert und erhitzt; sie können schon nach einigen Minuten zu schweren Schäden führen.

Als Rückwattschutz genügt ein einphasig angeschlossenes Leistungsrelais, das mit Rücksicht auf Leistungspendelungen und auf unsymmetrische Kurzschlüsse einige Sekunden zu verzögern ist. Es werden aber auch 2- und 3polige Relais verwendet.

Es bestehen folgende Gefahren:

1. Eine ungenügende Ansprechempfindlichkeit des Rückwattschutzes, z. B. höher als 1···2% der Generatornennleistung, kann seine Wirksamkeit in Frage stellen. Die vom Netz bezogene prozentuale Wirkleistung ist nämlich beim motorischen Lauf des Generators, besonders bei großen Einheiten, sehr gering.

2. Bei hoher kapazitiver Last, z. B. bei Speisung einer langen leerlaufenden Leitung, vermögen evtl. unvermeidliche Strom- und Spannungswandler-Winkelfehler oder eine ungenaue Meßlage des Relais selbst (s. S. 319) dieses zu unerwünschtem Ansprechen zu bringen. Abhilfe muß in einer passenden Korrektur der Meßlage am Relais gesucht werden.

f) Überspannungsschutz

Es sind zweierlei Betriebsüberspannungen zu unterscheiden: Kurzzeitige Spannungserhöhungen infolge Lastabschaltungen, die rasch vom Spannungsregler zurückgeführt werden, und bleibende Überspannungen als Folge der Endstellung für höchste Erregung, die der Regler bei Ausfall seiner Spannungsspeisung einnimmt. Zur Vermeidung dieses Zustandes dient ein Spannungsrelais, das auf etwa 30% Überspannung eingestellt ist und mit etwa 3 s Verzögerung abschaltet, wobei das Relais natürlich nicht am gleichen Spannungswandler angeschlossen sein darf wie der Regler. Höhere Überspannungen entstehen beim Durchbrennen des Aggregates und werden mit einem entsprechend eingestellten, momentan wirkenden Relais erfaßt.

g) Unsymmetrie- oder Schieflastschutz

Unsymmetrische Belastung eines Generators erzeugt im Rotor zusätzliche Verluste, die besonders für Turborotoren gefährlich sind. Das Maß für die Unsymmetrie ist die Gegenstromkomponente, die sich aus der Zerlegung der Ströme nach der Methode der symmetrischen Komponenten bestimmt. Vergleichsweise entspricht eine Unsymmetrie, bei der in zwei Phasenleitern der Nennstrom und im dritten ein um 10% geringerer Strom fließt, einer Gegenstromkomponente im Betrag von annähernd 6,5% des Nennstromes. Die dauernd zulässigen Werte liegen in der Regel bei Turbogeneratoren zwischen 7 und 12%.

Die Gegenstromkomponente läßt sich mit schalttechnischen Mitteln aus den Phasenwicklungsströmen heraussieben und einem empfindlichen Stromrelais zuführen. Das Relais wird in der Regel zur Warnung benützt und vielfach durch ein zweites ergänzt, das bei stärkerer Unsymmetrie über ein Verzögerungsglied die Abschaltung bewirkt. Gut geeignet sind Instrumente, die parallel oder in Serie zum Relais angeschlossen sind und den Unsymmetriegrad dauernd anzeigen (Abb. 239).

Richtiges Arbeiten setzt gut übereinstimmende Wandler voraus.

h) Gegenleistungsschutz

Dieser beruht auf den gleichen Grundlagen wie der Unsymmetrieschutz; außer der Gegenstromkomponente wird auch die Gegenspannungskomponente ausgesiebt und beide einem Leistungsrelais zugeführt. Alle inneren Defekte, die geeignet sind, die Spannungs- und Stromsymmetrie zu stören, ergeben eine Gegenleistungskomponente in Richtung nach dem Netz. Bei Fehlern im Netz fließt diese umgekehrt; das Leistungsrelais mit Richtungsunterscheidung ist somit ein selektives Organ für die Lage des Fehlers. Da Unsymmetrien durch vielerlei Fehler entstehen können, ist dieser Schutz vielseitig. Doch ist seine Empfindlichkeit weniger hoch als diejenige von spezifischen Schutzeinrichtungen, und seine Wirksamkeit ist von den Netzbedingungen abhängig.

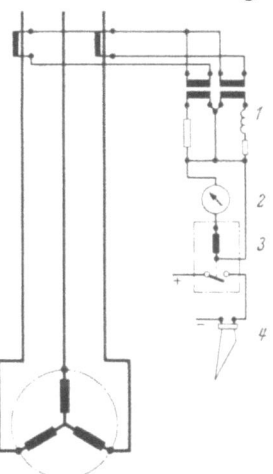

Abb. 239. Anzeige unsymmetrischer Belastung eines Generators mit isoliertem Nullpunkt durch Messung der Gegenkomponente des Stromes. *1* Anordnung zur Aussiebung der Gegenkomponente, *2* Instrument zur Anzeige des Gegenstromes in Prozenten des Maschinennennstromes, *3* Gegenstromrelais, *4* Signal

Bei vom Netz abgetrenntem, leerlaufendem Generator ist er unwirksam; bei sehr starkem Netz werden die durch innere Fehler entstehenden Unsymmetrien geringer und damit die Empfindlichkeit des Schutzes herabgesetzt. Er findet meist bei kleineren Maschinen Anwendung, wenn die üblichen, spezifischen Schutzeinrichtungen nicht angebracht werden können. Richtiges Funktionieren setzt auch hier genau übereinstimmende Wandler voraus.

i) Rotorerdschlußschutz

Ein Erdschluß im Rotor muß sofort gemeldet werden, um eingreifen zu können, bevor ein Kurzschluß entsteht; denn das durch einen Erdschluß gestörte Gleichgewicht der magnetischen Kräfte führt zu Wellenverbiegung und möglicherweise zum Streifen des Rotors am Stator. An die Polradwicklung wird über einen Sperrkondensator eine kleine Wechselspannung gelegt, deren Kreis sich im Erdschlußfall über ein Relais schließt. Unsymmetrische Anordnungen können beim Zu- oder

Abschalten der Erregung Ladestöße ergeben, die eine fehlerhafte Anzeige bewirken. Störungen sind möglich bei ungeeigneter Bemessung der Sperrkapazität im Verhältnis zur Rotorkapazität.

2. Transformatorenschutz

a) Differentialschutz

Er erfaßt Kurzschlüsse im ganzen Bereich zwischen den Einbaustellen der Stromwandler und auch Windungsschlüsse; ferner erfaßt er Erdschlüsse, wenn ein Nullpunkt der betroffenen Seite geerdet ist. Kritische Hinweise auf den Differentialschutz s. S. 316, Abb. 231.

b) Überlastschutz

Zur thermischen Überwachung eines Transformators stehen drei Mittel zur Verfügung:

Das thermische Abbild. Dies ist ein in eine ölgefüllte Tasche, meist in den Deckel des Transformators eingesetztes Ölgefäß mit einem Heizwiderstand, der über Stromwandler vom Transformator aus gespeist wird. Dieses Gefäß ist so gestaltet, daß die Temperaturerhöhung der Heizwicklung dem Temperaturgefälle der Transformatorwicklung gegenüber dem Öl entspricht und daß der Wärmeübergang vom geheizten Widerstand zu seinem Ölbad mit der gleichen Zeitkonstante erfolgt, wie derjenige vom Wicklungskupfer zum Öl. Mit einem eingebauten Widerstandsthermometer wird die Anzeige auf ein Instrument mit Signalkontakten im Kommandoraum übertragen, oder es werden Thermostate für eine oder zwei Ansprechtemperaturen eingebaut.

Sekundäre Thermorelais. Sie sind ebenfalls an Stromwandler angeschlossen, jedoch baulich vom Transformator getrennt. Allgemeine Hinweise über diese Relais s. S. 311. Ob ihr Anschluß am ober- oder unterspannungsseitigen Stromwandler erfolgt, ist im allgemeinen nicht entscheidend; bei Stufentransformatoren jedoch sind sie auf derjenigen Seite anzuschließen, auf der die höhere Belastung eintreten kann. Die Heizung der Relais entspricht den Kupferverlusten; die Eisenverluste werden, als praktisch konstante Größe, als fester Summand zugefügt. Beim Erwärmungsvorgang im Transformator sind zwei Zeitkonstanten wirksam, eine niedere für den Wärmeübergang von der Wicklung zum Öl und eine höhere für den Wärmetransport im Öl zur Abgabestelle an das äußere Kühlmittel. Die erste ist im konstruktiven Aufbau des Thermorelais berücksichtigt, die zweite ist am Relais einstellbar. Das Relais zeigt so die Übertemperatur der Wicklung an. Bezüglich allfälliger Schwierigkeiten s. S. 312.

Eingebaute Thermoelemente. Sie erlauben zwar die direkte Messung der Temperatur an der gewünschten Stelle (in Kern und Wicklung), stören aber mit ihren dünnen Ableitungen und Isolierwandlern die gute isoliertechnische Durchbildung des Transformators. Außerdem entstehen leicht Fehlmessungen durch Lockerung von Verbindungsstellen.

Direkte Temperaturmessung. Neben diesen indirekten Methoden ist auch die direkte Messung der Temperaturerhöhung gebräuchlich. Die Messung der Ölübertemperatur, die wohl ein gutes Maß für die Belastung eines Transformators darstellt, genügt aber den Anforderungen eines sicheren Überlastschutzes nicht, denn sie folgt den Schwankungen der Wicklungstemperatur nur langsam. Trotzdem ist die Überwachung der Öltemperatur wichtig.

Für die Überwachung der Kühlmittel bei mittleren und Großtransformatoren, wo künstliche, also forcierte Kühlung am Platze ist, beschränkt sich der Schutz in der Hauptsache auf die Bewegung des Kühlmediums. Bei Wasserkühlung wird das Öl mit der Umlaufpumpe durch den Kühler befördert. Tritt eine Störung im Kühlwasserzufluß oder in der Ölförderung auf, wird der Unterbruch durch einen Strömungsanzeiger mit Signalkontakt angezeigt. Bei Transformatoren mit forcierter Luftkühlung, die also mit Radiatoren und Ventilatoren ausgerüstet sind, werden die Ventilatormotoren auf gleiche Weise wie die Motoren der Ölumlaufpumpe überwacht, indem bei Störung der Motorschutzschalter betätigt und der Unterbruch durch Signalkontakt gemeldet wird.

c) Erdschlußschutz

Er ist bei Transformatoren seltener nötig. Entweder wird der Erdschluß unter Öl frühzeitig vom BUCHHOLZ-Schutz, vgl. S. 321, erfaßt, oder der

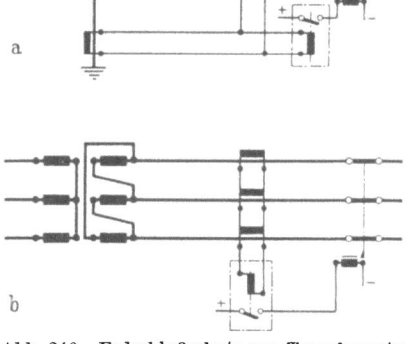

Abb. 240. Erdschlußschutz von Transformatoren. a) bei geerdetem Transformatorsternpunkt, b) bei dreieck-geschalteter Wicklung

Differentialschutz greift ein, wenn die betroffene Netzseite geerdet ist. Sind dagegen kleine Erdschlußströme zu erwarten, wie in über Löschspulen geerdeten Netzen, so kommt außer dem BUCHHOLZ-Schutz ein Schutz nach Abb. 240 in Frage. Auf der Dreieckseite genügt der Anschluß eines Relais an die summengeschalteten Stromwandler, auf der Sternseite mit einer Verbindung nach Erde in Differentialschaltung. Ein besonders in Frankreich gebräuchlicher Erdschlußschutz ist die sog. Protection de cuve. Der Transformator wird von Erde isoliert aufgestellt, wobei auch die Rohrleitungen isolierte Zwischenstücke haben müssen, und die Erdleitung des Kessels sodann über einen Stromwandler geführt, der ein Relais speist. Der Schutz eignet sich sehr gut für Netze mit geerdetem Nullpunkt; bei isoliertem Netznullpunkt ist er nur dann wirksam, wenn mit einem relativ hohen Netzladestrom gerechnet werden kann.

d) Buchholz-Schutz

Er erfaßt alle Isolationsfehler unter Öl, ferner Leiterbrüche, schlechte Kontaktstellen eingebauter Stufenschalter, und auch Eisenbrand, also Fehler, die vom Differentialschutz nicht erfaßt werden. Bei großen Fehlerströmen können jedoch beide ansprechen, s. S. 321.

e) Brandschutz

In neuerer Zeit werden die Zellen von Transformatoren bei Innenraumaufstellung gelegentlich mit CO_2-Apparaten ausgerüstet, und bei Freiluftaufstellung wird ein etwa auftretender Ölbrand mit Wassernebel bekämpft.

3. Überspannungsschutz von Anlagen

a) Allgemeines

Die Isolation einer elektrischen Anlage kann für eine gegebene Betriebsspannung aus wirtschaftlichen Gründen nicht beliebig hoch gewählt werden. Man legt daher für bestimmte Spannungsreihen die zugehörige Isolation dadurch fest, daß von den Anlageteilen bestimmte Prüfspannungen ausgehalten werden müssen, ohne Schaden zu nehmen. Nun können aber im Betrieb einer Anlage Überspannungen auftreten, denen die Isolation nicht mehr gewachsen ist. Sie werden in erster Linie durch atmosphärische Entladungen hervorgerufen, können aber auch durch Schaltvorgänge in der Anlage selbst erzeugt werden, wobei dann ihre Höhe durch die Eigenschaften der Anlage begrenzt ist. Entsteht auf einer Leitung durch die Einwirkung einer atmosphärischen Entladung eine Überspannung — sei es durch Influenz oder direkten Blitzschlag —, so pflanzt sich diese längs der Leitung mit großer Geschwindigkeit fort und trifft auf ihrem Weg auf Anlageteile, welche ihr unter Umständen nicht standhalten. Blitze erreichen Stromstärken bis zu 100000 Ampère, jedoch nur während Zeiten von Mikrosekunden.

Die auf Leitungen entstehenden Überspannungen können nicht höher ansteigen als bis zur Überschlagspannung der Leitungsisolation. Besonders hohe Werte können bei Leitungen auf Holzmasten und bei Höchstspannungsleitungen auftreten. Um Überschläge und damit Betriebsstörungen zu vermeiden, schafft man ein *Schutzniveau* durch den Einbau von Vorrichtungen, welche erst bei Spannungen ansprechen, die dieses Niveau erreichen und diesen Grenzwert auch nach dem Ansprechen nicht überschreiten. Dieses Schutzniveau liegt mindestens 20% unter dem Prüfspannungs-Halteniveau der zu schützenden Anlageteile wie: Transformatoren, Schalter, Generatoren u. a.

Solche Einrichtungen bezeichnet man als *Überspannungsableiter*, kurz Ableiter, wenn sie den nachfließenden Netzstrom selbst unterbrechen können und als *Schutzfunkenstrecken*, wenn nach ihrem Ansprechen ein Erdschluß bestehen bleibt (Grobschutz), der von Leistungsschaltern abgeschaltet werden muß. Bei den Ableitern unterscheidet man zwischen Ventilableitern, welche den Netzstrom begrenzen, und Löschrohrableitern, die den Netzstrom nicht begrenzen.

b) Ventilableiter

Der Aufbau eines Ventilableiters ist schematisch in Abb. 241 dargestellt. Die Löschfunkenstrecke LFS hat die Aufgabe, den Ableiter bei Betriebsspannung vom Netz zu trennen. Sie besteht je nach Ableiternennspannung aus einer Anzahl isolierter und voneinander distanzierter Metallplatten besonderer Form. Die Löschfunkenstrecke spricht bei einer bestimmten Stoß- bzw. Überspannung (zumeist der $2 \cdots 4$fachen effektiven Nennspannung) an und leitet die Überspannung auf den spannungsabhängigen Widerstand R ab. Da dieser beim nun entstehenden hohen Ableitstrom einen niedrigen Widerstandswert annimmt, so bildet sich an ihm eine so kleine Restspannung, daß die Isolationsfestigkeit der Anlage nicht überschritten wird. Ist die Überspannung abgeklungen, so fließt über die Funkenstrecke infolge der noch anliegenden Netzspannung ein Nachstrom. Da sich der Widerstand während der Entladung erhöht hat, wird der Reststrom auf einen so kleinen Wert herabgesetzt, daß die Entladung in der Funkenstrecke erlöscht.

Bei Gleichstrom wird der Lichtbogen zur Unterbrechung des Nachstromes vielfach noch magnetisch beblasen.

Für besondere Zwecke hat man auch spezielle Ableiter entwickelt, so z. B. für Niederspannungsanlagen, für das niedrige Schutzniveau von Maschinen, für Stromrichteranlagen und für die Sternpunkte von mittelbar geerdeten Netzen.

Da Ableiter auf Jahre hinaus ohne jede Wartung ihre Aufgabe erfüllen sollen, muß schon durch den Aufbau für die Konstanz der Eigenschaften gesorgt werden. In erster Linie gehört hierher ein feuchtigkeitssicherer Abschluß der aktiven Teile. Zudem enthalten sie vielfach ein inertes Gas, z. B. Stickstoff, um Korrosionen, insbesondere an der Löschfunkenstrecke, zu vermeiden. Um bei Überlastungen, z. B. bei direkten

Blitzschlägen, ein Zerspringen des Ableiters durch Überdruck zu vermeiden, muß für Ableiter höherer Nennspannungen ein Ventil oder eine andere Überdrucksicherung eingebaut sein.

Ableiter für höhere Spannungen baut man neuerdings nicht in einem Stück, sondern setzt sie aus gleichartigen Elementen für niedrigere Spannung zusammen (Abb. 242a). Um sicherzustellen, daß sich die Gesamtspannung auf die Einzelableiter gleichmäßig verteilt, wird diese durch Steuerwiderstände aufgeteilt (Abb. 242b). Ihr Strom muß insbesondere im Moment

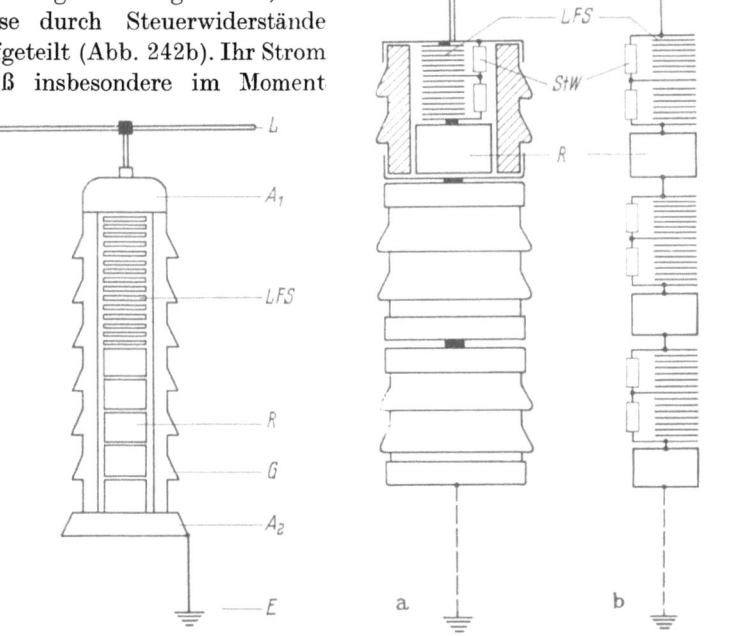

Abb. 241. Aufbau eines Ventilableiters

Abb. 242. Höchstspannungsableiter mit Steuerwiderständen

L Leitung, LFS Lösch-Funkenstrecke, A Amaturen, G Gehäuse (Porzellan), R Widerstand, E Erdleiter, StW Steuerwiderstand

des Ansprechens ausreichend groß sein gegenüber den kapazitiven Strömen der Teilableiter, vor allem ihrer Armaturen, gegen Erde. Anderseits darf der Strom, welcher dauernd über sie fließt (*Leckstrom*), nur so groß sein, daß keine unzulässige Erwärmung auftritt. Deshalb wird für diese Steuerwiderstände vielfach Material verwendet, welches bei Betriebsspannung einen höheren Widerstand hat als bei Überspannung.

c) Kontrollgeräte

Um feststellen zu können, ob ein Ableiter angesprochen hat, schaltet man Ansprechzähler zwischen diesen und Erde. Diese enthalten neben Zählwerken vielfach Elektroden ähnlicher Art wie die im Ableiter. Der abgeleitete Strom hinterläßt an ihnen gleiche Spuren wie im Ableiter, und man kann daraus auf den Zustand der Funkenstrecken im Innern des Ableiters schließen (Abb. 243).

Abb. 243. Funkenstrecken-Elektroden mit verschiedenartigen Ansprechspuren

d) Löschrohrableiter

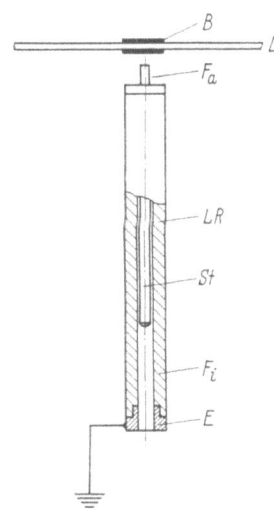

Abb. 244. Löschrohr-Ableiter

L Leitung, B Schutzbandage, $F_a F_i$ äußere und innere Funkenstrecke, LR Löschrohr, St Stabelektrode, E Erdelektrode

Dieser Ableiter besteht aus einer äußeren und einer inneren Funkenstrecke in Reihenschaltung (Abb. 244). Zünden die beiden Funkenstrecken als Folge einer Überspannung, so wird unter der Wirkung des Lichtbogens an der inneren Strecke aus dem Rohrmaterial reichlich Gas ausgeschieden. Wenn dieses einen genügenden Druck erreicht, wird der Lichtbogen gelöscht. Die Verwendung dieser Ableiter beschränkt sich auf Anlagen mit Betriebsspannungen von etwa 20 $\cdots$ 30 kV und mit einer bestimmten Kurzschlußleistung. Wird diese nicht erreicht, so ist der Gasdruck zum Löschen nicht ausreichend; ist sie zu groß, dann kann der Ableiter durch den hohen Gasdruck zerstört werden. Da die Ableiter mit der Zeit etwas ausbrennen, verringert sich der Bereich der sicheren Löschung. Ein Ausbrand von etwa 10% des Durchmessers ist etwa die zulässige Grenze.

Die Ansprech-Charakteristik und der Schutzwert dieser Ableiter sind wesentlich schlechter als bei Ventilableitern.

e) Nachprüfen von Ableitern

Das Feststellen von Fehlern im Innern eines Ableiters ist ohne ein Öffnen schwierig. Eine Kontrolle durch Messung wird am besten beim Lieferanten durchgeführt. Äußerlich ist ein Ableiter darauf zu überprüfen, ob die Verbindungen und Abdichtungen einwandfrei sind; besonders Kittstellen sind sorgfältig zu untersuchen, da hier eingedrungenes Wasser, vor allem bei Frost, die Dichtungsstellen durch Auftreiben schädigen kann. Wo der Verdacht auf eingedrungene Feuchtigkeit besteht, soll der Ableiter zumindest auf seine Ansprechspannung geprüft werden. Für Nieder- und Mittelspannungsableiter bis etwa 35 kV, welche in der Regel keine Steuerwiderstände enthalten, kann die Ansprechspannung mit einem Spannungswandler nachgeprüft werden. Eine

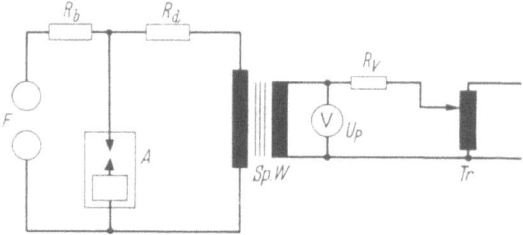

Abb. 245. Prüfschaltung für Ableiter
F Eich-Funkenstrecke, R_b, $_d$, $_v$ Dämpfungs-Widerstände, A Ableiter, Sp.W. Spannungswandler, Tr Reguliertransformator

geeignete Schaltung zeigt Abb. 245. Wird die Ansprechspannung erreicht, so sinkt die angezeigte Primärspannung U_P. Ist die Ansprechspannung beträchtlich unter den Sollwert gesunken, so ist der Ableiter nicht mehr gebrauchsfähig. Viele ältere Ableiter haben noch Funkenstrecken mit Lüftungslöchern. Durch diese eindringende Feuchtigkeit stört auf alle Fälle die Spannungsaufteilung an den Funkenstrecken; daneben entstehen Verschmutzungen durch eindringende Insekten. Derartige Ableiter werden am besten ausgebaut und durch moderne Ableiter ersetzt.

Sind Überdruckventile vorhanden, so sind sie periodisch zu prüfen. Offen gebliebene oder zerstörte Überdruckventile lassen auf einen defekten Ableiter schließen. Ursache können direkte Blitzschläge oder intermittierende Erdschlüsse sein. Dabei setzt sich oft kurzzeitig ein Lichtbogen im Innern des Gehäuses längs der Widerstände an. Dieser erhitzt das Porzellan von innen und es kann, besonders wenn Regen oder Schnee den Ableiter plötzlich abkühlt, zu Wärmespannungen und zum Zerspringen des Porzellans kommen. Fälschlicherweise ist dann von einer Explosion die Rede.

Schutzsysteme

f) Defektursachen bei Ventilableitern

Zusammenfassend können genannt werden:

1. Zu starke oder zu lang andauernde Blitzentladungen.

2. Schaltüberspannungen langer leerlaufender Leitungen mit Rückzündungen. Das Abschalten von Transformatoren oder Drosseln erfolgt ohne Gefahr für die Ableiter.

3. Intermittierende Erdschlüsse. Solche können zum wiederholten Ansprechen von Ableitern führen und diese zerstören.

4. Fehler an Ableitern selbst. Diese sind vorwiegend auf das Absinken der Ansprechspannung und des Löschvermögens durch vorausgehende Überlastung oder Eindringen von Feuchtigkeit zurückzuführen.

g) Bemessung und Einbau von Ableitern

Für die richtige Wahl von Ableitern sind große Erfahrungen nötig. Deshalb sollen nur ganz allgemeine Hinweise gegeben werden.

Für ungeerdete und indirekt geerdete Drehstromnetze werden Ableiter für die volle verkettete Netzspannung ausgelegt, da bei einpoligem Erdschluß an den gesunden Phasen die verkettete Spannung gegen Erde auftritt. Für starr geerdete Netze wählt man etwa 0,8fache verkettete Spannung. Dies deshalb, weil wegen Anhebung des Erdpotentials im Falle eines einphasigen Erdschlusses die Leiterspannung gegen Erde mehr als die Phasenspannung betragen kann.

Der Einbau erfolgt in jeder Phase normalerweise beim Transformator als dem wertvollsten zu schützenden Objekt. Zumeist erhält man dadurch ausreichenden Schutz für die ganze Anlage. Bei größerer Ausdehnung der letzteren sind jedoch mehrere Ableitersätze anzubringen.

Für Mittelspannungen empfiehlt sich zusätzlich je ein Satz Ableiter an jedem Leitungsabgang, bei Höchstspannungen statt dessen aus Preisgründen evtl. nur Schutzfunkenstrecken. Auf gute Erdung für die Ableiter muß besonderer Wert gelegt werden. Man darf nicht vergesssen, daß bei hohen Strömen ($5 \cdots 10$ kA sind im Bereich des Möglichen) das Potential entsprechend angehoben wird. Selbst wenn wegen leitender Verbindung mit Transformatorengehäusen innerhalb einer Station nicht mit Schäden auf der Hochspannungsseite gerechnet werden muß, so besteht doch die Gefahr von Überschlägen auf die Niederspannungsseite, die sich insbesondere bei Verteilnetzen verheerend auswirken können. Erdwiderstände sollen keinesfalls Werte von $20\,\Omega$ überschreiten, Werte von 4 bis $5\,\Omega$ sind anzustreben.

G. Allgemeine Störungsursachen in Anlagen

1. Unrichtige Leitungsverlegung

Falsche Anzeigen von Meßinstrumenten sowie das Ansprechen von Relais auf unrichtige, vom Einstellwert abweichende Werte, haben ihre Ursache häufig in schlecht angeordneten Leitungen, insbesondere Hochstromleitungen. Solche Leitungen erzeugen ein Magnetfeld, welches in nächster Umgebung des Leiters seine größte Stärke hat und den in Abb. 246 dargestellten Verlauf nimmt. Sind z. B. in einer Schalttafel in geringer Entfernung von Starkstromleitungen Meßinstrumente eingebaut, so sind Fehlanzeigen — insbesondere bei elektromagnetischen und elektrodynamischen Meßwerken — unvermeidlich.

Auch Überstromrelais von Schaltern werden von zu nahe liegenden Hochstromleitern derart beeinflußt, daß die ursprünglich geeichte Einstellskala für die Auslöseströme nicht mehr stimmt.

2. Ungleiche Stromverteilung auf parallele Leiter

a) Gleichstromleitungen

Wird eine Leitung zur Unterteilung des Querschnittes in eine Anzahl parallele Leiter aufgeteilt, so werden in diesen oft sehr ungleiche Ströme festgestellt. Dies rührt in der Hauptsache von ungleichen Übergangswiderständen her und ist um so ausgesprochener, je kürzer die Leiter sind, weil dann in der Regel die Übergangswiderstände an den Kontaktstellen größer sind als die Leiterwiderstände.

Wenn Kontaktstellen von Sammelschienen nicht versilbert werden können, so ist sofort nach ihrer mechanischen Reinigung ein leichtes Einfetten mit Vaseline zu empfehlen, um die Oxydation zu verhüten und den Übergangswiderstand dauernd niedrig zu halten. Übergangswiderstände sind stark abhängig vom Kontaktdruck. An einer guten Kontaktstelle sollte ein Druck von etwa 1 kg/A bei einseitiger und etwa 0,5 kg/A bei doppelseitiger Kontaktauflage vorhanden sein. Der mit Eisenschrauben erzielbare Preßdruck in kg beträgt ungefähr das 500fache des Schraubenquerschnittes in cm^2.

b) Wechselstromleitungen

Bei diesen ist eine gleichmäßige Stromverteilung auf mehrere Parallelleiter noch schwieriger erreichbar, da hier außer dem Ohmschen Widerstand noch der induktive Widerstand einen Einfluß hat. Dieser ist um so größer, je mehr magnetische Feldlinien den Leiter umschließen. Bei einer Anordnung der Leiter nach Abb. 247 ist z. B. der induktive Widerstand des in der Mitte liegenden Leiters am höchsten, weil er von der größten Anzahl Feldlinien umschlossen ist.

Allgemeine Störungsursachen in Anlagen 339

Betrachtet man als Beispiel den in Abb. 247 dargestellten Wechselstromstrang, bestehend aus fünf parallelen Leitern, so ist leicht ersichtlich, daß dies auch hier für den in der Mitte liegenden Leiter zutrifft. Sein

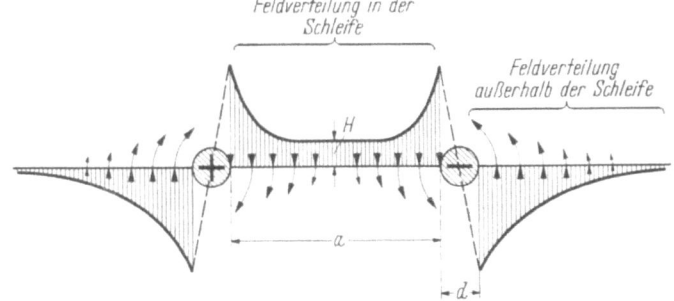

Abb. 246. Hochstrom-Hin- und Rückleitung mit dem umgebenden Magnetfeld

induktiver Widerstand ist daher am größten. Aus derselben Überlegung erklärt sich die Tatsache, daß die Strombelastung im Innern eines dicken, massiven Leiters kleiner ist als außen gegen die Leiteroberfläche hin (sog. Hauteffekt).

Ist jede Phase einer dreiphasigen Hochstromleitung in mehrere parallele Leiter — Schienen oder Kabel — unterteilt, so verlegt man

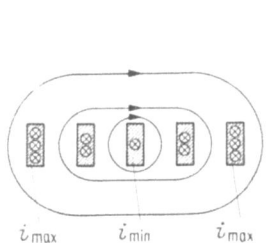 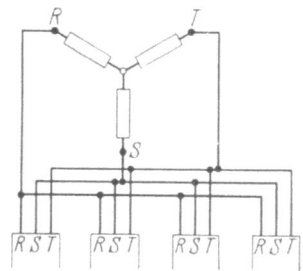

Abb. 247. Feldverlauf und Stromverteilung bei 5 parallelen Wechselstromleitern desselben Stranges

Abb. 248. Gruppierung der parallelen Leiter einer Hochstrom-3-Phasenleitung zur Vermeidung ungleicher Stromverteilung

die ganze Leitung zweckmäßig so, daß man jedem Strang einen Einzelleiter entnimmt und diese drei Leiter zu einer Gruppe nach Abb. 248 vereinigt. Der Wechselstromwiderstand (Impedanz) einer solchen Gruppe und der ganzen Leitung wird damit bedeutend verringert, weil die Summe der Ströme jedes Stranges immer Null ist, weshalb sich kein magnetisches Feld um eine so gebildete Gruppe aufbauen kann. Handelt es sich um eine Einphasenleitung, so ordne man die Hin- und Rückleitung nicht in einer Ebene, sondern in zwei parallelen Ebenen an, wie Abb. 249 andeutet. Die gleichmäßige Aufteilung der Wechselströme auf

22*

die parallelen Leiter erfolgt, je nach den vorhandenen Möglichkeiten, durch Veränderungen der Schienen- oder Kabellänge oder auch durch stellenweises Umhüllen der Kabel mit einem Eisenmantel oder ähnlichen

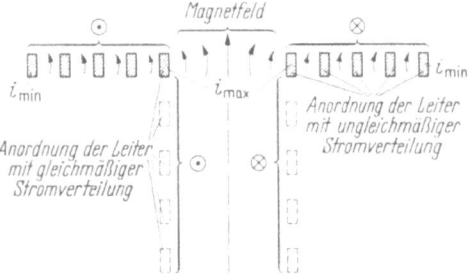

Abb. 249. Anordnung paralleler Leiterstäbe einer 1-Phasenleitung zur Erzielung gleichmäßiger Stromverteilung

Behelfen, die einfach den Zweck erfüllen müssen, den induktiven Widerstand der Leiter und damit der Stromverteilung zu verändern, d. h. auszugleichen.

3. Isolierstoffe in Durchführungen

Der Austritt von Isolierfüllmasse aus Durchführungsisolatoren ist vorwiegend bei höheren Stromstärken festzustellen. Er hat seine direkte Ursache in zu großer Erwärmung der Durchführung oder zu starker Füllung mit Ausgußmasse. Die Erwärmung kann auch von einem benachbarten, schlecht gewordenen Kontakt erzeugt werden. In allen Fällen ist größte Vorsicht geboten wegen allfälliger Explosionsgefahr der Durchführung. Wenn sich an dem unter Öl befindlichen Teil der Durchführung undichte Stellen bilden, wird von gewissen Füllmassen Öl eingesaugt, so daß ein Überdruck entsteht, welcher den Isolator sprengen kann. In den Ausgußmassen können bei der Dehnung und Zusammenziehung Hohlräume entstehen, in denen Glimmentladungen auftreten und die betreffenden Stellen zusätzlich erwärmen können.

Bei Freiluftölschaltern mit ölgefüllten Durchführungsisolatoren wird oft eine starke Trübung des Öles im Ölstandsglas beobachtet. Seine chemische Untersuchung weist verschiedene schlammartige Zersetzungsprodukte auf, auch wenn bei der Füllung der Durchführung einwandfreies Öl verwendet wurde. Diese Erscheinung ist auf einen photochemischen Oxydationsvorgang zurückzuführen. Die Trübung oder Verschlammung fällt um so stärker aus, je heller das Öl war. Die elektrische Festigkeit des Öles wird dadurch aber nicht erheblich verändert. Durch einen vollkommen luftdichten Abschluß des Glasgefäßes und Aufsetzen einer Lichtschutzhaube wird der Vorgang verhindert.

Allgemeine Störungsursachen in Anlagen 341

4. Glimmerscheinungen

Glimmen an spannungsführenden Konstruktionsteilen hat seine Ursache neben den schon erwähnten Hohlräumen auch in zu scharfen Kanten, mangelhaften oder fehlenden Erdungen oder zu tiefem Ölstand. An Trennern in offener Stellung, die beidseitig von verschiedenen Netzen her unter Spannung stehen, treten leicht periodische Glimmerscheinungen mit Geräuschen auf, sofern die Netze nicht synchron sind. Die Ursache liegt darin, daß sich die Spannung an dem betreffenden Trenner dauernd zwischen Null und einem Höchstwert bei Phasenopposition beider Spannungen verändert.

5. Fehlansprechen von Relais und Erdschlußanzeigern

Fehlansprechen von Relais, u. a. von Rückwattrelais, kommt oft vor, besonders durch kapazitive Beeinflussung. Die Störung entsteht leicht, wenn Trenner Pol um Pol eingelegt werden, wodurch die Spannungssysteme der in jeder Phase liegenden Relais der Reihe nach eingeschaltet werden und die angeschlossenen Anlageteile einen Ladestrom aufnehmen. Ein Relais mit nicht rein wattmetrischem Verhalten kann bei diesem Vorgang ansprechen.

In Hochspannungsanlagen mit direkt geerdetem Nullpunkt werden oft Erdschlußströme registriert, ohne daß Erdschlüsse wirklich aufgetreten sind. Ein Erdschlußamperemeter kann nämlich beim Einschalten gewisser Schalter ansprechen, und zwar aus folgender Ursache: Die drei Pole eines Dreiphasenölschalters (Abb. 250) schließen ihre Vorkontakte nicht ganz gleichzeitig. Deshalb fließt während der Zeit, in der nur der Kontakt einer Phase geschlossen ist, über das Erdschlußamperemeter der Magnetisierungsstrom einer Phase. Dieser

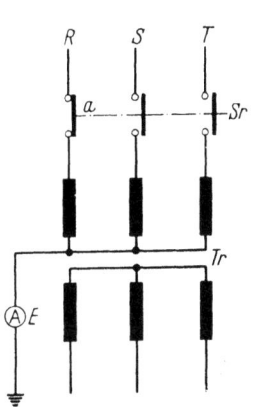

Abb. 250. Fehlansprechen eines Erdschluß-Amperemeters. *Sr* Schalter, *a* zuerst schließender Schalterkontakt, *E* Erdschlußamperemeter, *Tr* Transformator

Strom fließt nur während einiger Perioden. Seine Dauer kann auf ein Minimum gebracht werden durch genauere Einstellung der drei Kontakte und durch möglichst kurze Einschaltzeit. Bei neuzeitlichen Schaltern fällt diese Störungsursache weg, da die Eigenzeit sehr kurz ist und die Gleichzeitigkeit der Pole sehr genau eingehalten wird. Für Dreiphasenölschalter der Dreikessel-Bauart, die aus drei vollständig getrennten Schaltern bestehen, ist die Verwendung von einstellbaren Kupplungen zu empfehlen. Das genau gleichzeitige Schließen der drei Polkontakte wird jedoch auch dann nicht immer möglich sein. Wenn dann trotz

342   Krankheiten elektrischer Apparate

hoher Einstellgenauigkeit der Kontakte und Kupplungen das Amperemeter anspricht, so ist es zu empfindlich und kann durch verstärkte Dämpfung unempfindlicher gemacht werden. Erdschlüsse werden dann trotzdem registriert, weil sie in der Regel von längerer Dauer sind.

H. Anlaßeinrichtungen

1. Allgemeines

Allgemeine Störerscheinungen an Anlaßwiderständen in Luft und Öl und an Wasserwiderständen sind auf S. 296 u. f. zusammengefaßt.

Störungen, die im besonderen mit dem Anlauf von Gleichstrom- und Asynchronmotoren zusammenhängen s. S. 163 u. f.

Hinsichtlich der Apparate von Anlaßvorrichtungen sind hauptsächlich diejenigen von Synchronmotoren noch bemerkenswert, worüber das Wichtigste im folgenden Abschnitt behandelt wird.

2. Anlaßeinrichtungen von Synchronmotoren

a) Direktes asynchrones Anlassen

Dieses Anlaßverfahren ist heute wegen seiner Einfachheit am häufigsten angewendet; es entspricht dem Anlauf von Asynchronmotoren mit Kurzschlußanker. Mittels eines Anlaßtransformators mit Anzapfschalter wird dem Motor zuerst eine herabgesetzte Spannung zugeführt. Nach erfolgtem Anlauf wird je nach den Anlaufbedingungen — mit oder ohne Last — entweder direkt oder über eine Zwischenstufe auf volle Spannung umgeschaltet. Dabei sind Überschläge an den Schleifringen oder an der Läuferwicklung möglich, wenn der zum Schutz gegen Einschaltüberspannungen im Rotorkreis vorhandene Schutzwiderstand zu hoch bemessen oder unterbrochen ist. Bei zu kleinem Wert des Schutzwiderstandes wird die im Läuferkreis vernichtete Leistung zu groß, so daß der Anlauf schlecht erfolgt.

Wenn die Anlaufspannung oder die Netzspannung selbst zu niedrig ist, so kann in kaltem Zustand und nach langem Stillstand der Motor unter Umständen nicht anlaufen. Bei Synchronmotoren mit ausgeprägten Polen ohne Dämpferwicklung ist bei der Bestimmung der Anlaufspannung auch der bei halber Drehzahl auftretende Drehmomentrückgang zu berücksichtigen, um zu vermeiden, daß der Motor bei dieser Drehzahl hängen bleibt. Die Anlaßspannung und damit der Anlaßstrom sollen daher nicht zu knapp, jedoch nur so hoch gewählt werden, als es der Motor und die speisende Einrichtung in elektrodynamischer Hinsicht ertragen.

Ernsthafte Störungen können beim Anlauf von Synchronmotoren durch Fehler am Anlaßschalter entstehen (Abb. 251). Das Umschalten von einer tieferen auf eine höhere Spannung geschieht entweder ohne oder mit höchstens kurzzeitiger Unterbrechung, um einen Drehzahlrückgang in der Zwischenzeit zu verhindern. Dabei werden zuerst die zwischen den Anzapfungen des Transformators liegenden Spulen über einen Widerstand kurzgeschlossen. Bevor dieser Widerstand durch die Hauptkontakte überbrückt wird, muß die Verbindung mit der Transformatoranzapfung aufgehoben und auch der dabei entstandene Lichtbogen schon gelöscht sein, sonst ist ein Kurzschluß in der Wicklungsstufe zwischen beiden Anzapfstellen möglich. Wird für das Anlassen ein Autotransformator verwendet, so hat dieser Fehler gelegentlich dessen völlige Zerstörung zur Folge, weil dieser Transformatortyp äußerst starke Kurzschlußströme aufweist. Neuere Anlaßschalter weisen Verriegelungen auf, die solche Störungen ausschließen.

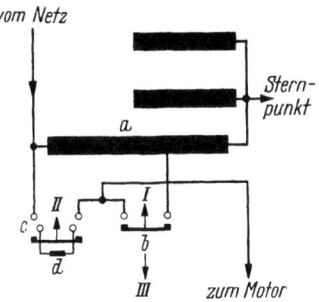

Abb. 251. Schaltfehler am Anlaßstufenschalter. *a* Anlaßtransformator, *b* Anlaßschalter, *c* Arbeitsschalter, *d* Schutzwiderstand bzw. Schutzdrosselspule. I—III Reihenfolge der Schalterbewegungen

b) Anwerfen mit Asynchronmotor

Bei diesem Anlaßverfahren weist der asynchrone Anwurfmotor eine niedrigere Polzahl auf und besitzt deshalb eine höhere synchrone Drehzahl als der Hauptmotor. Mit Hilfe eines feinstufig regulierbaren Anlassers, der meistens ein Flüssigkeitsanlasser ist, wird der Schlupf des Anwurfmotors so reguliert, daß der Hauptmotor wie ein Synchrongenerator mit dem Netz parallel geschaltet werden kann.

Zu diesem Verfahren sei darauf hingewiesen, daß die Drehzahl eines Asynchronmotors nur dann in genügendem Maße mit dem Läuferwiderstand reguliert werden kann, wenn der Motor auch eine bestimmte Belastung aufweist. Die Nennleistung des Anwurfmotors muß deshalb der Leerlaufleistung — einschließlich den Erregerverlusten — des Hauptmotors richtig angepaßt, d. h. mit dieser Leistung genügend belastet sein.

c) Anwerfen mit synchronisiertem Asynchronmotor

Hierbei besitzt der Anwurfmotor gleiche Polzahl wie der Hauptmotor, der nach erfolgtem Anlauf synchronisiert wird. Durch richtige Kupplung des Anwurfmotors mit dem Hauptmotor ist dafür gesorgt, daß auch das Polrad des letzteren seine richtige Stellung besitzt, wenn der erstere synchronisiert ist, so daß ohne weiteres parallel geschaltet werden kann.

Ein krasser Fehler zeigt sich mitunter, wenn der synchronisierte Anwurfmotor mit verkehrter Polarität in Synchronismus geht. Dementsprechend ist dann auch das Polrad des Hauptmotors um eine Polteilung gegenüber dem Ständerfeld verschoben. Wenn keine elektrische Sperrvorrichtung am Schalter vorhanden ist, muß auf diese Möglichkeit geachtet werden.

Die beiden übrigen, eingangs erwähnten Anlaßverfahren geben hinsichtlich der verwendeten Apparate zu keinen Bemerkungen Anlaß.

I. Regeleinrichtungen

Bis vor einigen Jahren waren mechanisch-elektrisch wirkende selbsttätige Apparate für die Regelung elektrischer Maschinen in Gebrauch. Neuerdings finden auch elektronische und magnetische Regler Anwendung, vor allem für gewisse Sonderzwecke, z. B. Zählereichung. Wir befassen uns hier lediglich mit der zuerst genannten Art.

Man unterscheidet *direkte* und *indirekte* Regler.

Die indirekten Regler übertragen das Antriebsmoment mit einem Verstärkerglied, z. B. einem Ölservomotor, auf die Kontaktapparatur.

1. Generator-Spannungsregelung mit Widerstandsreglern

a) Wälzsektorregler

Für den Widerstand dieser Regler werden meistens Metalle mit temperaturunabhängigem Widerstand angewendet. Dieser Widerstand wird durch ein automatisches Drehsystem derart verändert, daß die zu regelnde Größe konstant bleibt oder nach einem bestimmten Programm verändert wird.

Regelvorgang. Bei der Generator-Spannungsregelung verlaufen Feldänderung und Spannungsänderung nicht ganz gleichzeitig mit der Verstellung des Regelwiderstandes. Bauart, Größe und Drehzahl der Generatoren bedingen verschieden große Verzögerungen, die ihre Ursache in der magnetischen Trägheit der Maschine haben. Nach einer Änderung im Betriebszustand und einer damit verbundenen Spannungsänderung muß der Regler die Spannung raschestens wieder auf den Sollwert bringen. Er verändert deshalb den Regelwiderstand zunächst weit über den neuen Beharrungswert hinaus. Erst allmählich geht das Regelorgan entweder direkt oder mit einem geringen Rückschlag unterhalb die neue Endstellung, in die Lage, welche den veränderten Bedingungen entspricht. Der Übergang der Erregung von einem Betriebszustand in den andern erfolgt also durch Überregelung. Der Grad der Überregelung muß durch den Schnellregler selbsttätig eingestellt werden; je größer die magnetische Zeitkonstante der Maschine ist, d. h. je mehr die Feldänderung der Widerstandsänderung zeitlich nacheilt, um so größer muß diese Überregelung am Feldregler gewählt werden. Damit nun die zu regelnde Größe nicht merklich von ihrem konstant zu haltenden Wert abweicht, muß die Überregelung zur richtigen Zeit rückgängig gemacht werden. Geschieht dies zu spät, weil der Feldregler zu lange

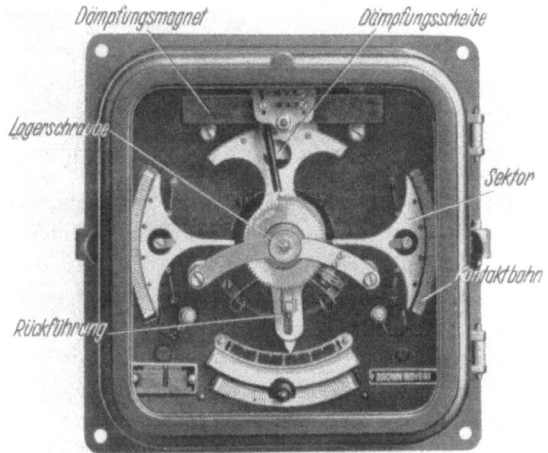

Abb. 252. Spannungsschnellregler mit Wälzsektoren

in der Überregelungsstellung verharrte, oder indem er sich zu langsam in die neue Beharrungslage zurückbewegt, so erfolgt eine übermäßige Änderung der Regelgröße. Dies hat zur Folge, daß der Regler neuerdings im Gegensinn eingreifen muß, um die zu starke Überregelung zurückzuholen, wobei wieder derselbe Fehler auftreten kann. Der Übergang in die neue Dauerstellung erfolgt dabei mit Schwingungen, und bei ungünstigen Verhältnissen gehen diese in dauernde Pendelungen über. Ihre Behebung ist meistens möglich durch richtiges Einstellen der Dämpfung und der Rückführung. In Abb. 252 ist ein Spannungs-Schnellregler mit Wälzsektoren dargestellt. Die wichtigsten Bauteile desselben sind bezeichnet.

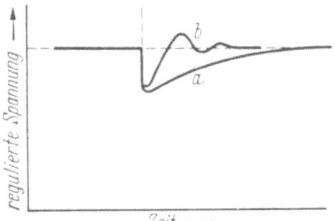

Abb. 253. Reguliervorgänge. *a* Spannungsregulierkurve ohne Überregulierung, *b* Spannungsregulierkurve mit Überregulierung

Die stabile Schnellregelung einer elektrischen Größe ist nur bei richtigem Zusammenwirken der genannten beiden Reglerteile gesichert. Sie kommt folgendermaßen zustande (Abb. 254): Der Generator besitze eine gewisse konstante Belastung und eine entsprechende Erregerleistung.

Dabei befindet sich die Kontaktstelle des Widerstandsreglers dauernd im Punkt *1*. In diesem Betriebszustand hält die Hauptfeder *f* dem Spannungsmagnet das Gleichgewicht. Dieser Zustand ändert sich aber unverzüglich, wenn die Belastung, die Drehzahl oder eine andere Zustandsgröße sich ändert. Beim Rückgang der Belastung z. B. wird der Magnet durch die ansteigende Klemmenspannung eine Bewegung im Sinne einer Spannungssenkung ausführen. Er wird vielleicht erst in Stellung *3* durch die zunehmende Anspannung der Rückführfeder *g* zum Stillstand kommen. Die Dämpferscheibe war zunächst noch in Ruhe, beginnt aber nun ihre Bewegung unter dem Druck der Feder *g*. Durch die Verstellung des Kontaktes wird der Regelwiderstand so weit erhöht, daß die Erregerspannung um einen beträchtlichen Betrag gesenkt wird. Der Erregerstrom folgt aber nur verzögert der Erregerspannung. Sobald sich der Rückgang des Erregerstromes durch die verminderte Spannung im Regler geltend macht, geht auch die Zugkraft auf den Magneten zurück und vermag die Feder *g* nicht mehr gespannt zu halten. Der Magnet *d* wird sich wieder rückwärts bewegen, so daß der Kontaktapparat z. B. in Stellung *2* gelangt; dabei stellt sich wieder eine höhere Erregerspannung ein. Inzwischen hat sich die Dämpferscheibe so weit gedreht, daß die Feder *g* wieder ganz entspannt ist. Wenn in diesem Moment die Generatorspannung ihren normalen Wert erreicht hat, so ist der Regelvorgang vollendet.

Das Charakteristische an diesem Vorgang liegt also darin, daß die Erregerspannung vorübergehend über den Wert hinaus verändert wird, welcher dem neuen Belastungszustand entspricht. Ohne diese Überregelung ist eine Schnellregelung nicht denkbar. Die entsprechenden Regelkurven sind zum Vergleich mit einem Regelvorgang ohne Überregelung in Abb. 253 (Kurve a) dargestellt.

Pendelungen. Es wurde bereits erwähnt, wie wichtig das rechtzeitige Aufhören der Überregelung für den pendelfreien Verlauf eines Regelvorganges ist. Wenn z. B. die Nachlaufzeit der Dämpferscheibe zu klein ist, so wird die Rückführfeder zu früh entspannt. Der Ausschlag des Magnet-Drehsystems *d* und damit die Überregelung werden zu groß. Es wird deshalb eine starke Spannungsänderung im Sinne der Überregelung entstehen, die den Regler zum weiteren Eingreifen zwingt. Die Laufzeit des Dämpfungsorganes ist somit direkt abhängig von der magnetischen Zeitkonstanten der Maschine, dem Zeitmaß für die Raschheit der Klemmenspannungsänderung nach einer bestimmten Erregerspannungsänderung.

Die Ursachen der Pendelungen sind so zahlreich, daß sie hier unmöglich erschöpfend behandelt werden können. Es wird im Nachstehenden nur auf die häufigsten charakteristischen Pendelungsarten hingewiesen:

1. Die Dämpferscheibe in Abb. 254 steht still, weil die Rückführung zu schwach ist; das Magnetsystem bewegt sich mit dem Kontaktapparat dauernd schnell hin und her.

2. Das Dämpferorgan schwingt beinahe in gleicher Phase mit dem Kontaktapparat; die Rückführung ist zu starr. Die Dämpfung erscheint mit dem Magnetsystem bzw. mit dem Kontaktapparat starr gekuppelt, die Schwingungen sind sehr langsam.

Im ersten Fall besteht der Fehler in zu starker Überregelung, d. h. sehr hoher Reguliergeschwindigkeit mit zu spät eingreifender Rückführung, um die Überregelung aufzuheben. Weil das Dämpfungsorgan bereits stillsteht, wäre seine Verstärkung zwecklos; Abhilfe ist möglich durch eine Verstärkung der Rückführfeder; ihre Charakteristik muß steiler gemacht werden.

Die Pendelung der zweiten Art haben ihre Ursache in den gegenteiligen Verhältnissen. Die Rückführfeder ist zu stark, deshalb die Überregelung ungenügend; verbunden damit ist eine zu kleine Regelgeschwindigkeit und verfrühte Rückführung der Überregelung. Hier bringt eine Verstärkung der Dämpfung oder eine Schwächung der Rückführfeder die nötige Abhilfe, um die gewünschte Regelgeschwindigkeit zu erreichen.

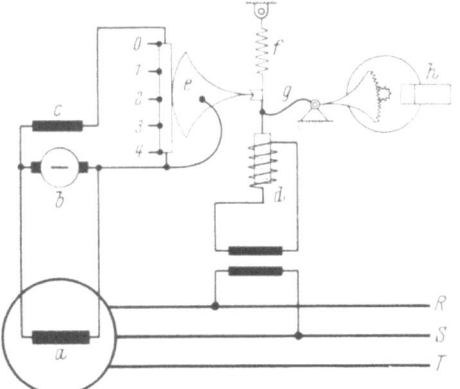

Abb. 254. Schaltbild und Anordnung eines Widerstandsreglers. *a* Wechselstromgenerator mit Erregerwicklung, *b* Erreger, *c* Erregerwicklung des Erregers, *d* Spannungsmagnet oder Drehsystem, *e* Kontaktapparat, *f* Haupt- oder Einstellfeder, *g* Rückführfeder, *h* Dämpfung

Weitere Ursachen von Pendelungen der Regler können sein:

1. Zu viel Reibung, z. B. in den Lagern der beweglichen Organe (wie Meß- oder Drehsystem, Dämpfung), und deshalb starke Unempfindlichkeit. Dieser Fehler ist leicht festzustellen.

2. Zu grobe oder ungleichmäßige Abstufung des Feldreglers. In diesem Fall pendelt der Regler mit hoher Schwingungszahl, weil er auch bei den kleinen Bewegungen des Magnetsystems viel zu stark überregelt.

3. Zu kleiner Feldregelwiderstand, wodurch eine Überregelung unmöglich wird. Der Regler pendelt dabei langsam und geht von einer Endlage in die andere.

4. Regelung im labilen Bereich der Magnetisierungskurve der Erregermaschine. Mit einem Schnellregler kann durch günstige Anpassung von Rückführung und Dämpfung trotzdem die Generator-

spannung praktisch konstant gehalten werden. Die geregelte Spannung wird allerdings dauernd leicht pulsieren, jedoch in zulässigen Grenzen. Bei reichlich bemessenen Erregermaschinen kann dieser Zustand durch den Einbau eines Widerstandes direkt in den Polradkreis verbessert werden. Der Erreger wird dadurch gezwungen, mit höherer Spannung und damit in einem stabileren Bereich zu arbeiten. Diese Art der Abhilfe bringt allerdings größere Verluste im Erregerkreis mit sich.

5. Zu viel axiales Spiel der geregelten Maschine, wodurch der magnetische Fluß dauernd pulsiert und der Regler ebenfalls fortwährend mitschwingen muß; außerdem Unregelmäßigkeiten z. B. an kranken Kommutatoren, Wackelkontakte an Feldspulen (s. S. 52 u. f.).

6. Unstabiles Arbeiten des Reglers der Antriebsmaschine, vor allem bei Kolbenmaschinen, wobei die Drehzahl und die abgegebene Leistung periodisch ändern. Explosionsmotoren, welche Zündversager aufweisen, ergeben störende Auswirkungen auf die Konstanthaltung der Drehzahl und damit der Spannung. In diesem Fall ist eine Kontrolle der Zündvorrichtungen notwendig. Unter ungünstigen Bedingungen können sich Turbinenregler und Spannungsregler zu Resonanzschwingungen anregen. Abhilfe ist meist leicht möglich, indem die Regelcharakteristik eines Reglers geändert und damit die Störfrequenz aus dem kritischen Bereich verschoben wird. Für einwandfreies Zusammenarbeiten muß jeder der beiden Regler für sich allein stabil arbeiten.

7. Anormal starke Remanenz der Erregermaschine, welche die Schnellregelung verunmöglicht; Abhilfe ist an der Erregermaschine vorzunehmen.

8. Unrichtige Bürstenstellung des Erregers, stark vorverschobene Bürsten, mit großem Spannungsabfall des Erregers verbunden, so daß der Einfluß des Reglers zu klein wird. Zu stark rückverschobene Bürsten geben dem Erreger eine Kompoundcharakteristik und vergrößern dadurch die Regelzeiten. Die Einstellgeschwindigkeit der Erregerspannung wird in diesem Zustand durch die Wirkung der Kompoundwicklung zu stark vom Hauptstrom abhängig, dessen Anstieg eben zu langsam erfolgt.

9. Zu großer Spannungsabfall des Generators selbst. Dies äußert sich namentlich dadurch, daß bei plötzlichen Belastungsstößen starke Spannungssenkungen entstehen.

Schon bei Generatoren mit normalem und vielmehr noch bei vergrößertem Spannungsabfall ist eine Spannungsänderung bei Belastungsstößen natürlich unvermeidlich; jeder Regler spricht erst an nach einer Änderung der zu regelnden Größe. Dagegen ist die Dauer und der Grad, um welchen die geregelte Größe von ihrem Nennwert abweicht, nur von der Schnelligkeit und Empfindlichkeit des Reglers abhängig. Es ist immer eine möglichst hohe Ansprechempfindlichkeit anzustreben, besonders wenn der Regler die Aufgabe hat, Spannungsschwankungen bei plötzlich auftretenden Belastungsspitzen nach Möglichkeit zu reduzieren. Die Steigerung der Empfindlichkeit hat jedoch ihre Grenzen, indem der Regler dauernd leichte, rasche Schwingungen ausführt, wenn er durch kleinste periodische Schwankungen der Belastung oder durch Riemenantriebe, Zahnradantriebe u. a. dazu angeregt wird. Durch solche Störungen wird ein Regelapparat dauernd beansprucht, ohne daß ein praktischer Vorteil gewonnen wird. Seine Lebensdauer kann dadurch wesentlich verkürzt werden.

Bei der automatischen Spannungsregelung von Gleichstromgeneratoren ist zu bedenken, daß dies gleichzeitig die Regelung auf konstante Leistung bedeutet. Das Pendeln eines Gleichspannungsreglers veranlaßt daher das Eingreifen des Reglers der Antriebsmaschine, was sehr leicht zu gegenseitiger Pendelung der beiden Regler führen kann. Abhilfe ist immer möglich durch eine Verstellung eines der Regler im Sinne einer Vergrößerung der sog. Statik (Ungleichförmigkeitsgrad) oder durch das Einstellen von stark abweichenden Regelgeschwindigkeiten.

b) Kohlendruckregler

Als Widerstandsmaterialien kommen bei Widerstandsreglern meistens Metalle zur Anwendung. Sie haben sich weitgehend bewährt und geben daher zu keinen besonderen Bemerkungen Anlaß. Die Verwendung von Flüssigkeitsregelwiderständen ist dagegen äußerst selten. Außerdem haben auch *Kohlendruckregler* Eingang gefunden, besonders bei den Bahnen, als Fahrzeugbeleuchtungsregler, sowie bei Straßenbahnen und Trolleybussen. Der Regelwiderstand wird aus scheibenförmigen Kohlestücken zu einer Säule aufgebaut. Die Widerstandsänderung kommt durch variablen Axialdruck auf die Säule zustande, wobei sich hauptsächlich der Übergangswiderstand zwischen den einzelnen Scheiben stark verändert. Die Kohlendruckregler haben den Vorteil, daß sich der Widerstand nicht stufenweise, sondern innerhalb einem Höchst- und einem Kleinstwert stetig auf jeden gewünschten Zwischenwert einstellen läßt. Dagegen besteht der Nachteil, daß der Widerstand der Kohlensäule sehr stark temperaturabhängig ist. Da nun der Regelweg der Kohlensäule, d. i. der Unterschied der Säulenlänge bei den Grenzwerten des Widerstandes ohnehin sehr klein ist, wirkt sich der Temperatureinfluß sehr stark aus. Bei den üblichen Bauarten der Kohlendruckregler muß deshalb die Säule von Zeit zu Zeit nachgeregelt werden, damit der Apparat seine Regelaufgabe erfüllen kann. Die elektrische Belastbarkeit der Kohlensäulen ist sehr begrenzt. Bei zu raschem oder zu starkem Entspannen der Kohlensäule, z. B. durch Belastungsstöße auf den Generator, können sich die einzelnen Kohlescheiben des Regelwiderstandes derart lockern, daß Funken zwischen ihnen auftreten, was sehr gefährlich und schädlich ist, da die Scheiben zusammenbacken können. Beim Überschreiten einer kritischen Temperatur zerfällt die Kohlensäule zu Staub. Selbst bei zulässiger Belastung ist ein starker Abfall von Kohlenstaub an den Scheiben zu beobachten, welcher durch die gewöhnlichen Regelbewegungen veranlaßt ist. Die ungünstige Form ihrer Charakteristik macht es notwendig, daß die Kohlensäule über komplizierte Gestänge oder Kurvenscheiben gesteuert werden muß, was eine befriedigende Regelung sehr erschwert.

2. Generator-Spannungsregelung mit Vibrationsreglern

Das Prinzip des Vibrationsreglers besteht darin, daß ein Vorwiderstand im Erregerkreis durch vibrierende Kontakte periodisch kurzgeschlossen und dadurch in seinem Wert herabgesetzt wird. Der Grad der Widerstandsänderung wird durch die Häufigkeit bzw. Dauer der Kurzschließungen bestimmt und unmittelbar von der zu regelnden Größe beeinflußt. Die mit der Regulierung verbundenen Verluste, die bei Widerstandsreglern in den Widerstandsmaterialien entstehen und durch Abkühlung beseitigt werden, müssen bei Vibrationsreglern hingegen zum Teil von den vibrierenden Kontakten aufgenommen werden. Ihre Lebensdauer wird dadurch eingeschränkt. Bei zu hoher Belastung der Kontakte besteht die Gefahr, daß sie verschweißen. Im Betrieb ist ein regelmäßiger Wechsel der Kontaktpolarität notwendig, um die Kontaktabnützung zu vermindern. Diese Umschaltung wird meist automatisch vorgenommen.

Der Vorteil der Vibrationsregler gegenüber den Widerstandsreglern liegt in ihren etwas höheren Regelgeschwindigkeiten. Bei größeren Generatoren kommt dieser Unterschied jedoch nicht zum Ausdruck, weil die Zeitkonstante der Polwicklung bedeutend größer ist als diejenige des Erregers. Man findet deshalb die Vibrationsregler am häufigsten in kleineren und mittleren Generatoranlagen und auf Fahrzeugen.

3. Generator-Spannungsregelung mit Hochleistungsreglern

Die Erfahrung hat gezeigt, daß mit Wälzsektorreglern (s. S. 344) eine bestimmte Regel- und damit Erregerleistung nicht überschritten werden darf, ohne die Segmente und Kontaktbahnen durch Funkenbildung zu gefährden. Für Großgeneratoren, z. B. bei Antrieb durch langsam laufende Wasserturbinen, benutzt man Hilfserreger konstanter Spannung zur Erregung des Haupterregers von einigen 100 kW Leistung. Dessen Erregung obliegt einem Spannungsregler, in Serie mit dem Hilfsregler und den Haupterreger-Feldspulen, von etwa 20 kW Reglerleistung. Seine Hauptorgane sind bewegliche Kohlebürsten mit einem Kollektor. Um trotz Bürstenreibung und größerer bewegter Massen des Bürstenträgers mit den Bürsten dennoch eine große Regelgeschwindigkeit zu erreichen, wird das vom Meßsystem erzeugte Verstelldrehmoment über ein Öldrucksystem (Servomotor) — kombiniert mit einem Vibrator zur Aufhebung der Ruhereibung — verstärkt auf die Bürsten übertragen.

Für diesen Reglertyp gelten, soweit es das Meßsystem betrifft, die auf S. 353 aufgeführten Störmöglichkeiten und die entsprechenden

Abb. 255 a. Hochleistungsregler: Vorderansicht

S Steuerregler (Meßorgan), F Hauptfeder im Gehäuse, D Öldämpfung, V Öldruckdrehmomentverstärker (Servomotor), P Pumpenmotor zu V, O Ölbehälter, R Regulierwiderstand, B Kohlenbürsten mit Bürstenträger, K Kollektor, M Öldruckanzeiger, W Heizwiderstand

Gegenmaßnahmen. Ferner können Bürsten im Halter klemmen, wenn sich dort zuviel Kohlenstaub abgelagert hat. Als Folge davon treten Funken an den Bürsten auf. Der Kollektor mit seinen Lamellen wird dadurch aufgerauht, die gesunde Patina wird zerstört. Dasselbe kann vorkommen, wenn der Kohlenstaub nicht mittels einer feinen Bürste vom Kollektor periodisch entfernt wird. Wenn Feuchtigkeit an Kollektor und Bürsten bei längerem Stillstand auftritt — z. B. an einem Aufstellungsort mit stark wechselnden Raumtemperaturen —, so entsteht sowohl an den Bürsten wie auch am Kollektor Schaden: schlechte

Kommutation und damit die genannten Mängel. Um dies zu verhüten, wird der Kollektorraum mit Vorteil dauernd geheizt, wozu etwa 30···50 Watt genügen. Damit der Regler im Betrieb nicht unter zu großer Erwärmung durch die Regelleistung — besonders bei ungünstigen Aufstellungsräumen — leidet, muß für genügenden Luftwechsel, evtl. mittels eines Ventilators, gesorgt werden.

Abb. 255 b. Hochleistungsregler nach Abb. 255 a: Rückansicht

Als Störungen am Öldruckverstärkersystem sind bekannt: Falsche Öldruckanzeige bei defektem oder verstopftem Manometer, zu geringer Öldruck zufolge eines kranken Pumpenmotors, einphasiger Lauf des letzteren, also zu geringe Drehzahl oder Ölverluste. Unreinigkeiten im Öl können das richtige Arbeiten des Servomotors behindern und zu Defekten an Pumpe und Verstärker sowie am Vibrator führen, z. B. durch Anfressen feingeschliffener Teile. Weitere Störungen am Regelwiderstand sind vorwiegend Wackelkontakte, Unterbrüche, Schlüsse zwischen Leitern oder gegen Erde. Letztere treten als Folge großer Feuchtigkeit auf. Durch gute Pflege, Kontrolle und Reinigung können diese Störungen weitgehend vermieden werden.

teilung fortwährend ausgleicht. In Abb. 256 ist eine solche Einrichtung dargestellt. Hingegen ist mit statisch eingestellten Reglern ein einwandfreier Parallelbetrieb ohne Hilfseinrichtungen möglich. Dabei ist jedoch die Spannung von Leerlauf bis Vollast nicht konstant, sondern um den sog. *Ungleichförmigkeitsgrad* des Reglers abfallend.

b) Wechselstromgeneratoren

Die Spannungsregelung von parallellaufenden Wechselstromgeneratoren bietet, im Gegensatz zu den Gleichstromgeneratoren, keine Schwierigkeiten. Jede Änderung der Erregung eines Generators im Parallelbetrieb beeinflußt nur die Blindlastverteilung. Seine Wirklast, welche durch die Regulatorstellung bzw. das Drehmoment der Antriebsmaschine allein festgelegt ist, wird davon nicht berührt. Den Spannungsreglern paralleler Generatoren kommt nur die Aufgabe richtiger Blindlastverteilung zu. Reglerpendelungen wirken sich folglich nur in Blindstrompendelungen aus, ohne die Regler der Antriebsmaschinen zu beeinflussen.

Die Beherrschung der Blindstromverteilung durch die automatischen Spannungsregler ist um so leichter, je größer die zwischen den Generatoren vorhandenen Reaktanzen sind, was Abb. 257 erläutert. Es wird angenommen, daß ein Generator über eine Reaktanz X auf ein Netz arbeitet. U stellt Größe und Richtung der Netzspannung als Vektor dar, I den Belastungsstrom und φ den Phasenwinkel. Der Generator sei übererregt, d. h. es wird induktive Blindleistung ans Netz abgegeben. Die Spannung U_X an der Reaktanz ist dem Belastungsstrom I um 90° voreilend phasenverschoben.

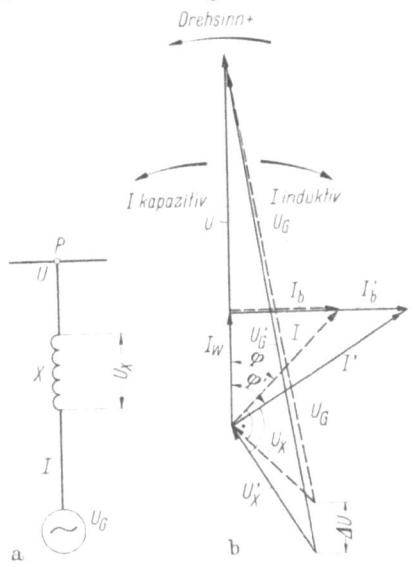

Abb. 257. Spannungs- u. Blindstrom-Verhältnisse bei ungleicher Reaktanz zwischen Generator und Netz. a Schaltung, b Vektordiagramm

Die am Generator notwendige Klemmenspannung U_G muß daher höher sein als die Netzspannung U im Punkt P. Steigt nun aus irgendeinem Grunde der Blindstrom I_b auf den Wert $I_{b'}$ an, so wird sich dadurch der Phasenwinkel φ zwischen Generatorstrom und Netzspannung U weiter vergrößern auf φ', der Leistungsfaktor wird kleiner. Dementsprechend ändert auch der Vektor U_X der Spannung an der Reaktanz seine Lage nach U'_X, so daß sich die Generatorspannung um ΔU erhöhen müßte. Diese Spannungsänderung und damit größere Blindleistungsabgabe verhindert aber der Spannungsregler, weil er die Spannung konstant hält.

Das Diagramm zeigt auch, daß der Regler bei einer Blindlaständerung die Generatorspannung um so mehr erhöhen muß, je größer die zwischen Generator und Netz wirksame Reaktanz ist. Aus diesem Grund ist die Blindlastverteilung zwischen Generatoren und Kraftwerken, die über Transformatoren oder lange Freileitungen parallel laufen, sehr leicht durchführbar, sogar mittels astatisch eingestellten Spannungsreglern, wobei trotzdem die Überlastungsgefahr mit Blindstrom gering ist.

Ungünstiger liegen in dieser Hinsicht die Verhältnisse für die Generatoren eines Kraftwerkes, wenn sie direkt über Sammelschienen verbunden sind, so daß keine Reaktanzen stabilisierend wirken können. Bei Verwendung von gewöhnlichen astatischen Spannungsreglern würden einzelne Generatoren induktive Blindleistung abgeben, also übererregt laufen, während die anderen Generatoren Blindlast aufnehmen, d. h. untererregt arbeiten würden. Ein einwandfreier Parallelbetrieb ist jedoch auch hier möglich durch Verwendung von Blindstrom-Stabilisierungseinrichtungen, welche eine gleichmäßige Blindstromverteilung auf alle parallelen Generatoren bewirken.

6. Parallelschaltregelung

a) Leistungsstoß

Ein sicheres und rasches Arbeiten der Leistungsschalter ist die erste Voraussetzung für einwandfreies Parallelschalten. Je kürzer die totale Einschaltzeit ist, d. i. die Zeit zwischen der Kommandogabe und der ersten Berührung der Schalterkontakte, um so leichter kann stoßfrei parallel geschaltet werden. Theoretisch verlangt eine vollständig stoßfreie Parallelschaltung absolute Übereinstimmung beider Frequenzen, wie auch genaues Zusammenfallen beider Spannungsvektoren. Diese beziehen sich auf die beiden parallel zu schaltenden Generatoren, bzw. auf einen Generator einerseits und ein Netz anderseits.

Dieser Zustand ist nun aber praktisch nicht herbeizuführen und auch nicht notwendig. Die Frequenzabweichung, bei welcher noch parallel geschaltet werden kann, läßt sich erfahrungsgemäß aus der Geschwindigkeit des Synchronoskops oder des Phasenvoltmeters beurteilen. Der Grenzwert des Frequenzunterschiedes beträgt etwa $0{,}2\cdots 0{,}4\%$, je nachdem die Maschinen direkt über Sammelschienen oder über Transformatoren, Freileitungen oder Kabel parallelgeschaltet werden. Der kleinste Leistungsstoß entsteht, wie aus dem Gesagten ersichtlich ist, wenn der Kuppelschalter gerade im Moment der Phasengleichheit geschlossen wird. Das Kommando zum Einlegen des Schalters muß deshalb mit einer Voreilung gegeben werden, und zwar um so früher, je größer die Einschaltzeit des Kuppelschalters und die Frequenzabweichung sind.

Wenn z. B. ein Kuppelschalter bei etwa 0,3% Frequenzdifferenz — das sind bei 50 Hz 0,15 Hz — so eingelegt wird, daß die Kontaktgabe im Moment der Phasengleichheit erfolgt, so tritt ein Leistungsstoß von etwa 30% der Generatornennleistung auf. Dieser angenäherte Wert gilt für Parallelschaltungen von Generatoren unmittelbar über Sammelschienen. Liegen größere Reaktanzen zwischen den Generatoren, so vermindert sich der Leistungsstoß bei sonst gleichen Verhältnissen, hingegen dauert der Ausgleichsvorgang länger an.

b) Schaltmoment

Mit der folgenden einfachen Rechnung kann der richtige Zeitpunkt oder die Zeigerstellung des Synchronoskops bei Kommandogabe bestimmt werden, um die Schaltverzögerung auszugleichen und korrekt parallel zu schalten.

In einem Netz mit 50 Hz hat der Zeiger eines zweipoligen Synchronoskops nach Abb. 258 bei einer Frequenzdifferenz von 0,3% die Umlaufgeschwindigkeit:

$$n = 50 \frac{0,3}{100} = 0,15 \text{ U/s}$$

$$1 \text{ U/s} \triangleq 360 \text{ °el/s,}$$

folglich beträgt die elektrische Winkelgeschwindigkeit des Synchronoskops

$$\omega = 0,15 \cdot 360 \text{ °el} = 54 \text{ °el/s}.$$

Beim zweipoligen Synchronoskop stimmen der elektrische und der geometrische Winkel überein.

Wenn z. B. die totale Eigenzeit des Kuppelschalters 0,4 s beträgt, so muß der Schalter im Moment betätigt

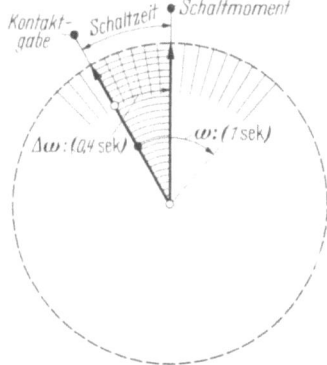

Abb. 258. Synchronoskop-Zeigerstellung beim Parallelschalten

werden, in dem der umlaufende Zeiger des Synchronoskops um den Winkel

$$\Delta\omega = 54 \text{ }\frac{\text{°el}}{\text{s}} \cdot 0,4 \text{ s} = 21,6 \text{ °el}.$$

vor der Synchronlage sich befindet. Wäre die Schaltzeit 1 s statt 0,4 s, so müßte der Winkel im Schaltmoment 54° el. betragen. Daß unter solchen Bedingungen kein sicheres Schalten mehr möglich ist, kann leicht ermessen werden. Die Drehbewegung des Synchronoskopzeigers, welche durch den Frequenzunterschied bestimmt wird, ist nicht immer konstant. Sie kann sich unmittelbar nach der Kontaktgabe verändern, sogar derart, daß der Drehsinn umkehrt. Dies führt natürlich zu einer groben Fehlschaltung. Beträgt die Schaltzeit hingegen nur 0,2 s, so reduziert sich der Winkel auf 10,8 °el/s, wodurch das Parallelschalten bedeutend sicherer wird.

Man erkennt aus dem Gesagten, daß die Schaltereigenzeit eine maßgebende Rolle bei der Parallelschaltung spielt. Neuzeitliche Schalter arbeiten mit Eigenzeiten von etwa 0,08 s. Dabei ergibt sich für das vorgenannte Beispiel:

$$\Delta\omega = 54 \text{ °}\frac{\text{el}}{\text{s}} \cdot 0{,}08 \text{ s} = 4{,}3 \text{ °el}$$

Bei Ölschaltern kann ferner die Schaltereigenzeit mit der Viskosität, d. h. der Zähflüssigkeit des Schalteröles, variieren, so daß im Winter u. U. zufolge der Vergrößerung der Schaltereigenzeit sich schlechte Parallelschaltungen ergeben können.

Zum Parallelschalten bedient man sich folgender drei Instrumente:
1. Drehfeldsynchronoskop,
2. Phasenvoltmeter mit Summenspannungsmessung, sog. Hellschaltung,
3. Phasenvoltmeter mit Differenzspannungsmessung, sog. Dunkelschaltung.

Das erstere Instrument bietet die beste Übersicht und Sicherheit bei der Parallelschaltung.

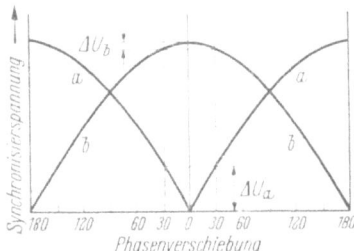

Abb. 259. Synchronisierspannung in Abhängigkeit von der Phasenverschiebung der Spannungen. *a* beim „Dunkel"-Schalten, *b* beim „Hell"-Schalten

Von den beiden Schaltarten der Phasenvoltmeter ist die Dunkelschaltung hinsichtlich Genauigkeit der Hellschaltung vorzuziehen; die Spannungsänderung in der Nähe des Synchronismus ist dabei viel größer, s. Abb. 259. Es ist aber die Möglichkeit des Durchgehens einer Sicherung oder das Vorhandensein eines schlechten Kontaktes zu beachten. Die Spannung würde in diesen beiden Fällen auch Null und deshalb ein falscher Zustand vorgetäuscht. Es gibt automatische Parallelschaltapparate, die auf *Hell* einschalten, aber trotzdem die Genauigkeit der *Dunkel*-Methode besitzen.

c) Leistungspendelung

Bei bestimmten Parallelschaltzuständen kann der geringste Leistungsstoß eine dauernde Leistungspendelung anregen, so daß der hinzu-

4. Allgemeine Störungen an Hochleistungs- u. Sektor-Reglern

Abgenützte oder gebrochene Lagersteine und Achsspitzen zu Steinlagern erhöhen die Lagerreibung und damit die Unempfindlichkeit des Reglers. Defekte Lagersteine sind zu ersetzen. Achsspitzen können unter Umständen nachgeschliffen werden. Bei der Wiedermontage von Steinlagern ist dafür zu sorgen, daß das minimal erforderliche Achsialspiel vorhanden ist, ansonst unzulässige Klemmungen, wenn nicht gar Spitzendefekte auftreten. Nadel- oder Kugellager können, vor allem bei hoher Temperatur, im Laufe der Zeit verharzen, insbesondere in ungenügend gelüfteten Räumen und im Tropenklima. Ferner können sie bei großer Raumfeuchtigkeit bei Vorhandensein von Säuredämpfen sogar anrosten. Beides wirkt sich besonders in einem Zunehmen der Lagerreibung und der Reglerunempfindlichkeit aus. Solche Lager müssen gut gereinigt, mit Benzin ausgewaschen und neu geschmiert werden. Hierzu verwende man ein vom Reglerfabrikanten vorgeschriebenes Schmiermittel.

Übertragungselemente, wie Zahnrädchen, Zahnritzel, Zahnsegmente, nützen sich je nach Betriebsbedingungen des Reglers mehr oder weniger ab, so daß vor allem Zahnsegmente gelegentlich ersetzt werden müssen, da sonst der Regler wegen zuviel toten Ganges schlecht arbeitet.

Staub, aus Spulen ausgeschwitzter Lack, feine Fremdkörperchen, wie Sand, Metallspäne, Fäden, welche in den Luftspalt des Meßsystems, z. B. zwischen den Magnetanker und die Spulenbohrung oder zwischen die FERRARIS-Drehtrommel und das Magnetsystem eindringen konnten, verursachen ein träges Arbeiten des Reglers; sie können ihn sogar blockieren. Dasselbe kann bei deformierten Drehtrommeln auftreten. Durch sorgfältige Reinigung oder durch Ausrunden der Trommel können solche Fehler behoben werden. Bei Magnetdämpfungen tritt ab und zu der Fall ein, daß die Dämpferscheibe nicht mehr eben ist und an den Magneten streift, oder daß letztere verschoben oder verkantet aufgesetzt sind und an der Scheibe streifen oder sich mit ihr verklemmen. Die Korrektur ist einfach und braucht keine weiteren Erläuterungen.

Hat eine elektromagnetische Dämpfung ihre Wirkung verloren, so liegt in der Regel ein Unterbruch in der Spule oder deren Ableitungen vor. Öldämpfungen können klemmen, wenn Unreinigkeiten im Öl vorhanden sind, welche sich zwischen den Dämpfungskolben und die Zylinderwand ansetzen. Auch verharztes Dämpfungsöl stört das richtige Arbeiten der Dämpfung oder kann sie sogar blockieren. Zu wenig Öl im Dämpfungszylinder ergibt ungenügende oder unregelmäßige Dämpfungswirkung.

In beiden Fällen bringen eine gründliche Reinigung und Ölwechsel Abhilfe. Bei Öldämpfungen mit Entlastungsventilen sind diese auf guten Zustand zu prüfen, evtl. zu reinigen. Verklemmte oder gebrochene Teile sind zu ersetzen.

Störungen an hydraulischen Servomotoren sind meist auf Unreinigkeiten im Öl zurückzuführen, indem Steuerventile und andere bewegte Teile klemmen oder gar anfressen können. Eingebaute Ölfilter sind periodisch zu reinigen und der Ölwechsel ist rechtzeitig vorzunehmen.

Kontaktbahnen müssen stets sauber und staubfrei gehalten werden. Ausblasen, Absaugen oder Auswischen mittels eines feinen Pinsels in bestimmten Zeitabständen schützt die Kontaktbahnen, die Kontaktlamellen und die darin abrollenden Kontaktsektoren vor Anbrennungen und unnötigen Abnützungen. Anbrennungen können aber dennoch auftreten, wenn z. B. die Belastung zu groß ist, oder wenn der Regler dauernd übermäßigen Erschütterungen ausgesetzt ist. Das örtliche Auftreten von Funken zwischen den Sektoren und der Kontaktbahn deutet auf Unterbrüche in den Lamellenableitungen zu den Regelwiderständen hin oder auf Unterbrüche im Regelwiderstand selbst.

Da es sich bei den Reglern um Präzisionsapparate handelt, so müssen sie sachgemäß behandelt werden. Vor allem sind Staub, Schmutz, Säuredämpfe und Feuchtigkeit nach Möglichkeit fernzuhalten; die Reglergehäuse sind nur bei Kontrollen, und nur so kurzzeitig als nötig, zu öffnen. Da große Temperaturen und Temperaturschwankungen besonders für Regler mit hydraulischen Organen, wie Servomotoren und Öldämpfungen, nachteilig sind, muß für gutgelüftete Aufstellungsräume gesorgt werden.

5. Parallelbetriebs-Regelung

a) Gleichstromgeneratoren

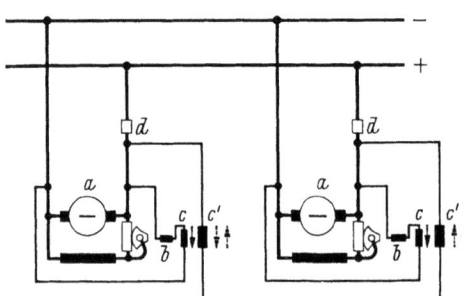

Abb. 256. Stabilisierungsschaltung der Spannungsregler zweier paralleler Gleichstromgeneratoren. *a* Gleichstromgenerator, *b* Spannungsregler, *c* Feldwicklung des Reglers, *c'* Stabilisierungswicklung des Reglers, *d* Stabilisierungsvorwiderstand

Wenn mehrere Gleichstromgeneratoren parallel laufen, wobei jeder Generator einen auf konstante Spannung regelnden, sog. astatischen Regler besitzt, treten unvermeidlich Spannungs- und Leistungsschwankungen auf, auch wenn die Generatoren selbst einen genügend hohen inneren Spannungsabfall aufweisen. Für einen stabilen Parallelbetrieb mit astatischen Reglern muß eine vom Strom gespeiste Stabilisierungseinrichtung an jedem Regler vorhanden sein, welche eine ungleiche Stromver-

geschaltete Generator wieder abgetrennt wird. Die Ursache kann im folgenden liegen:

1. Eine Störung im Generator, z. B. ein intermittierender Windungsschluß im Polrad, welcher eine Schwingung des Polrades veranlaßt.

2. Zu große Reguliergeschwindigkeit des Turbinenreglers, der auf kleine Drehzahländerungen zu stark anspricht.

3. Zu geringe Schwungmasse der Turbinen-Generatorgruppe, wobei ein zu empfindlicher Turbinenregler sich zusätzlich ungünstig auswirkt. Besonders unruhig verhält sich die Leerlaufdrehzahl von Propellerturbinen.

4. Große Impedanzen zwischen dem zugeschalteten Generator und den übrigen Netzteilen. Während nach früherer Erläuterung (S. 356) die Blindlastverteilung bei großen Leitungsimpedanzen sehr stabil ist, gilt für die Stabilität der Leistungsverteilung das Gegenteil. Der Grund liegt darin, daß der Verschiebungswinkel zwischen dem Polrad und dem Ständerfeld sich proportional mit diesen zwischenliegenden Impedanzen vergrößert. Dieser Sachverhalt setzt darum auch der Größe der Kurzschlußspannung von Transformatoren eine Grenze.

Die Behebung dieser Pendelungen durch den Einbau von Dämpferwicklungen in die Polräder gelingt nicht immer im gewünschten Maß. Die Schwingungszeit ist meistens zu groß, weshalb eine äußerst starke Dämpferwicklung nötig wäre, die aus konstruktiven Gründen nicht untergebracht werden kann. Im normalen Betrieb treten Leistungspendelungen auch an Generatoren auf, die von Kolbenmaschinen, wie Dampfmaschinen, Dieselmotoren, Gasmotoren angetrieben werden. Hier ist jedoch eine Abhilfe durch den Einbau einer Dämpferwicklung oft möglich, weil die Schwingungsfrequenz meist beträchtlich höher liegt als bei Schwingungen, die durch Parallelschaltstöße hervorgerufen werden (s. S. 151).

d) Netzkupplung

Das Kuppeln zweier belasteter Netze ist meistens viel schwieriger als das Parallelschalten nur eines Generators mit einem Netz. Im letzteren Fall ist nur die Schwungmasse eines einzelnen Generators in Synchronismus zu bringen; bei der Netz-

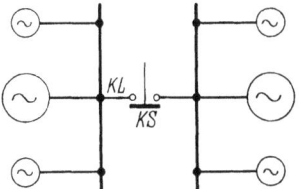

Abb. 260. Parallelschalten großer Netze über schwache Kuppelleitungen. *KL* Kuppelleitung, *KS* Kuppelschalter

kupplung hingegen sind die Schwungmassen aller rotierenden Generatoren und Verbraucher am Leistungsaustausch beteiligt. Verhältnismäßig geringe Schaltungenauigkeiten wirken sich deshalb viel stärker aus.

Werden zwei Netze über eine Kuppelleitung parallel geschaltet, deren zulässiger Dauerstrom kleiner ist als der Normalstrom des kleineren Netzes, so sind für die auftretenden Stromstöße in der Kuppelleitung die momentanen Belastungszustände im kleineren Netz maßgebend (Abb. 260). Wenn die Parallelschaltung nicht sehr genau ist, können leicht Stromstöße auftreten, die den Ansprechwert der Schutzrelais auf den Kuppelschaltern erreichen und damit diese Schalter zur Auslösung bringen.

7. Generatorregelung beim Zuschalten offener Freileitungen

Währenddem ein Generator bei induktiver Blindlast übererregt werden muß, ist bei *kapazitiver* Blindlast eine Schwächung der Erregung nötig, weil die Streuspannung und die Ankerrückwirkung spannungserhöhend wirken. Die Belastung von Synchrongeneratoren mit kapazitiver Blindlast stellt an die Spannungsregelung unter Umständen ganz besondere Anforderungen. Es entsteht somit die regeltechnische Aufgabe, die Generatorerregung auf Null, ja sogar auf negativen Werten stabil zu halten, z. B. bei der Speisung einer am Ende offenen Freileitung, die eine kapazitive Blindlast darstellt. Diesen Bedingungen genügt eine gewöhnliche Nebenschlußerregermaschine nicht mehr. Man verwendet dazu heute allgemein eine aus Haupt- und Hilfserreger bestehende Erregergruppe. Die Erregung der Haupterregermaschine erfolgt durch den Hilfserreger, welcher meist auf konstanter Spannung gehalten wird. Der automatische Spannungsregler kann dann die Erregung der Haupterregermaschine auf jeden beliebigen Wert, im Bedarfsfall auch auf Gegenerregung einstellen.

Wenn im Dauerbetrieb eine Gegenerregung notwendig ist, wie z. B. bei Phasenschiebern (Blindlastkompensatoren), so muß der Spannungsregler mit einer besonderen Vorrichtung versehen werden, damit die Gegenerregung nicht so stark wird, daß die Maschine außer Tritt fällt. Ein solcher Betrieb ist nur bei Einzelpolmaschinen möglich.

Die vorübergehende Gegenerregung hat eine große Bedeutung bei der Verhinderung von Überspannungen, welche bei Lastabschaltungen oder bei raschen Belastungsänderungen auftreten könnten, weil durch sie ein rascher Feldabbau im Generator ermöglicht wird. Sie spielt aber auch eine bedeutende Rolle beim Einschalten einer langen, offenen Freileitung. Es können hier die folgenden Schwierigkeiten auftreten:

Ist ein Generator auf die Nennspannung der am Ende offenen Leitung erregt und wird diese unter Spannung gesetzt, so kann ein plötzlicher starker Spannungsanstieg eintreten, wobei unter Umständen der Überspannungsschutz anspricht. Mit dieser Gefahr ist zu rechnen, wenn der kapazitive Blindstrom so groß wird, daß Selbsterregung des Generators eintritt. Als kritischer Wert kann etwa das 0,6fache des Nennstromes des Generators, oder bei Parallelschaltung mehrerer Generatoren das 0,6fache der Summe der Nennströme aller Maschinen angenommen werden. Der genaue Wert ist stark abhängig von den konstruktiven Kennwerten des Generators und von der Einschaltspannung.

Wenn die Gefahr von Selbsterregung besteht, müssen die Verhältnisse von einem Spezialisten untersucht werden, um vor dem Einschalten der unbelasteten Freileitung festzustellen, ob Generatoren und Regelung für diesen Fall ausgelegt sind. Ist dies der Fall, dann kann beim Einschalten wie folgt vorgegangen werden:

a) Generator im Leerlauf, unerregt

Der Spannungsregler muß beim *Hochfahren* der Leitung auf *automatischen* Betrieb gestellt sein. Diese Maßnahme erweist sich gegen verschiedene mögliche Störungen und Zwischenfälle als sehr nützlich. Im Prinzip muß immer mit einem Ansprechen der Überspannungsrelais gerechnet werden. In diesem Falle muß der Leitungsschalter die offene Leitung abschalten können. Da in der Tat nicht alle Netzschalter diese schwierige Aufgabe bemeistern, ohne daß störende Nebenerscheinungen auftreten, empfiehlt es sich, im Zweifelsfalle den Leitungsschalter zu blockieren und durch den Maschinenschalter abzuschalten.

b) Generator im Stillstand, unerregt

Die Drehzahl und mit ihr die Spannung werden allmählich erhöht. Sodann beobachtet man das Verhalten des Spannungsreglers und den Verlauf des Spannungsanstieges. Im Falle starker Selbsterregung ist der Spannungsanstieg sehr steil und die Spannung am offenen Ende der Leitung übersteigt die Betriebsspannung nach eingetretenem stationärem Zustand beträchtlich. Die Inbetriebnahme der Leitung ist somit nicht möglich. Zeigt sich beim soeben beschriebenen Vorgehen keine Selbsterregung, so muß weiter beurteilt werden, ob der Ladestrom der Leitung von einem Generator allein geliefert werden kann oder ob hierfür mehrere Generatoren notwendig sind. Wesentlich ist, daß die Selbsterregungsgefahr mit der Anzahl der parallel auf eine offene Leitung arbeitenden Generatoren abnimmt.

Alle für die Aufladung der offenen Freileitung vorgesehenen Generatoren müssen mit einer Spannungsregeleinrichtung ausgerüstet sein, die eine vollkommen stabile Regelung des Erregerstromes bis auf Null oder noch besser bis auf einen bestimmten negativen Wert ermöglicht.

Sind zur Aufladung einer offenen, unbelasteten Leitung zwei oder mehrere Generatoren erforderlich, so geht man vorteilhaft wie folgt vor:

Der ersteingesetzte Generator (*I*) wird mit der automatischen Regelung auf die kleinst mögliche Spannung erregt. Der zweite Generator (*II*) wird bei vorerst noch ausgeschaltetem Spannungsregler, d. h. von Hand geregelt und parallelgeschaltet. Seine Erregung wird von Hand möglichst tief eingestellt, so daß er seinen Magnetisierungsstrom vorwiegend von Generator *I* bezieht.

Wird nun die Leitung zugeschaltet, so sind keine Schwierigkeiten zu erwarten, wenn der vom Generator *II* aufgenommene Magnetisierungsstrom ungefähr den Wert des Ladestromes der Leitung besitzt.

Wenn zur Aufladung einer offenen Freileitung mehrere parallele Generatoren notwendig sind, darf unter keinen Umständen einer dieser Generatoren abgeschaltet werden. Die übrigen Generatoren vermöchten sonst den Leitungsladestrom nicht mehr bei stabiler Spannungsregelung zu liefern. Ein solcher Ausschaltvorgang hätte eine gefährliche momentane Überspannung zur Folge.

Wenn eine offene Leitung, die von einem Generator direkt oder über einen Transformator gespeist wird, abgeschaltet werden muß, so ist zuerst der Leitungsschalter auszulösen, und erst nachher darf der Generatorschalter ausgeschaltet werden. Bei Speisung durch mehrere Generatoren wird gleichartig vorgegangen.

Muß eine leerlaufende Leitung belastet werden, die von einer Sammelschiene mit verschieden erregten Generatoren gespeist wird, so ist hierfür zuerst der Generator mit positiver Erregung heranzuziehen. Wird hingegen die Belastung mit einem minimal oder gar gegenerregten Generator aufgenommen, so fällt dieser außer Tritt.

Ein sicherer und stabiler Betrieb einer Leitung wird eingehalten, wenn die am Ende der Leitung befindlichen Transformatoren möglichst ununterbrochen angeschlossen bleiben.

8. Belastungsumstellung zwischen parallelen Generatoren

In neuzeitlichen Anlagen werden Generatoren mit den zugehörigen Transformatoren oft zu einer Gruppe vereinigt, sog. Blockschaltung, ohne einen dazwischenliegenden Schalter. Außerhalb der Gruppe liegende Störungen werden dann durch die Leistungsschalter auf der Transformator-Oberspannungsseite abgeschaltet. Die Anordnung hat gegenüber älteren Anlagen den Vorteil größerer Einfachheit der Schaltanlage und verminderter Kurzschlußleistung des Systems, weil diese noch durch den Transformator begrenzt wird. Um innerhalb der Anlage verschiedene Schaltzustände herstellen zu können, sind auf der Niederspannungsseite zwischen Generatoren und Transformatoren gelegentlich noch Trenner und eine Hilfssammelschiene vorhanden. An dieser Sammelschiene ist meistens der Eigenbedarf des Kraftwerkes, oft noch ein Niederspannungsnetz angeschlossen. Die Betriebsverhältnisse erfordern oft, daß die Belastung der Niederspannungsseite von einem Generator auf einen anderen übertragen werden muß, ohne daß der Parallelbetrieb auf der Oberspannungsseite unterbrochen werden darf. Die Umschaltung erfolgt dann mittels der vorhandenen Trennschalter nach Abb. 261. Dabei ist ein Fehler möglich, welcher auf der folgenden, falschen Überlegung beruht: Da die Generatoren auf der Oberspannungsseite parallel sind und bleiben, wird angenommen, daß eine Umschaltung ohne weiteres möglich ist, indem zuerst der Trenner $T\,II$ geschlossen und nachher $T\,I$ geöffnet wird. Die an den Kontakten von $T\,I$ im Moment des Öffnens vorhandene Spannung ist jedoch nicht notwendigerweise Null; sie hängt von der Belastung der beiden Generatoren im Öffnungsmoment ab. Wenn z. B. Generator $G\,II$ stark belastet ist, während Generator $G\,I$ leerläuft, so ist die Spannung von $G\,II$ nach Öffnen des Trenners um den Spannungsabfall seines Transformators höher als diejenige von $G\,I$. Es kann dabei ein Lichtbogen entstehen, welcher leicht zu einem Sammelschienenkurzschluß führt.

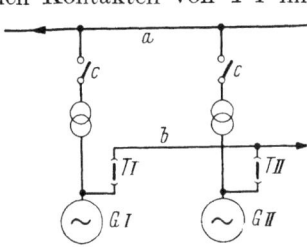

Abb. 2⁾1. Schaltbild zur Belastungsumstellung mit Trennschaltern. *a* Hochspannungssammelschiene, *b* Niederspannungssammelschiene, *c* Hochspannungsölschalter, $T\,I$ und $T\,II$ Trennschalter, $G\,I$ und $G\,II$ Generatoren

Um diese Umschaltung ohne Gefahr vornehmen zu können, müssen vorerst beide Generatoren auf möglichst gleiche Belastung auf der Oberspannungsseite und gleichen Leistungsfaktor reguliert werden. Es ist auch zu empfehlen, Lasttrennschalter an Stelle gewöhnlicher Trenner zu verwenden.

9. Netzspannungs-Regeleinrichtungen

a) Allgemeines

Die immer engere und umfassendere Vermaschung der Netze erhöht einerseits die Sicherheit in der Energieversorgung, anderseits verlieren dadurch die Unterwerke ihre Unabhängigkeit bezüglich Spannungshaltung auf der Eingangsseite. Es stellt sich deshalb die Aufgabe, an diesen Stellen die Spannung der abgehenden Leitungen so zu regeln, daß sie beim Verbraucher innerhalb bestimmter Grenzen bleibt.

Um die mit der Belastung veränderlichen Spannungsverluste zwischen Speisepunkt und Verbraucher oder die Schwankungen der gelieferten Spannung selbst auszugleichen, werden Dreh- und Stufentransformatoren verwendet. Die letzteren genügen in den meisten Fällen den gestellten Aufgaben, weil sie kleine Leerlaufströme sowie Phasengleichheit der geregelten und ungeregelten Spannungen aufweisen und zudem bedeutend billiger sind; sie werden deshalb heute allgemein angewendet.

b) Stufentransformatoren

Die Spannungsregelung mit Stufentransformatoren geschieht meist auf folgende Weise: Der Regeltransformator besitzt eine Haupt- und Regelwicklung mit einer Anzahl Stufen. Die Regelwicklung kann in spannungserhöhendem oder erniedrigendem Sinne mit der Hauptwicklung verbunden werden. Folglich gewinnt man dadurch doppelt so viele Regelstufen als Schaltstufen oder Anzapfungen vorhanden sind. Der Übergang von einer Stufe zur andern kann unter Last erfolgen, und zwar mit Hilfe von Stufenschaltern — die aus Wählerschaltern, kurz *Wähler* genannt, sowie dem Lastschalter bestehen — und Stufenüberschalt- oder Schutzwiderständen oder Drosselspulen. Diese begrenzen

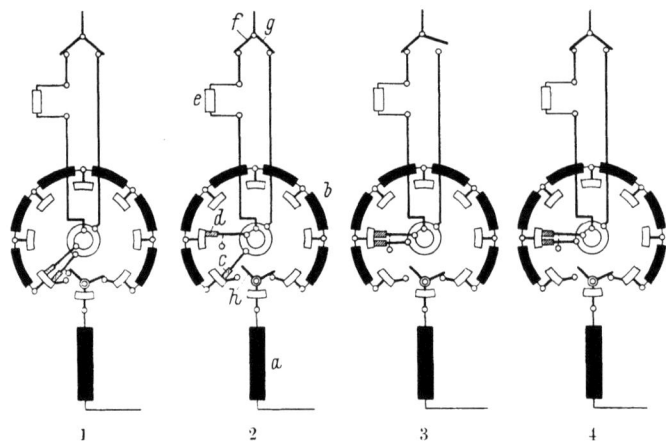

Abb. 262. Schaltvorgang an einem Stufentransformator ohne Unterbrechung. 1. Ausgangsstellung bei tiefster Spannung. 2. Erste Übergangsstellung. Mit überbrückter Stufe der Regulierwicklung. 3. Zweite Übergangsstellung. Netzstrom über den Schutzwiderstand fließend. 4. Neue Betriebsstellung bei höherer Spannungsstufe.

a Hauptwicklung des Transformators, *b* Regulierwicklung des Transformators, *c* Hauptkontakt des Stufenschalters, *d* Hilfskontakt des Stufenschalters, *e* Schutzwiderstand, *f* Hilfsfunkenschalter, *g* Hauptfunkenschalter

den entstehenden Spulenkurzschlußstrom beim unterbrechungsfreien Übergang von einer Stufe zur anderen. Die Verwendung von Drosselspulen hat gegenüber den rein Ohmschen Widerständen den Nachteil größerer Kontaktabnützung, weil der bei jeder Schaltung zu unterbrechende Spulenstromkreis vorwiegend induktiv ist, wobei die Schaltarbeit bekanntlich höher ist. Die längere Lichtbogenbrenndauer bei Drosselspulen bringt zudem die nur für funkenloses Unterbrechen vorgesehenen Hauptkontakte des Wählers in Gefahr, weil die Unterbrecherleistung teilweise von diesen übernommen werden muß.

Bei guten Konstruktionen arbeiten die den Dauerstrom führenden Wählerkontakte immer funkenfrei. Die zu unterbrechende Kurzschlußleistung der Spulen wird von besonders ausgebildeten Funken-, d. h. Lastschaltern übernommen, welche nicht im Transformatorkessel liegen dürfen, um das Öl nicht zu verunreinigen; außerdem haben nicht im Öl liegende Kontakte der Funken- oder Lastschalter den großen Vorteil guter Zugänglichkeit bei Revisionen und Auswechslungen. Weil die Schutzwiderstände oder Drosselspulen nur während der Regelvorgänge beansprucht werden, sind sie nicht für dauernde Belastung bemessen.

Erfolgt ein Regelvorgang nicht einwandfrei, so daß der Wähler in einer Zwischenstellung stehen bleibt, so wird der Schutzwiderstand zerstört. Dieser Fehler muß daher durch besondere mechanische oder elektrische Verriegelungen am Antrieb verhindert werden.

Es ist periodisch zu prüfen, ob die Lastschalter an den Kontakten noch genügend Abbrandvolumen besitzen. Ist dies nicht der Fall, so müssen sie rechtzeitig ersetzt werden. Wenn dies nicht geschieht, besteht Gefahr, daß die Schutz- und Stufenüberschalt-Widerstände fehlerhaft geschaltet werden, was zu starken Anbrennungen oder Zerstörungen der Wählerkontakte führen kann.

Wenn beim Übergang von einer Stufe zur andern unter Last eine kurzzeitige starke Spannungsabsenkung beobachtet wird, so haben Schutzwiderstand oder Drosselspule zu hohe Werte. In den Abb. 262 sind die wichtigsten Stellungen während des Schaltvorganges beim unterbrechungsfreien Übergang erläutert.

Bei automatisch, d. h. durch Steuerregler geregelten Stufentransformatoren, wird der Antrieb dauernd betätigt, wenn die Empfindlichkeit des Reglers der Stufenspannung nicht richtig angepaßt ist, d. h. wenn der Regler schon innerhalb der Spannungsdifferenz zweier benachbarter Stufen anspricht. Wenn beispielsweise die Stufenspannung 1,2% und die Ansprechgrenze des Steuerreglers $\pm 0,5\%$ beträgt, so müßte der Stufenschalter deshalb dauernd in Bewegung kommen, was mit Rücksicht auf die Lebensdauer der ganzen Apparatur unbedingt vermieden werden muß.

c) Drehtransformatoren (Induktionsregler)

Die Spannungsregelung mit Induktionsreglern erfolgt kontinuierlich und mit hoher Genauigkeit. Induktionsregler sind gewöhnlich mit Einrichtungen zur Überbrückung versehen, die eine Betriebsführung ohne Induktionsregler ermöglichen. Dabei ist nun aber zu bedenken, daß trotz genau gleicher Spannung auf der regulierten und unregulierten Seite die Überbrückung nicht ohne weiteres eingelegt werden darf, weil beim Drehstrominduktionsregler die beiden genannten Spannungen phasenverschoben sind, wie das Regeldiagramm der Abb. 263 b zeigt.

Wenn die Überbrückung unter Last ohne Betriebsunterbruch zu geschehen hat, so dürfen die beiden Schalter b in Abb. 263 erst ausschalten, wenn die Vorkontakte des Überbrückungsschalters c berühren. Anderseits dürfen die Hauptkontakte des letzteren sich erst berühren, wenn die beiden Schalter *b* ausgeschaltet haben, d. h. wenn die Ausschaltlichtbogen vollständig gelöscht sind.

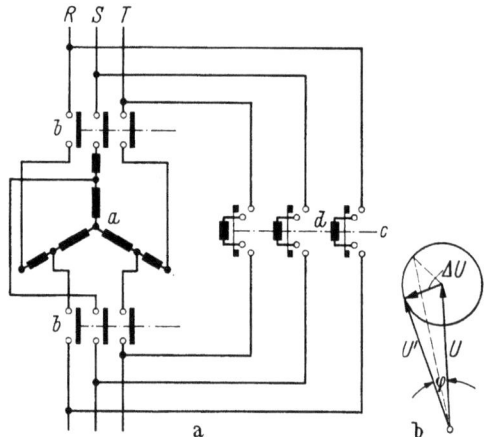

Abb. 263. Überbrückung eines Induktionsreglers ohne Unterbrechung. a Schaltbild, b Spannungsvektordiagramm: *a* Drehstrominduktionsregler, *b* Trennschalter des Induktionsreglers, *c* Überbrückungsschalter, *d* Schutzwiderstände bzw. Schutzdrosselspulen, *U* Unregulierte Spannung, *U′* Regulierte Spannung, *ΔU* Differenzspannung, *φ* Verschiebungswinkel der beiden Spannungen

10. Steuerungseinrichtungen

Die Automatisierung elektromotorischer Antriebe ist heute in viele Betriebe eingedrungen, wie Pumpwerke, Seilbahnen, Hebezeuge aller Art und andere Antriebe. Solche automatische Anlagen sind meistens an abgelegenen Orten aufgestellt, und nicht überall kann dem Antriebsmotor ein eigener Transformator am Aufstellungsort zugeordnet werden, sondern es muß oft die allgemeine Transformatorenanlage einer Gemeinde zur Versorgung benützt werden. Deshalb entsteht sehr oft, vorwiegend bei etwas erschwertem Anlauf, am Aufstellungsort des Antriebsmotors ein momentaner Spannungsrückgang. Dieser kann so beträchtlich sein, daß verschiedene wichtige Steuerapparate, hauptsächlich Spannungsmagnete, abfallen. Die Spannungssenkungen entstehen beim Kurzschließen der größeren Widerstandsstufen der Anlasser, bei gesonderten Läuferanlassern sowohl wie bei eingebauten Fliehkraftanlassern, durch die Spannungsverluste im Transformator oder in der Zuleitung. Weil aber das *Kommando* für die Inbetriebsetzung des Motors z. B. von einem Schwimmerkontakt ausgehen kann, der seine Stellung während des Anlaufes noch nicht verändert hat, wird dieser den Anlauf neuerdings wieder veranlassen, die Anlage aber aus gleichem Grund wieder abgeschaltet usw. Moderne automatische Steueranlagen berücksichtigen diese Möglichkeit, indem ihre Steuerapparate bei Spannungssenkungen bis zu etwa 25% der Nennspannung noch zuverlässig arbeiten. Trotzdem ist es für die Betriebssicherheit — speziell automatischer Anlagen — wichtig, daß die Spannungsverluste gering gehalten werden, besonders auch deshalb, weil die Betriebsspannung mitunter etwas zu tief ist. Vielfach findet man in automatischen Pumpwerken Störungsursachen an der Schwimmereinrichtung: Hängenbleiben der Schwimmer, Kontaktdefekte u. a., die im allgemeinen sehr leicht festzustellen sind.

K. Auslösesysteme für Schalter

1. Allgemeines

Absichtliche oder selbsttätige Schalterauslösung in Störungsfällen erfolgt im allgemeinen durch Elektromagnete. Hinsichtlich ihrer Speisung und des Auslösevorganges unterscheidet man prinzipiell zwei Auslösesysteme:

1. Auslösung durch Nullspannung: Der vor der Auslösung durch einen Strom (sog. Ruhestrom) angezogene Magnet wird bei Stromunterbruch entregt und fällt ab.

2. Auslösung durch Arbeitsstrom: Der vor der Auslösung unerregte Magnet wird durch einen Strom im Schaltmoment (Arbeitsstrom) zum Anziehen gebracht.

Beim Arbeitsstromsystem unterscheidet man weiterhin zwei Arten der Speisung:

α) Speisung durch die Netzspannung (entweder direkt oder über Stromwandler),

β) Speisung durch eine fremde, vom Netz unabhängige Hilfsstromquelle.

2. Ruhestromsystem

Dieses System kann selbstverständlich nur angewandt werden, wenn ein Schalter nach dem Verschwinden der Netzspannung ausgelöst werden soll. In vielen Fällen muß dieses System auch zur Verriegelung eines Schalters dienen, der bei ausbleibender Netzspannung nicht eingeschaltet werden darf. Dies dient hauptsächlich zum Schutz von Motoren gegen Stromstöße beim Wiederkehren der Netzspannung. Bei sehr kurzzeitigen Spannungssenkungen können jedoch solche Relais Motorabschaltungen veranlassen, die gar nicht notwendig sind. Dies kann verhindert werden durch eine Zeitverzögerung in der Nullspannungsauslösung. Die Nullspannungsauslösung ist somit nur für die Schalterauslösung bei ausbleibender Netzspannung geeignet. Hingegen ist sie zur Auslösung von Schaltern prinzipiell nicht geeignet, wenn diese etwa von selektiv wirkenden Relais aus mit Hilfe der Netzspannung vollzogen werden soll. Die Betätigung der Nullspannungsauslösung der genannten Relais erfolgt nur vollkommen richtig, wenn diese von einer unabhängigen Hilfsstromquelle gespeist werden, die vom Zusammenbruch der Netzspannung unbeeinflußt bleibt. Es lösen dann nur diejenigen Schalter aus, die von den betreffenden Relais dazu veranlaßt werden.

Bei Maschinen, die während des Auslaufes erregt bleiben, z. B. bei Synchronmaschinen, geht mit der Klemmenspannung in gleichem Maße auch die Frequenz zurück. Der induktive Widerstand einer Magnetspule nimmt mit sinkender Frequenz gleichmäßig ab. Trotz der ebenfalls sinkenden Spannung bleibt deshalb der Spulenstrom nahezu konstant. Der Magnet bleibt während des Anlaufes angezogen und fällt erst kurz vor Stillstand der Maschine ab. Durch Vorschalten eines induktionsfreien Widerstandes kann dieses Verhalten des Magneten vermieden werden.

3. Arbeitsstromsystem

1. Mit Netzspannung. Dieses Auslösesystem hat prinzipiell die gleichen Nachteile wie die Nullspannungsauslösung. Die wahlweise Betätigung eines Schalters ist bei fehlender Netzspannung unmöglich. Das System versagt auch im Fall von Kurzschlüssen wegen des Zusammenbruchs der Netzspannung.

2. Mit Fremdspannung. Die sicherste Auslöseart ergibt die Benützung einer Hilfsstromquelle. Als zuverlässigste Stromquellen kommen Akkumulatorbatterien mit automatischen Ladegeräten in Betracht.

L. Richtlinien für das Arbeiten an elektrischen Anlagen

Arbeiten an elektrischen Anlagen während des Betriebes dürfen nur im Einverständnis mit der Betriebsleitung in Angriff genommen und ausgeführt werden. Die Vorschriften über erste Hilfe bei Unfällen sind am Arbeitsort aufzulegen.

Das Arbeiten an unter Spannung stehenden Anlageteilen ist grundsätzlich verboten. Dies gilt für Nieder- und Hochspannungsanlagen, vor allem bei schlecht isolierendem Standort der Arbeitenden, z. B. in Räumen mit Betonböden oder mit feuchten oder nassen Böden. Das zufällige Berühren von Leitern unter niedriger Spannung kann unwillkürliche Bewegungen auslösen, die u. U. zur Berührung von Anlageteilen mit höherer Spannung führen können. Bei Arbeiten auf Gerüsten und Leitern kann dies schwere Stürze zur Folge haben.

Die Vereinbarung eines Zeitpunktes, an welchem die Anlage spannungsfrei gemacht werden soll, genügt nicht. Vor Inangriffnahme irgendwelcher Arbeiten müssen die betreffenden Anlageteile und alle ihre Zuleitungen durch das Betriebspersonal, welches mit der Anlage vertraut ist, spannungslos gemacht und geerdet werden. Wichtig ist hierbei, daß alle Leitungen, welche mit dem Anlageteil (Maschine, Transformator, Gleichrichter, Apparat, Signallampen) in Verbindung stehen und an welchen gearbeitet werden muß, ausgeschaltet und an Erde gelegt sind. In Innenanlagen sollen nie Anlageteile, die sich in der Nähe spannungführender Leitungen oder Apparate befinden, mit Erdungsstangen geerdet werden. Die Gefahr, daß beim Anschluß der Erdungsstange eine benachbarte, unter Spannung stehende Stelle zufällig berührt wird, ist zu groß und die Wirkungen eines so eingeleiteten Erdschlusses können, bei den hohen Kurzschlußleistungen neuer Anlagen, katastrophal ausfallen.

Außer dem Ausschalten der Leistungsschalter sind auch die Trenner zu öffnen, was eine sichtbar offene Unterbrechungsstelle ergibt. Nach Möglichkeit müssen Schalter oder Trenner, besser beide zusammen, gegen unerwünschtes Einschalten verriegelt oder abgeschlossen werden. Alsdann müssen Schilder (Warnungstafeln) anzeigen, daß nicht eingeschaltet werden darf, da an den zugehörigen Anlageteilen gearbeitet wird. Die Schutzerdung — vom Erdanschluß ausgehend zu erstellen — muß vom Arbeitsstandort aus gut sichtbar und allpolig angebracht werden. Es dürfen hierzu nur einwandfreie Erdungsseile mit Klemmschrauben verwendet werden.

Der Leitende verfolge die Ausführung dieser Sicherheitsmaßnahmen persönlich und stütze sich nie auf Aussagen von Drittpersonen. Diese Regel bezweckt, daß die leitende Person während der Schalt- und Erdungsmanöver ihre volle Aufmerksamkeit auf die Sicherheitsmaßnahmen richtet und ihr keine Zeit für irgendwelche andere Handlungen verbleibt, die zu Unfällen führen könnten. Müssen benachbarte Anlageteile unter Spannung bleiben, so sind diese durch Verschalungen und Absperrungen derart abzudecken, daß jede unbeabsichtigte Berührung oder Annäherung, auch mit Werkzeugen, Werkstücken u. dgl. ausgeschlossen ist. Sodann sind Warnungstafeln mit Aufschrift wie *Achtung Spannung* oder *Hochspannung — Lebensgefahr* anzubringen. Bei Arbeiten in Zellen sind breite, weiße Bänder vor die unter Spannung stehenden Nachbarzellen so zu spannen, daß ein irrtümliches Betreten nicht möglich ist. Man trifft diese Maßnahme stets auch vor spannungslosen Nachbarzellen, denn solche können unter Umständen während der Arbeiten auch nur vorübergehend unter Spannung gesetzt werden.

Beim Transport längerer Metallteile, wie Schienen, Rohre, Profileisen und ähnlichem, ist besondere Vorsicht unumgänglich, um eine zufällige Berührung von spannungsführenden Teilen auszuschließen. Derartiges Material ist durch zwei Personen zu transportieren, und zwar nicht auf den Schultern; nicht wegen des Gewichtes sondern wegen der Länge der Transportstücke.

Um zu verhüten, daß Anlageteile, welche normalerweise nicht unter Spannung stehen, während den Arbeiten ein gefährliches Potential annehmen können, sei es durch Einschalten oder durch Induktion, sind auch diese zu erden.

Unter Umständen bestehen Rückspannungen, wie dies z. B. folgender Fall zeigt: Bei bestimmter Lage der Synchronisierwandler zu den in der Hauptleitung eingebauten Trennern und Leistungsschaltern kann das in der Abb. 264 gezeichnete Leitungsstück zwischen Trennschalter und Leistungsschalter eine Rückspannung erhalten. Wenn der Generator unter Spannung steht und der Synchronisierschalter 2 fälschlicherweise geschlossen ist, wird die Generatorspannung über die Synchronisierwandler auf das mit dem andern Synchronisierwandler verbundene Hauptleitungsstück transformiert. Man sorge daher immer dafür, daß solche Wandler beidseitig durch Ausschrauben der Sicherungen oder Ziehen der Stöpsel vollständig abgetrennt werden.

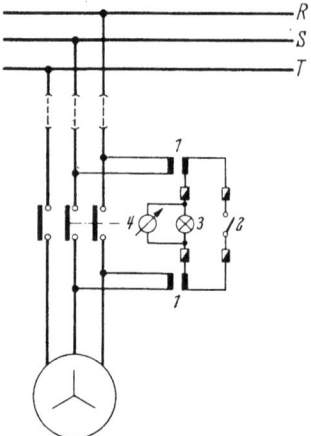

Abb. 264. Schaltbild zur Darstellung des Auftretens von Rückspannung durch Synchronisierwandler.
1 Synchronisierspannungswandler, 2 Synchronisierschalter, 3 Synchronisierlampe, 4 Synchronisiervoltmeter

Immer wieder kommen auch Unfälle durch folgende falsche Maßnahme zustande: Es sei angenommen, daß an einer Generatorleitung Arbeiten vorzunehmen sind. Aus irgendeinem Grunde ist jedoch die Stillegung der Maschine unmöglich; ferner sind keine Schalter oder Trenner vorhanden. Man begnügt sich nun irrtümlich mit der gänzlichen Entregung des Generators. Seine Remanenzspannung kann jedoch noch hohe Werte von einigen hundert bis tausend Volt besitzen. Besonders gefährlich kann ein solcher Fall dann werden, wenn der Generator mit einem Transformator zusammengeschaltet ist, auf dessen Oberspannungsseite gearbeitet werden soll.

Ausgeschaltete Leitungen können von benachbarten, stromführenden Leitungen her durch Induktion gefährliche Spannungen annehmen. Deshalb sind abgetrennte Leitungen stets kurzzuschließen und zu erden.

Vor allem bei Fahrleitungen von Bahnen ist das bloße Ausschalten gefährlich. Um die Induktionsspannung durch vorbeifahrende Züge ungefährlich zu machen, ist die gleichzeitige Erdung unerläßlich.

Sachverzeichnis

Alkoholthermometer 4
Anlaß-einrichtungen 342
— -widerstände 296
Anlauf bei Überlast 2
Anlaufstörungen an Motoren 162
— — Asynchronmotoren 166
— — Gleichstrommotoren 163
— — synchronisierten Asynchronmotoren 170
— — Synchronmotoren 170
Anzeigefehler von Meßinstrumenten 287
Apparate, mechanische Fehler 257
—, ungenügende Isolierung 253
Arbeiten an elektrischen Anlagen 368
Arbeitsstromauslösung 368
Askarele 226
Asynchronmotoren, Anlaufstörungen 166
—, Lastverteilung, ungleiche im Parallelbetrieb 186
—, Stromschwankungen 185
—, synchronisierte, V-Kurven und Kippen 188
Aufblähungen von Mikakänneln und Stabisolationen 2
Ausgleich-leiter 87
— -ströme bei parallelarbeitenden Wechselstrommotoren 152
Auslösesysteme für Schalter 367
Auswerfen von Trennern 281
Auswuchten, außerhalb der Maschine 108
— ohne Ausbau des Läufers 113

Belastung, unzulässig hohe 8
Belastungsumstellung zwischen parallelarbeitenden Generatoren 362
Blechschlüsse, Ursachen und Folgen 46
Blockschaltung 362
Brandlöschung, Brandschutz 189
Bremslüfter 302
Brummen von Magnetspulen 305
— von Transformatoren 207

Buchholz-Relais 321
Bürsten, Auswechslung 85
— auf Kommutatoren 71
— auf Schleifringen 60
— auf Wechselstrom-Kommutatormaschinen 99
—, Druck und Strombelastung 62, 77
—, Eigenschaften 52
—, Einsetzen und Einschleifen 62, 77
—, Krankheiten an 52
—, Rillen und Riefenbildung 68
—, schlecht ausgerichtete 86
—, Tanzen der 81, 82
—, ungleiche Stromverteilung 91
Bürstenabnützung, übermäßige, an Kommutatoren 94
— —, — Schleifringen 68
Bürstenarten 52
Bürstendruck, spezifischer 57, 91
—, ungleichmäßiger 57
—, unrichtiger 87
Bürstenfeuer, auf Kommutatoren 79
—, auf Schleifringen 65
Bürsten-halter 59
— -kabel, Abbrennen von 90
— -potentialkurven 76
Bürstensorten, Anwendung der verschiedenen 56
—, unrichtige 85
Bürsten-stellung, unrichtige 84
— -stifte, ungleiche Widerstände 88
— -teilung, ungenaue 86
— -verteilung auf Kommutatoren 93
— -vibrationen 81
— bei Leerlauf und schwacher Last 84

Clophen 226

Differentialrelais 313
— zum Schutz von Generatoren 314
— — — von Transformatoren 315
Dreh-eiseninstrumente 288
— -feldinstrumente 289

Dreh-spulinstrumente 288
— -transformatoren 365
Drosselspulen 240
Drücker, elektrohydraulische 302
Druckexplosionen bei ölarmen Schaltern 276
— — Ölschaltern 271
Druckluft, Feuchtigkeit der 266
— -anlagen 264
Druckluftschalter, mechanische Fehler und Störungen 269
—, Unreinigkeiten und Fremdkörper 267
—, Übererwärmungen 269
—, übermäßiger Kontaktabbrand 267
Durchfeuchtung von Maschinen 15, 16
Durchflußanzeiger 14
Durchführungen, Isolierstoffe in 340
— von Transformatoren, Defekte 217

Einankerumformer, Anlaufstörungen 155
—, Parallellauf mit andern Einankerumformern und Batterien 161
—, Spannungsregelung 159
—, Störungen beim Synchronisieren 157
—, — im Betrieb 160
Eisenkrankheiten, an Maschinen 46
—, — Transformatoren 201
Eisenschlüsse an Magnetspulen 244
—, Aufsuchen von 31
—, Beheben von 34
—, Folgen von 30
—, Ursachen von 26, 42, 46
Eisentemperaturen, Überwachung 6
Elektrische Anlagen, Arbeiten an 368
Elektrodynamische Meßinstrumente 289
Entmagnetisierung von Erregermaschinen 153
Erdschlußschutz bei Generatoren 322
— — Transformatoren 331
Erschütterungen von Maschinen 100
— bei Zahnradgetrieben 123
— herrührend von Kupplungen 120
— — von Riemen, Seil- und Kettentrieben 122
Erwärmung, Messen der 2
—, schädliche 1
—, zulässige für Wicklungen 2
Expansin 278
Expansionsschalter 277
—, Gemischexplosionen 280

Expansionsschalter, Isolationsfestigkeit 280
Explosion von Ölschaltern 271

Fehlansprechen von Relais und Erdschlußanzeigern 341
Ferrarisinstrumente 289
Ferroresonanz 291
Feuchtigkeit der Druckluft 266
— — —, Einfluß auf Apparate 254
Fleckenbildung auf Schleifringen 63
Flüssigkeitswiderstände 297

Generatorregelung beim Zuschalten offener Freileitungen 360
— mit Hochleistungsreglern 350
— — Vibrationsreglern 350
— — Widerstandsreglern 344
Generatorschutz, Differentialschutz 326
—, Erschlußschutz 322
—, Gegenleistungsschutz 329
—, Leistungsumkehrschutz 327
—, Rotorerdschlußschutz 329
—, Schieflastschutz 328
—, Überlastschutz 327
—, Überspannungsschutz 328
—, Unsymmetrieschutz 328
—, Windungsschlußschutz 326
Geräusche an Maschinen 48
Gleichstromgeneratoren, Leerlaufstörungen 131
—, Parallelbetriebsregelung 354
—, Störungen im Betrieb 143
Gleichstrom-Luftschalter, Lichtbogenlängen 261
—, Magnetische Blasung 261
—, Zusatzspannungen 263
Gleichstrommotoren, Pendelungen 184
—, Stromschwankungen 183
—, ungenügende Drehzahlregulierung 182
—, ungleiche Lastverteilung im Parallelbetrieb 184
—, unstabiler Betrieb 180
Glimm-erscheinungen 341
— -schäden an Maschinen 44

Hartkohlen 52
Hauptstrom-Thermorelais 311
Hitzdrahtinstrumente 288
Hoch-glanzgraphitkohlen 52
— -graphitkohlen 52

Sachverzeichnis

Hoch-leistungsregler 350
Hörkurven des menschlichen Ohres 50

Induktionsregler 365
Ionisations-Tester 18
Isolationswiderstand, kleinstzulässiger 19
—, Messung 17
— von Wicklungen 16, 22
Isolier-flüssigkeiten, unbrennbare 226
— -öle 218
— -stoffe in Durchführungen 340
Isolierung, ungenügende bei Apparaten 253

Kesselsteinbildung 238
Kettenantriebe 122
Kippen von synchronisierten Asynchronmotoren 188
— — Synchronmotoren 187
Kohledruckregler 349
Kohlen, elektrographitierte 52
—, Hart- 52
—, Hochgraphit- 52
—, spezifische Eigenschaften 53
Kommutation, Bedingungen für gute 71
—, schlechte 183
Kommutator-Alterung 73
— -Deformationen 80
— -Lamellenschluß 89
— -Übererwärmung 94
— -Wartung und Instandhaltung 96
Kontakt-abbrand, übermäßiger an Druckluftschaltern 267
— -abhebung bei Ölschaltern 274
— -druck 245
Kontakte, Oxydation 246
—, Übererwärmung 244
—, übermäßige Abnützung 247
Kontaktstörungen bei ölarmen Schaltern 277
— — Trennern 284
Kontroller 301
Korrosion an Ölkühlerrohren 235
— — Wasseranlassern 300
— — von Magnetspulen 255
Kreuzspulinstrumente 289
Kühlluft, Vorerwärmung 13
— -menge, ungenügende 9
Kühlrohre, Korrosion 235
—, Spannungsrisse 233
Kühlwasserbedarf von Rückkühlern 14

Kupplungen, Fehler an 120
Kurzschlüsse, äußere bei Gleichstrommaschinen 96

Lager-krankheiten 123
— -ströme 128
Lamellen, angebrannte 89
— -schlüsse an Kommutatoren 89
Lastverteilung, unstabile im Parallelbetrieb bei Gleichstrommotoren 147
— bei Wechselstrommotoren 151
Lauf, unruhiger 100
Lebensdauer, Verkürzung durch dauernde Übererwärmung 1
Leistungs-faktor, zu niedriger 149
— -pendelungen beim Parallelschalten 358
— -trenner 285
— —, Fehler und Störungen 286
— -umkehrschutz 327
Leitungs-verlegung, unrichtige 338
Lichtbogenlänge an Gleichstrom-Luftschaltern 261
Löschrohrableiter 335
Lotsprödigkeit 235
Lötstellen, schlechte, Einfluß auf die Kommutation 88
Luftfilter 12
Luft-schalter 261
— für Gleichstrom 261
— — Wechselstrom 264
Luftspalte, ungleiche 87

Magnetische Blasung bei Gleichstrom-Luftschaltern 261
Magnetspulen-Korrosion 255
—, übermäßige Erwärmung 242
Maximalstrom-Zeitrelais, stromabhängige 310
— —, stromunabhängige 307
Maximalthermometer 4
Meßgenauigkeit, ungenügende bei Stromwandlern 295
Meßinstrumente, elektrodynamische 289
—, Fehler und Störungen 287
s. a. bei den einzelnen Typen von Meßinstrumenten
Meßwandler 289
Metallkohlen 52
Minimalimpedanzrelais 320

Motoren, Anlaufstörungen 162
s. a. bei den einzelnen Typen von Motoren

Netz-kupplung 359
— -spannungs-Regeleinrichtungen 363
Nullspannungsauslösung 367

Ölarme Schalter 275
— —, Druckexplosionen 276
— —, Kontaktstörungen 277
— —, Ölauswurf 276
— —, Reaktion auf die Befestigung 277
— —, Überschläge 277
Ölerneuerung bei Maschinen 130
Ölkühler, Defekte 232
Ölschalter-Druckexplosionen 271
— -Gasexplosionen 272
— -Kontaktabhebung 274
— -Ölauswurf 273
—, übermäßige Beanspruchung 274
Ölverluste an Lagern 130

Parallelbetriebsregelung 354
Parallelbetriebsstörungen bei Gleichstrommotoren 143
— — Wechselstrommotoren 149
Parallel-schalten von Netzen 359
— -schaltinstrumente 358
— -schaltregelung 356
Pendelung von Generatorregulierungen 346
— — Gleichstrommotoren 184
Pendelungen im Parallelbetrieb von Wechselstrommaschinen 151
Polfolge 74
Polteilungen, zulässige Abweichungen 87
Produktrelais 318
Prozent-Differentialrelais 313
Pumpen von Magneten 303

Regler, allgemeine Störungen 353
Reibungskoeffizient von Bürsten 54
Reinigung von Maschinen 191
Relais 302
Resonanz mit dem Maschinenfundament 120
Resonanzschwingung 110.
Richtungsrelais 318
Riemenantriebe 122
Riefenbildung an Kommutatoren 92

Rillenbildung an Kommutatoren 92
Ringlaufkühlung 13, 14
Rotorerdschlußschutz 329
Ruhestromauslösung 367
Rundfeuer 96

Schalldämpfung 51
Schaltapparate 261
Schalterbeanspruchung, übermäßige 274
Schieflastschutz 328
Schlammbildung 239
Schleifringe, Wartung und Instandhaltung 70
Schützen, Feuern von Kontakten 305
—, Störungen an Magnetspulen 302
Schutzrelais 306
Schwankungen des Belastungsstromes bei Gleichstrommaschinen 147
— bei Wechselstrommaschinen 150
Schweißnähte, undichte an Transformatorkasten 241
Schwingungen von Maschinen 100
Seilantriebe 122
Siebschutz 10
Spannungs-änderungen, zu große an Gleichstrommaschinen 143
— -regulierung von Generatoren 344
Spannungswandler 289
—, Fehler und Störungen 290
Spulenköpfe, Auslöten 10
—, Übererwärmung 14
Steuerungseinrichtungen 366
Stromverteilung, ungleichmäßige, bei Bürsten 65
— —, bei parallelen Leitern 338
Stromwandler 293
Stufentransformatoren 363
Synchronisieren von Synchronmotoren, Störungen 172
Synchronmotoren, Erregung und Belastbarkeit 187
—, Lastverteilung bei Parallellauf 188
—, Pendelungen und Außertrittfallen 186

Taschenfilter 12
Temperaturindikatoren 6
Temperaturmessung durch Thermoelemente und Widerstandsthermometer 5, 6

Temperaturmessung durch Thermometer 3
— — Widerstandsmessung 4, 5
— von Flüssigkeiten 4
Thermoelemente 5
Thermorelais, Hauptstrom- 311
—, sekundäre 312
Transformatoren, Ableitungsdefekte 215
—, Abstützungen 206
—, Allgemeine elektrische Störungen 194
—, Defekte an der inneren Wicklungsisolation 208
—, Defekte an Durchführungen 217
—, Eisenkrankheiten 201
—, Erwärmung, zulässige 197
—, Geräusche 207
—, Störungen im Kühlsystem 230
—, Übererwärmung 199
—, unbrennbare Isolierflüssigkeiten 226
Transformatorenschutz, Brandschutz 332
—, BUCHHOLZ-Schutz 332
—, Differentialschutz 330
—, Erdschluß-Schutz 331
—, Überlastschutz 330
Trenner 280
—, Auswerfen 281
—, Falsche Betätigung 281
—, Kontaktstörungen 284
—, Schwierigkeiten beim Trennen unbelasteter Transformatoren 283
—, Störungen an Antrieben 284
Tuchfilter 12

Übererwärmung als Folge von Schlüssen der Erregerwicklung 15
— an Druckluftschnellschaltern 269
— — Kontakten 244, 269
— durch Drosselung der Abluft 12
— — falsche Schaltung 14
—, Folgen von 7
—, Ursachen der 6
— verursacht durch ungenügende Kühlluftmenge 9
— von Lagern 123
— — Magnetspulen 242
— — Spulenköpfen 14
— — Transformatoren 199
Übergangsspannung an Kohlen 95
Überlastung, zulässige 2
Überlastschutz bei Generatoren 327
Überlastschutz bei Transformatoren 330
Überschläge an Stromwandlern 295
— bei ölarmen Schaltern 277
Überspannungsableiter 333
—, Bemessung und Einbau 337
—, Defekte bei Ventilableitern 337
—, Kontrollgeräte 334
—, Löschrohrableiter 335
—, Nachprüfung 336
—, Ventilableiter 333
Überspannungsschutz in Anlagen 332
— von Generatoren 328
Umlaufkühlung 14
Umpolung von Erregermaschinen 153
Unbrennbare Isolierflüssigkeiten 226
Unsymmetrien, magnetische 117, 128
Unsymmetrieschutz 328

Ventilableiter 333
Vibrationsregler 350
Viszinfilter 12

Wälzen von Läufern 119
Wälzsektorregler 344
Wanderwellen 43
Wartung von Maschinen 191
Wasseranlasser 297
Wechselstrom-Generatoren, Leerlaufstörungen 140
— —, Parallelbetriebsregelung 355
— -Luftschalter, Störungen am 264
Weicheiseninstrumente 288
Wellen-klettern 118
— -verbiegungen 118
Wendepoleinstellung 74
—, unrichtige 83
Wendepolwicklung, verkehrt angeschlossene 84
Wicklungen, fehlerhafte, Einfluß auf die Kommutation 88
—, Temperaturmessungen an 6
—, Trocknen von 20
—, Verschaltung von 41
Wicklungs-köpfe, Übererwärmung 14
— -schäden, elektrodynamische 42
— — an Transformatoren 208
— -temperaturen, Überwachung 6
— -unterbrüche, Ursachen 40
— —, Folgen 41
Widerstände in Luft, zulässige Temperaturen 297

Widerstände, ungleiche bei Sammelringen und Bürstenstiften 88
Widerstandsregler 344
Widerstandsthermometer 6
Windungsschlüsse an Magnetspulen 243
—, Aufsuchen 37
—, Beheben 40
—, Folgen 34
—, Ursachen 34, 42

Windungsschlußschutz 326
Wuchtfehler 102
—, Ursachen 105

Zahnradgetriebe 123
Zonenbildung 183
Zusatzspannungen an Gleichstrom-Luftschaltern 263

Berichtigungen

S. 18, Formel: **statt** U **lies** U_N

S. 114, Abschnitt 5: **statt** a_1, a_2, a_3 **lies** $\vec{a}_1, \vec{a}_2, \vec{a}_3$

S. 127, Z. 20 v. u.: **statt** der **lies** die

S. 157, Z. 10 v. u.: **statt** wurde schon **lies** wird noch

S. 179, Z. 18 v. o.: **statt** synchroner **lies** synchronisierter

S. 289, Abb. 213: In der Unterschrift ist „a richtig, b falsch" nach Wattmeterschaltung zu streichen

S. 317, Z. 6 v. o.: **statt** s. S. 316 **lies** s. S. 314

S. 335, Abb. 244: Für die Hinweise F_a und F_i ist die hier wiedergegebene Darstellung richtig. In der Unterschrift **lies** F_a, F_i an Stelle von $F_a F_i$

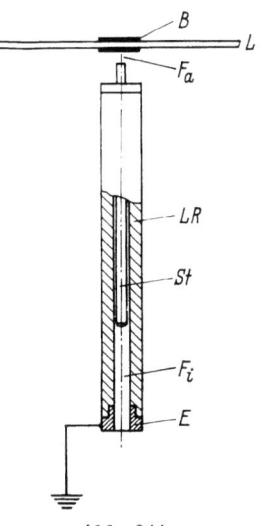

Abb. 244

S. 347, Z. 18 v. o.: **statt** Pendelung **lies** Pendelungen

S. 350, Z. 14 v. u.: **statt** Polwicklung **lies** Polradwicklung

Spieser, Krankheiten elektrischer Maschinen, 2. Aufl.

If you have any concerns about our products,
you can contact us on
ProductSafety@springernature.com

In case Publisher is established outside the EU,
the EU authorized representative is:
**Springer Nature Customer Service Center GmbH
Europaplatz 3, 69115 Heidelberg, Germany**

Printed by Libri Plureos GmbH
in Hamburg, Germany